页岩气
压裂技术

"十三五"国家重点图书

中国能源新战略——页岩气出版工程

编著：蒋廷学　邹洪岚

華東理工大學出版社
EAST CHINA UNIVERSITY OF SCIENCE AND TECHNOLOGY PRESS
·上海·

图书在版编目(CIP)数据

页岩气压裂技术/蒋廷学,邹洪岚编著.—上海:
华东理工大学出版社,2016.12
(中国能源新战略:页岩气出版工程)
ISBN 978-7-5628-4502-7

Ⅰ.①页… Ⅱ.①蒋… ②邹… Ⅲ.①油页岩-分层
压裂-研究 Ⅳ.①TE357.1

中国版本图书馆CIP数据核字(2016)第212345号

内容提要

本书系统地阐明了页岩气压裂技术体系,包括压前页岩储层特性参数的评估、诱导应力场研究、页岩裂缝起裂与扩展规律、页岩气压裂优化设计及现场压裂工艺等多个环节。全书共8章:第1章为绪论;第2章介绍了页岩气压裂前储层评价;第3章是页岩裂缝起裂与扩展;第4章介绍了页岩气压裂材料;第5章是页岩气压裂优化设计;第6章是页岩气压裂工艺技术;第7章为裂缝诊断及压裂后评估技术;第8章为页岩气压裂案例分析。

本书既可作为高等院校油气相关专业高年级本科生和研究生的教材,也可供业内从事页岩气压裂工作的研究与管理人员学习参考。

项目统筹 / 周永斌　马夫娇
责任编辑 / 花　巍　马夫娇
书籍设计 / 刘晓翔工作室
出版发行 / 华东理工大学出版社有限公司
地　址:上海市梅陇路130号,200237
电　话:021-64250306
网　址:www. ecustpress. cn
邮　箱:zongbianban@ecustpress. cn
印　　刷 / 上海雅昌艺术印刷有限公司
开　　本 / 710mm×1000mm　1/16
印　　张 / 30.75
字　　数 / 494千字
版　　次 / 2016年12月第1版
印　　次 / 2016年12月第1次
定　　价 / 138.00元

《中国能源新战略——页岩气出版工程》

编辑委员会

总序 一

能源矿产是人类赖以生存和发展的重要物质基础，攸关国计民生和国家安全。推动能源地质勘探和开发利用方式变革，调整优化能源结构，构建安全、稳定、经济、清洁的现代能源产业体系，对于保障我国经济社会可持续发展具有重要的战略意义。中共十八届五中全会提出，“十三五”发展将围绕“创新、协调、绿色、开放、共享的发展理念”展开，要“推动低碳循环发展，建设清洁低碳、安全高效的现代能源体系”，这为我国能源产业发展指明了方向。

在当前能源生产和消费结构亟须调整的形势下，中国未来的能源需求缺口日益凸显。清洁、高效的能源将是石油产业发展的重点，而页岩气就是中国能源新战略的重要组成部分。页岩气属于非传统（非常规）地质矿产资源，具有明显的致矿地质异常特殊性，也是我国第172种矿产。页岩气成分以甲烷为主，是一种清洁、高效的能源资源和化工原料，主要用于居民燃气、城市供热、发电、汽车燃料等，用途非常广泛。页岩气的规模开采将进一步优化我国能源结构，同时也有望缓解我国油气资源对外依存度较高的被动局面。

页岩气作为国家能源安全的重要组成部分，是一项有望改变我国能源结构、改变我国南方省份缺油少气格局、“绿化”我国环境的重大领域。目前，页岩气的开发利用在世界范围内已经产生了重要影响，在此形势下，由华东理工大学出版社策划的这套页岩气丛书对国内页岩气的发展具有非常重要的意义。该丛书从页岩气地质、地球物理、开发工程、装备与经济技术评价以及政策环境等方面系统阐述了页岩气全产业链理论、方法与技术，并完善了页岩气地质、物探、开发等相关理论，集成了页岩气勘探开发与工程领域相关的先进技术，摸索了中国页岩气勘探开发相关的经济、环境与政策。丛书的出版有助于开拓页岩气产业新领域、探索新技术、寻求新的发展模式，以期对页岩气关键技术的广泛推广、科学技术创新能力的大力提升、学科建设条件的逐渐改进，以及生产实践效果的显著提高等，能产生积极的推动作用，为国家的能源政策制定提供积极的参考和决策依据。

我想，参与本套丛书策划与编写工作的专家、学者们都希望站在国家高度和学术前沿产出时代精品，为页岩气顺利开发与利用营造积极健康的舆论氛围。中国地质大学（北京）是我国最早涉足页岩气领域的学术机构，其中张金川教授是第376次香山科学会议（中国页岩气资源基础及勘探开发基础问题）、页岩气国际学术研讨会等会议的执行主席，他是中国最早开始引进并系统研究我国页岩气的学者，曾任贵州省页岩气勘查与评价和全国页岩气资源评价与有利选区项目技术首席，由他担任丛书主编我认为非常称职，希望该丛书能够成为页岩气出版领域中的标杆。

让我感到欣慰和感激的是，这套丛书的出版得到了国家出版基金的大力支持，我要向参与丛书编写工作的所有同仁和华东理工大学出版社表示感谢，正是有了你们在各自专业领域中的倾情奉献和互相配合，才使得这套高水准的学术专著能够顺利出版问世。

中国科学院院士

2016年5月于北京

总序 二

进入21世纪，世情、国情继续发生深刻变化，世界政治经济形势更加复杂严峻，能源发展呈现新的阶段性特征，我国既面临由能源大国向能源强国转变的难得历史机遇，又面临诸多问题和挑战。从国际上看，二氧化碳排放与全球气候变化、国际金融危机与石油天然气价格波动、地缘政治与局部战争等因素对国际能源形势产生了重要影响，世界能源市场更加复杂多变，不稳定性和不确定性进一步增加。从国内看，虽然国民经济仍在持续中高速发展，但是城乡雾霾污染日趋严重，能源供给和消费结构严重不合理，可持续的长期发展战略与现实经济短期的利益冲突相互交织，能源规划与环境保护互相制约，绿色清洁能源亟待开发，页岩气资源开发和利用有待进一步推进。我国页岩气资源与环境的和谐发展面临重大机遇和挑战。

随着社会对清洁能源需求不断扩大，天然气价格不断上涨，人们对页岩气勘探开发技术的认识也在不断加深，从而在国内出现了一股页岩气热潮。为了加快页岩气的开发利用，国家发改委和国家能源局从2009年9月开始，研究制定了鼓励页岩气勘探与开发利用的相关政策。随着科研攻关力度和核心技术突破能力的不断提高，先后发现了以威远-长宁为代表的下古生界海相和以延长为代表的中生界陆相等页岩气田，特别是开发了特大型焦石坝海相页岩气，将我国页岩气工业推送到了一个特殊的历史新阶段。页岩气产业的发展既需要系统的理论认识和配套的方法技术，也需要合理的政策、有效的措施及配套的管理，我国的页岩气技术发展方兴未艾，页岩气资源有待进一步开发。

我很荣幸能在丛书策划之初就加入编委会大家庭，有机会和页岩气领域年轻的学者们共同探讨我国页岩气发展之路。我想，正是有了你们对页岩气理论研究与实践的攻关才有了这套书扎实的科学基础。放眼未来，中国的页岩气发展还有很多政策、科研和开发利用上的困难，但只要大家齐心协力，最终我们必将取得页岩气发展的良好成果，使科技发展的果实惠及千家万户。

这套丛书内容丰富，涉及领域广泛，从产业链角度对页岩气开发与利用的相关理论、技术、政策与环境等方面进行了系统全面、逻辑清晰地阐述，对当今页岩气专业理论、先进技术及管理模式等体系的最新进展进行了全产业链的知识集成。通过对这些内容的全面介绍，可以清晰地透视页岩气技术面貌，把握页岩气的来龙去脉，并展望未来的发展趋势。总之，这套丛书的出版将为我国能源战略提供新的、专业的决策依据与参考，以期推动页岩气产业发展，为我国能源生产与消费改革做出能源人的贡献。

中国页岩气勘探开发地质、地面及工程条件异常复杂，但我想说，打造世纪精品力作是我们的目标，然而在此过程中必定有着多样的困难，但只要我们以专业的科学精神去对待、解决这些问题，最终的美好成果是能够创造出来的，祖国的蓝天白云有我们曾经的努力！

中国工程院院士

康玉柱

2016年5月

总序三

页岩气属于新型的绿色能源资源，是一种典型的非常规天然气。近年来，页岩气的勘探开发异军突起，已成为全球油气工业中的新亮点，并逐步向全方位的变革演进。我国已将页岩气列为新型能源发展重点，纳入了国家能源发展规划。

页岩气开发的成功与技术成熟，极大地推动了油气工业的技术革命。与其他类型天然气相比，页岩气具有资源分布连片、技术集约程度高、生产周期长等开发特点。页岩气的经济性开发是一个全新的领域，它要求对页岩气地质概念的准确把握、开发工艺技术的恰当应用、开发效果的合理预测与评价。

美国现今比较成熟的页岩气开发技术，是在20世纪80年代初直井泡沫压裂技术的基础上逐步完善而发展起来的，先后经历了从直井到水平井、从泡沫和交联冻胶到清水压裂液、从简单压裂到重复压裂和同步压裂工艺的演进，页岩气的成功开发拉动了美国页岩气产业的快速发展。这其中，完善的基础设施、专业的技术服务、有效的监管体系为页岩气开发提供了重要的支持和保障作用，批量化生产的低成本开发技术是页岩气开发成功的关键。

我国页岩气的资源背景、工程条件、矿权模式、运行机制及市场环境等明显有别于美国，页岩气开发与发展任重道远。我国页岩气资源丰富、类型多样，但开发地质条件复杂，开发理论与技术相对滞后，加之开发区水资源有限、管网稀疏、人口稠密等不利因素，导致中国的页岩气发展不能完全照搬照抄美国的经验、技术、政策及法规，必须探索出一条适合于我国自身特色的页岩气开发技术与发展道路。

华东理工大学出版社策划出版的这套页岩气产业化系列丛书，首次从页岩气地质、地球物理、开发工程、装备与经济技术评价以及政策环境等方面对页岩气相关的理论、方法、技术及原则进行了系统阐述，集成了页岩气勘探开发理论与工程利用相关领域先进的技术系列，完成了页岩气全产业链的系统化理论构建，摸索出了与中国页岩气工业开发利用相关的经济模式以及环境与政策，探讨了中国自己的页岩气发展道路，为中国的页岩气发展指明了方向，是中国页岩气工作者不可多得的工作指南，是相关企业管理层制定页岩气投资决策的依据，也是政府部门制定相关法律法规的重要参考。

我非常荣幸能够成为这套丛书的编委会顾问成员，很高兴为丛书作序。我对华东理工大学出版社的独特创意、精美策划及辛苦工作感到由衷的赞赏和钦佩，对以张金川教授为代表的丛书主编和作者们良好的组织、辛苦的耕耘、无私的奉献表示非常赞赏，对全体工作者的辛勤劳动充满由衷的敬意。

这套丛书的问世，将会对我国的页岩气产业产生重要影响，我愿意向广大读者推荐这套丛书。

中国工程院院士

胡文瑞

2016年5月

总序

四

绿色低碳是中国能源发展的新战略之一。作为一种重要的清洁能源，天然气在中国一次能源消费中的比重到2020年时将提高到10%以上，页岩气的高效开发是实现这一战略目标的一种重要途径。

页岩气革命发生在美国，并在世界范围内引起了能源大变局和新一轮油价下降。在经过了漫长的偶遇发现（1821—1975年）和艰难探索（1976—2005年）之后，美国的页岩气于2006年进入快速发展期。2005年，美国的页岩气产量还只有1134亿立方米，仅占美国当年天然气总产量的4.8%；而到了2015年，页岩气在美国天然气年总产量中已接近半壁江山，产量增至4291亿立方米，年占比达到了46.1%。即使在目前气价持续走低的大背景下，美国页岩气产量仍基本保持稳定。美国页岩气产业的大发展，使美国逐步实现了天然气自给自足，并有向天然气出口国转变的趋势。2015年美国天然气净进口量在总消费量中的占比已降至9.25%，促进了美国经济的复苏、GDP的增长和政府收入的增加，提振了美国传统制造业并吸引其回归美国本土。更重要的是，美国页岩气引发了一场世界能源供给革命，促进了世界其他国家页岩气产业的发展。

中国含气页岩层系多，资源分布广。其中，陆相页岩发育于中、新生界，在中国六大含油气盆地均有分布；海陆过渡相页岩发育于上古生界和中生界，在中国华北、南方和西北广泛分布；海相页岩以下古生界为主，主要分布于扬子和塔里木盆地。中国页岩气勘探开发起步虽晚，但发展速度很快，已成为继美国和加拿大之后世界上第三个实现页岩气商业化开发的国家。这一切都要归功于政府的大力支持、学界的积极参与及业界的坚定信念与投入。经过全面细致的选区优化评价（2005—2009年）和钻探评价（2010—2012年），中国很快实现了涪陵（中国石化）和威远-长宁（中国石油）页岩气突破。2012年，中国石化成功地在涪陵地区发现了中国第一个大型海相气田。此后，涪陵页岩气勘探和产能建设快速推进，目前已提交探明地质储量3805.98亿立方米，页岩气日产量（截至2016年6月）也达到了1387万立方米。故大力发展页岩气，不仅有助于实现清洁低碳的能源发展战略，还有助于促进中国的经济发展。

然而，中国页岩气开发也面临着地下地质条件复杂、地表自然条件恶劣、管网等基础设施不完善、开发成本较高等诸多挑战。页岩气开发是一项系统工程，既要有丰富的地质理论为页岩气勘探提供指导，又要有先进配套的工程技术为页岩气开发提供支撑，还要有完善的监管政策为页岩气产业的健康发展提供保障。为了更好地发展中国的页岩气产业，亟须从页岩气地质理论、地球物理勘探技术、工程技术和装备、政策法规及环境保护等诸多方面开展系统的研究和总结，该套页岩气丛书的出版将填补这项空白。

该丛书涉及整个页岩气产业链，介绍了中国页岩气产业的发展现状，分析了未来的发展潜力，集成了勘探开发相关技术，总结了管理模式的创新。相信该套丛书的出版将会为我国页岩气产业链的快速成熟和健康发展带来积极的推动作用。

中国科学院院士

2016年5月

丛书前言

社会经济的不断增长提高了对能源需求的依赖程度，城市人口的增加提高了对清洁能源的需求，全球资源产业链重心后移导致了能源类型需求的转移，不合理的能源资源结构对环境和气候产生了严重的影响。页岩气是一种特殊的非常规天然气资源，她延伸了传统的油气地质与成藏理论，新的理念与逻辑改变了我们对油气赋存地质条件和富集规律的认识。页岩气的到来冲击了传统的油气地质理论、开发工艺技术以及环境与政策相关法规，将我国传统的"东中西"油气分布格局转置于"南中北"背景之下，提供了我国油气能源供给与消费结构改变的理论与物质基础。美国的页岩气革命、加拿大的页岩气开发、我国的页岩气突破，促进了全球能源结构的调整和改变，影响着世界能源生产与消费格局的深刻变化。

第一次看到页岩气(Shale gas)这个词还是在我的博士生时代，是我在图书馆研究深盆气(Deep basin gas)外文文献时的"意外"收获。但从那时起，我就注意上了页岩气，并逐渐为之痴迷。亲身经历了页岩气在中国的启动，充分体会到了页岩气产业发展的迅速，从开始只有为数不多的几个人进行页岩气研究，到现在我们已经有非常多优秀年轻人的拼搏努力，他们分布在页岩气产业链的各个角落并默默地做着他们认为有可能改变中国能源结构的事。

广袤的长江以南地区曾是我国老一辈地质工作者花费了数十年时间进行油

气勘探而“久攻不破”的难点地区，短短几年的页岩气勘探和实践已经使该地区呈现出了“星星之火可以燎原”之势。在油气探矿权空白区，渝页1、岑页1、酉科1、常页1、水页1、柳页1、秭地1、安页1、港地1等一批不同地区、不同层系的探井获得了良好的页岩气发现，特别是在探矿权区域内大型优质页岩气田（彭水、长宁-威远、焦石坝等)的成功开发，极大地提振了油气勘探与发现的勇气和决心。在长江以北，目前也已经在长期存在争议的地区有越来越多的探井揭示了新的含气层系，柳坪177、牟页1、鄂页1、尉参1、正西页1等探井不断有新的发现和突破，形成了以延长、中牟、温县等为代表的陆相页岩气示范区和海陆过渡相页岩气试验区，打破了油气勘探发现和认识格局。中国近几年的页岩气勘探成就，使我们能够在几十年都不曾有油气发现的区域内再放希望之光，在许多勘探失利或原来不曾预期的地方点燃了燎原之火，在更广阔的地区重新拾起了油气发现的信心，在许多新的领域内带来了原来不曾预期的希望，在许多层系获得了原来不曾想象的意外惊喜，极大地拓展了油气勘探与发现的空间和视野。更重要的是，页岩气理论与技术的发展促进了油气物探技术的进一步完善和成熟，改进了油气开发生产工艺技术，启动了能源经济技术新的环境与政策思考，整体推高了油气工业的技术能力和水平，催生了页岩气产业链的快速发展。

该套页岩气丛书响应了国家《能源发展“十二五”规划》中关于大力开发非常规能源与调整能源消费结构的愿景，及时高效地回应了《大气污染防治行动计划》中对于清洁能源供应的急切需求以及《页岩气发展规划（2011—2015年）》的精神内涵与宏观战略要求，根据《国家应对气候变化规划（2014—2020）》和《能源发展战略行动计划（2014—2020）》的建议意见，充分考虑我国当前油气短缺的能源现状，以面向“十三五”能源健康发展为目标，对页岩气地质、物探、工程、政策等方面进行了系统讨论，试图突出新领域、新理论、新技术、新方法，为解决页岩气领域中所面临的新问题提供参考依据，对页岩气产业链相关理论与技术提供系统参考和基础。

承担国家出版基金项目《中国能源新战略——页岩气出版工程》(入选《“十三五”国家重点图书、音像、电子出版物出版规划》)的组织编写重任，心中不免惶恐，因为这是我第一次做分量如此之重的学术出版。当然，也是我第一次有机会系统地来梳理这些年我们团队所走过的页岩气之路。丛书的出版离不开广大作者的辛勤付出，他们以实际行动表达了对本职工作的热爱、对页岩气产业的追求以及对国家能源行业发展的希冀。特别是，丛书顾问在立意、构架、设计及编撰、出版等环节中也给予了精心指导和大力支持。正是有了众多同行专家的无私帮助和热情鼓励，我们的作者团队才义无反顾地接受了这一充满挑战的历史性艰巨任务。

该套丛书的作者们长期耕耘在教学、科研和生产第一线，他们未雨绸缪、身体力行、不断探索前进，将美国页岩气概念和技术成功引进中国；他们大胆创新实践，对全国范围内页岩气展开了有利区优选、潜力评价、趋势展望；他们尝试先行先试，将页岩气地质理论、开发技术、评价方法、实践原则等形成了完整体系；他们奋力摸索前行，以全国页岩气蓝图勾画、页岩气政策改革探讨、页岩气技术规划促产为己任，全面促进了页岩气产业链的健康发展。

我们的出版人非常关注国家的重大科技战略，他们希望能借用其宣传职能，为读者提供一套页岩气知识大餐，为国家的重大决策奉上可供参考的意见。该套丛书的组织工作任务极其烦琐，出版工作任务也非常繁重，但有华东理工大学出版社领导及其编辑、出版团队前瞻性地策划、周密求是地论证、精心细致地安排、无怨地辛苦奉献，积极有力地推动了全书的进展。

感谢我们的团队，一支非常有责任心并且专业的丛书编写与出版团队。

该套丛书共分为页岩气地质理论与勘探评价、页岩气地球物理勘探方法与技术、页岩气开发工程与技术、页岩气技术经济与环境政策等4卷，每卷又包括了按专业顺序而分的若干册，合计20本。丛书对页岩气产业链相关理论、方法及技术等进行了全面系统地梳理、阐述与讨论。同时，还配备出版了中英文版的页岩气原理与技术视频（电子出版物），丰富了页岩气展示内容。通过这套丛书，我们希望能为页岩气科研与生产人员提供一套完整的专业技术知识体系以促进页岩气理论与实践的进一步发展，为页岩气勘探开发理论研究、生产实践以及教学培训等提供参考资料，为进一步突破页岩气勘探开发及利用中的关键技术瓶颈提供支撑，为国家能源政策提供决策参考，为我国页岩气的大规模高质量开发利用提供助推燃料。

国际页岩气市场格局正在成型，我国页岩气产业正在快速发展，页岩气领域中的科技难题和壁垒正在被逐个攻破，页岩气产业发展方兴未艾，正需要以全新的理论为依据、以先进的技术为支撑、以高素质人才为依托，推动我国页岩气产业健康发展。该套丛书的出版将对我国能源结构的调整、生态环境的改善、美丽中国梦的实现产生积极的推动作用，对人才强国、科技兴国和创新驱动战略的实施具有重大的战略意义。

不断探索创新是我们的职责，不断完善提高是我们的追求，"路漫漫其修远兮，吾将上下而求索"，我们将努力打造出页岩气产业领域内最系统、最全面的精品学术著作系列。

丛书主编

张金川

2015年12月于中国地质大学（北京）

前言

页岩气在全球范围内分布广泛，且开发潜力巨大。据测算，全球页岩气资源量约为456×10^{12} m^3。页岩气的勘探开发使美国天然气储量增加了40%。2015年美国页岩气产量约$4\,291 \times 10^{8}$ m^3，约占美国当年天然气总产量的46.1%，页岩气已经成为美国主力气源之一。

从美国页岩气发展历史可以看出，在评价页岩地质情况的基础上，选择与之匹配的生产工艺，并朝着低成本、高效率、工厂化作业、对环境友好的方向发展，从而当水平井技术和水力压裂技术实现突破之后，显著促进了页岩气的开发。

国内页岩气的勘探开发尚处于起步阶段，但发展迅速。目前已经在中国渤海湾及松辽、四川和吐哈等盆地发现了高含量有机碳的页岩。据预测，中国页岩气潜在资源量约30×10^{12} m^3，开发潜力巨大。不过页岩气的发展不可能一蹴而就，虽然中国可以引进或学习美国的先进技术和经验，但毕竟中美两国的地质条件存在巨大差异，需要在深入研究国内页岩气发育特点的基础上，消化吸收并发展国外先进的技术，探索一条中国的页岩气发展之路。

与北美页岩气相比，中国的页岩气地质条件与地表条件都更为复杂。一是北美大部分页岩气为海相沉积，中国则有陆相、海陆过度相和海相等多种沉积类型。二是我国页岩气埋藏深。美国页岩气普遍在3 000 m以内，很多在1 000 ～ 2 000 m。我国页岩气埋藏基本都在3 000 m以上（3 000 ～ 6 000 m）。三是我国地质构造条件比较复杂，存在多期的构造运动，多组断裂，给勘探开发带来了更大困难。四是地表条件复杂，我国页岩气所分布的区域，以丘陵地区为多，加之西部沙漠、黄土塬、戈壁也比较多。相对而言，美国页岩气多分布在平原地区，勘探开发容易得多。五是我国页岩气勘探开发刚刚起步，适合中国山区丘陵条件的页岩气开发设备和技术储备还不足，在勘探开发过程中还要面对我国脆弱的水文条件和环保条件。以上几个方面决定了我国页岩气勘探开发的难度比美国要大，存在较大的投资风险。

尽管如此，中国的页岩气压裂也有诸多有利条件，如目前对外合作与交流的机制比较灵活，可以快速将国外最先进、适用的压裂技术进行消化、吸收和再创新，可建立类似的压裂学习曲线，快速缩短与国外的技术差距；国家对页岩气有一定的政策性补贴，并允许民营企业参与页岩气的招投标与勘探开发，建立了国企与民企有序竞争的良性氛围，这就有利于技术的创新及应用；另外，已有一定的技术基础，如中石油在长宁、威远、昭通等地区，中石化在涪陵焦石坝等地区，都取得了页岩气压裂的技术突破，压后效果也超过预期。

值此中国页岩气勘探开发风起云涌的大好形势和契机，笔者倾情奉献系统的页岩气压裂技术体系知识，包括压前页岩储层特性参数的评估、诱导应力场研究、页岩裂缝起裂与扩展规律、页岩气压裂优化设计及现场压裂工艺等多个环节，希望能对业内从事页岩气压裂工作的研究与管理人员，提供必要的技术储备，希望能对他们所从事的页岩气勘探开发的伟大实践有所裨益。

本书由蒋廷学、邹洪岚主编，王海涛参与了第3、5、6、8章编写，李双明参与了第5、6、8章编写，卞晓冰参与了第7、8章编写，姚奕明及王宝峰参与了第4章编写，贾长贵参与了第3、4、5、6、7章的审校工作。全书最后由蒋廷学统稿。

由于笔者水平有限，加之时间仓促，文中疏漏不可避免，恳求广大专家、学者批评指正。

目录

非法定计量单位换算一览

非法定计量单位符号	中 文 名 称	与法定计量单位换算关系
scf	标准立方英尺	1 scf=0.028 3 m^3
in	英寸	1 in=2.54 cm
ft	英尺	1 ft=30.48 cm
psi	磅力/平方英寸	1 psi=6.89 kPa
bbl	桶(石油)	1 bbl=159 L
mD	毫达西	1 mD=0.986 9 $\times 10^{-9}$ m^2
bpm	桶/分	1 bpm=0.159 $m^3 \cdot min^{-1}$
cP	厘泊	1 cP=1 mPa · s
dyn	达因	1 dyn=10^{-5} N
boe	桶(石油)当量	1 boe=160 m^3(NG)
lb	磅	1 lb=0.453 6 kg
gal	加仑	1 gal=4.546 L(英) 1 gal=3.785 L(美)
°F	华氏度	1 °F=32 + (°C) × 1.8
acre	英亩	1 acre=0.004 046 9 km^2
Mscf	千标准立方英尺	
MMscf	百万标准立方英尺	

页岩气
压裂技术

第 1 章

绪论

1.1 压裂对页岩气开发的意义

由于页岩储层的孔隙度和渗透率都很低，页岩气的自然产量和采收率也很低，因此页岩气的商业化开采必须依赖于有效的水力压裂改造措施。水力压裂技术是利用地面高压泵车，以超过地层的吸液能力，大排量地注入大量的液体在岩层中造缝，然后泵送一定量的支撑剂填充于先前产生的裂缝中，最终形成远超过地层渗流能力的高速支撑带的工程技术。水力压裂技术形成的人工裂缝将地层原先的径向流动模式转化为双线性流动模式，即油气藏流体从地层线性地流入裂缝，又从裂缝线性地流入井筒。根据渗流力学原理可知，线性流动的渗流阻力远小于径向流动的渗流阻力。因此，在流动压差不变的前提下，高流动能力的人工裂缝的存在，会显著提高地层流体的产量。

水力压裂技术水平的高低，以及与地层的针对性如何，都将直接影响压裂的效果和经济效益。水力压裂技术诞生于1947年，在常规砂岩油气藏、碳酸盐岩油气藏及煤层气等领域中，已经发挥了重要的增储上产作用。通过调研可知，国外的页岩气井也大量采用水力压裂技术，如美国的Barnett页岩气田，几乎每口井都采用水力压裂技术，先前采用直井压裂技术，效果不明显，后来采用水平井分段压裂，取得了历史性突破。该技术迅速在北美其他页岩气区块得到普及，显著加快了页岩气的勘探开发进程。2013年，美国的页岩气年产量已达$3\ 000\times10^{8}\ m^{3}$左右，且正以每年大约$500\times10^{8}\ m^{3}$的增幅在快速发展。可以预计，页岩气将极大改变美国甚至世界的能源格局。

对国外已有的页岩气开发实例进行分析得知，页岩气水力压裂技术主要有：直井压裂技术、水平井多段压裂技术、滑溜水压裂技术、缝网压裂技术、同步压裂技术和重复压裂技术等。这些先进技术的应用，不断提高着页岩气井的产量，促进了页岩气勘探开发的快速发展。如果能引进并合理利用这些先进技术，将大大有助于中国页岩气的开发。据估算，中国的页岩气资源量约$30\times10^{12}\ m^{3}$，与美国的资源量相当[1]。但中国的页岩气地质与地表条件均比美国复杂，因此，以美国为代表的北美地区成熟的页岩气压裂技术，不能简单照搬到中国，必须紧密联系中国页岩气分布及储藏等特点，有针对性地学习、消化和再创新。

随着2002年开始的页岩气水平井滑溜水分段压裂技术的大面积应用，以及随后以多井同步压裂为代表的“井工厂”压裂技术的普及及规模化应用，极大地降低了压裂的成本投入，使得页岩气的经济开发价值逐渐提高。有专家大胆设想，随着水平井钻完井及分段压裂技术的不断进步，目前的页岩气等“非常规气”会逐步转变为“常规气”。

1.2 页岩气压裂与常规油气压裂的区别

页岩气与常规油气储层的差异突出表现在：非均质性和各向异性强；黏土矿物含量高，一般在30%以上；渗透率非常低，比常规砂岩低1～2个数量级，一般为纳达西级；孔隙度一般低于5%，大部分气吸附在有机质孔隙中；厚度大，一般在50 m以上；水平的层理缝或更细小的纹理缝多；一般局部或整体发育高角度天然裂缝，有的充填，有的未充填。这些地层本身的差异性，必将带来对水力压裂技术的需求和要求不同。

由于不同区块页岩储层特性各不相同，并不是所有的页岩都适合滑溜水、大排量压裂施工。脆性地层（富含石英和碳酸盐岩）容易形成网络裂缝，而塑性地层（黏土含量高）容易形成双翼裂缝，因此不同的页岩气储层所采用的压裂工艺技术和液体体系是不一样的，要根据实际地层的岩性、敏感性和塑性以及微观结构进行选择。经过三十多年的发展，国外已形成了多项页岩气压裂技术，并且在多年的发展过程中总结出了一套压裂液选择依据（图1-1）。液体类型、排量大

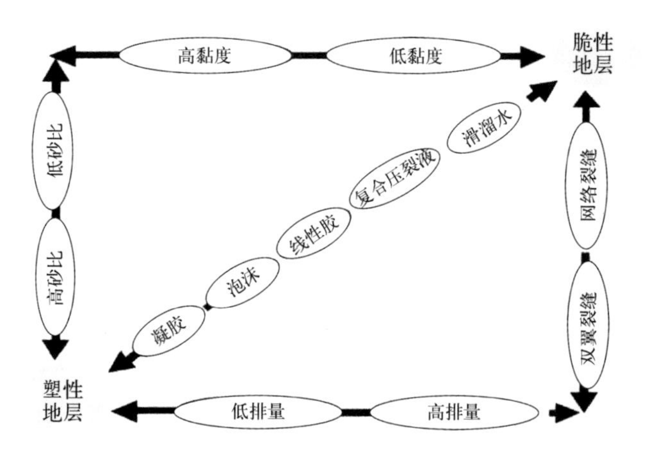

图1-1 页岩气储层压裂方案优化示意图

小以及加砂浓度等与地层特点有着紧密的联系。对于塑性地层，压裂时很难形成网络裂缝，该类地层利用黏度更高的胶液或者泡沫更容易实现好的改造效果。同时，页岩气压裂裂缝检测技术在压裂后期效果评价方面有重要意义。

具体而言，页岩气压裂与常规压裂的主要区别在以下几个方面。

1.2.1 目标函数

常规压裂追求压后产量、有效期和经济效益，设计的水力裂缝一般为双翼对称分布的单一裂缝，设计的着力点放在如何形成更长的裂缝长度或导流能力上。而页岩气压裂设计一般追求裂缝改造体积的最大化，虽然也追求产量、有效期和经济效益，但设计的着力点放在如何最大限度地提高裂缝的复杂性指数上，理想的情况是实现三维网络裂缝。因此，页岩气地层的水力裂缝不再是双翼对称的单一裂缝形态，而是复杂裂缝甚至是网络裂缝。

1.2.2 裂缝的性质

常规压裂的裂缝是以张性破裂为主的裂缝，裂缝形态单一。而页岩气压裂的裂缝首先是剪切破裂裂缝，伴随张性破裂与剪切破裂兼有的撕裂型裂缝，裂缝形态复杂。随着施工时间的增加，还发生剪切缝和撕裂缝向张性裂缝转变的过程，尤其是近井筒处裂缝。因此，裂缝的性质有很大的不同。常规压裂的裂缝导流能力是靠支撑剂的支撑作用，而剪切裂缝的导流能力靠剪切破坏时的错位裂缝面的粗糙度，使裂缝面不能像整合面那样完全闭合。但这种裂缝的导流能力随闭合压力的增加会快速降低。一般而言，这种类型的裂缝一般在裂缝的前缘存在，尤其在浅井闭合压力相对低的情况下。如果是深井高闭合压力地层，即使形成了类似的网络裂缝，最终对产量有帮助的也主要是张性裂缝，里边有大量的支撑剂长期支撑，而分支缝或次生支缝由于造缝宽度窄，支撑剂难以进入，其裂缝会快速失效，失去网络裂缝的效果。

1.2.3 压裂设计部分参数的概念

常规压裂会严格区分造缝半长与支撑半长的概念，并定义支撑半长与造缝半长的比值为动态比。前置液比例的优化也是以动态比达0.7或0.8等来确定。对探井压裂而言，为保险起见可能取0.7，对开发井压裂而言，由于对地层条件比较了解，动态比可能取0.8甚至更高，以达到既保证施工安全，又防止前置液过大的不利影响。如果采用的前置液多了，滤失造成的储层伤害较大；另外，当压裂停泵后，支撑剂容易再次移动分布，从而会产生近缝口处的"包饺子"等现象。

1.2.4 射孔方式

常规压裂尤其是直井压裂，一般采用集中射孔模式，可以一段射开10 m甚至更长。而页岩气压裂一般采用簇射孔模式，而且考虑更多其他的因素。如页岩的脆性好，射孔的簇数可能多些，如塑性较强，射孔的簇数则相对较少，甚至可以单簇射孔。

1.2.5 压裂工作液[2]

常规压裂用工作液一般为高黏度的瓜胶体系。因其黏度高，只能形成单一的水力裂缝。而页岩气压裂要形成复杂的网络裂缝，一般为大量采用滑溜水等低黏度压裂工作液体系为主。因为这种滑溜水体系黏度低，通常只有几个厘泊，易于纵横向沟通不同的网络裂缝系统。尤其是分支的次生裂缝，因其宽度很小，一般只能容纳低黏度的滑溜水进入。但是，页岩气压裂一般也采用高黏度的压裂液尾追注入，如瓜胶、聚合物等高黏度流体。这些高黏度流体的作用主要是造主缝并将裂缝向储层深部方向引领，最终形成范围很大的网络裂缝。如果全程采用低黏度的滑溜水体系，可能形成的网络裂缝范围有限，最终难以实现最大限度地提高裂缝改造体积的目的。

1.2.6 支撑剂

常规压裂通常只用一种类型的支撑剂，因为裂缝形态单一，造缝宽度足以保证设计的支撑剂在裂缝内有效输送和铺置。而页岩气压裂的网络裂缝形态复杂，多尺度的裂缝同时存在，既有主裂缝的宽缝，又有支裂缝的窄缝，甚至同时并存更窄的次级裂缝，如果只用单一的支撑剂类型和粒径，可能引发早期砂堵的出现。而用不同的支撑剂类型及粒径，可以满足不同的裂缝宽度对各自适合的支撑剂的需要。同时，由于页岩压裂的裂缝长度一般相对较长（按照数值模拟计算的结果，有的裂缝可达350 m以上），这么长的裂缝加上页岩的厚度相对较大，更需要密度相对较低的支撑剂，以提高远井裂缝的支撑效率。另外，支撑剂优选的原则变化也很大，尤其是脆性页岩气地层，在网络裂缝形成的概率很大的前提下，此时支撑剂的选择不是为了提高裂缝的支撑导流能力，而是通过与施工砂液比的配合，在裂缝内人为产生桥堵现象，提升裂缝内的净压力，从而促成裂缝的转向甚至多次转向。所以，此时支撑剂的作用就蜕变成类似转向剂的作用而不仅仅只是支撑作用。

1.2.7 压裂的泵注程序

常规压裂的泵注程序一般是前置液、连续加砂的携砂液、最终的顶替液、停泵，一般不超过10个泵注阶段。而页岩气压裂的泵注程序可能多达40个以上的泵注阶段，尤其突出的不同点是段塞式加砂，即将原先的连续加砂变换为一段砂、一段液模式，多次循环往复，当然，施工的砂液比会逐渐提升。另外，还有一个显著不同点是阶段最高砂液比明显低于常规压裂，一般不到30%，而常规压裂的阶段最高砂液比可能高达60%以上。这是由于页岩的复杂裂缝形态所决定的，过高的砂液比会导致过早脱砂而产生砂堵现象，最终使得施工失败。

1.3 页岩气压裂关键技术

鉴于页岩与常规砂岩和碳酸盐岩储层特点的显著不同，页岩气的压裂应重点关注以下关键技术。

1.3.1 压前储层评价技术

除了常规的岩性、物性、电性、含气性、岩石力学及地应力特征（尤其是三向应力分布）、天然裂缝、温度、压力及流体性质评价外，还要注意干酪根类型、含气性、游离气与吸附气含量、热成熟度（R_o值）、脆性矿物含量及分布、水平向的层理缝及纹理缝等。评价方法除了常规的地质、生产、测试的动静态资料外，如何利用压裂施工资料本身反映页岩远井的储层特征是至关重要的。通过储层评价，选出地质上的甜点及工程上的甜点，最好的情况是地质甜点与工程甜点相统一。因此，找准射孔的位置对于减少无效段或出气少的段，以及降低施工成本都是非常关键的。

1.3.2 页岩的裂缝起裂与扩展规律

由于页岩的泥质含量高，水平层理缝和纹理缝又相对发育，页岩的裂缝起裂与延伸规律与常规砂岩和碳酸盐岩是明显不同的。换言之，裂缝的复杂性指数是最高的。目前主要可借助于物理模拟方法进行定性半定量的描述。

1.3.3 诱导应力场研究

诱导应力对是否能形成网络裂缝及优化射孔簇间距等参数至关重要。诱导应力的影响因素主要有裂缝延伸时的净压力、水平井筒及裂缝间距等。目前的初步研究认为，净压力越大，水平井筒的渗滤越大，距离裂缝面的距离越小，诱导应力就越大。一般而言，对裂缝转向或复杂裂缝，以及网络裂缝起作用的诱导应力传播区域内，诱导应力的大小应超过两个水平应力的差值。否则，即使存在诱导应力，也是无效区域。

1.3.4 网络裂缝导流能力特性研究

由于形成复杂裂缝和网络裂缝，铺砂浓度远低于常规压裂情况，低铺砂浓度下裂缝导流能力到底有何不同，在不同的闭合压力条件下如何递减，需要进行针对性的研究，以选择合适的支撑剂及对应的输送工艺参数。

1.3.5 小型测试压裂设计

与常规压裂的测试压裂不同，页岩气小型测试压裂不但要求选择准确的储层参数，还要对诱导应力产生一定幅度的影响。最佳的情况是小型测试压裂后，其产生的水力裂缝引起的诱导应力，足以改变原始的两向水平应力差异影响。主压裂施工时，主裂缝可能不是沿着测试压裂的裂缝位置延伸，可能以不同的角度起裂与延伸新裂缝，从而为形成复杂裂缝甚至网络裂缝提供了可能。鉴于这个目的，页岩气小型测试压裂的设计非常关键，包括注入排量及入井液量等参数的优化，要严格按页岩的地质参数输入压裂设计模型中进行模拟优化，模拟测试压裂的裂缝净压力与排量及液量的敏感性，确保裂缝净压力最低要达到两向水平应力差值。

1.3.6 滑溜水与胶液的注入模式

对页岩气压裂而言，一般情况下是滑溜水与胶液都用，但具体怎么用，是合并成大段一起用，还是分多个小段用，以及滑溜水与胶液的比例多少合适，都需要针对不同页岩及井筒的穿行轨迹来优化确定。

参考文献

[1] 郭南舟，王越之.页岩气钻采技术现状及展望[J].科技创新导报，2011(32)：67–69.

[2] 蒋官澄，许伟星，黎凌，等.减阻水压裂液体系添加剂的优选[J].钻井液与完井液，2013，30(2)：69–72.

第 2 章

页岩气压裂前储层评价

页岩是一种广泛分布于地壳中的沉积岩，通常被作为源岩和盖层。随着研究程度的深入和勘探开发技术的进步，人们逐渐认识到页岩也可以作为有利的储集层，北美页岩气勘探开发的成功证明了页岩中储存着巨大的天然气潜力。

页岩气是指主要以游离和吸附方式储存于富有机质泥页岩及其他岩性夹层中的天然气。因此，页岩气既可以存在于泥页岩中，也可存在于页岩层系夹层状的粉砂岩、粉砂质泥岩、泥质粉砂岩甚至砂岩等地层中，为天然气生成之后在源岩层内就近聚集的结果，表现为典型的“原地”成藏模式[1-4]。

页岩气储层的孔隙度和渗透率非常低，天然气储存在天然裂缝和基质孔隙中，经济开采需要水力压裂等增产措施来沟通天然裂缝或是基质孔隙，而成功的增产措施取决于地层的岩石力学脆性能否产生诱导裂缝。因此，预测天然裂缝及页岩层脆性对于优化页岩气的开发是非常必要的[5]。

页岩气作为一种非常规天然气，在美国取得了成功的勘探和开发，在很大程度上得益于页岩气成藏理论的进步和勘探开发技术的迅速发展。因此，需要在泥页岩地质特征和岩石物理分析的基础上，重点探讨页岩气储层关键特征参数及其录取方法。

2.1 页岩气关键特征参数

页岩是一种渗透率非常低的沉积岩。页岩是否能够产生烃类，产生的是油还是气，则主要取决于页岩所包含的有机物的总量和类型、是否存在促成化学分解的微量元素，以及其所受到的热力程度和受热时间的长短等因素。

岩心分析表明，成熟、热成因的页岩主要被间隙气所饱和，吸附气所占比例为50% ～ 10%。相反，未发育成熟、生物成因的页岩主要被吸附气所饱和，间隙气所占比例很小。同时页岩孔隙空间中还被不同比例的水、气及可动油所饱和。储层性质最佳的页岩通常含油和含水饱和度低、间隙气饱和度高，因而气相相对渗透率也较高。该类页岩中有机物含量和有机物发育程度均较高，其组织结构反映出孔隙度和渗透率在埋藏过程中保存较好。

影响间隙气量大小的主要因素是页岩基质孔隙的大小和天然裂缝的发育程度，两者呈正相关关系；如图2-1和图2-2所示，影响吸附气量的关键因素是有机碳含量的高低，两者同样呈正相关关系。

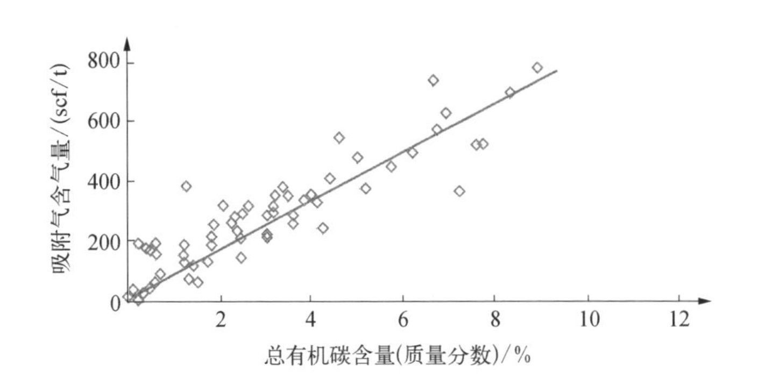

图2-1 全美页岩气产气盆地页岩有机碳含量与吸附气含量关系

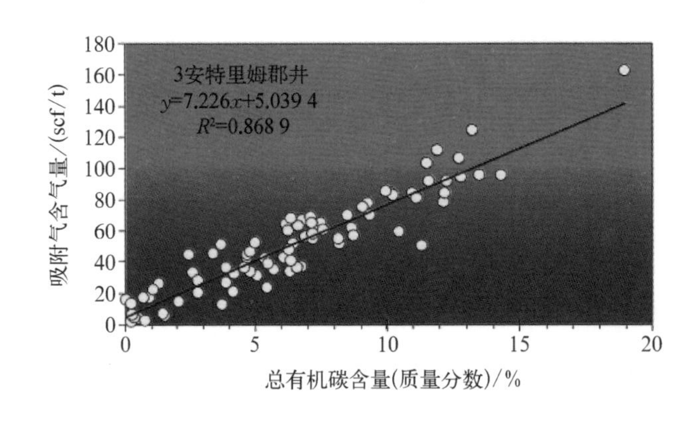

图2-2 总有机碳含量与含气量的关系

在含气页岩中，气产自其本身。页岩既是烃源岩，又是储层。如图2-3所示，天然气可以储存在页岩岩石颗粒之间的孔隙间或裂缝中，也可以吸附在页岩中有机物的表面上。

天然裂缝的发育程度是页岩气运移聚集、经济开采的主要控制因素之一。只有少数天然裂缝发育十分成熟的页岩气井可直接投入生产，其余90%以上的页岩气井需要采取压裂等增产措施沟通其天然裂缝，提高井筒附近储层渗流能力。因此，页岩储层改造要求针对页岩储层特点优选压裂井段和施工工艺，才能取得较好的开发效果和经济效益。有关页岩吸附气和游离气渗流机理如图2-4所示。

如图2-5所示，含气页岩与普通页岩相比，含气页岩具有自然伽马强度高、电阻率大、高中子、高声波时差，地层体积密度和光电效应低等典型测井特征。

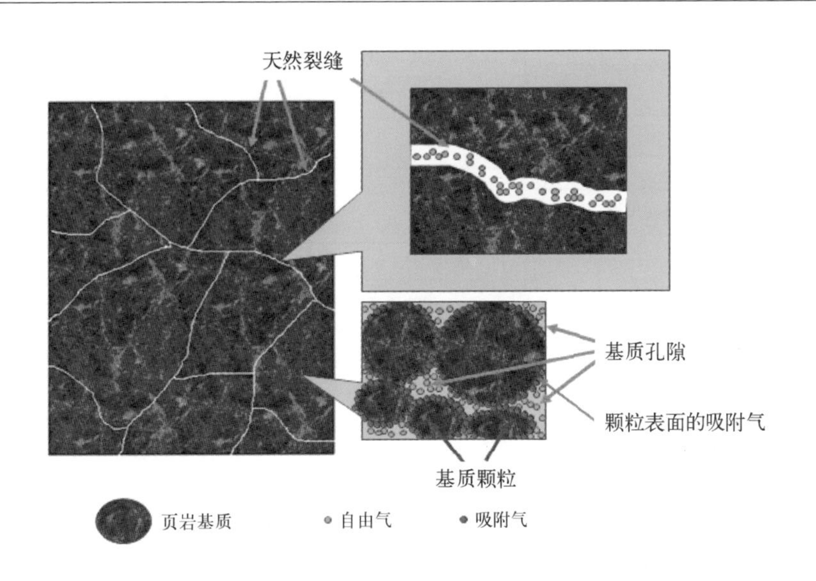

图2-3 页岩气储集示意图

常规天然气渗流机理

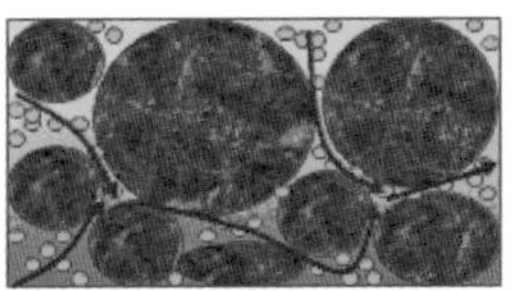

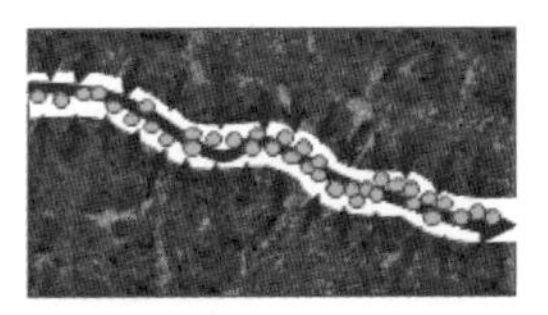

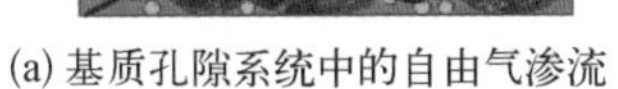

(a) 基质孔隙系统中的自由气渗流　(b) 裂缝系统中的自由气渗流

吸附气和游离气渗流机理

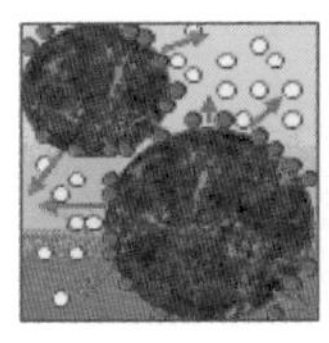

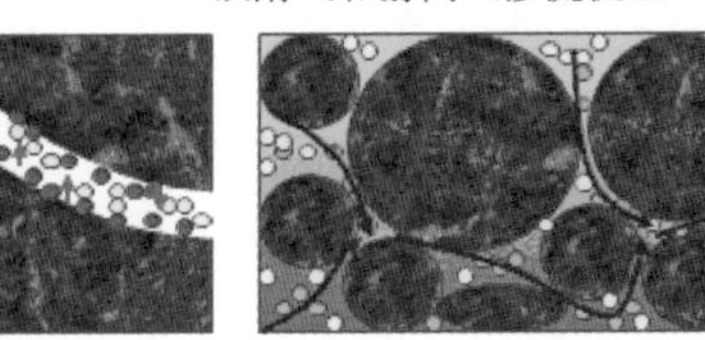

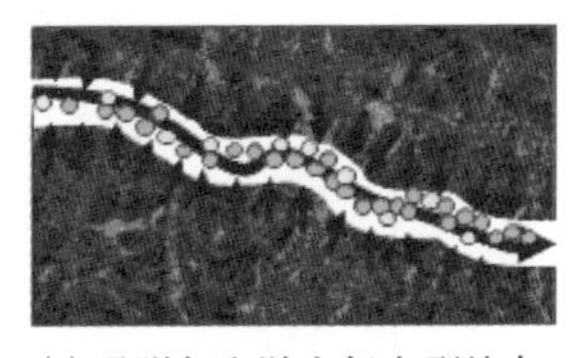

(c) 气体在孔隙和裂缝中的解吸　(d) 吸附气和游离气在基质中渗流　(e) 吸附气和游离气在裂缝中渗流

图2-4 页岩吸附气和游离气渗流机理

因此，孔隙度、流体饱和度、渗透率和有机质含量等是衡量页岩气是否具有开发价值的关键参数。

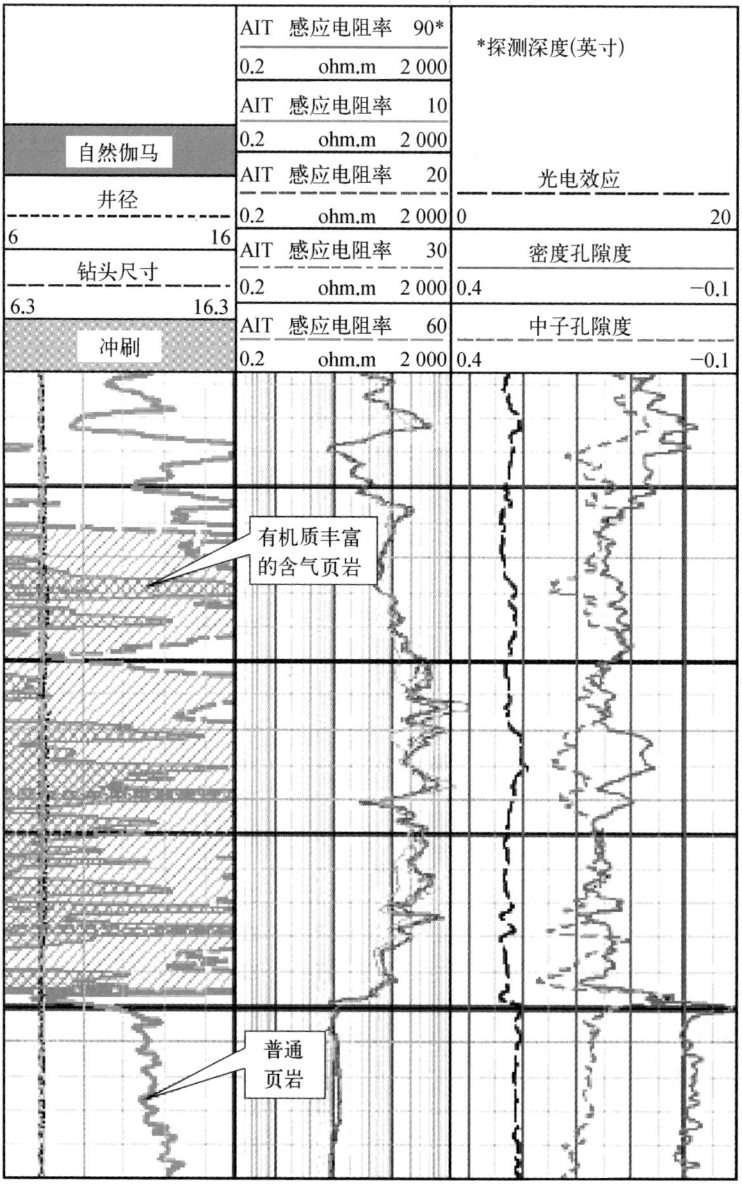

图2-5 含气页岩与普通页岩测井特征对比

2.2 页岩气关键特征参数求取方法

2.2.1 页岩气储存特征

页岩气的储存形式多样，一部分以游离相态存在于裂缝、孔隙及其他储层空间中；另一部分以吸附状态存在于干酪根、黏土颗粒及孔隙表面，还有极少数以溶解状态储存在干酪根、沥青、水和石油中。其中吸附气含量所占比例为0% ～ 85%[6]。

吸附是指固体或液体表面黏着的一层极薄的分子层，且它们与固体或液体表面处于接触状态[7]。与煤层气的吸附过程相同，页岩气的吸附作用又分为物理吸附和化学吸附，以物理吸附为主。物理吸附是由范德瓦尔斯力引起的可逆反应，需要消耗的吸附热量较少。而化学吸附作用更强，主要是离子键吸附，反应更慢且不可逆，一般限在单层，需要很大的能量才能将离子键打开而使甲烷解吸。

页岩的吸附能力与总有机碳含量、矿物成分、储层温度、地层压力、页岩含水量、天然气组分和孔隙结构等因素有关。

2.2.2 页岩岩相类型

页岩能否达到经济开采的标准和产气页岩的岩相特征密切相关，具有经济价值的页岩至少满足两个基本条件：含有丰富的有机质和较多的脆性矿物成分。最有利的页岩气开采的岩石类型，往往沉积在缺氧还原环境下，一般是由于水环境受到限制、生物需氧量超出供应量等情况而形成，以水进体系域为佳；同时需要大量微体生物残骸沉积，使页岩中含有较多生物硅质或钙质，以及较少的黏土，从而使页岩具有很高的脆性。

Jacobi等[8]根据测井数据对美国Arkoma盆地的Woodford和Caney页岩进行了地球化学和岩石力学特征研究，进而确定了压裂生产的有利层段。其岩相划分的标准为：

（1）富硅-有机泥岩：$Th/U < 2$，高U值，高TOC，高石英含量；

（2）少量硅-有机泥岩：Th/U < 2，高U值，高TOC，低石英含量；

（3）硅质泥岩：Th/U > 2，低U值，低TOC，高石英含量；

（4）碳酸质泥岩：根据方解石、白云石和磷铁矿这三种碳酸盐岩矿物的总含量进行区分；

（5）低有机泥岩：Th/U < 2，高U值，低TOC，低石英含量。

上述岩相区分的模式被分别应用在美国Barnett、Woodford、Haynesville和Marcellus页岩上，取得了较好的开采效果。

2.2.3 有机物特征

页岩气的富集需要丰富的烃源物质基础，要求生烃有机质含量达到一定标准。关于页岩气藏形成的有机碳含量下限值，很多学者都进行过研究，Schmoker[9]认为产气页岩的有机碳含量平均下限值大约为2%；Bowker[10]则认为一个有经济价值的开发目标区有机碳下限值大约为2.5% ～ 3%。Barnett页岩Newark East气田岩心分析的平均有机碳含量高，为4% ～ 5%。Appalachian盆地Ohio页岩Huron下段的总有机碳含量为1%，产气层段的有机碳含量可达2%。

TOC值常可表征含气量大小。美国多个研究实例显示，页岩气含量与TOC含量之间呈正相关关系[11]，有机质中纳米微孔隙是页岩气吸附的重要载体。由于有机碳的吸附特征，其含量直接控制着页岩的吸附气含量，所以要获得有工业价值的页岩气藏，有机碳的平均含量应大于2%，当然随着开采技术的进步该下限值可能会降低。但是，页岩气的气体含量并非仅受有机碳含量影响，而是受多重因素制约，如还与矿物类型、孔隙结构和气体的主要储存状态等因素有关[12]。

2.2.4 无机矿物特征

页岩的无机矿物组分主要分为三类：碎屑矿物（石英和长石）、黏土矿物和自生非黏土矿物(主要是碳酸盐岩矿物,其次为硫酸盐矿物等)[13]。无机矿物的相对含量的变化主要影响了页岩的力学性质,使得天然裂缝的发育和压裂增产的效果都有巨大的差异,并且在一定程度上造成基质孔隙结构的不同,影响了气体的吸附能力和储存能力。由于页岩的低渗透特征,实现页岩气增产最有效的办法是人工压裂造缝,因此,易于压裂是实现页岩气经济开采的必要条件。此外,页岩气很大一部分产量来自游离气的贡献,由于页岩的低孔隙度,游离气的存储往往依赖于成岩作用和构造运动中产生的大量微裂隙。因此,需要岩石具有很高的脆性,这取决于其矿物组成。

美国Fort Worth盆地的Barnett页岩中富含硅质(体积占到35% ~ 50%),黏土矿物含量较低(低于35%)[14],局部常见碳酸盐岩和少量黄铁矿和磷灰石[15],具有较高的杨氏模量和低的泊松比,像玻璃一样具有很强的脆性,在外力的作用下容易形成天然裂缝和诱导网状裂缝,有利于页岩气开采。构成Antrim页岩的主要矿物是石英、碳酸盐岩和黏土,次要组成矿物为黄铁矿、干酪根、长石、高岭石和绿泥石(Manger等,1991)[16],气体的产生速度依赖于地层天然裂缝的发育程度,而天然裂缝发育程度受到页岩矿物组成的影响。

2.2.5 页岩气岩石物理分析方法

岩石物理作为连接储层和地震特征的桥梁,在诸如测井分析、地震反演、属性分析等方面都起着重要的理论基础作用。页岩地震岩石物理的核心在于分析微观孔隙、矿物组分和有机质等参数对地球物理响应的影响,这种响应可以是纵横波速度、纵横波波阻抗、纵横波速度比以及各向异性强度等宏观特征。通过分析宏观响应特征的变化,进而选择最优的地震属性,通过地震反演等方法提取这些属性的空间分布,达到能直接预测页岩储层特征的目的。

目前,已发展了许多诸如Wyllie平均时间公式(1956)[17]、Raymer公式(1980)[18]、Tosaya公式(1982)[19]、Castagna公式(1985)[20]、Han公式(1986)[21]等用于表征孔隙度-速度或速度-孔隙度-泥质含量的经验关系式,一般来说经验公式都是从某些地区的数据中拟合出来的结果,由于地质情况的复杂性,这些公式代表的仅是特定区域的特征,因此利用经验公式进行速度预测时必须非常谨慎。同时，一些经典的有效介质等效模型，诸如Biot（1956）[22]和Gassmann方程（1951）[23]、Kuster-Toksöz模型（1974）[24]、Xu-White模型（1995）[25]等也逐渐建立，并在一定条件下得到广泛应用。地震波速度除了受孔隙度、饱和度等性质的影响，还会明显地受到孔隙空间结构即孔隙形状的影响，如Kuster和Toksöz（1974）等[24]。

在碎屑储层的速度预测模型中，岩石物理速度预测模型主要有Gassmann方程、Kuster-Toksöz模型和Xu-White模型，但是这三个模型在考虑孔隙形状的影响都具有一定的局限性，不能满足页岩岩石物理模型的需要。

Berryman提出了四种特殊的三维孔隙形状：球形、针形、碟形和裂缝形。根据孔隙形状统计分布特征（Cheng和Toksöz，1976）[26]，首先假设砂岩孔隙的主导孔隙是球形，次要孔隙依次是针形、碟形和裂缝形；然后假设泥岩的主导孔隙是裂缝形，次要孔隙依次是碟形、针形和球形。通过这种看似简单的孔隙形状的三维等效简化，从而能更直观并真实反映出地下储层岩石的孔隙空间形状，其有效性通过与实测速度的高度吻合及叠前反演结果与录井、试油资料的较好一致性得到了证实。具体流程如图2-6所示。

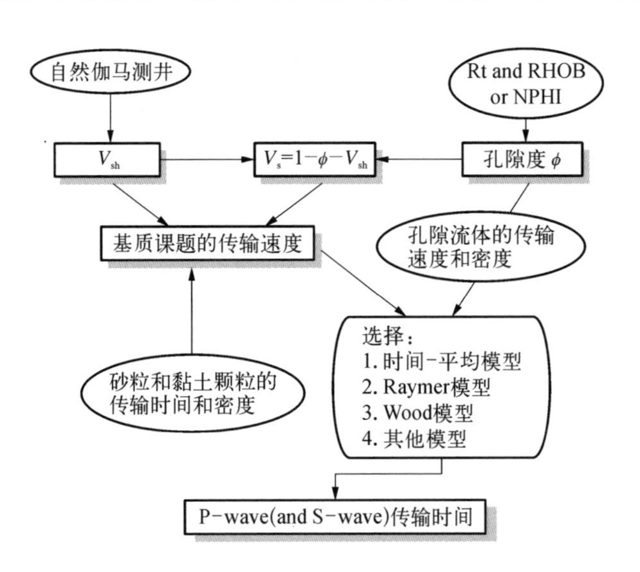

图2-6 Xu-White模型的原理示意图

Berryman(1980,1995)[27-28]提出了球形、针形、碟形和裂缝形这四种特殊的三维孔隙形状的弹性模量表达式,计算干岩石弹性模量的公式如式(2-1)和式(2-2)所示:

$$(K_{\mathrm{dry}} - K_{\mathrm{m}}) \frac{K_{\mathrm{m}} + \frac{4}{3}\mu_{\mathrm{m}}}{K_{\mathrm{dry}} + \frac{4}{3}\mu_{\mathrm{m}}} = \phi_{\mathrm{s}} \sum_{i-1}^{N} C_i (K_i - K_{\mathrm{m}}) P^{\mathrm{m}i} + \phi_{\mathrm{c}} \sum_{i-1}^{N} C_i (K_i - K_{\mathrm{m}}) P^{\mathrm{m}i} \tag{2-1}$$

$$(\mu_{\mathrm{dry}} - \mu_{\mathrm{m}}) \frac{\mu_{\mathrm{m}} + \frac{4}{3}\zeta_{\mathrm{m}}}{\mu_{\mathrm{dry}} + \frac{4}{3}\zeta_{\mathrm{m}}} = \phi_{\mathrm{s}} \sum_{i-1}^{N} C_i (\mu_i - \mu_{\mathrm{m}}) Q^{\mathrm{m}i} + \phi_{\mathrm{c}} \sum_{i-1}^{N} C_i (\mu_i - \mu_{\mathrm{m}}) Q^{\mathrm{m}i} \tag{2-2}$$

上式中,K_{dry}、μ_{dry}分别代表干岩石体积模量和剪切模量;K_i、μ_i代表第i种孔隙内含物的体积模量和剪切模量,对于干岩石的内含物此处均视为空气;$P^{\mathrm{m}i}$、$Q^{\mathrm{m}i}$为关于第i种孔隙几何尺寸的常量。

2.2.6　页岩气储层测井评价技术

目前国内外围绕页岩气富集区或"甜点"寻找,测井评价技术主要围绕以下几个方面开展,即页岩气定性识别、页岩生烃潜力评价、页岩岩性及储集参数评价和岩石力学参数、地应力及裂缝评价(潘仁芳等,2009)[29]。

(1) 含气页岩测井识别

识别页岩气储层所需的常规测井方法主要有:自然伽马、井径、中子、密度、声波时差和电阻率测井。典型含气页岩在常规测井曲线上具有"四高两低"的响应特征,即高自然伽马、高电阻率、高声波时差、高中子、低体积密度、低光电吸收指数(谭茂金等,2010)[30]。

近年来,以成像、核磁共振、阵列声波、高分辨率感应等为代表的测井新技术正在非常规油气藏的勘探中发挥越来越重要的作用。应用效果较好的测井新技术系列有元素俘获能谱测井(ECS)、阵列声波测井、井壁成像测井、核磁共振测井、自然伽马能谱测井、感应测井等(Shim等,2010)[31]。

元素俘获能谱测井(ECS)可以定量确定地层中的硅(Si)、钙(Ca)、铁(Fe)、硫

（S）、钛（Ti）、钆（Gd）等元素的含量，进而精确分析页岩的矿物成分。此外，ECS与常规测井结合，还可以确定干酪根类型，计算有机碳含量。阵列声波可提供纵波、横波和斯通利波等信息。其中纵、横波时差结合常规测井资料，可求取岩石泊松比、杨氏模量、剪切模量、破裂压力等岩石力学参数，可为压裂方案设计及优化提供依据；利用快慢横波分离信息，可以评价由于裂缝（或地应力）引起的地层各向异性；利用斯通利波信息可以分析裂缝及其连通性。声、电井壁成像测井能够提供高分辨率井壁图像，可用于裂缝类型与产状分析、定量计算裂缝孔隙度、裂缝长度、宽度、裂缝密度等评价参数。另外，利用井壁成像进行的沉积学分析和纵向非均质性评价，对指导页岩气的储层改造和高效开发具有重要的意义。核磁共振测井可以排除复杂岩性的影响，得到更加准确的页岩储层孔隙度、孔隙流体类型以及流体赋存方式等信息，从而更精确地评价页岩气藏。自然伽马能谱测井能够得到地层中铀、钍、钾的含量。通常情况下，干酪根含量与铀含量呈正相关关系，而放射性元素钍和钾的含量与干酪根含量没有相关性，因此常用钍铀比来评价地层有机质含量和生烃潜力。

（2）有机质丰度测井估算

页岩含有丰富的有机质，由于有机质的存在，会使得测井曲线发生相应的变化，这是利用测井技术预测有机碳含量（TOC）的理论依据。目前，电阻率与声波时差重叠法应用较为普遍，它是将声波时差曲线和电阻率曲线进行适当刻度，使其在细粒非烃源岩段重叠，在富有机质段出现分离，依据分离程度确定有机质含量（Passey等，1990）[32]。重叠段对应的曲线分别称为电阻率基线（R基线）和声波时差基线（t基线），曲线间的分离程度lg R，如式（2-3）所示：

$$\Delta \lg R = \lg(R_{基线}/R) + 0.02 \times (\Delta t_{基线} - \Delta t) \tag{2-3}$$

式中，R、t为计算点的电阻率和声波时差值；$R_{基线}$、$t_{基线}$为电阻率和声波时差曲线基线值。

（3）吸附气含量计算

页岩气储层孔隙度、渗透率、天然气含量（包括吸附气、游离气）的评价方法与常规储层存在显著差异，其中吸附气含量评价更是以往常规油气藏测井评价从未涉及的领域，从理论基础到解释评价技术都有待进一步探索与完善。目前国内外发展了地质统计法和等温吸附等方法来确定吸附气含量。

等温吸附线法借鉴了煤层气评价方法。由于吸附于页岩中的干酪根或黏土矿物表面的甲烷和煤层气中的甲烷一样，也符合朗格缪尔等温吸附方程，即在等温吸附过程中，随着压力增加吸附量逐渐增大，压力下降则会导致甲烷逐渐脱离吸附状态，引起吸附量逐渐下降，而解吸附量以非线性形式增大（图2-7）。朗格缪尔方程如式（2-4）所示：

$$G_s = \frac{V_L p}{p + p_L} \tag{2-4}$$

式中，G_s为吸附气体积；V_L为朗格缪尔体积，描述无限大压力下的吸附气体积，ft^3/t；p为储层压力，psi；p_L为朗格缪尔压力，psi，即吸附气含量等于朗格缪尔体积一半时的压力。

图2-7 朗格缪尔方程原理

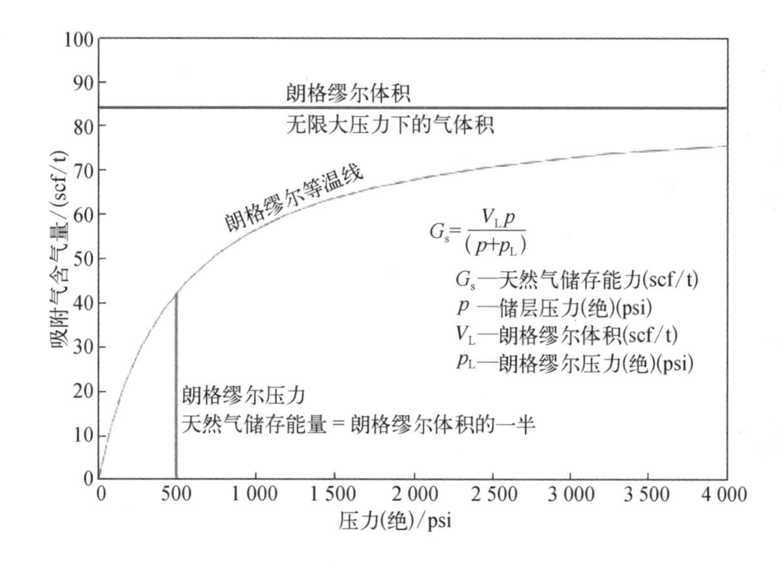

因此，可依据实验数据确定特定地区的等温吸附线，从而确定吸附气含量。

（4）岩石力学参数计算

压裂增产成为页岩油气开发关键的技术之一。压裂作业之前必须掌握工区区域应力场、最大主应力方向、压力系数，确定待压裂层及其上下围岩的岩性、物性、弹性模量、泊松比等参数，在此基础上计算破裂压力剖面、评估地层的可压性、预测缝高和缝宽，以此为依据制定压裂设计方案。

2.2.7 有机碳含量(TOC)预测

如前所述,页岩中有机物含量越高,其源岩潜力越大。对页岩储层的岩石物理特征和测井资料进行分析,可构建有机碳含量曲线,与声波阻抗进行交会分析,建立相应的关系。通过对页岩储层进行叠后波阻抗反演和地质统计学反演,可以对页岩气层段总有机碳含量(TOC)分布进行预测(图2-8、图2-9)。

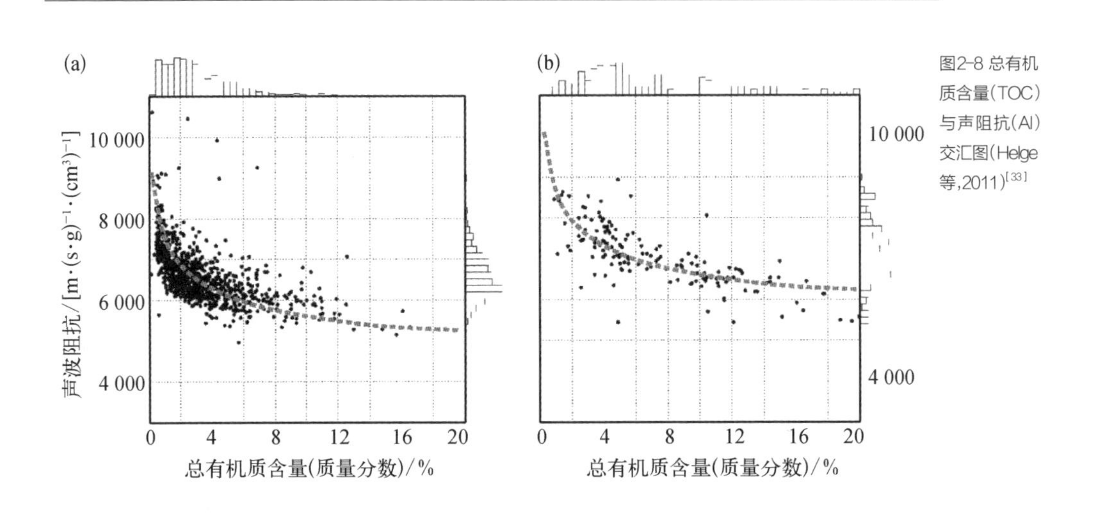

图2-8 总有机质含量(TOC)与声阻抗(AI)交汇图(Helge等,2011)[33]

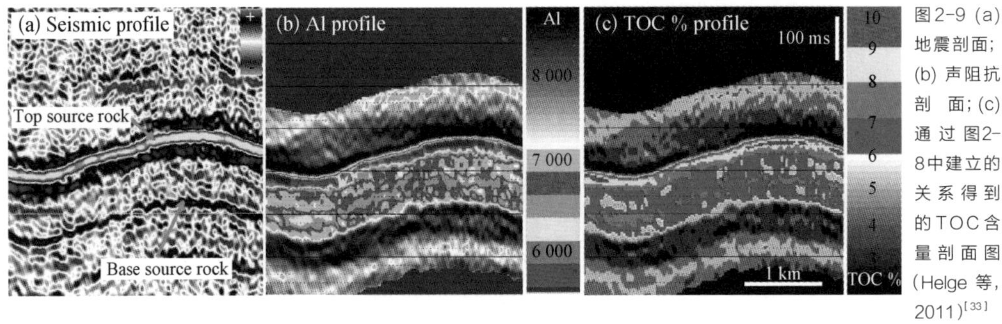

图2-9 (a)地震剖面;(b)声阻抗剖面;(c)通过图2-8中建立的关系得到的TOC含量剖面图(Helge等,2011)[33]

目前TOC的预测方法包括:从实测有机碳含量出发,通过分析与TOC相关的地球物理参数,寻找TOC敏感参数,并建立敏感参数与TOC之间的最佳拟合方程,得到该区的经验公式；利用三维地震数据，采用叠前反演方法，进行精细地震反演求得敏感参数体；根据拟合经验关系，计算得到三维分布的TOC数据体，从而定量预测TOC。

以中国石化涪陵页岩气田焦石坝地区为例[34]，研究中发现地层的密度参数与TOC具有很好的相关性。基于优质泥页岩具有高TOC的特征，对多口井进行了TOC敏感参数分析。通过伽马、密度、电阻率等常规测井结果以及杨氏模量、泊松比等弹性参数与TOC的交汇分析（图2-10）发现：只有密度与TOC相关性较高。其中，当TOC > 1%时，密度小于2.68 g/cm^3，TOC值与密度呈负相关关系，相关系数达到了0.87。分析认为高TOC的泥页岩其有机质孔隙发育更好，更有利于页岩气的吸附和储集，从而导致密度降低。因此，可以通过TOC与密度之间的相关性来完成TOC全区的预测。

基于前面TOC敏感参数统计分析结果，密度反演是进行TOC预测的基础。密度体的获取主要采用以下两种方法：① 利用叠后多属性分析方法间接获得；② 利用叠前反演方法直接获得。但叠后多属性反演的多解性较为突出，很多的解并没有明确的物理意义，其求取的密度体经过误差累积，达不到精确预测TOC的要求。

相对于叠后多属性反演，叠前同时反演的优点是反演精度高、稳定性好、多解性较少。其使用纵波速度（v_p）、横波速度（v_s）、密度（ρ）以及叠前地震方位角道集数据作为输入，对这些变量加以约束同时反演得到纵波速度、横波速度以及密度，使结果更稳定并减少多解性问题。因此，本次使用叠前纵横波同时反演技术直接反演密度体。

图2-11为利用叠前纵横波同时反演技术得到的过JY1-JY2-JY3-JY4井密度剖面图，对比测井曲线密度值与井旁反演结果可知两者吻合程度较高，龙马溪组—五峰组页岩气藏段密度分布于2.4 ～ 2.75 g/cm^3。同时，从剖面图还可以看出低密度的泥页岩分布很均匀，与该区沉积特征及井上分析情况一致，证明了反演结果的精度较高。

图2-12为JY1、JY2、JY4井联井TOC反演剖面图，黄红色显示其是优质页岩，并对应了相对较高的TOC，就整个储层（五峰组—龙马溪组一段）段相对于

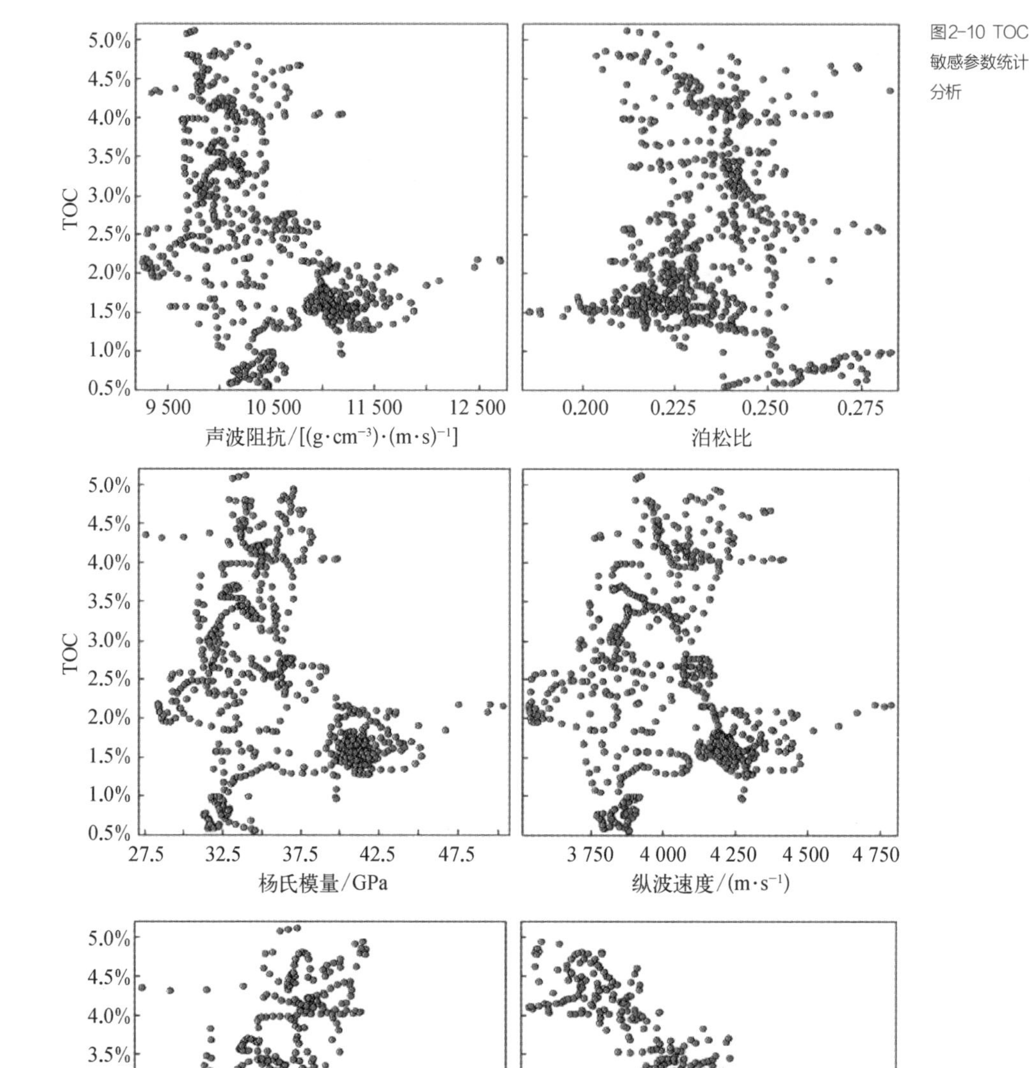

图2-10 TOC敏感参数统计分析

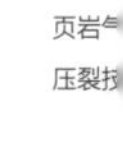

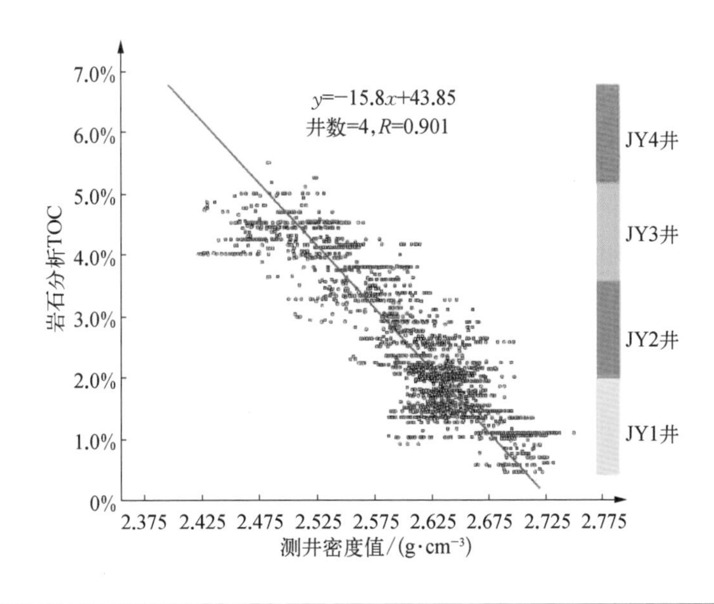

图2-11 焦石坝地区龙马溪组—五峰组页岩岩心分析TOC与密度测井值交汇图（4口井）

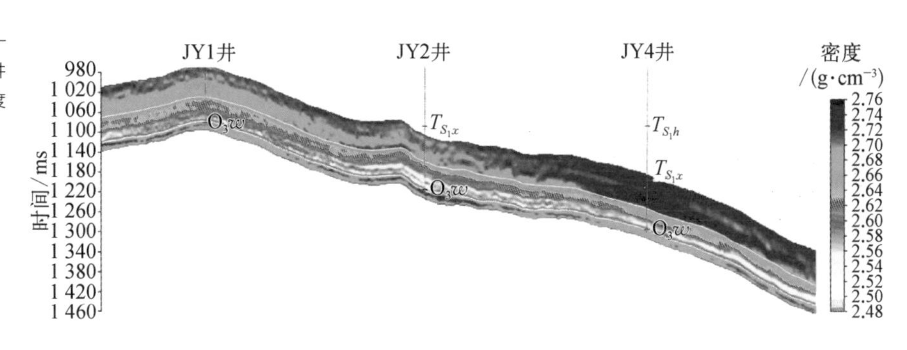

图2-12 JY1-JY2-JY4井联井叠前密度反演剖面图

上下地层而言，其分布特征明显，横向方向分布均匀。同时也可以看到，在储层内部纵向方向上高TOC的优质页岩层有2套，中间夹1套TOC相对较低的泥页岩，且2套优质页岩越接近底部，TOC越高，最大值高于4%，与前面井上分析结果对应一致。结合五峰组—龙马溪组TOC平面预测图（图2-13）进行综合分析，4口井控制的区域优质泥页岩发育很好且分布均匀，可认为该区具有良好的勘探前景。

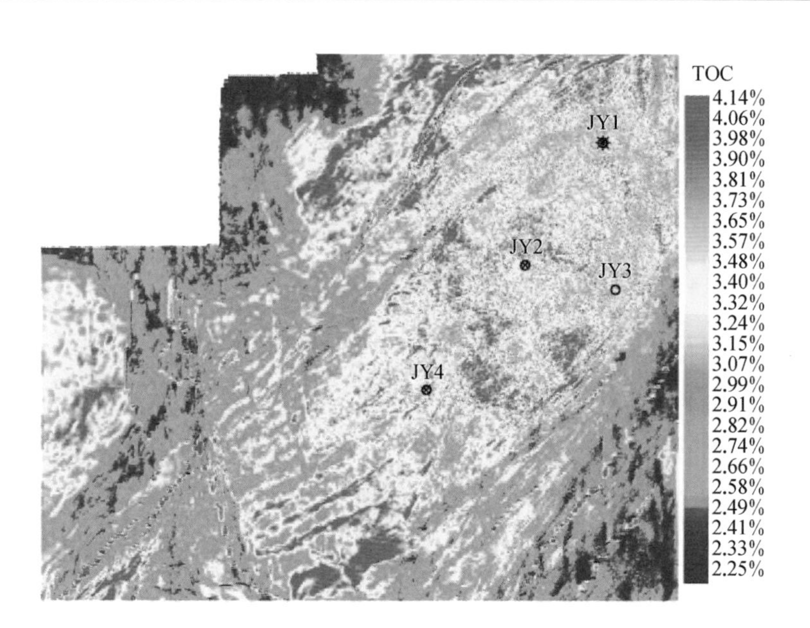

图2-13 焦石坝地区龙马溪组-五峰组TOC平面预测图

2.2.8 裂缝预测

在人工水力压裂前，必须要对地层所有天然裂缝（特别是小型的封闭型裂缝和大型处于开启状态的裂缝）的发育特征进行系统表征，同时明确地层的应力情况（即可压性评价），这样才能对水力压裂处理措施做到合理优化，最大限度地增强压裂处理的有效性。

页岩气储层中存在许多天然弱面，主要包括节理、裂缝、断层和沉积层理面。一般的页岩储层中天然弱面都有发育，它是页岩储层形成复杂裂缝网络的基本条件。在地应力作用下，天然弱面一般都处于闭合或被充填状态。

当压裂改造后能产生大量裂缝系统，这时含有裂缝系统的页岩完全可以成为有效的油气储层或储集体。反之，页岩储层要形成裂缝网状系统则需要有大量发育的天然裂缝。因此，裂缝系统发育程度不仅直接影响泥页岩气的产量高低，同时也是压裂的可压性评价的关键指标之一。

在水力压裂前，必须要对地层的天然裂缝（特别是小型的封闭型裂缝和大型处于开启状态的裂缝）的发育特征进行系统表征和评估，这对于水力压裂的合理优化十分重要，并最大限度地增强压裂处理的有效性。

1. 天然裂缝的类型及其基本特征

裂缝分类方法较多，可从构造成因、几何形态、产状、破裂性质等进行分类，但从构造成因进行分类最可行[35]。从成因的角度出发，对构造缝和非构造缝两大成因的认识较为一致，亚类的差异较大。通常认为，泥页岩中较常见的有五种[36]，包括构造缝（张性缝和剪性缝）、层间页理缝、层面滑移缝、成岩收缩裂缝和有机质演化异常压力缝，这五种裂缝通过压裂改造后对产量的贡献不尽相同（表2-1）。

表2-1 泥页岩主要裂缝成因类型及其压裂响应[36]

裂缝类型	主控地质因素	发育特点	储集性和渗透性	压裂响应
构造缝	构造运动作用	产状变化大，破裂面不平整，多数被完全充填或部分充填	主要的储集空间和渗流通道	小型微缝压裂可恢复活力，但大型的开启缝压裂时将发生局部穿层产生不利影响
层间页理缝	沉积成岩作用、构造作用	多数被完全充填，一端与高角度张性缝连通	部分储集空间，具有较高的渗透率	一般压裂可恢复活力，响应效果较好
层面滑移缝	构造作用、沉积成岩作用	平整、光滑或具有划痕、阶步的面，且在地下不易闭合	良好的储集空间，具有较高的渗透率	一般压裂可恢复活力，响应效果较好
成岩收缩微裂缝	成岩作用	连通性较好，开度变化较大，部分被充填	部分储集空间和渗流通道	闭合微缝和小型封闭微裂缝压裂可恢复活力，响应效果明显
有机质演化异常压力缝	有机质演化局部异常压力作用	缝面不规则，不成组系，多充填有机质	主要的储集空间和部分渗流通道	小部分压裂可恢复活力，但响应效果不明显

构造缝是指岩石在构造应力作用下产生破裂而形成的裂缝，是裂缝中最主要的类型。其最大的特点是裂缝成组出现，沿一定方向发展并有规律的分布，裂缝的分布具有不均匀性，裂缝边缘比较平直且延伸较远。与其他岩石类型的储层相比，泥页岩层的塑性相对较大，岩石变形主要表现为塑性剪切破裂，故泥页岩中的构造裂缝主要

为高角度剪切裂缝和张剪性裂缝。

层间页理缝主要为具剥离线理的平行层理纹层面间的孔缝。由一系列薄层页岩组成，页岩间页理为力学性质薄弱的界面，极易剥离，这种界面即为层间页理缝，层间页理缝是泥页岩中最基本的裂缝类型且极为常见。层间页理缝张开度一般较小，多数被完全充填，与高角度张剪性缝相连通。

层面滑移缝是指平行于层面且具有明显滑移痕迹的裂缝，这与层间页理缝相似，也是泥页岩中基本的裂缝类型之一。泥页岩层面发生的这种相对滑动主要与岩层在埋藏过程中平行于层面方向的伸展率或收缩率的差异有关。层面结构是泥页岩最基本的岩石结构，层面也是最薄弱的力学结构面，无论在拉张盆地还是在挤压盆地中，层面滑移缝都是泥页岩中最基本的裂缝类型。层面滑移缝一般存在大量平整、光滑或具有划痕、阶步的面。另外，在地下不易形成成岩收缩微裂缝，这是指在成岩过程中由于岩石收缩体积减小而形成的与层面近于平行的裂缝。研究认为，这类裂缝的倾角较小，但倾向变化较大，在裂缝面上常见有明显的划痕、阶步和平整光滑的镜面特征。

成岩收缩裂缝包括脱水收缩缝和矿物相变缝。成岩收缩缝在泥岩层和水平层理泥灰岩的泥质夹层中十分常见，连通性较好，开度变化较大，部分被充填。这是由于黏土发生脱水收缩作用，从而使沉积物产生体积减小的物理过程而形成的脱水裂缝，是具有三维多边形的网络且裂缝间隔小的储集空间。

其他非构造裂缝还包括成岩压溶裂缝、超压裂缝、热收缩裂缝、溶蚀裂缝和风化裂缝。

通常来说，压裂后恢复活力的微裂缝和碳酸盐矿物充填缝是页岩气渗流的主要通道，它的产状、密度、宽度及组合特征等在很大程度上决定了页岩气是否具有勘探开发价值，有关裂缝特征的详细描述参数见表2-2。

例如，研究表明井周天然裂缝长度和密度对压裂人工裂缝的形成及延伸具有重要影响[37]。天然裂缝长度越长或密度越大，其开启并扩展的可能性越大，且随着长度增大其开启后的伴生诱导缝发育程度越高。页岩层理的发育和胶结强度严重影响压裂缝网的复杂度，胶结脆弱的层理缝极易伴随着人工裂缝的产生而大量开裂，与人工裂缝呈垂直相交，形成了“栅栏型”裂缝[38]。

表2-2 泥页岩基本参数分类

	名称	定义	类别	划分标准	渗透性响应	重要性评价
裂缝的基本参数	宽度/张开度	裂缝壁之间的距离	从几微米到几毫米不等，但一般小于100 mm		较好—很好	重要
	长度	裂缝的长度及其与岩层的关系	一级裂缝 二级裂缝	切穿若干岩层 局限于单层内	较好 好	重要
	间距	两条裂缝之间的距离	变化较大，由几毫米可变化到几十米		好—较好	重要
	密度	裂缝的发育程度	线性裂缝密度 面积裂缝密度 体积裂缝密度	n_f/L_B L/S_B S/V_B	好—很好	十分重要
	产状	裂缝的走向、倾向和倾角	水平缝 低角度斜交缝 高角度斜交缝 垂直缝	夹角为0°～15° 夹角为15°～45° 夹角为45°～75° 夹角为75°～90°	较好 较好 很好 很好	十分重要
	充填情况	裂缝被杂基、胶结物充填程度	张开缝 闭合缝 半充填缝 完全充填缝	基本无充填物 基本无充填物 有部分充填物 裂缝被完全充填	很好 差或好 较差 封堵	十分重要
	溶蚀改造情况	缝面被地下水溶蚀改造程度	变化较大，由几毫米变化到几米		好—很好	相对重要

注：n_f为与所作直线相交的裂缝数目；L_B为所作直线的长度，m；L为裂缝总长度，m；S_B为流动横截面积，m^2；S为裂缝总面积，m^2；V_B为岩石总体积，m^3。

2. 天然裂缝在水力压裂过程中的响应

（1）天然微裂缝

泥页岩中天然微裂缝一般很普遍，但裂缝的宽度通常较窄，部分已经闭合，甚至有些受方解石密封并按雁列式排列，由于狭窄的裂缝基本都是封闭的，这对于改善泥页岩的渗流能力没有多大帮助。水力压裂可以恢复天然裂缝网络活力，进而提高开采效率。对于宽度较窄或闭合的天然微裂缝，岩石已经发生了破裂，削弱了其物理完整性，从而使得压裂液及其能量可以沿着裂缝削弱面进入岩层，发生再次破裂作用，这样可以增加裂缝的宽度、长度和密度，恢复并增加了裂缝网络的有效性。

（2）碳酸盐胶结物半充填缝或完全充填缝

尽管碳酸盐胶结物半充填缝或完全充填缝对于提高页岩气藏的孔渗性和储集性基本没有任何帮助，但由于充填在裂缝中的碳酸盐胶结物与泥页岩壁岩石之间的接触面抗张强度一般较弱，在压裂处理过程中缝内压力增大，被充填的裂缝将对压裂液开启发生破裂，恢复裂缝活力，并由此提供了一个与井筒相连的裂缝网络体系，页岩气就会沿着人工压裂缝网络体系渗流扩散而进入井筒。

（3）大型天然开启缝

大型天然开启缝的长度和宽度通常较大，这虽然可以提高泥页岩局部渗透率，但对于水力压裂处理可能会造成很不利的影响。因为在水力压裂的处理过程中，这些天然开启裂缝可能会大量吸收压裂液及其能量，阻碍了新裂缝的形成，同时压裂液也会沿着裂缝壁进入上覆或下伏地层而发生漏失，降低了裂缝净压力，从而影响压裂处理效果。

3. 天然裂缝预测方法

天然裂缝是影响页岩气产能的重要因素。在大多数情况下，裂缝发育不仅可以为页岩气的游离富集提供储集和渗透空间，而且有助于吸附气的解吸，并成为页岩气运移及开采的通道，体现了裂缝发育对页岩气开采的优势。但是，裂缝的发育有可能对已经趋于稳定的页岩气藏产生破坏作用，如果裂缝与大型断裂连通则不利于页岩气的保存，同时地层水也会通过裂缝进入页岩储层。因此，对泥页岩中断层和裂缝（尤其是微裂缝）的预测和认识是非常重要的。

地震裂缝预测技术主要包括叠后地震几何属性、纵波方位各向异性检测和多分量转换波裂缝检测。

地震几何属性揭示了地震属性的空间变化规律，包括相似性属性（如相干性）、地层倾角、曲率等，反映了地层的不连续性，能够比较准确地识别断层。

相干分析技术通过对地震波形纵向和横向相似性的判别得到地震相干性的估计值，如相似地震带具有较高的相干系数而连续性不强的地方具有较低的相干系数。对三维相干数据体进行切片解释或沿层拾取相干数据，能有效地反映出地下断层和裂缝的发育区。

叠前地震资料裂缝检测主要利用裂缝发育时，振幅不仅会随偏移距发生变化，而且也会随方位角发生变化。理论研究和实际应用表明，利用纵波方位AVO（振幅随偏移距的变化）特征，不但可以检测裂隙的方位和密度，还能区分裂隙中所含流体类型（干裂隙、湿裂隙），可以较好地定量检测裂缝分布。Ruger（1998）[34]基于弱各向异性的概念，推导了HTI（方位各向异性）介质中纵波反射系数与裂缝参数之间的解析关系。Ruger研究表明，在HTI介质中，纵波的AVO梯度在沿平行于裂缝走向和沿垂直于裂缝走向的两个主方向上存在较大差异。这是进行纵波AVO裂缝检测的理论基础。AVAZ裂缝检测方法是根据纵波振幅随方位角的周期性变化估算裂缝的方位和密度；VVAZ裂缝检测方法是根据纵波传播速度的方位各向异性来估算裂缝的方位和密度。AVO属性参数的方位差异值的正与负反映了裂缝延伸方向，差异值大小则反映了裂缝的发育强度（孙赞东等，2012）[35]。

当地震波通过各向异性介质（如裂缝）时，横波会发生分裂现象，导致横波分裂成具有不同速度的两个波，即一个快波和一个慢波。快横波质点振动方向与裂缝方向平行，慢横波质点振动方向与裂缝方向垂直。通过识别快慢横波传播方向可准确确定裂缝走向，而快慢横波时差可指示裂缝密度。快慢横波传播时差与裂缝相对发育程度有关，时差越大则裂缝相对越发育得好。

2.2.9 脆性预测

页岩的脆性对工程压裂裂缝的发育模式有非常重要的影响。页岩的脆性越高，越容易产生裂缝。决定页岩脆性的是它的力学性质，通常用杨氏模量E和泊松比ν作为评价页岩脆性的标准。杨氏模量和泊松比是岩石在外界应力作用下的反映，杨氏模量的大小标志了材料的刚性，杨氏模量越大，岩石越不容易发生形变。泊松比的大小标志了材料的横向变形系数，泊松比越大，说明岩石在压力作用下越容易膨胀。不同的杨氏模量和泊松比的组合表示岩石具有不同的脆性，杨氏模量越大，泊松比越低，页岩的脆性越高。这就为利用弹性参数反演方法来预测页岩脆性提供了理论依据。

目前多采用弹性模量和泊松比计算页岩脆性，认为弹性模量和泊松比可以较好地反映页岩在应力作用和微裂缝形成时的破坏能力。页岩产生裂缝后，泊松比可以反映应力的变化，弹性模量反映维持裂缝扩展的能力。

一般而言，低泊松比、高弹性模量的页岩其脆性更好。如图2-14所示，采用Barnett页岩的数据可描述上述理论，箭头表示脆性逐渐增强的方向，并将北美Haynesville页岩，Eagle Ford页岩和中国南方部分地区的页岩测试结果进行了投影。结果显示，南方黑色页岩的脆性属于中等程度，造缝能力一般，且露头试样的脆性特征好于井下岩心。

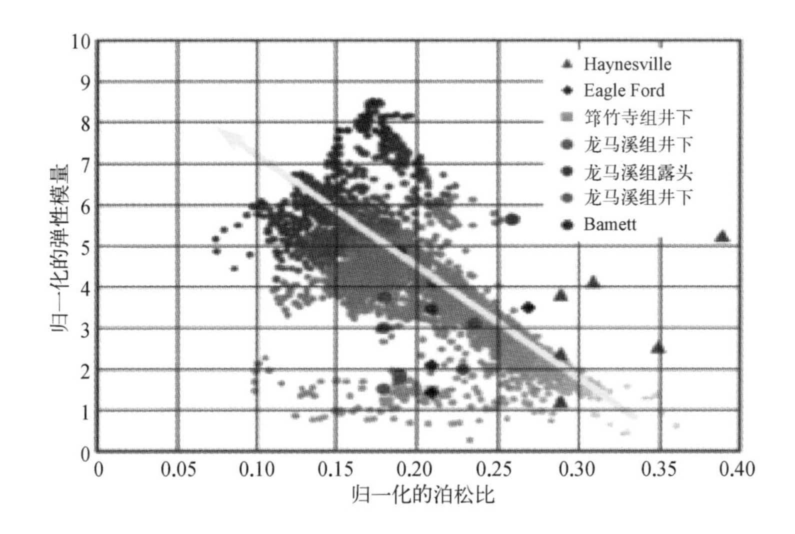

图2-14 脆性与弹性模量、泊松比的关系

在脆性分析的基础上，建议采用弹性模量、泊松比和矿物组成特征共三项指标作为参数综合计算脆性指数。因为页岩脆性的表现与所含矿物类型相关性非常明显，脆性矿物含量高的页岩其造缝能力和脆性更好。此外，矿物组成作为岩性识别标准，提高了计算结果的细分性和可靠性。实际计算过程中，采用静态弹性模量、静态泊松比和脆性矿物质量分数作为基础参量，针对不同地区特征参数归一化后，计算综合脆性指数。单井综合脆性参数的计算流程如下：

（1）利用常规测井数据计算动态弹性模量和动态泊松比，依据动、静态弹性参数转化方程计算静态弹性模量和静态泊松比。

（2）采用元素俘获谱测井（ECS）或放射性能谱测井数据，分析脆性矿物占矿物总质量的百分比，用岩心分析数据校正，得到脆性矿物的质量分数。

（3）对静态弹性模量、静态泊松比和脆性矿物质量分数分别针对地区特征进行归一化处理，得到无量纲参数B1、B2和B3，并求它们的算术平均值，得到综合脆性指数IB。

（4）计算单井脆性参数剖面，从而预测一定深度范围内目的层的脆性程度。该方法在力学特性评价的基础上，增加了矿物组成这一因素，对具有相近弹性参数的岩石进行了区分。实际应用时，可依据压裂设计的裂缝半长、缝高和产能需求计算临界裂缝宽度，获得临界脆性指数，并结合测井资料解释结果、录井显示和岩心含气量测试结果，综合优选压裂层段。

2.2.10 滤失的 G 函数分析评价方法

当滤失主要受滤液的黏度、地层流体的可压缩性、滤饼的不可压缩性控制时，滤失系数与压力有关，滤失系数是压差的函数，如式（2-5）所示：

$$\frac{c(t)}{c(t_{\mathrm{p}})}=\left(\frac{p(t)-p_{\mathrm{i}}}{p_{\mathrm{isp}}-p_{\mathrm{i}}}\right)^{\alpha_{cp}} \tag{2-5}$$

式中，t_{p} 为泵注时间，min；p_{i} 为储层压力，MPa；p_{isp} 为瞬时停泵压力（压裂中习惯用ISIP表示，此处为规范表达），MPa；$c(t)$ 为与时间有关的总的滤失系数，$\mathrm{m}/\sqrt{\mathrm{min}}$，当滤失与时间和压力无关时 $\alpha_c=0$；α_{cp} 为滤失强度系数，量纲为1。

在缝内压力高于微裂隙开启压力时，地层的滤失系数有两种假设：一种是假设高于和低于微裂隙开启压力时的滤失系数都为定值，但不相同；另一种是假设滤失系数与压力有关（图2-15和图2-16）。

（1）恒定的与裂缝张开压力有关的滤失系数

低于和高于微裂隙张开压力时滤失系数的比值如式（2-6）所示：

$$\frac{c(p<p_{\mathrm{fo}})}{c(p>p_{\mathrm{fo}})}=\frac{\mathrm{d}p}{\mathrm{d}G}\bigg|_{p<p_{\mathrm{fo}}}\Big/\frac{\mathrm{d}p}{\mathrm{d}G}\bigg|_{p>p_{\mathrm{fo}}}=\beta_{c2} \tag{2-6}$$

（2）变化的与裂缝张开压力有关的滤失系数

低于和高于裂缝张开压力时的滤失系数的比值假设为下面的形式，如式（2-7）和式（2-8）所示：

$$\frac{c(p > p_{fo})}{c(p_{isp})} = \exp\left(-\beta_{fo}\frac{p_{isp} - p(t)}{p_{isp} - p_{fo}}\right) \tag{2-7}$$

$$\frac{c(p < p_{fo})}{c(p_{isp})} = \exp(-\beta_{fo}) \tag{2-8}$$

式中，$\beta_{fo} = \ln\left(\frac{dp}{dG}\bigg|_{p=p_{isp}} \Big/ \frac{dp}{dG}\bigg|_{p<p_{fo}}\right)$为天然裂缝发育指数；$p_{fo}$为微裂隙开启压力，MPa。

应用上述模型进行求解，先将现场数据时间t转换为G函数时间，得到p-G曲线，以它为基础，得到dp/dG-G、p_{isp}-Gdp/dG-G曲线（图2-15）。根据曲线形态特征可以确定出滤失是否与压力有关。同时可以得出天然裂缝发育指数，从而可衡量天然裂缝发育程度。

当$\beta_{fo} < 0.26$时，压力与滤失系数不相关，随着β_{fo}值的增大，表明压开了天然裂缝。

在整个裂缝闭合期间，如压力与滤失相关，则p_{isp}-$Gdp/dG > p(t)$，且变化幅度和范围很大；若为无关，则有p_{isp}-Gdp/dG值近似等于$p(t)$。

为更为接近实际地表述网络裂缝和进行模拟计算，可采用随时间变化的三个参数[体积因子（描述裂缝数量）、滤失因子（描述压裂液滤失）、开度因子（描述裂缝宽度）]来描述储层压裂裂缝的数量、滤失及在空间的展布特征。

滤失因子ψ：表示有天然裂缝造成压裂液的滤失速度与该点处没有天然裂缝或裂隙的单位长度的地层滤失速度之比，那么在dt时间内点x处的滤失量如式（2-9）所示：

$$V_l = \int_0^{L(t-dt)} 2(1+\psi)\frac{c(x,\ t)}{\sqrt{t-\tau_x}} \cdot h_f \cdot dx \tag{2-9}$$

开度因子ζ：表示缝宽减小的比例，其物理意义为压裂液对岩石作用后，裂缝宽度与理想裂缝宽度的比，由于尖端效应主要发生在缝端附近，因此可用单位长度的压力损失表示，如式（2-10）所示：

$$\Delta p_{\text{top}} = \int_{L-1}^{L} \frac{16}{3\pi^2} 2^{n'_s+1} K'_s \left(\frac{2n'_s + 1}{n'_s} \right)^{n'_s} \frac{u(x,\ t)^{n'_s}}{[\zeta \cdot w'(x,\ t)]^{n'_s+1}} \cdot \mathrm{d}x \tag{2-10}$$

体积因子k_E：利用产生多裂缝时地层的有效弹性模量E_{eff}、体积因子k_E和开度系数共同来表述多裂缝的延伸过程，其裂缝内一点的缝宽与该点压力之间关系式如式（2-11）所示：

$$w(x,\ t) = \frac{2(1 - v^2) h_f [p(x,\ t) - \sigma_H]}{E\left(k_E - \dfrac{k_E - 1}{nf}\right)} \tag{2-11}$$

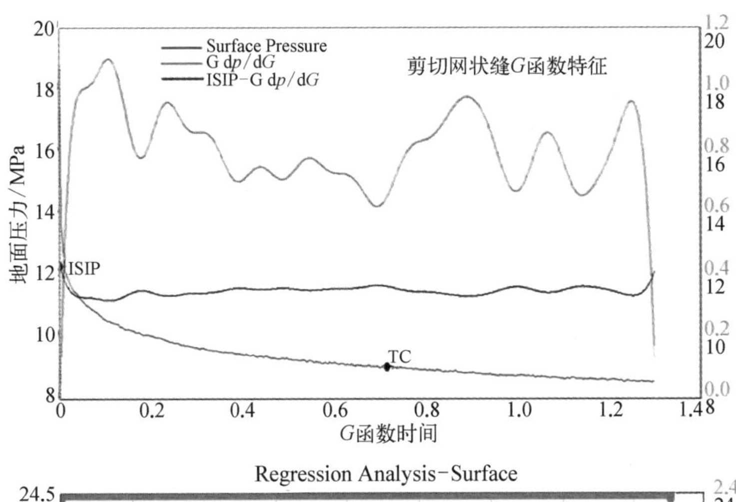

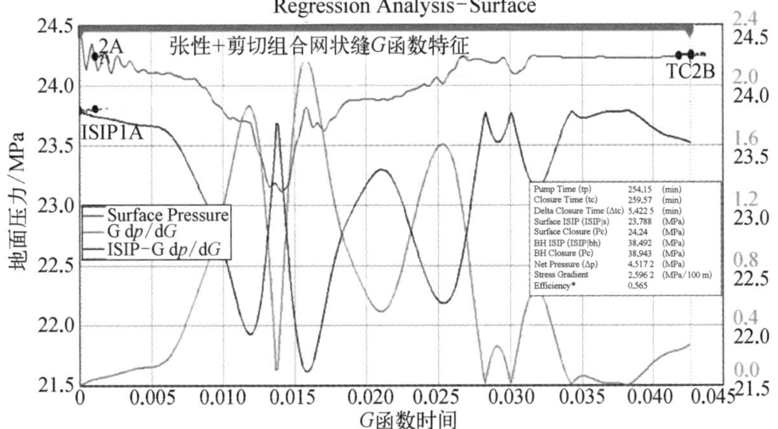

图2-15 几种非平面裂缝G函数叠加导数曲线特征

续图2-15

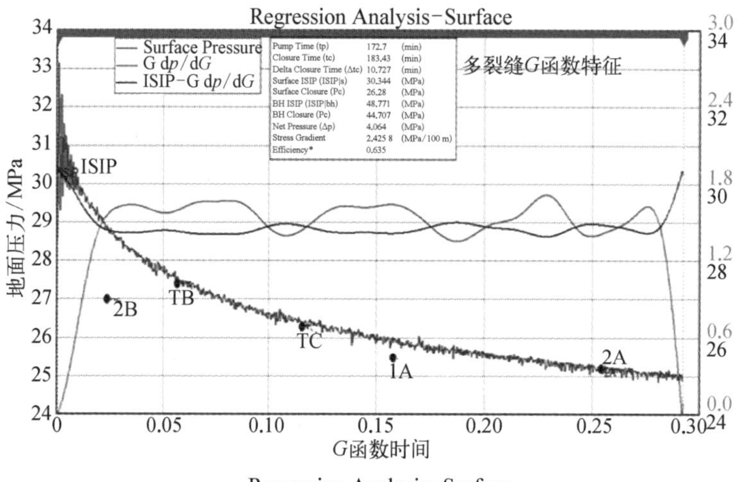
Regression Analysis-Surface
Surface Pressure
G dp/dG
ISIP-G dp/dG
Pump Time (tp) 172.7 (min)
Closure Time (tc) 183.43 (min)
Delta Closure Time (Δtc) 10.727 (min)
Surface ISIP (ISIP|s) 30.344 (MPa)
Surface Closure (Pc) 26.28 (MPa)
BH ISIP (ISIP|bh) 48.771 (MPa)
BH Closure (Pc) 44.707 (MPa)
Net Pressure (Δp) 4.064 (MPa)
Stress Gradient 2.425 8 (MPa/100 m)
Efficiency* 0.635
多裂缝G函数特征
ISIP
2B
TB
TC
1A
2A
地面压力/MPa
G函数时间

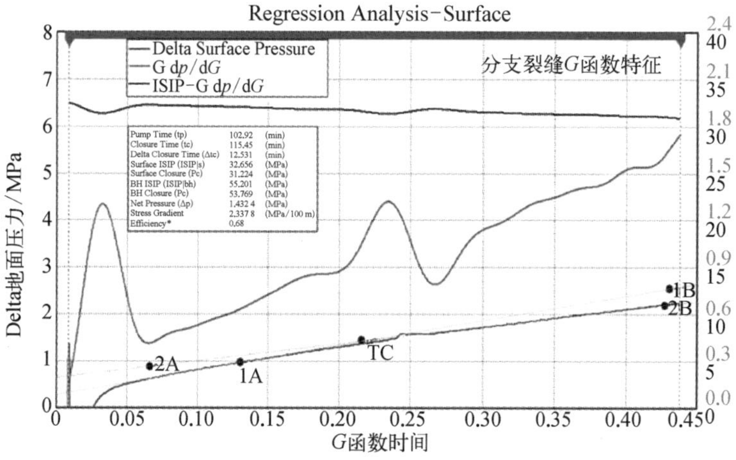
Regression Analysis-Surface
Delta Surface Pressure
G dp/dG
ISIP-G dp/dG
分支裂缝G函数特征
Pump Time (tp) 102.92 (min)
Closure Time (tc) 115.45 (min)
Delta Closure Time (Δtc) 12.531 (min)
Surface ISIP (ISIP|s) 32.656 (MPa)
Surface Closure (Pc) 31.224 (MPa)
BH ISIP (ISIP|bh) 55.201 (MPa)
BH Closure (Pc) 53.769 (MPa)
Net Pressure (Δp) 1.432 4 (MPa)
Stress Gradient 2.337 8 (MPa/100 m)
Efficiency* 0.68
1B
2B
TC
2A
1A
Delta地面压力/MPa
G函数时间

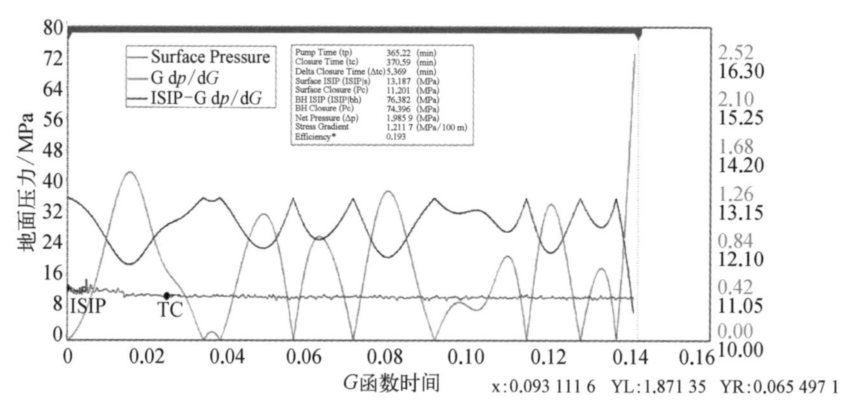
Surface Pressure
G dp/dG
ISIP-G dp/dG
Pump Time (tp) 365.22 (min)
Closure Time (tc) 370.59 (min)
Delta Closure Time (Δtc) 5.369 (min)
Surface ISIP (ISIP|s) 13.187 (MPa)
Surface Closure (Pc) 11.201 (MPa)
BH ISIP (ISIP|bh) 76.382 (MPa)
BH Closure (Pc) 74.396 (MPa)
Net Pressure (Δp) 1.985 9 (MPa)
Stress Gradient 1.211 7 (MPa/100 m)
Efficiency* 0.193
ISIP
TC
地面压力/MPa
G函数时间
x:0.093 111 6 YL:1.871 35 YR:0.065 497 1

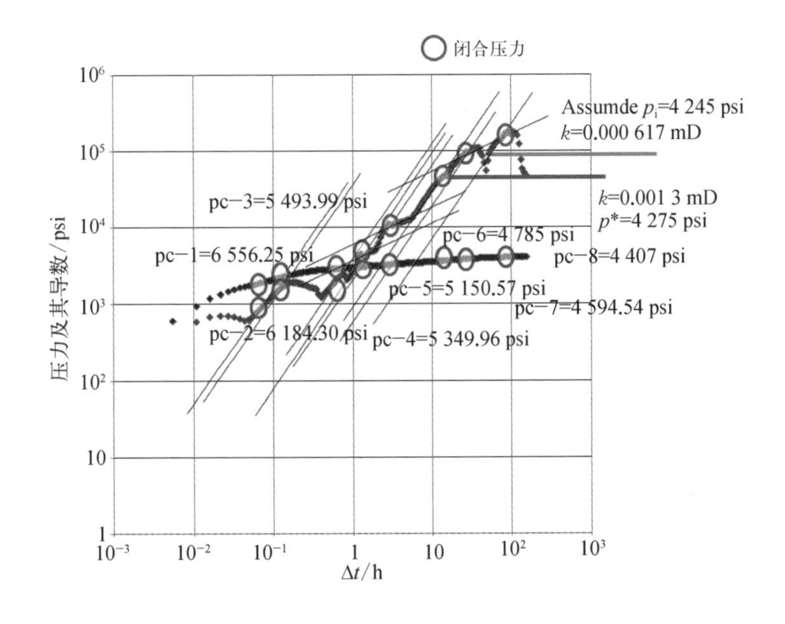

图2-16 页岩气网络压裂非平面裂缝多个闭合点的情形

2.2.11 页岩应力

根据北美多个盆地页岩气开发的经验，由于应力状态不同，压裂后岩石破裂程度也不同。当水平闭合应力较小时，压裂的网状裂缝发育，当水平闭合应力比较大时，压裂的定向排列裂缝发育。因此为了能够最高效的利用压裂能量，最佳的射孔位置是在水平闭合压力较小的位置，而不是水平闭合压力较大的位置（Yan等，2012）[41]。

通过研究表明，$\lambda\rho$ 与页岩气的产量密切相关，原因是 λ 能够反映地下应力场的分布。因此可以通过AVO 反演分析地下应力场的变化，从而预测有利的压裂区域。如果想利用AVO 反演结果来预测最小闭合压力的空间分布，就要将弹性性质项、孔隙压力和构造运动项与介质的拉梅常数建立一定的联系。利用这种联系进行过渡，从而通过拉梅常数能够直接反映储层的最小闭合应力分布。

Perez（2011）[42]详细地讨论了拉梅常数对有效闭合应力的影响、孔隙压力对有效闭合应力的影响和构造运动对有效闭合应力的影响，并将这种关系转换到了 $\lambda\rho-\mu\rho$ 域，用来研究 $\lambda\rho$ 、$\mu\rho$ 与岩石的弹性性质项、孔隙压力和构造运动项之间的关系。通过综合分析得出了以下结论：（1）低 $\lambda\mu$ 值对应较小的最小闭合应力；（2）低 $\lambda\rho$ 值意味着较高的孔隙压力，从而预示较小的最小闭合应力；（3）高 $\mu\rho$ 值和低 $\lambda\rho$ 值的方向对应于裂缝走向垂直的方向，因而预示着较小的最小闭合应力。在井约束条件下，可以对它们之间的关系进行控制和校正。因此，利用以上的结论就可以对AVO反演结果进行直接解释，从而预测最小闭合应力的空间分布。通过综合脆性预测结果和最小闭合应力的预测结果，从而能更好地圈定有利的压裂区域（Goodway，2010）[43]。

如图2-17所示，显示了最小闭合应力的空间分布预测结果，图中冷色表示闭合应力较小的区域，暖色表示闭合应力较大的区域，而水平井钻井的轨迹一般都远离了暖色区域，故进行应力预测具有一定的可行性。

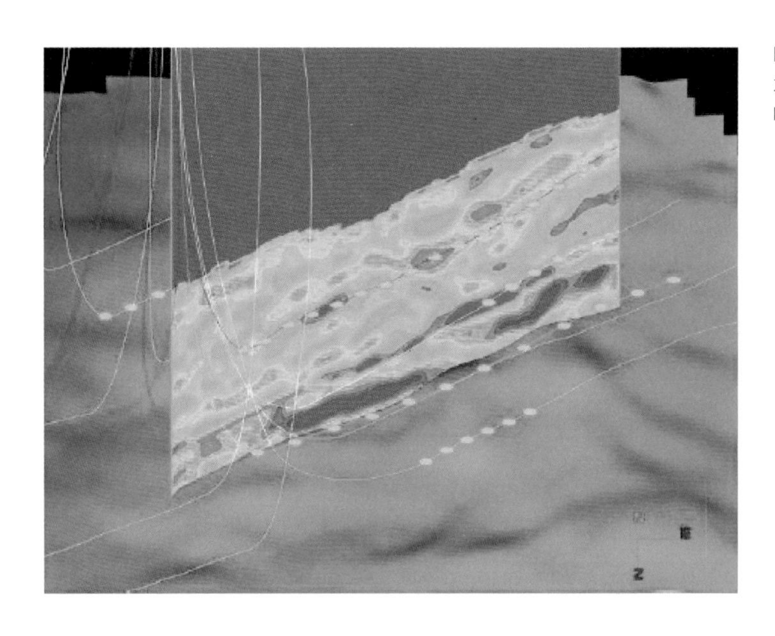

图2-17 最小闭合压力的空间预测分布（据Monk等，2011）[44]

2.3 关键储层参数指标体系

据介绍[44]，影响压裂效果的关键储层参数见表2-3。

表2-3 页岩储层关键参数指标体系

参　　数	理 想 值
含水饱和度	< 40%
含气饱和度	> 2%
气体类型（生物成因、热成因、混合）	热成因
脆性矿物含量（石英 + 碳酸盐岩）	> 40%
黏土矿物含量	< 30%
渗透率	> 100 nD
泊松比（静态值）	< 0.25
杨氏模量	> 20 661 MPa
压力系数	> 1.13
气藏温度	> 110℃
热成熟度	> 1.4
厚度	> 30 m
TOC（有机碳含量）	> 2%

上述指标体系不一定完全适合中国的页岩气特征，可适当参考。

由于页岩气储层压裂的前提条件是页岩气储层本身必须具有一定的可压性，故一般可开采的页岩地层包括如下特征：

（1）产层厚度 > 34. 08 m；

（2）井封闭，并且包含水力压裂能量；

（3）在气窗口里的成熟度 R_o = 1.1% ～ 1.4%；

（4）气含量 > 2.8 m^3/t；

（5）总有机碳含量（TOC）> 3%；

（6）低氢含量；

（7）中等黏土含量 < 40%，有很低的混合层组分；

（8）脆性成分，低泊松比和高杨氏模量；

（9）把储层和增强页岩气生产能力的岩性特征同岩石组构结合起来。

2.4 页岩可压性评价方法

与常规压裂不同，页岩的可压性评价至关重要。目前有不少专家以可压性指数大小来表征压裂的难易程度。单纯就压裂施工难易程度而言（工程甜点），页岩含有石英等脆性矿物含量越高、黏土含量越低、泊松比越低，就越容易被压开。此外，如页岩含有天然裂缝、层理缝或纹理缝，也容易被压开。国外有个统计规律，一般脆性矿物含量高的地方，天然裂缝也容易发育，也是页岩气聚集的甜点区。但是国内因目前的相关测试资料太少，还难以得出类似的结论。

有作者研究认为，页岩的脆性随成岩的演化历史是逐渐变好的，而可压性因与脆性直接线性相关，也是逐渐变好的，如图2-18所示。

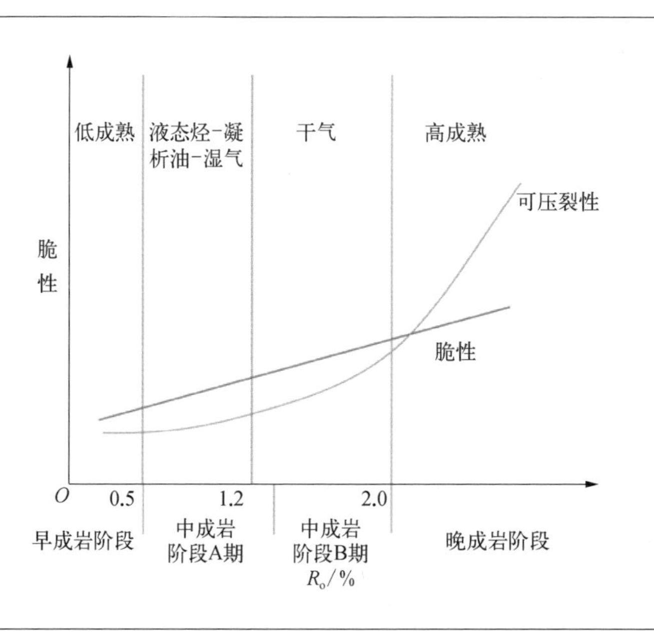

图2-18 页岩不同的成岩阶段可压性的演变示意图

目前，有关可压性指数的讨论，已不仅仅局限于压裂施工本身，还需要与页岩的地质指标相结合，如有机碳含量（TOC）、热成熟度（R_o）及含气性等指标。

众所周知，页岩裂缝的起裂与扩展是压裂的核心问题，与钻井讲究岩石的可钻性相类似，页岩压裂也有岩石的可压性问题。目前，国外研究页岩的可压性主要集中在页岩脆性指数的研究上，这些学者从不同的角度探讨了页岩脆性指数问题[45-47]。Evans在1990年就给出了页岩脆性的定义，Ingram和Urain在1999年用过度胶结和正常胶结岩石的单轴抗压强度比值来表征脆性指数，Jarvie在2007年用脆性矿物占总矿物组分的比例来表征脆性指数。此后，不同的学者又进行了用岩石力学特征来表征脆性指数的研究工作[48-51]。

但上述研究都仅从室内岩心分析或测井的方法出发，反映的仅是近井筒的情况，而且岩心的获取并不一定具有代表性，测井信息反映的又是动态值，难以反映压裂的准静态过程。因此，我们首先建立了基于压裂施工压力曲线求取页岩脆性指数的新方法，在此基础上还建立了考虑地质甜点参数的综合可压性指数评价模型。

另外，考虑到页岩水平井分段压裂的特殊性，即每段裂缝起裂处的岩石可压性指数也不尽相同，我们还建立了利用每段压裂施工的数据（如压裂液总量及支撑剂总量等）表征页岩可压性指数的评价模型，并对上述两种页岩可压性指数模型的计算结果进行了对比分析。实际上，利用压裂施工资料反映的页岩可压性指数更能反映裂缝延伸范围内的总体情况，也更具现实指导性，特别是在开发中后期，岩心及水平段的测井资料一般都很少，唯一可供借鉴的就是大量的压裂施工资料。

2.4.1　国外页岩脆性指数常规研究方法对比

目前，国外研究者已进行了大量的相关研究，李庆辉等[52]已在2012年将国外现有的脆性指数计算方法进行了汇总（表2-4）。

表2-4 国外脆性指数计算方法汇总

序号	计算公式	公式含义及变量说明	测试方法	提出者
1	$B_1 = \sigma_c / \sigma_t$	抗压强度σ_c与抗张强度σ_t之比	强度比值	V. Hucka, B. Das
2	$B_2 = (\sigma_c - \sigma_t)/(\sigma_c + \sigma_t)$	抗压强度σ_c与抗张强度σ_t函数	强度比值	V. Hucka, B. Das
3	$B_3 = \sigma_c \sigma_t / 2$	抗压强度σ_c与抗张强度σ_t函数	应力-应变测试	R. Altindag
4	$B_4 = \sqrt{\sigma_c \sigma_t}/2$	抗压强度σ_c与抗张强度σ_t函数	应力-应变测试	R. Altindag
5	$B_5 = \varepsilon_{11} \times 100\%$	ε_{11}为试样破坏时不可恢复轴应变	应力-应变测试	G.E. Andreev
6	$B_6 = \varepsilon_r / \varepsilon_t$	可恢复应变ε_r与总应变ε_t之比	应力-应变测试	V. Hucka, B. Das
7	$B_7 = \sin \varphi$	φ为内摩擦角	莫尔圆	V. Hucka, B. Das
8	$B_8 = 45° + \varphi/2$	破裂角关于内摩擦角φ的函数	应力-应变测试	V. Hucka, B. Das
9	$B_9 = W_r / W_t$	可恢复应变能W_r与总能量W_t之比	应力-应变测试	V. Hucka, B. Das
10	$B_{10} = (\bar{E} + \bar{\nu})/2$	弹性模量与泊松比归一化后均值	应力-应变测试	R. Rickman等
11	$B_{11} = (\xi_p - \xi_r)/\xi_p$	关于峰值强度ξ_p与残余强度ξ_r函数	应力-应变测试	A.W. Bishop
12	$B_{12} = (\varepsilon_p - \varepsilon_r)/\varepsilon_p$	峰值应变ε_p与残余应变ε_r函数	应力-应变测试	H. Vahid, K. Peter
13	$B_{13} = (H_m - H)/K$	宏观硬度H和微观硬度H_m差异	硬度测试	H. Honda, Y. Sanada
14	$B_{14} = H/K_{IC}$	硬度H与断裂韧性K_{IC}之比	硬度与韧性	B.R. Lawn, D.B. Marshall
15	$B_{15} = HE/K_{IC}^2$	E为弹性模量	陶制材料测试	J.B. Quinn, G.D. Quinn
16	$B_{16} = q\sigma_c$	q为小于0.60 mm碎屑百分比，σ_c为抗压强度	普式冲击试验	M.M. Protodyakonov
17	$B_{17} = S_{20}$	S_{20}为小于11.2 mm碎屑百分比	冲击试验	J.B. Quinn, G.D. Quinn
18	$B_{18} = P_{inc}/P_{dec}$	荷载增量与荷载减量的比值	贯入试验	H. Copur
19	$B_{19} = F_{max}/P$	荷载F_{max}与贯入深度P之比	贯入试验	S. Yagiz
20	$B_{20} = (W_{qtz} + W_{carb})/W_{total}$	脆性矿物含量与总矿物含量之比	矿物组分分析	R. Rickman等

上述研究分别从岩石的强度、硬度及应力应变特征等方面进行了表征方法的应用,虽有一定的指导性,但毕竟局限性也非常明显,因不同的方法都仅从某个角度进行分析,且同样的地层条件其计算的结果也差别很大。如根据上述20个公式计算某个页岩的脆性指数,其范围在0.41% ~ 0.87%(以彭水地区为例),此时到底取哪个值都缺乏说服力。

因此,我们着重研究利用压裂施工的破裂压力资料来求取脆性指数的新方法,从而能充分考虑上述各因素的综合影响。

2.4.2 基于页岩破裂压力特性表征脆性指数的新方法

大量的压裂实践证明,页岩破裂压力特性与页岩的脆性指数密切相关[53-54]。如脆性指数好,在升排量压裂过程中,即使很小的排量也会出现破裂现象,直至设计排量时还会出现多次破裂现象。反之,如页岩的塑性特征强,则直至设计排量前也难以出现明显的破裂特征。

本书着重从能量的角度来反映脆性与塑性的特征。对强塑性页岩而言,地层破裂后压力几乎不变,但变形一直持续存在,此时消耗的能量是最大的,该能量即可简化为变形长度与变形期间几乎恒定的压力的乘积。该乘积反映到水力压裂施工参数上,可等效为施工压力(井口压力必须转换为井底压力)、施工排量及施工时间的乘积。考虑到在此变形期间,压力、排量等可能一直是变化的,必须采用在施工破裂期间内井底施工压力与排量的乘积,并对时间进行积分来求得。为简化起见,可假设地层破裂变形期间的排量是恒定的。

同样地,对脆性强的页层而言,当地层破裂后压力快速下降,显然此时消耗的能量就相对较小。

按上述脆性地层与塑性地层消耗能量不同的思路,则对于完全的塑性页岩,地层破裂后压力一直处于峰值且恒定不变,形变匀速增加,此时消耗的能量最大,并将其作为基数,其脆性指数为0;而对于完全的脆性页岩,地层破裂后压力应呈直线式下降,即压力几乎快速降低到最小值,其脆性指数为1。

上述定义的完全的塑性页岩及完全的脆性页岩是两个临界极值点，大部分情况下的脆性指数介于两者之间，此时脆性指数的表达式见式（2-12）：

$$B_{\mathrm{I}} = \frac{E_{\mathrm{p}} - E_{\mathrm{b}}}{E_{\mathrm{p}}} \tag{2-12}$$

式中，B_{I}为页岩的脆性指数，量纲为1；E_{p}为完全的塑性页岩破裂后消耗的能量，J；E_{b}为完全的脆性页岩破裂后消耗的能量，J。

就水力压裂施工而言，上述能量可转变为井底施工压力与排量的乘积，并对时间进行积分，表达式见式（2-13）：

$$E = \int_{T_0}^{T_{\mathrm{c}}} (p(t) + p_{\mathrm{h}} - p_{\mathrm{f}}) \cdot Q(t) \cdot \mathrm{d}t \tag{2-13}$$

按上述假设，破裂变形期间的排量保持恒定，则式（2-13）中与排量有关的井筒摩阻p_{f}也是恒量，则式（2-13）可转变为：

$$E = Q \cdot \int_{T_0}^{T_{\mathrm{c}}} (p(t) + p_{\mathrm{h}} - p_{\mathrm{f}}) \cdot \mathrm{d}t \tag{2-14}$$

式中，E为压裂消耗的能量，J；Q为压裂施工排量，$\mathrm{m^3/min}$；$p(t)$为井口施工压力，MPa；p_{h}为静液柱压力，MPa；p_{f}为井筒摩阻压力，MPa；T_{c}为地层破裂变形后压力下降到最低值时的时间，min；T_0为地层变形后压力上升到最高值时的时间，min。

将式（2-14）代入式（2-12）并考虑到塑性与脆性的不同特性得：

$$B_{\mathrm{I}} = \frac{(T_{\mathrm{c}} - T_0) \cdot (p_{\max} + p_{\mathrm{h}} - p_{\mathrm{f}}) - \int_{T_0}^{T_{\mathrm{c}}} (p(t) + p_{\mathrm{h}} - p_{\mathrm{f}}) \cdot \mathrm{d}t}{(T_{\mathrm{c}} - T_0) \cdot (p_{\max} + p_{\mathrm{h}} - p_{\mathrm{f}})} \tag{2-15}$$

式中，$p_{\max}$为页岩塑性形变过程中井口压力上升到的最高值，MPa。

为更加直观还可用图形表示脆性指数覆盖的能量区域面积示意图，如图2-19所示。

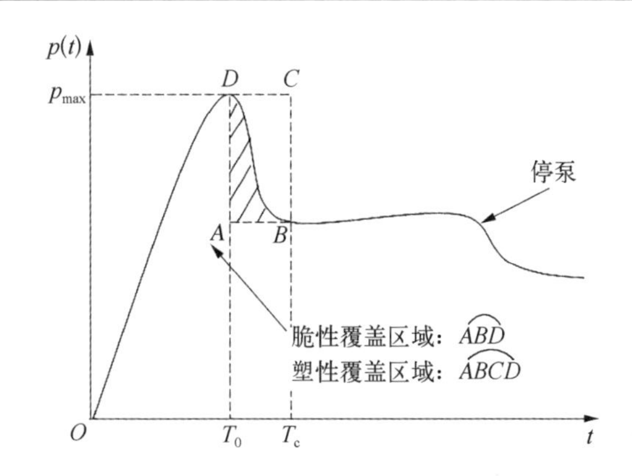

图2-19 压裂施工曲线中的塑性与脆性覆盖的能量区域面积示意图

对于出现多次破裂的情况而言，每次破裂情况都可按上述同样的方法进行处理，但不同之处是不能将每次得出的脆性指数进行简单的算术平均，因每次压裂施工排量不同，脆性指数覆盖的能量区域的比例也不同，理想的处理方法是将每次脆性指数覆盖的能量区域面积求和，再与塑性指数覆盖的能量区域面积之和相除，最终得出的脆性指数就综合反映了施工排量的权重因素。同样，为更加直观，可用多次破裂的脆性指数求取方法示意图，如图2-20所示。

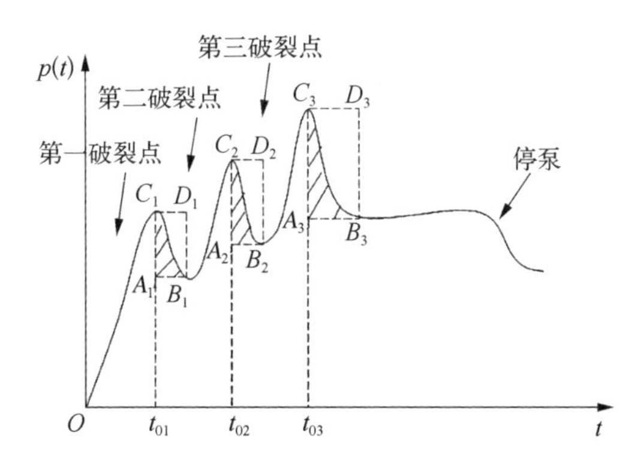

图2-20 压裂施工曲线中多次破裂时的塑性与脆性覆盖的能量区域面积示意图

按上述方法求取的页岩脆性指数，综合考虑了以往方法考虑的页岩硬度、强度及岩石力学特性等参数，由于这些参数的综合作用，故在宏观上反映的就是压裂中岩石变形及破裂特征。同样，上述示例的页岩按此方法计算的脆性指数为54.8%，与用表

2-4中20个公式计算出的结果都不同，但由于此结果考虑了各因素在力学宏观上的综合作用效果，故其结果应更为可靠。

2.4.3 综合页岩地质甜点与工程甜点的可压性指数研究

脆性指数只是可压性指数的一个方面，实际上，可压性指数还应考虑地质甜点的因素，换言之，最终的可压性指数大小不但反映了页岩本身的脆性（可压裂性），也要反映压后出气的潜力，这样的可压性指标才能成为段簇位置优选的依据，也更具有现实的指导意义。考虑脆性指数及地质甜点指标的可压性指数模型为：

$$F_I = (S_1, S_2)(w_1, w_2)^T = \sum_{i=1}^{2} S_i w_i, \ (i = 1, 2) \tag{2-16}$$

式中，F_I为页岩可压性指数，量纲为1；S_1，S_2分别为影响可压性指数的因素1及因素2，此处指脆性指数（量纲为1）及地质甜点指数（归一化处理后为量纲为1）；w_1，w_2分别为S_1，S_2的权重因子（量纲为1）。

权重因子的确定一般采用层次分析法，也可根据需要由专家评判确定，只要满足2个权重因子之和为1即可。

地质甜点是一个综合性的指标，如热成熟度、含气丰度、吸附气饱和度等，或其他影响含气性的相关指标，只要满足相互独立性即可。地质甜点指数的求取方法与式（2-16）相同。

2.4.4 基于压裂施工参数的页岩远井可压性指数评价方法

上述求取的页岩可压性指数虽然考虑因素很全面，但仅考虑了近井筒的特性参数，即使考虑了前期的破裂压力特性，也属近井筒范畴。其他的地质甜点指标基本是测井和岩心分析的数据，同样是近井筒参数。因此，此可压性指标尚不能反映远井的可压性情况。由于远井的地质甜点指标难以准确获取，但可通过压裂施工参数将远井的页岩本身的可压性特征表征出来。为此，我们尝试了利用压裂施工参数尤其是加砂量及压裂液量等参数来表征远井可压性的方法。

压裂施工中进地层的所有压裂液，不论是前置液、携砂液，还是段塞式加砂时的中顶液，作用都是造缝和防止砂堵且最终目的都是多加砂；同样地，压裂中所有的支撑剂量，不论是前置液段塞的100目支撑剂、40～70目中粒径支撑剂，还是30～50目支撑剂，都是反映地层能否接纳的最大支撑剂量。此支撑剂量与进地层的所有压裂液量的比值大小，就反映了页岩地层压裂的难易程度。显然，此比值越高则远井的可压性越好，反之则越差。但由于进地层的压裂液类型及黏度都不同（如滑溜水、低黏胶液及中黏胶液），因此，计算进入地层的压裂液总量应有个等效的方法，如都折算为滑溜水，此时的低黏胶液及中黏胶液的量就应当按砂液比的高低进行折算，如中黏胶液的砂液比是滑溜水的2倍，则其换算为滑溜水时也应将原中黏胶液体积乘以2，如式（2–17）所示，依次类推。同样地，因为支撑剂的类型及粒径都不同，为简便起见，仅考虑支撑剂的粒径不同，又由于一般情况下是40～70目支撑剂为主体支撑剂，为统一对比，需将100目支撑剂和30～50目支撑剂，折算为40～70目支撑剂。折算的方法是按平均粒径的比例进行计算，见式（2–18），只不过100目支撑剂折算后按对应比例缩小，而30～50目支撑剂折算后按对应的比例增大了。

$$\text{胶液折算体积} = \text{胶液体积} \times \frac{\text{胶液砂液比}}{\text{滑溜水砂液比}} \tag{2-17}$$

$$\text{折算加砂量} = \text{加砂量} \times \frac{\text{支撑剂平均粒径}}{40 \sim 70\text{目平均粒径}} \tag{2-18}$$

值得指出的是，按上述方法算出来的数值可能太小，为此需进行归一化方法处理，如式（2–20）所示。对压裂液量及支撑剂量都按某区块的最大用量参照进行归一化处理，这样计算出的可压性指数范围基本在0～1。

$$\bar{x} = \frac{x - x_{\min}}{x_{\max} - x_{\min}} \tag{2-19}$$

式中，$\bar{x}$为归一化值，量纲为1；x为原始值；$x_{\min}$，$x_{\max}$分别为同一区域内的最小值和最大值。

2.4.5 现场应用及效果分析

涪陵焦石坝区块A井、B井和C井的基本施工参数见表2-5。三口井都进行了15段压裂施工，典型施工曲线如图2-21所示。在此基础上，应用上述新方法计算了三口井对应的页岩脆性指数及综合可压性指数，结果见表2-6。可以看出，无阻流量越大，则脆性指数及两种方法计算的可压性指数也相对较高，从而验证了本方法的合理性。而之前通过常规方法计算出的结果仅考虑了近井参数，且不同计算方法的计算结果差异性较大，与压后效果的关联度不高。

表2-5 焦石坝区块3口页岩气井基本施工数据

井　名	水平段长/m	段数/簇数	施工压力/MPa	总液量/m^3	总砂量/m^3
A	1 008	15/36	50 ~ 57	18 716.6	965.82
B	1 198	15/43	48 ~ 68	23 815.8	674.59
C	1 477	15/45	50 ~ 65	28 650.18	773.37

图2-21 焦石坝区块3口页岩气井典型施工曲线

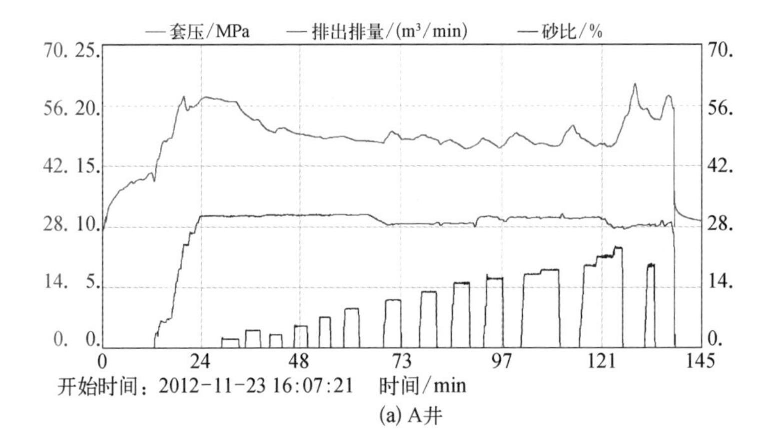

(a) A井

续图2-21

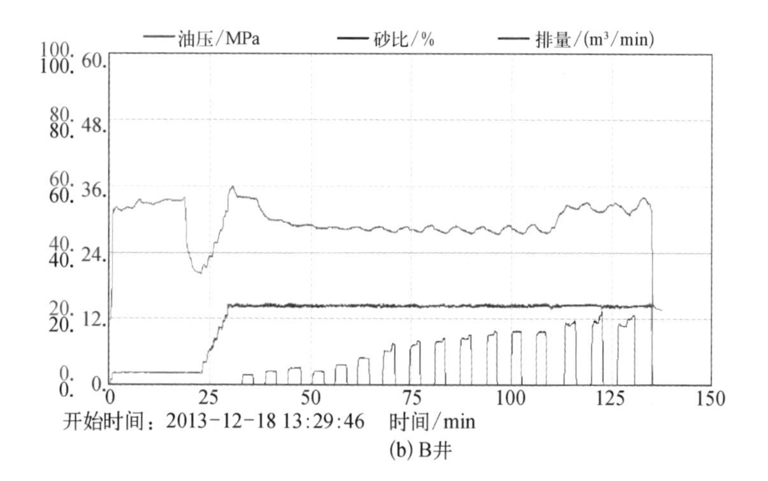

(b) B井

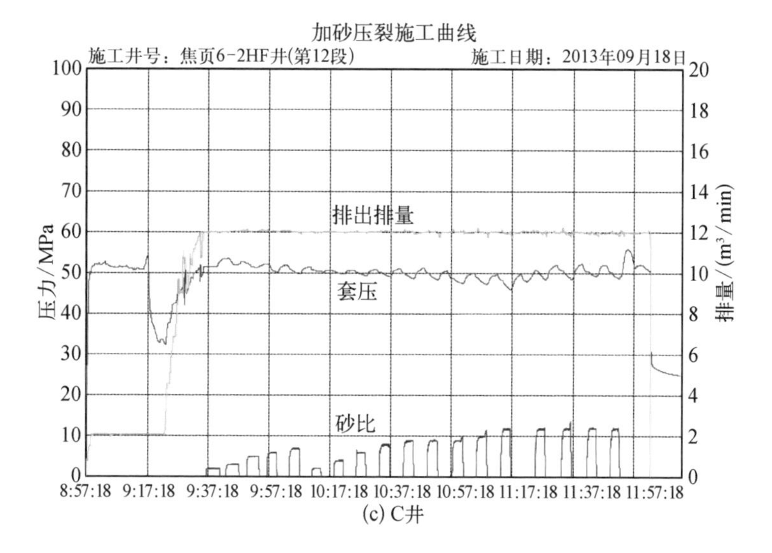

(c) C井

表2-6 焦石坝区块3口页岩气井可压性指数及无阻流量对比

井　名	脆性指数	地质甜点指数	$FI_{脆性指数+地质甜点指数}$	$FI_{施工参数}$	无阻流量 ×10⁻⁴/(m³·d⁻¹)
A	0.57	0.72	0.615	1	16.74
B	0.58	0.72	0.622	0.81	25.72
C	0.6	0.72	0.636	0.85	81.92

综上所述，在国外常规脆性指数评价方法的基础上，提出了一个在宏观上面综合考虑各因素了解破裂压力特性影响的新方法，并创新性提出了利用压裂施工中的能量区域面积来表征脆性指数的新手段，不仅科学合理，也更具现场指导性。

在脆性指数新方法研究的基础上，结合地质甜点指数，提出了新的能考虑页岩脆性及出气潜力的可压性指数模型，也考虑了各参数的权重分配。其计算结果可作为页岩水平井分段压裂段簇位置选择的依据。

基于压裂施工参数，尤其是针对压裂液量和支撑剂量等因素，提出了应用归一化方法处理的等效支撑剂量与等效压裂液量的比值大小，来表征页岩远井可压性指数的新思路。

按此新方法对现场几口井进行了实例验证，结果表明，压裂后产气效果与文中计算的脆性指数及可压性指数关联度较强，而与以往方法的计算结果关联度不高。说明此方法科学合理且现场具有可操作性。建议在焦石坝等页岩气主要区块，开展此新方法的适应性评价和后续推广应用，预计在页岩气的降本增效方面将有重要的指导意义。

参考文献

[1] John B. Curtic Fractured shale-gas systems. AAPG bulletin, 2002, 86(11): 1921-1938.

[2] 张金川，薛会，张德明，等. 页岩气及其成藏机理[J]. 现代地质，2003，17(4): 466.

[3] 张金川，金之钧，袁明生. 页岩气成藏机理和分布[J]. 天然气工业，2004，24(7): 15-18.

[4] 张金川，汪宗余，聂海宽，等. 页岩气及其勘探研究意义[J]. 现代地质，2008，22(4): 640-646.

[5] Hoffe B, Perez M, Goodway W. AVO Interpretation in LMR space: a primer. 2008

CSPG CSEG CWLS convention: 31–34, 2008.

[6] H. Man, Clague. Geology of northeast British Clomumbia and northwest Alberta: diamonds, shallow gas, gravel, and glaciers [J]. Canadian Journal of Earth Sciences, 2008,45(5): 509–512.

[7] 傅雪海,彭金宁. 铁法长焰煤储层煤层气三级渗流数值模拟[J].煤炭学报, 2007,32(5): 494–498.

[8] Jacobi D, Gladkikh M, Lecompte B. Integrated petrophysical evaluation of shale gas reservoirs. CIPC/SPE gas technology symposium 2008 Joint conference, 16–19 June 2008, Calgary, Alberta, Canada.

[9] Schmoker J W. Determination of organic-matter content of Appalachian Devonian shales from gamma-ray logs [J]. AAPG Bulletin, 2007(65): 1285–1298.

[10] Bowker K A. Barnet shale gas production, Fort Worth basin: issues and discussion [J]. AAPG Bulletin, 2007(91): 523–533.

[11] Boyer C, Kieschnick J, Lewis R E. Producting gas from its source [J]. Oil field review, 2006,18(3): 36–49.

[12] Ross D J K, Bustin R M. The importance of shale composition and pore structure upon gas storage potential of shale gas reservoirs [J]. Marine and petroleum geology, 2009,26(6): 916–927.

[13] 苗建宇,祝总祺,刘文荣,等.济阳坳陷古近系–新近系泥页孔隙结构特征[J]. 地质评论,2003,49(3): 330–335.

[14] Montgomery S L, Jarvie D M, Bowker K A, et al. Mississippian Barnet shale, Fort Worth basin, north-central Texas: gas-shale play with multi-trillion cubic foot potential [J]. AAPG bulletin, 2005,89(2): 155–175.

[15] Loucks R G, Ruppel S C. Mississippian Barnett Shale: Lithofacies and depositional setting of a deep-water shale-gas succession in the Fort Worth Basin, Texas [J]. AAPG bulletin, 2007,91(4): 579–601.

[16] Manger K C, Oliver S J P, Curtis J B. Geologic influences on the Location and production of Antrim Shale Gas, Michigan Basin, SPE 21854, Low Permeability

Reservoirs Symposium, 15–17 April 1991, Denver, Colorado.

[17] Wyllie M R J, Gregory A R, Gardner L W. Elastic wave velocities in heterogeneous and porous media[J]. Geophysics, 1956,21(1): 41–70.

[18] Raymer L L, Hunt E R, John S G. An improved sonic transit time-to-porosity transform[J]. SPWL 21 Annual Logging Symposium, 1980.

[19] Tosaya C A. Acoustical properties of clay-baering rocks: PhD. Stanford Univ, 1982.

[20] Castagna J P, Batzle M L, Estwood R L. Relationships between compressional-wave and shear-wave velocities in clastic cilicate rocks[J]. Geophysics, 1985, 50(4): 571–581.

[21] Han D, Nur A, Morgan D. Effects of porosity and clay content on wave velocities in sandstones[J]. Geophysics, 1986,51(11): 2093–2107.

[22] Biot M A. Theory of propagation of elastic waves in a fluid-saturated porous solid. I. low-frequency range[J]. The Journal of the Acoustical Society of America, 1956,28(2): 168–178.

[23] Gassmann F. Elastic waves through a packing of spheres[J]. Geophysics, 1956, 16(4): 673–685.

[24] Kuster G T, Toksöz M N. Velocity and attenuation of seismic waves in two-phase media: part I. theoretical formulations[J]. Geophysics, 1974,39(5): 587–606.

[25] Xu S, White R E. A new velocity model for clay-sand mixtures[J]. Geophysical Prospecting, 1995(43): 91–118.

[26] Toksöz M N, Cheng C H, Timur A. Velocities of seismic waves in porous rocks [J]. Geophysics, 1976,41(4): 621–645.

[27] Berryman J B. Long-wavelengh propagation in composite elastic media I. spherical inclusions[J]. The Journal of the Acoustical Society of America, 1980, 68(6): 1809–1819.

[28] Mukerji T, Berryman J, Mavko G. Differential effective medium modeling of rock elastic moduli with critical porosity constraints[J]. Geophysical Research Letters,

1995,22(5): 555-558.

[29] 潘仁芳,黄晓松.页岩气及国内勘探前景展望[J].中国石油勘探,2009(3): 1-5.

[30] 谭茂金,张松扬.页岩气储层地球物理测井研究进展[J].地球物理学进展, 2010,25(6): 2024-2030.

[31] Shim Y H, Kok J, Tollefsen E, et al. Shale gas reservoir characterization using LWD in real time. SPE 137607, Canadian Unconventional Resources and International Petroleum Conference, 19-21 October 2010, Calgary, Alberta, Canada.

[32] Passey Q R, Creaney S, Kulla J B, et al. A practical model for organic richness from porosity and resistivity logs[J]. AAPG Bulletin, 1990,74(12): 1777-1794.

[33] Helge L, Wensaas L, Duffaut M G K, et al. Can hydrocarbon source rocks be identified on seismic data[J]. Geology, 2011,39(12): 1167-1170.

[34] 陈祖庆.海相页岩TOC地震定量预测技术及其应用——以四川盆地焦石坝地区为例[J].天然气工业,2014,34(6): 24-29.

[35] 丁文龙,许长春,久凯,等.泥页岩裂缝研究进展[J].地球科学进展,2011,26(2): 135-144.

[36] 龙鹏宇,张金川,唐玄,等.泥页岩裂缝发育特征及其对页岩气勘探和开发的影响[J].天然气地球科学,2011,22(3): 526-532.

[37] 梁利喜,黄静,刘向君,等.天然裂缝对页岩储层井周诱导缝形成扩展的影响[J].地质科技情报,2014,33(5): 161-165.

[38] 张士诚,郭天魁,周彤,等.天然页岩压裂裂缝扩展机理试验[J].石油学报, 2014,35(3): 497-503,518.

[39] Rüger A. Variation of P-wave reflectivity with offset and azimuth in anisotropic media[J]. Geophysics, 1998,63(3): 935-947.

[40] 张津海,张远银,孙赞东.道集品质对叠前AVO/AVA同时反演的影响[J].石油地球物理勘探,2012,47(1): 68-73.

[41] Yan Fuyong, Han De-hua. A New Model for Pore Pressure Prediction. 2012 SEG

Annual Meeting, November 4–9, 2012, Las Vegas, Nevada: 1–5.

[42] Perez M, Close D, Purdue G. Developing Templates For Integrating Quantitative Geophysics And Hydraulic Fracture Completions Data: Part I — Principles And Theory. 2011 SEG Annual Meeting, September 18–23, 2011, San Antonio, Texas: 1–5.

[43] Goodway B, Perez M, Varsek J, et al. Seismic petrophysics and isotropic-anisotropic AVO methods for unconventional gas exploration [J]. Society of Exploration Geophysicists, 2010, 29(12): 1500–1508.

[44] George E. Thirty Years of Gas Shale Fracturing: What Have We Learned. SPE 133456, prepared for presentation at the SPE Annual Technical Conference and Exhibition held in Florence, Italy, 19–22 September, 2010.

第3章

页岩裂缝起裂与扩展

在压裂改造中，地应力状态、地层岩石的力学性质决定着水力裂缝的形态、方位、高度和宽度，影响着压裂的增产效果。而地应力剖面分析则对水平井井眼方位、射孔井段、施工规模、施工工艺等参数的确定具有指导意义。

水平井井眼方位直接决定了后期压裂改造的效果，而人工裂缝的形态取决于实际地应力的大小和方向。当井筒水平延伸方向与地层最小主应力方向一致时，将形成一系列垂直于井筒的平行裂缝串；当井筒水平延伸方向与地层最小主应力方向垂直时，将形成一条双翼的平行于水平井筒的裂缝。因此，要根据所需的裂缝形态和地应力方向来设计井眼方位。

实际压裂施工中，裂缝的高度不是一个固定的高度，而是在沿着最大水平主应力方向延伸的过程中，在纵向上受最小水平主应力的变化而变化的动态高度。因此，研究最小水平主应力在纵向上的分布规律十分重要。水力裂缝的起裂先在地层最小水平主应力剖面的最低应力段开始，裂缝的高度也是先在最低应力段开始扩展。裂缝高度升高和降低的动态变化是随着地层最小水平主应力剖面的变化而变化的，剖面上每段应力的差异都影响着裂缝高度的变化。当裂缝中的压力值大于某一段的最小水平主应力值时，裂缝将穿透这一段；当裂缝中的压力值小于某一段的最小水平主应力值时，这一段将起到遮挡层的作用，裂缝不能穿透这一层。由此可见，储层和隔层的最小水平主应力在垂向剖面上的大小变化，直接影响着裂缝的高度。

由于压裂缝走向基本平行于最大水平主应力方向，针对页岩气的压裂必须同时考虑地应力方向和天然裂缝的走向特征。若在压裂过程中采取同步压裂技术，通过两口井地应力的互相诱导作用，相对于单独压裂可促使两口井形成更多的裂缝网络，从而增加水力裂缝网络的密度，或增加压裂作业产生的泄气面积。

3.1　页岩岩石的破裂模式

常规压裂裂缝的破裂模式有3种（图3-1），一是张性破裂，二是剪切破裂，三是介于两者之间的撕裂型破裂。目前的许多压裂设计软件都是基于张性破裂裂缝，该类型裂缝有一定的宽度，可以铺置支撑剂；剪切裂缝一般出现在低黏度液体大排量施工，且地层的两个水平主应力差异小的情况下。剪切裂缝一般没有宽度，表现为压裂施工时只进液不进砂。但剪切裂缝不是一成不变的，会随着施工时间的推移，部分转变为张性裂缝；撕裂型裂缝既具有张性缝特征，又具有剪切裂缝特征，一般出现的概率较小。

图3-1 三种裂纹扩展模式

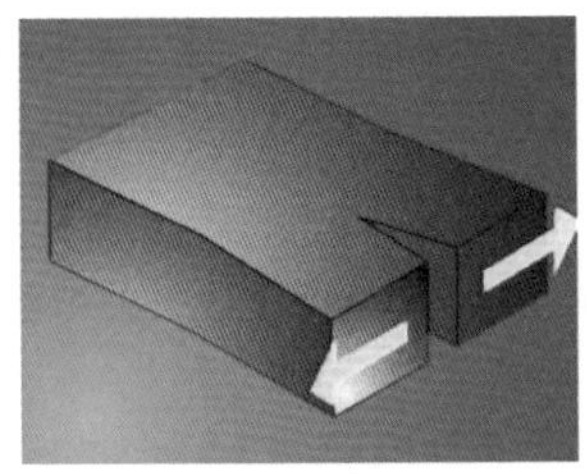

(a) 张性破裂

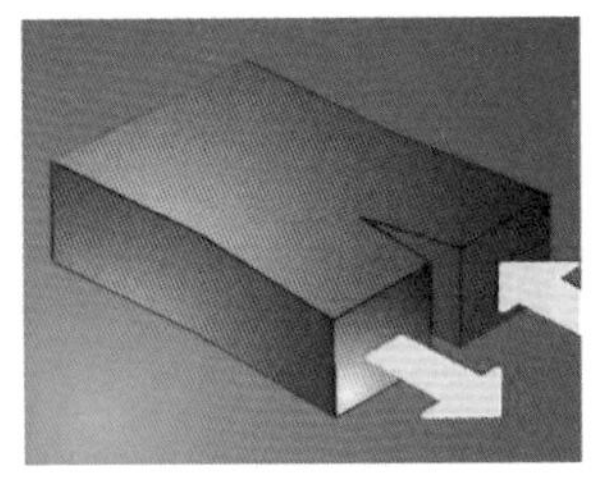

(b) 剪切破裂

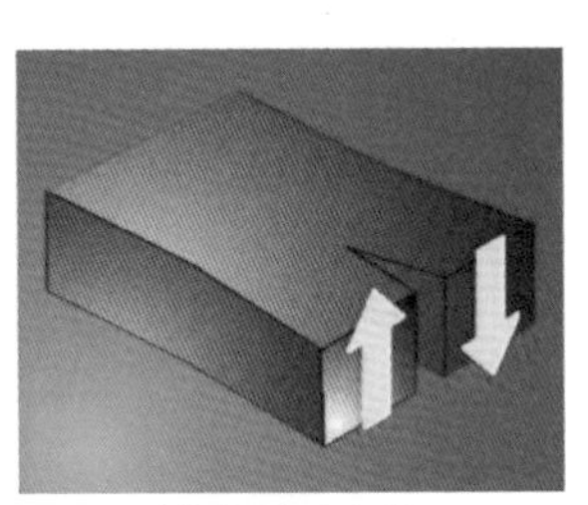

(c) 撕裂型破裂

页岩的破裂模式基本是以剪切破裂为主。取心角度为0°时，试件有多条破裂面，呈劈裂与剪切破坏共同作用；取心角度为30°时，试件沿层理面剪切破坏；取心角度为60°时，呈剪切破坏，剪切破裂面与水平面夹角在45°～50°；取心角度为90°时，试件以剪切破坏为主，有多条平行开裂层面[1]，如图3-2所示。

由图3-2可知，试件表面有多条不规则分布的破裂面，部分裂缝相互连通，形成一定的网状结构。由此也验证了清水等低黏度压裂液压裂时易形成非平面剪切缝，且裂缝表面粗糙。

图3-2 页岩裂缝非平面扩展图片

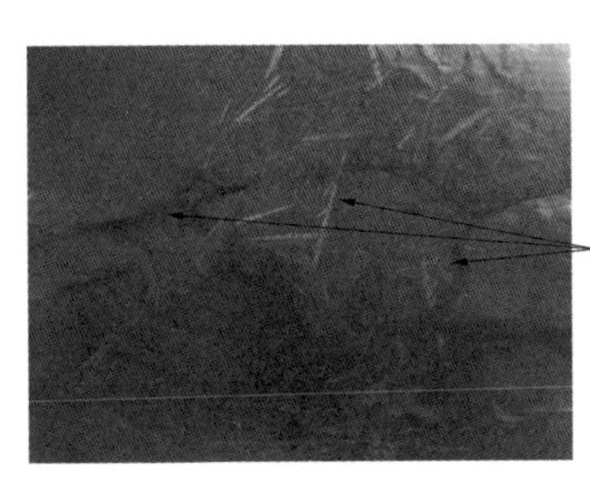

破裂面上分布有多条不规则的压裂缝，呈交叉相互连通，有明显的液体渗透痕迹

3.2 页岩裂缝扩展特性

页岩的裂缝起裂与扩展与常规的砂岩或碳酸盐岩既有相似性，又有差异性。下边先对常规储层压裂的裂缝起裂与延伸规律进行阐述。

3.2.1 常规储层压裂的裂缝与延伸规律

众所周知，裂缝的起裂与延伸规律是压裂设计及施工的技术基础。它关系到裂缝的破裂模式、射孔方案设计及后续的压裂施工参数设计等。目前，研究的方法主要有物理模拟和数学模拟两种手段。

在物理模拟方面，国外以TeraTek公司为代表，能模拟的最大岩心尺寸为760 mm × 760 mm × 900 mm，并采用声波监测方法检测裂缝的扩展过程。目前，国内的中石油勘探开发研究院廊坊分院就引进了该系统。国内还有几家单位可模拟尺寸为300 mm × 300 mm × 300 mm的小岩心，如中国石油大学（北京）、中国科学院武汉岩土力学研究所等。

1. 裂缝的扩展规律

水力裂缝在扩展过程中与天然裂缝之间的相交作用是最为常见的力学作用模式，在过去几十年里，为了研究天然裂缝对水力裂缝延伸的影响，许多研究者[2-3]进行了大量的室内实验研究和分析，相关实验的构架如图3-3所示。

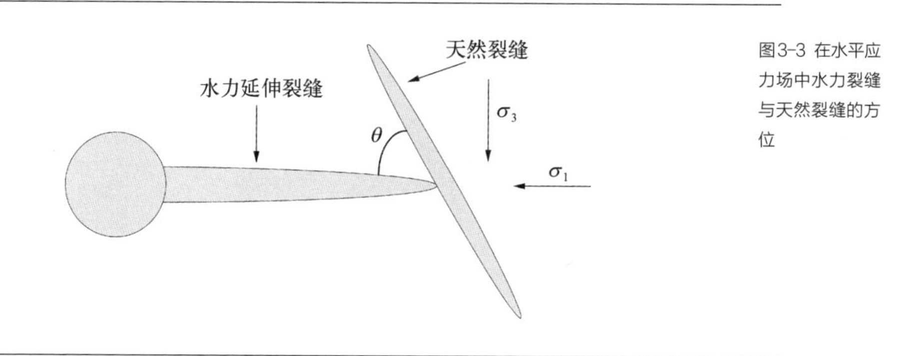

图3-3 在水平应力场中水力裂缝与天然裂缝的方位

1）Warpinski相交作用实验[4-5]

Warpinski就地质不连续体对水力裂缝延伸的影响进行了矿场实验和室内实验，矿场实验是在内华达实验测试基地进行的，是通过实验后物理挖掘地层岩石进行直接的裂缝延伸观察；而他们的室内实验是选用包含人工切割天然裂缝的Coconino砂岩，样品尺寸为20.3 cm × 15.24 cm × 15.24 cm，实验采用真三轴实验系统，所有测试中垂向应力加载保持为17.24 MPa，而水平最小主应力保持为3.45 MPa，水平应力差通过调节最大主应力而变化（一般为6.9 ～ 13.8 MPa），实验中样品的逼近角按30°、60°和90°设置。但在该实验中，岩块中只设置了一条单一的天然裂缝。

通过矿场实验和室内实验可观察到三种不同的延伸模式：

（1）水力裂缝穿过天然裂缝；

（2）水力裂缝被张开和膨胀的天然裂缝阻止延伸；

（3）水力裂缝被剪切破裂的天然裂缝阻止延伸，天然裂缝没有张开，但剪切破裂已经导致压裂液流动改向，沿天然裂缝流动。

室内实验结果如图3-4所示，水力裂缝与天然裂缝之间的作用类型是水平应力差和逼近角的函数，水力裂缝仅仅在高水平应力差和逼近角大于60°的情况下发生；在低应力差和低逼近角情况下，水力裂缝基本不会穿过天然裂缝，这主要是因为在水力裂缝内的流体压力足够张开天然裂缝，从而改变压裂液的流动方向；水力裂缝被天然裂缝的剪切破裂而阻止延伸，仅仅发生在逼近角为30°且为高应力差的条件下。

图3-4 在不同应力差和逼近角组合下的相交作用实验结果（Warpinski）

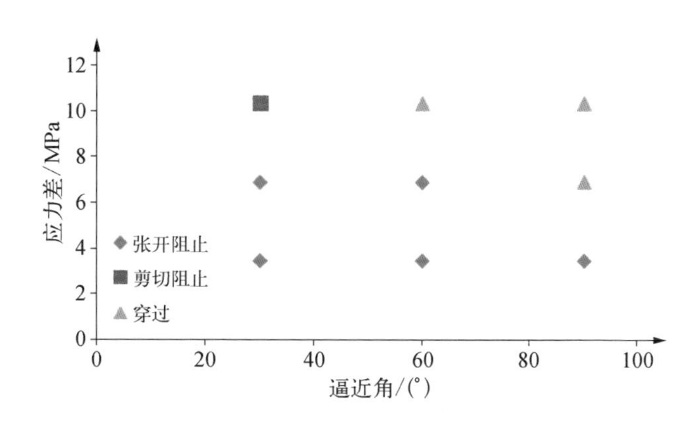

根据该项试验研究,可以得到以下结论:

(1)在天然裂缝性地层,单裂缝延伸的情况几乎不能观察到,多分支裂缝延伸是非常显著的,在分支上又常会出现两到三个分支裂缝延伸。

(2)水力裂缝在到达地质不连续体附近的时候,常会发生延伸停止,如果非要继续延伸穿过天然裂缝的话,延伸方向将会发生改变,这可能是由于地质不连续体附近区域的应力场发生改变造成的。

2)Blanton相交作用实验[6-7]

Blanton对三轴压应力下的天然裂缝材料进行了水力压裂实验,测试的天然裂缝材料是阿帕拉契盆地泥盆纪页岩和石膏块。在该实验构架中,井眼位于两个规则的空间放置的垂直裂缝之间,最大与最小主应力控制在0.7 ~ 11.0 MPa,而最小水平主应力设定为4.1 MPa,逼近角分别设定为30°、60°和90°,实验岩体尺寸为30.45 cm × 30.45 cm × 38.0 cm,较长部分与井眼方向平行。选择石膏作为试验材料,主要基于以下两个方面:一是通过改变混合物的成分可以控制材料的力学特性;二是天然裂缝的方位和位置可以进行改变。在该动态压裂试验中可认为流体速度为常数,井的压力保持时间为裂缝延伸长度达到穿过天然裂缝或发生转向后的最大值。

在试验中,当水力裂缝与天然裂缝之间相互作用的时候,都能观察到张开和穿过两种作用类型。当逼近角为30°且应力差达到11.0 MPa的时候,天然裂缝都为张开类型;当高应力差时将可能会发生天然裂缝上的滑动。当逼近角为60°且应力差为4.1 MPa或者更高的情况下,穿过将会发生;而当应力差为2.0 MPa时张开将会发生。当逼近角为90°时,在任何应力差的情况下,穿过都会发生;另外,在较高的应力差作用下,双翼水力裂缝将会更对称,裂缝面将会更平整;但当应力差为0.7、1.4和2.1 MPa时,水力裂缝倾向不对称和不规则的延伸形态,常常伴随张开、穿过和分支的混合模式发生,这是由于在低应力差状态下,材料特性参数比应力方位更影响裂缝延伸的方向,故会导致更多不规则裂缝的产生。上述实验结果如图3-5所示。

该项实验结果与早期的研究结果有点差异,早期研究的实验设置为水力裂缝在一边逼近一条单一的天然裂缝,而在相反的方向上为自由延伸。在早期研究中能观察到裂缝延伸的停止,但当水力裂缝在交叉点停止后,却在相反的方向上能够自由的

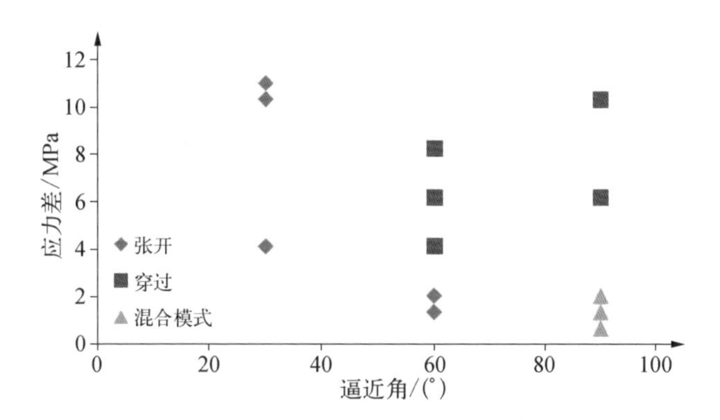

图3-5 在不同应力差和逼近角组合下的相交作用实验结果(Blanton)

延伸,而在本试验中,由于在井眼的两边都放置了天然裂缝,从而阻止了裂缝延伸停止,因此,裂缝延伸停止只是一个临时作用行为,随着注入压力的继续上升,打开还是穿过均会产生。

根据上述研究,可以得到以下结论:

(1) 水力裂缝在高逼近角及高应力差和中逼近角及高应力差的情况下倾向于穿过天然裂缝而继续延伸;

(2) 水力裂缝在低逼近角和中逼近角及低应力差的情况下倾向于张开天然裂缝,改变压裂液的流动方向而继续延伸;

(3) 在高逼近角及低应力差的情况下,水力裂缝在与天然裂缝相交后常常伴随张开、穿过和分支的混合模式发生;

(4) 在天然裂缝性油气藏压裂中,对称双翼的垂直裂缝几乎不会产生。

3.2.2 页岩裂缝扩展物模实验规律

与常规砂岩或碳酸盐岩不同,页岩一般具有水平的层理缝或纹理缝,起裂与扩展规律也有很大不同。目前,国外发表的有关页岩裂缝扩展物模研究的论文不多,国内仅有少量的论文发表[8]。

在裂缝的延伸过程中，如没有天然裂缝，或有天然裂缝但其方向与人工裂缝平行，则人工裂缝基本是单一的裂缝形态，不会出现复杂的裂缝扩展特征。如有天然裂缝，且其方向与人工裂缝有一定的夹角，则人工裂缝与天然裂缝的关系有三种情况，一是直接穿过天然裂缝，二是沿着天然裂缝滑移，三是不相交（图3-6）。

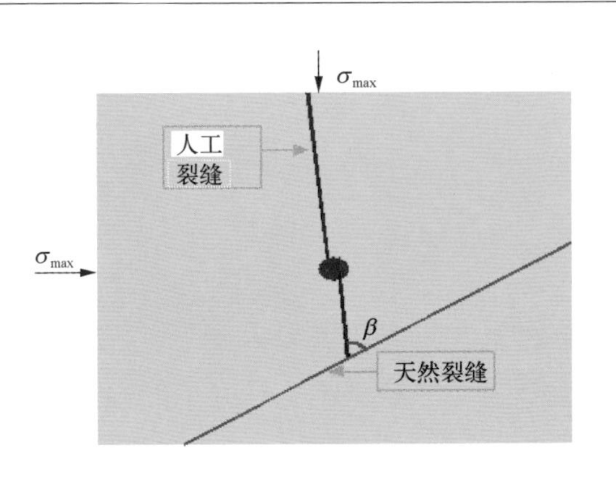

图3-6 水力裂缝穿越天然裂缝示意图

具体情况是：

1. 穿透天然裂缝的条件

（1）渐近角≥60°，应力差≥10.5 MPa；

（2）渐近角≥90°，应力差≥6.5 MPa。

2. 人工裂缝在天然裂缝中滑移的条件

渐近角≤30°，应力差≥10.5 MPa。

3. 人工裂缝不能穿透天然裂缝的条件

渐近角≤30°，应力差≤6.5 MPa。

上述结果说明，人工裂缝要穿透天然裂缝，其与天然裂缝的夹角应大于30°，且两向水平应力差应相对较大；而在天然裂缝中滑移的条件是人工裂缝与其夹角小于30°。

实际进行压裂设计及施工时，遇到天然裂缝的理想情况是应当直接穿过它，如过早沿天然裂缝滑移，主裂缝的缝长可能达不到设计预期值。

另外，在遇到水平层理缝时，人工裂缝一般都会沟通层理缝，形成垂直缝与水平缝共存的复杂非平面裂缝。

3.2.3 页岩裂缝扩展数模研究[9-12]

实验和理论研究表明，具有初始裂纹的岩体，其应力强度因子随井筒压力的增加而增加，当K_I增大到临界值K_{IC}（断裂韧度）时，岩体处于由稳定向不稳定扩展的临界状态。

1. 裂缝扩展准则

除了断裂韧度K_{IC}可以作为裂纹扩展的准则，尚有三种方法可以作为判断裂纹是否扩展的准则，它们分别是：临界应力准则、临界裂纹张开位移准则以及裂纹长度对时间准则。

图3-7 临界应力准则示意图

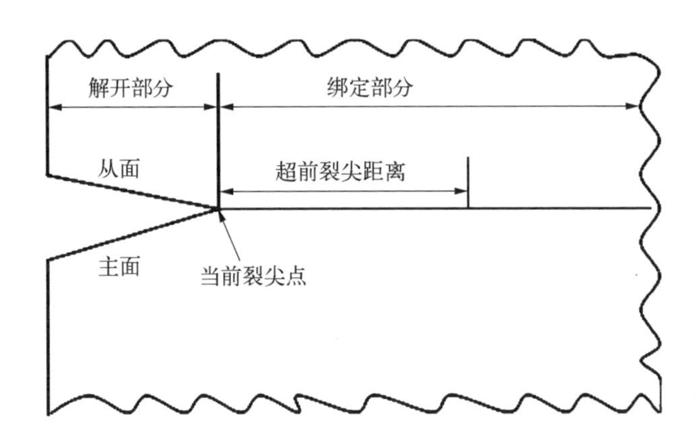

临界应力准则公式如式（3-1）所示：

$$f=\sqrt{\left(\frac{\hat{\sigma}_n}{\sigma^f}\right)^2+\left(\frac{\tau_1}{\tau_1^f}\right)^2+\left(\frac{\tau_2}{\tau_2^f}\right)^2},\ \hat{\sigma}_n=\max(\sigma_n,0) \tag{3-1}$$

式中，σ_n是指定点处面的法向应力分量；τ_1和τ_2是指定点处面的剪切应力分量；σ^f和τ_1^f分别是法向失效应力和剪切失效应力，其值可由实验确定。当断裂临界应力f达到1.0时，裂尖向前扩展。

在ABAQUS中用户子程序DISP用于指定预定义边界条件（强制边界条件），它可定义各种类型自由度的边界条件，它针对边界的节点施加边界条件；用户子程序FLOW在渗流耦合分析中用于定义非均匀渗透系数和相应的外界渗透压，它针对边界上单元积分点施加载荷。压降方程的表达式虽然简单，但具体实现却很困难。如图3-8所示，任意时刻预设的裂缝可分为三段：预裂段（射孔段）、压裂段（扩展段），以及未裂段（绑定段）。在石油开采工程中，射孔段孔道的形成是通过射孔弹被引爆后产生的高温、高压、高速射流对岩石进行强烈挤压破碎而形成的一种锥形孔道，射孔长度一般为0.4 ～ 1.0 m，射孔段的宽度比压裂段的缝宽度更大，而其长度又远远小于压裂段，因而可认为该段内压裂液不产生压降，该段的水力压力载荷可以在ABAQUS的inp文件中通过关键字*BOUNDARY加载实现。裂缝扩展段内的水力压力分布可按压降分布函数通过用户子程序DISP加载，当使用此函数时必须预先知道压力p_0的值，为此必须调用子程序FLOW以获得压力值p_0，我们将FLOW程序内的变量U设为共用变量，并按如图3-9所示的方式设定边界FLOW，它实时调用子程序FLOW，这样借助变量U就可以把指令*BOUNDARY的压力值p_0实时动态地传递给子程序DISP。裂缝面宽度w的求解相对简单些，利用子程序DISP就可以获得裂缝面内每个节点的坐标值，再通过节点坐标值就可以求得裂缝面内每一对节点的相对距离，这个相对距离即为裂缝扩展段在该处的宽度w。这样一来子程序DISP就有了压力值p_0和宽度w，从而便可计算裂缝面内各个节点的压力值。绑定段的压力加载可以利用子程序FLOW返回的压力值再用DISP加载上去。

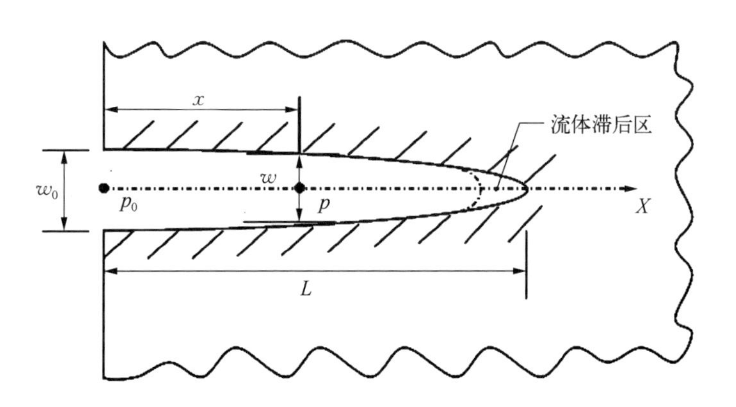

图3-8 压降方程求解示意图

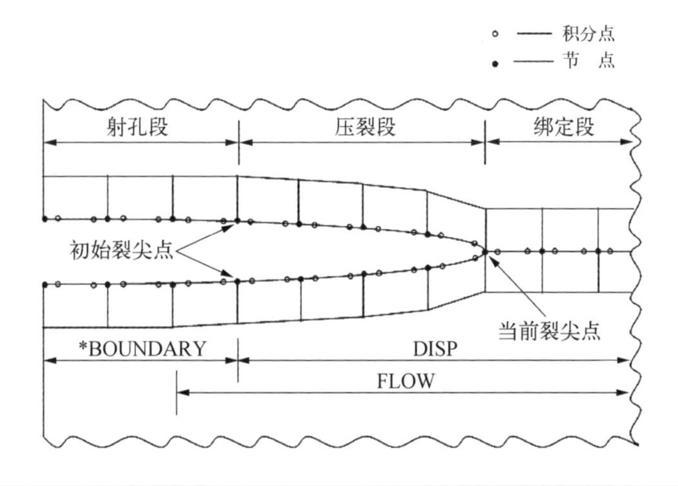

图3-9 水力压力加载示意图

2. 裂缝扩展模型

假设模型为平面应变问题，模型尺寸为150 m×45 m，射孔的深度为0.5 m。根据弹性力学基本理论，裂纹扩展对较远处的边D、E、F影响不大，因此边D、E、F为位移为零的约束，孔隙压力保持初始状态不变。而边C为对称位移约束，模型如图3-10所示。下面对裂缝扩展过程进行分析。

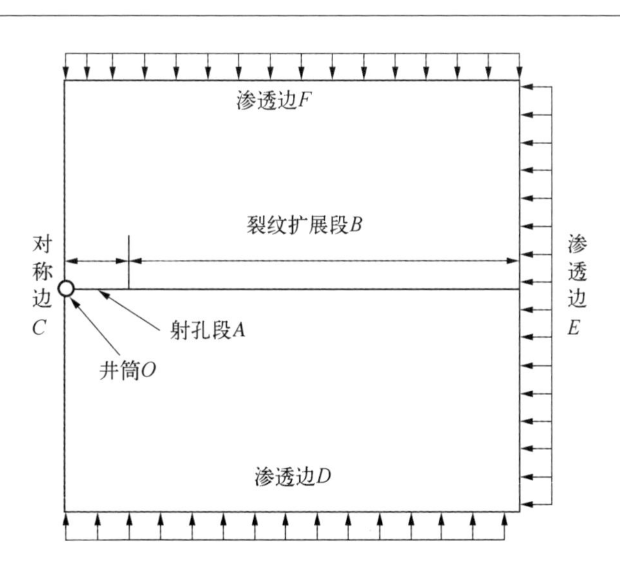

图3-10 计算模型示意图

1）应力累积阶段

随着射孔内压裂液压力的逐渐增加，射孔裂尖出现应力集中现象。孔隙呈现出与静水压应力成反比的关系，在裂尖处孔隙比最大（图3-11、图3-12、图3-13）。

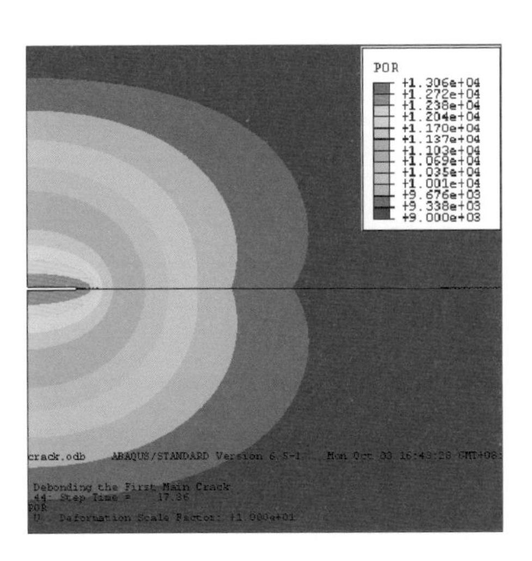

图3-11 裂缝扩展临界状态时的孔隙压力

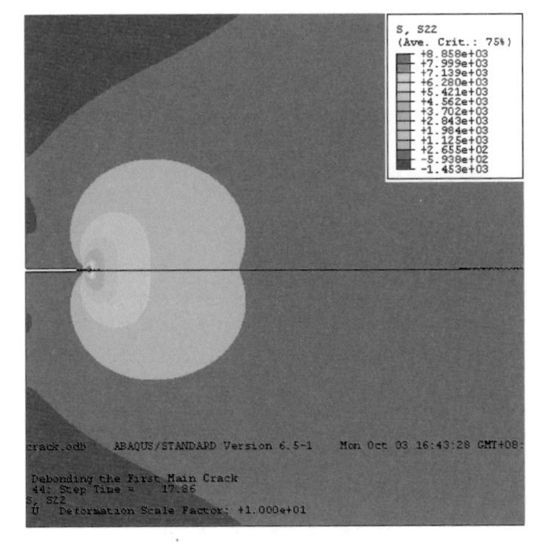

图3-12 裂缝扩展临界状态时的S22应力

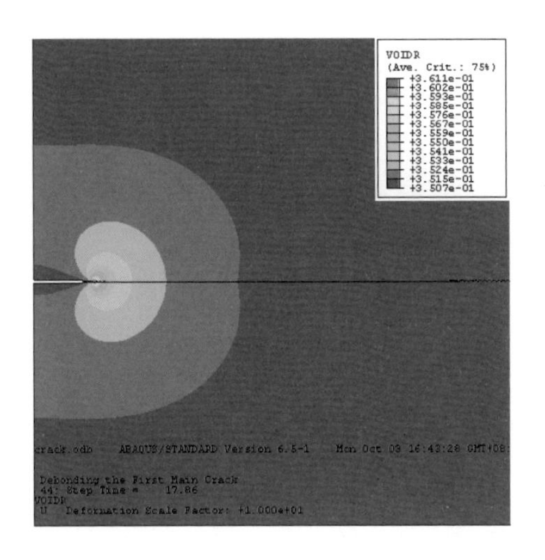

图3-13 裂缝扩展临界状态时的孔隙比

2）裂纹稳定扩展阶段

裂尖的应力达到临界值后，如果继续施加水力压力，裂纹就进入稳定扩展阶段，故可以获得裂纹长度、裂纹最宽处、注入液流量以及裂缝面随着注水压力增大的变化规律。图3-14是压裂施工进行过程中，裂缝周围的孔隙压力的变化图。从图3-14可以看出，裂尖处的孔隙压力最低，孔眼附近的孔隙压力最高。孔隙压力随着裂缝的扩展而向前延伸。

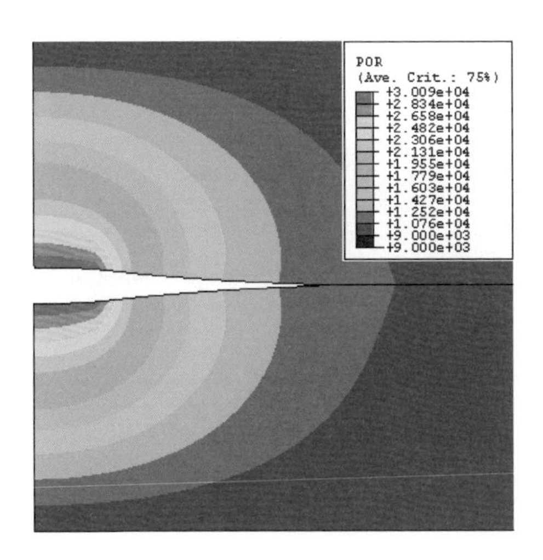

图3-14 裂缝稳定扩展时的孔隙比

图3-15是裂缝稳定扩展时整个压力场的第二主应力图。在裂尖的应力明显要高于其他位置的应力，即有一应力集中核，正是由于这个应力集中核的存在才促使裂缝向前延伸。

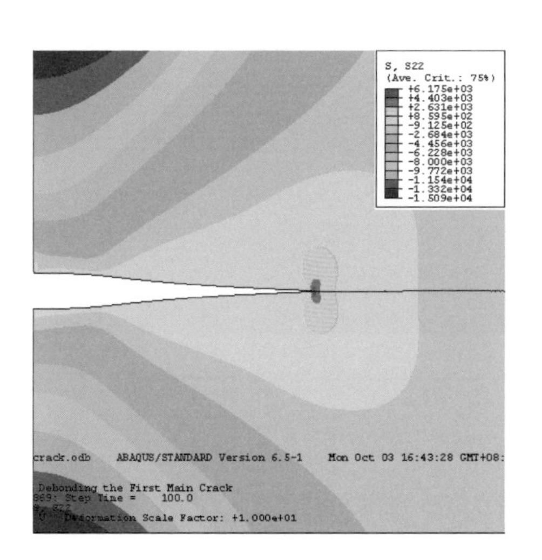

图3-15 裂缝稳定扩展时的第二主应力(S22)

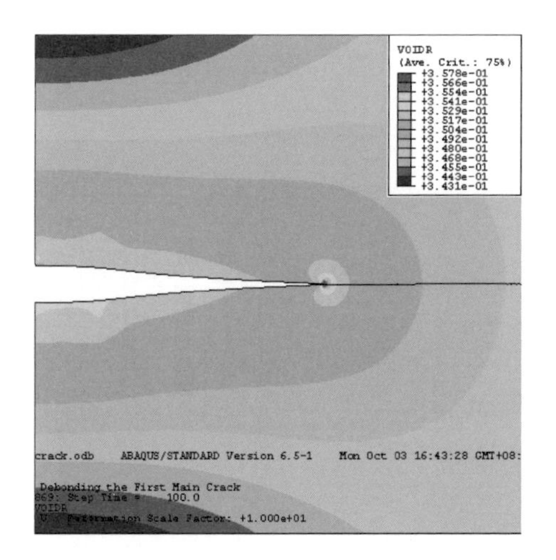

图3-16 裂缝稳定扩展时的孔隙比

如图3-16所示，裂缝稳定延伸时，地层的孔隙比在裂缝尖端处也出现了集中现象，即孔隙比在裂缝尖端区域会大幅度上升。原因是裂缝尖端处出现应力集中核，使得该区域的有效应力值大大增加，从而使岩石颗粒发生收缩，引起孔隙比增大。

3. 多簇射孔力学模型的建立

假设模型为平面应变问题，射孔深度为0.5 m，3个射孔簇长度均取1 m，每簇间距相等，外边界与单裂缝扩展相同。

图3-17是计算模型的整体网格，为了尽可能使计算速度加快，将远离裂缝区域的网格划粗，而将靠近应力梯度比较大的区域的网格划细。图3-18是网格划细的结果。

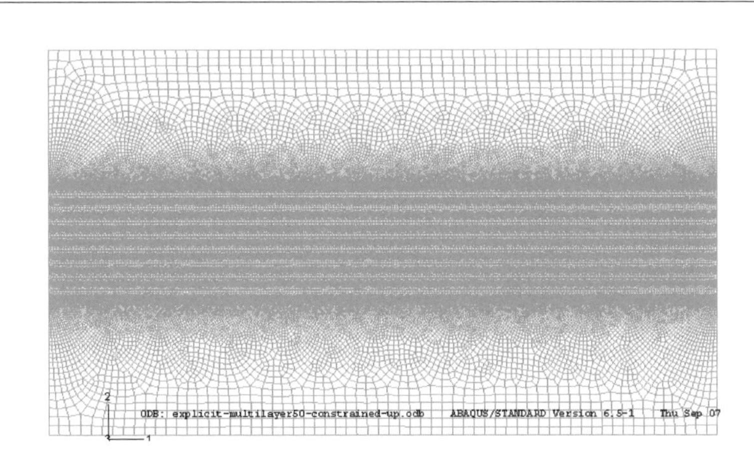

图3-17 计算模型整体有限元网格

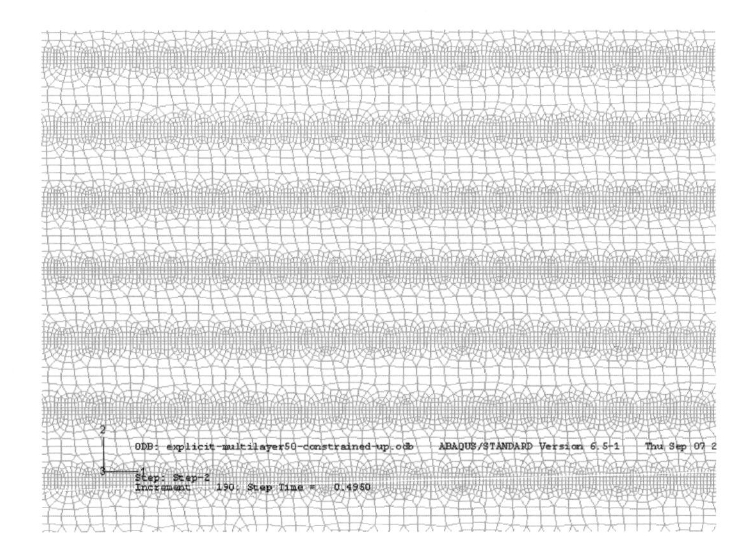

图3-18 计算模型的局部有限元网格

1）三条簇裂缝扩展

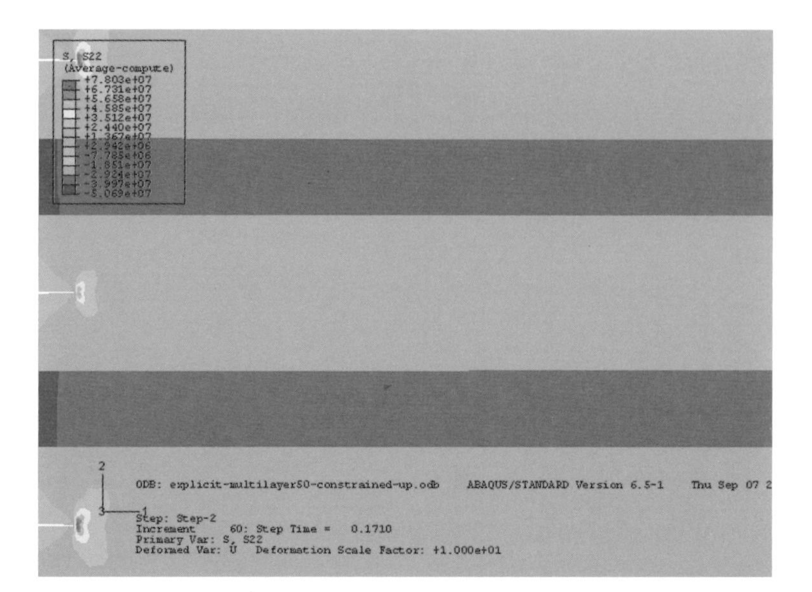

图3-19 裂缝初始扩展前缝尖应力的集中现象

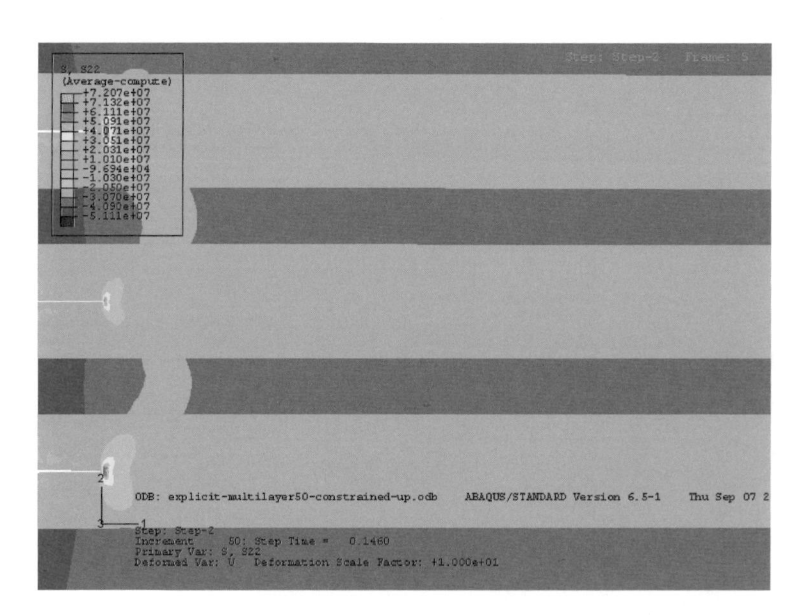

图3-20 裂缝初始扩展情况

从图3-19可以看出，在裂缝扩展之初，三条裂缝的尖端都出现了应力集中现象，射孔部分裂缝的开度也几乎是相同的，即此时各裂缝之间没有干扰。图3-20模拟计算了裂缝的扩展情况也能验证这一点，即三条裂缝同步开始扩展。

2）4簇裂缝扩展

参照3簇裂缝情况（图3-21），对4簇裂缝的扩展规律进行模拟分析。图3-22是裂缝初始启裂时各射孔簇渗流场的分布图，4簇裂缝情况如图3-23所示。

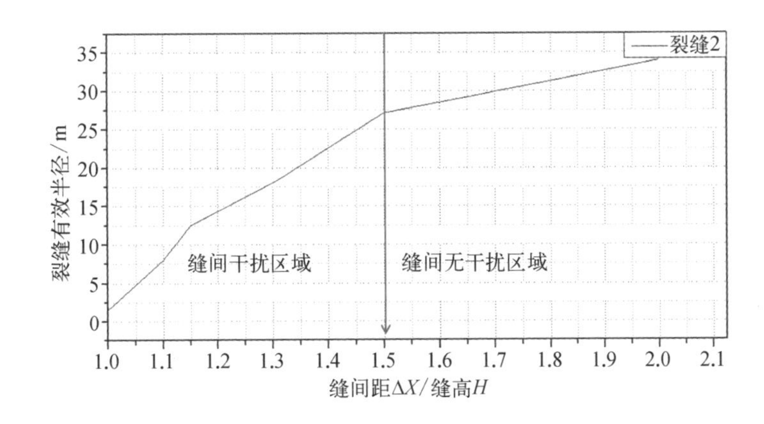

图3-21 3簇裂缝同时扩展裂缝有效长度与裂缝间距/缝高的关系

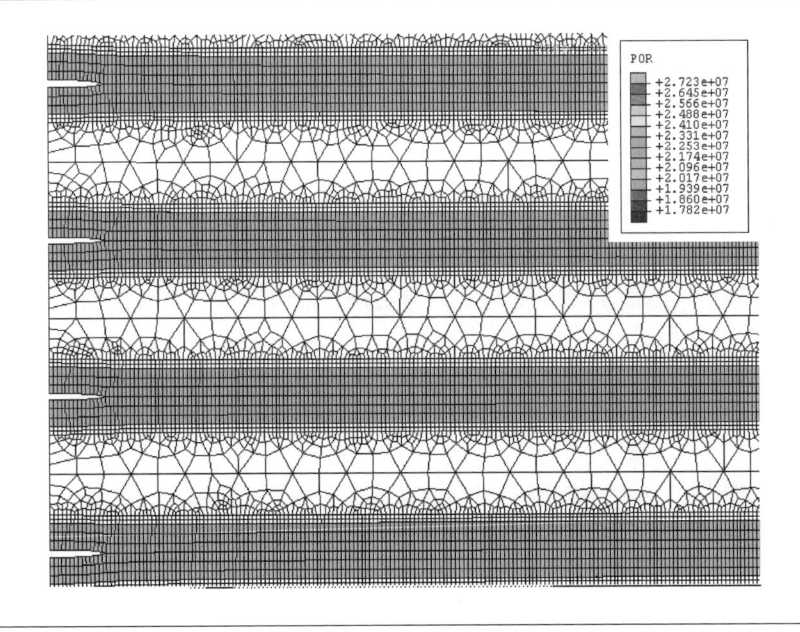

图3-22 4簇裂缝启裂时的渗流场

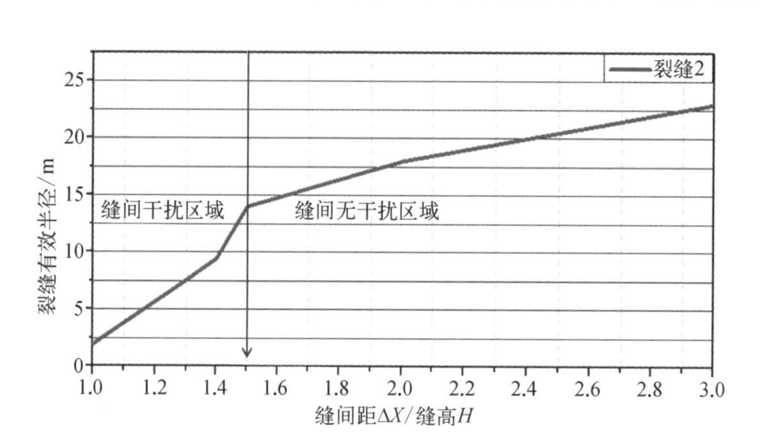

图3-23 4簇裂缝同时扩展裂缝有效长度与裂缝间距/缝高的关系

3）5簇裂缝扩展形态

参照3簇裂缝压裂处理方法，对5簇裂缝的扩展规律进行模拟分析。图3-24是裂缝初始启裂时各射孔簇渗流场的分布图，5簇裂缝情况如图3-25所示。

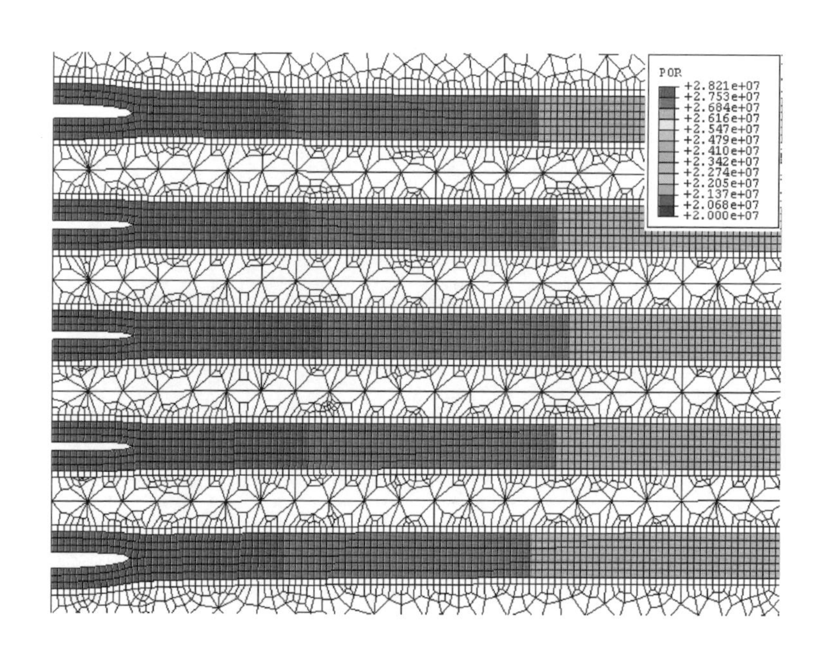

图3-24 5簇裂缝启裂时的渗流场

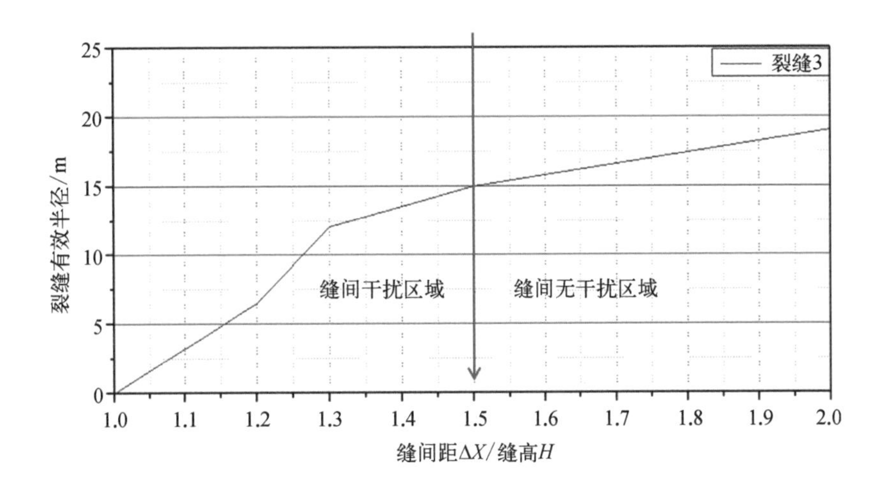

图3-25 5簇裂缝同时扩展裂缝有效长度与裂缝间距/缝高的关系

4）6簇裂缝扩展形态

参照3簇裂缝压裂处理方法，对6簇裂缝的扩展规律进行模拟分析。图3-26是裂缝初始启裂时各射孔簇渗流场的分布图，6簇裂缝情况如图3-27所示。

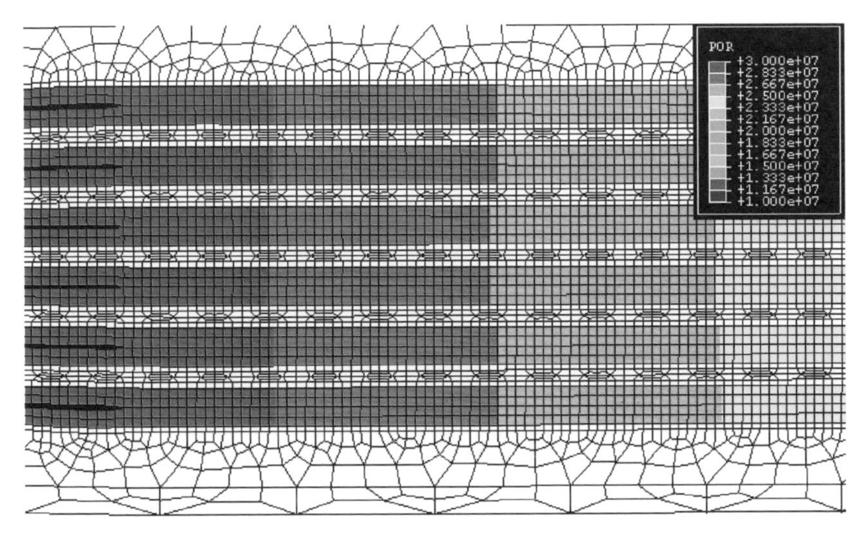

图3-26 6簇裂缝启裂时的渗流场

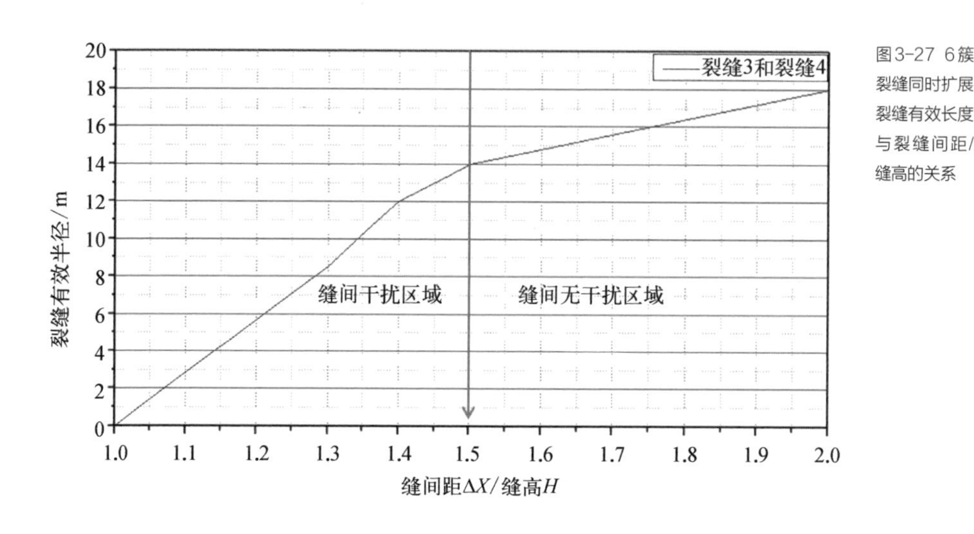

图3-27 6簇裂缝同时扩展裂缝有效长度与裂缝间距/缝高的关系

根据研究结果,对于页岩气水平井,无论是集中射孔还是多簇射孔情况,产生裂缝干扰的缝间距均为1.5倍的裂缝高度。这与国外学者Fisher的研究结论一致。因此,当页岩脆性指数超过60%时,多簇射孔间距要控制在缝间干扰区域内,从而以利于形成网络裂缝。

3.3 页岩压裂诱导应力场

结合弹性力学理论,建立了页岩压裂的诱导应力场和破裂压力数学模型。

3.3.1 裂缝的诱导应力

先简单以二维裂缝为例[13],其示意图见图3-28。

图3-28 二维裂缝诱导应力场建立示意图

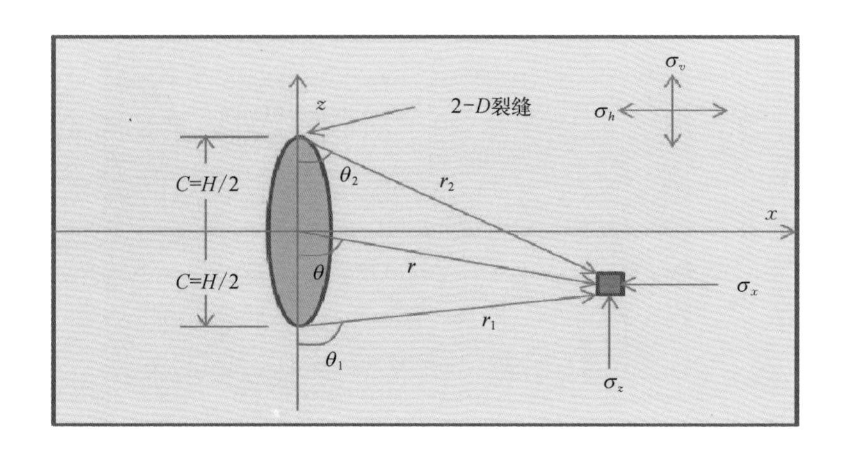

$$
\begin{aligned}
&\sigma_{x诱导}=p\frac{r}{c}\left(\frac{c^2}{r_1r_2}\right)^{\frac{3}{2}}\sin\theta\sin\frac{3}{2}(\theta_1+\theta_2)+p\left[\frac{r}{(r_1r_2)^{\frac{1}{2}}}\cos\left(\theta-\frac{1}{2}\theta_1-\frac{1}{2}\theta_2\right)-1\right]\\
&\sigma_{z诱导}=-p\frac{r}{c}\left(\frac{c^2}{r_1r_2}\right)^{\frac{3}{2}}\sin\theta\sin\frac{3}{2}(\theta_1+\theta_2)+p\left[\frac{r}{(r_1r_2)^{\frac{1}{2}}}\cos\left(\theta-\frac{1}{2}\theta_1-\frac{1}{2}\theta_2\right)-1\right]\\
&\tau_{xz诱导}=p\frac{r}{c}\left(\frac{c^2}{r_1r_2}\right)^{\frac{3}{2}}\sin\theta\cos\frac{3}{2}(\theta_1+\theta_2)\\
&\sigma_{y诱导}=\nu(\sigma_{x诱导}+\sigma_{z诱导})
\end{aligned}
\tag{3-2}
$$

将诱导应力场与原始应力场进行叠加，即可得到初始裂缝条件下的复合应力场：

$$
\begin{cases}
\sigma'_H=\sigma_H+\nu(\sigma_{x诱导}+\sigma_{y诱导})\\
\sigma'_h=\sigma_h+\sigma_{x诱导}\\
\sigma'_\nu=\sigma_\nu+\sigma_{y诱导}
\end{cases}
\tag{3-3}
$$

由图3-29可知，在压裂过程中，随着裂缝的产生，在裂缝壁附近会产生诱导应力，该诱导应力随着距裂缝面距离的增加而快速降低。裂缝净压力越大，诱导应力越大，其传播的距离也越远。但是并非诱导应力传播到的区域就会产生复杂裂缝，而是当诱导应力大于原始两向水平应力差的区域时才可能出现复杂裂缝。由此模拟结果也可得出，当水力裂缝在起裂和延伸过程中，在两向主应力方向都叠加附加的诱导应

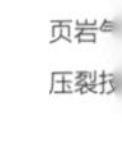

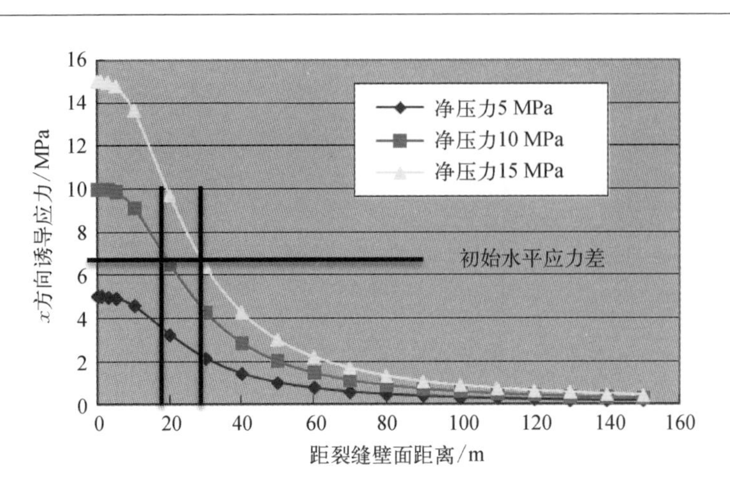

图3-29 压裂过程中不同净压力条件下诱导应力传播距离

力,但最小水平主应力方向增加的诱导应力幅度更大,故压裂的排量及规模越大,水平应力场越趋向于各向同性。换言之,在主压裂之前进行一定规模的小型测试压裂,其作用不仅是获取地层参数,更重要的是能改变原始应力场,在主压裂时主裂缝可能会沿着不同于小型测试压裂的裂缝方向起裂和延伸,从而为形成复杂裂缝甚至网络裂缝创造了条件。

上述是单一裂缝的诱导应力场模拟结果。如果对两口井或两口以上井采用同步压裂时,叠加的诱导应力可能很容易在某个区域超过两个原始水平应力差,裂缝就可能转向进而形成复杂的网络裂缝系统。换言之,多井同步压裂技术在同样的施工参数条件下能显著增加网络裂缝形成的概率。目前,虽国外出现3口井以上的同步压裂作业案例,但限于国内丘陵纵横,很难具备多井同步压裂(每口井需要单独的压裂车组)的场地条件,甚至进行2口井同步压裂都很困难。目前比较现实的是拉链式压裂,即一套压裂车组在相邻两口井间进行交互式作业。

3.3.2 水平井筒周围诱导地应力

水平井筒周围诱导应力示意见图3-30。

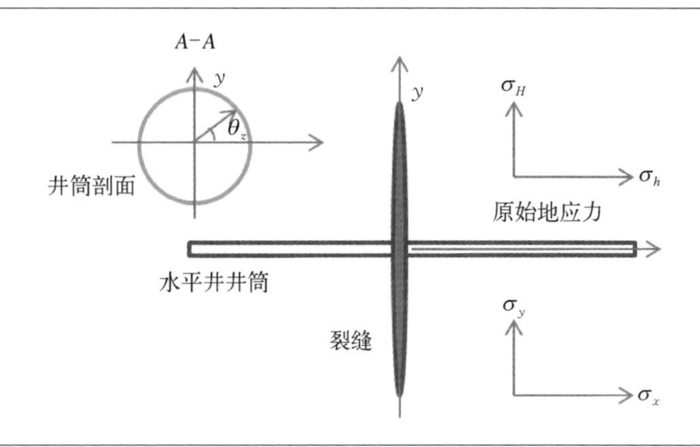

图3-30 水平井筒周围诱导应力示意图

井筒内压引起的应力分量：

$$\begin{cases}\sigma_r = -p_w \\ \sigma_\theta = p_w \\ \sigma_z = b p_w\end{cases} \tag{3-4}$$

复合应力引起的应力分量：

$$\begin{cases}\sigma_r = 0 \\ \sigma_\theta = \sigma'_\nu + \sigma'_H - 2(\sigma'_\nu - \sigma'_H)\cos 2\theta \\ \sigma_z = \sigma'_h - 2\nu(\sigma'_\nu - \sigma'_H)\cos 2\theta \\ \tau_{r\theta} = \tau_{rz} = \tau_{\theta z} = 0\end{cases} \tag{3-5}$$

压裂液滤失效应引起的应力分量：

$$\begin{cases}\sigma_r = \delta\phi(p_w - p_0) \\ \sigma_\theta = -\dfrac{\delta\alpha(1-2\nu)}{1-\nu}(p_w - p_0) + \delta\phi(p_w - p_0) \\ \sigma_z = -\dfrac{\delta\alpha(1-\nu)}{1-\nu}(p_w - p_0) + \delta\phi(p_w - p_0)\end{cases} \tag{3-6}$$

3.3.3 诱导应力场中的破裂压力模型

应用叠加原理，并考虑井筒内压、复合应力场和渗流作用下的井壁应力场模型为：

$$
\begin{cases}
\sigma_r = -p_w + \delta\phi(p_w - p_0) \\
\sigma_\theta = p_w - \sigma'_v + 3\sigma'_H - 2\sigma'_H \sin 2\theta - \dfrac{\delta\alpha(1-2\nu)}{1-\nu}(p_w - p_0) + \delta\phi(p_w - p_0) \\
\sigma_z = bp_w + \sigma'_h - 2\nu(\sigma'_v - \sigma'_H)\cos 2\theta - \dfrac{\delta\alpha(1-2\nu)}{1-\nu}(p_w - p_0) + \delta\phi(p_w - p_0) \\
\tau_{r\theta} = \tau_{rz} = \tau_{\theta z} = 0
\end{cases}
\tag{3-7}
$$

井壁处$z-\theta$平面上的最大有效拉伸应力为岩石平面上最大主应力减去孔隙应力，当其等于或大于岩石抗拉强度时，井壁处岩石开始发生断裂：

$$\sigma_z - \eta p_0 \geqslant \sigma_t \tag{3-8}$$

地层破裂压力：$p_{wp} = \dfrac{\sigma'_h - 2\nu(\sigma'_v - \sigma'_H)\cos 2\theta + (k-\eta)p_0 - \sigma_t}{k-b}$ (3-9)

式中，$k = \dfrac{\delta\alpha(1-2\nu)}{1-\upsilon} - \delta\phi$。

该破裂压力模型考虑了裂缝诱导应力、井筒诱导应力，故可利用破裂压力与裂缝净压力的匹配关系，来判断裂缝是否可以在延伸过程中转向。

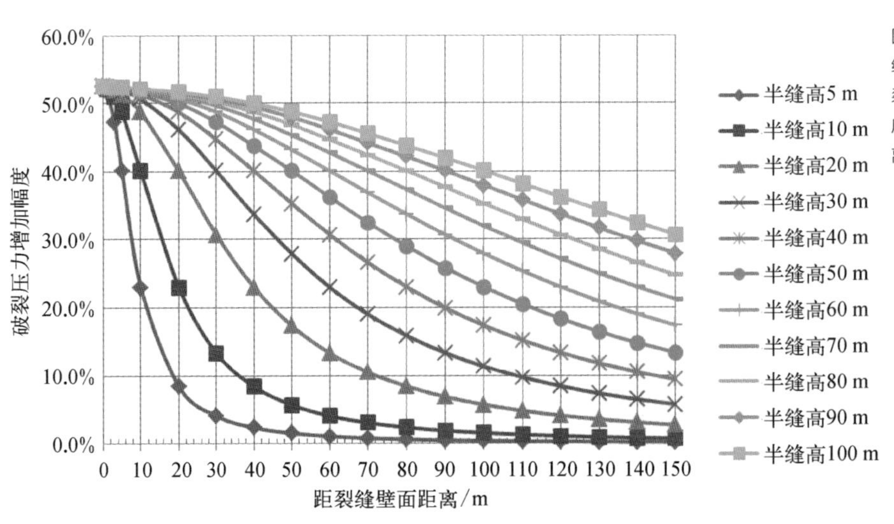

图3-31 不同缝高条件下破裂压力增加幅度随裂缝面距离的变化

如图3-31所示，破裂压力的变化规律与诱导应力是密切相关的。由于破裂压力随地应力的增加而增加，而诱导应力增加了地应力，破裂压力必然会增加。换言之，要判断是否能实现裂缝转向，必须使裂缝净压力的增加幅度超过前后两次破裂压力的差值。

上述分析也显示了天然裂缝的重要性，因此，当天然裂缝存在且其与人工主裂缝不是平行方向时，根本不需要达到计算的破裂压力预期值便可实现裂缝的转向。

由图3-31还可知，裂缝高度越高，破裂压力增幅的衰减越慢。这说明了裂缝高度越大，越不容易形成复杂裂缝。这可能是由于随着裂缝高度的增加，削弱了裂缝内净压力的积聚速度，从而减小了对应的诱导应力增幅。

参考文献

[1] 张广清，陈勉．水平井水力裂缝非平面扩展研究[J]．石油学报，2005，26(3)：95-97.

[2] 陈勉，庞飞，金衍．大尺寸真三轴水力压裂模拟与分析[J]．岩石力学与工程学报，2000(1)：868-872.

[3] 黄荣樽．水力压裂裂缝的起裂和扩展[J]．石油勘探与开发，1981(5)：62-74.

[4] Warpinski N R, Teufel L W. Influence of Geologic Discontinuities on Hydraulic Fracture Propagation[J]. JPT, 1987, 39(2): 209-220.

[5] Warpinski N R. Hydraulic Fracturing in Tight, Fissured Media[J]. JPT, 1991, 42(2): 146-151.

[6] Blanton T L. An Experimental Study of Interaction Between Hydraulically induced and Pre-Existing Fractures[J]. SPE 10847, 1982.

[7] Blanton T L. Propagation of Hydraulically and Dynamically Induced Fractures in Naturally Fractured Reservoirs[J]. SPE 15261, 1986.

[8] 张旭，蒋廷学，贾长贵，等．页岩气储层水力压裂物理模拟试验研究[J]．石油钻

探技术,2013(2): 24-27.

[9] 刘翔鹗,张景和,余建华,等.水力压裂裂缝形态和破裂压力研究[J].石油勘探与开发,1998(4): 38-43.

[10] 李兆敏,蔡文斌,张琪,等.水平井压裂裂缝起裂及裂缝延伸规律研究[J].西安石油学报(自然科学版),2008,23(5): 46-48.

[11] 罗天雨,王嘉淮,赵金洲,等.天然裂缝对水力压裂的影响研究[J].石油天然气学报,2007,29(5): 141-143.

[12] 姚飞,陈勉,吴晓东,等.天然裂缝性地层水力裂缝延伸物理模拟研究[J].石油钻采工艺,2008,30(3): 83-86.

[13] 雷群,胥云,蒋廷学,等.用于提高低-特低渗透油气藏改造效果的缝网压裂技术[J].石油学报,2009,30(2): 237-241.

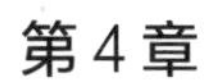

页岩气压裂材料

4.1 页岩压裂材料优选原则

页岩气中常用压裂液包括：低黏度的泡沫压裂液、CO_2和N_2压裂液、表面活性压裂液、滑溜水压裂液以及不同的高黏度交联压裂液等。从页岩气压裂的造缝及有效支撑等方面考虑，压裂材料的选择应考虑以下原则：

（1）针对页岩不同脆塑性特征确定压裂液基本类型。如脆性较好，应以低黏度压裂液为主，如滑溜水；如塑性较好，则应以高黏度压裂液为主，如胶液或交联冻胶。

（2）如脆塑性介于好与差之间，则应用混合压裂液，如此时偏脆性，则适当加大低黏度压裂液的比例，反之，则应增加高黏度压裂液的比例。

（3）支撑剂的选择应与造缝尺寸相匹配，目的是保证支撑剂顺畅地进入不同尺度的裂缝并最终铺置其中，形成有效的支撑体积。

以下为各种压裂液选用的优缺点，也是选择支撑剂必须考虑的因素：

（1）气体和泡沫压裂液对于页岩似乎是理想的压裂液，但是相对于滑溜水压裂液获得的产量要更差。原因是气体和泡沫压裂液黏度较高，沟通和形成小尺度裂缝的能力相对较弱，使裂缝复杂性程度降低。

（2）滑溜水由于黏度低，可以进入并扩大页岩天然裂缝体系且尽可能接触大面积的页岩。

（3）泡沫有较高的黏度和贾敏效应，可以很好地控制天然裂缝内的滤失，但对形成复杂裂缝不利。

（4）氮气压裂液和二氧化碳压裂液压裂能够进入页岩的内部结构，但气相缺乏携带较多支撑剂的能力。

（5）若交联烃类压裂液使用丙烷和丁烷，则应用在那些水敏严重的页岩中，需要技术上的突破。

国外压裂液类型的选择也主要根据页岩的脆塑性特征及渗透率的高低，具体类型见图4-1。

由图4-1可知，对于非常脆的页岩地层，可采用全程滑溜水压裂液体系，因为脆性地层容易形成网络裂缝系统，且滑溜水的黏度低，可以很容易进入各网络裂

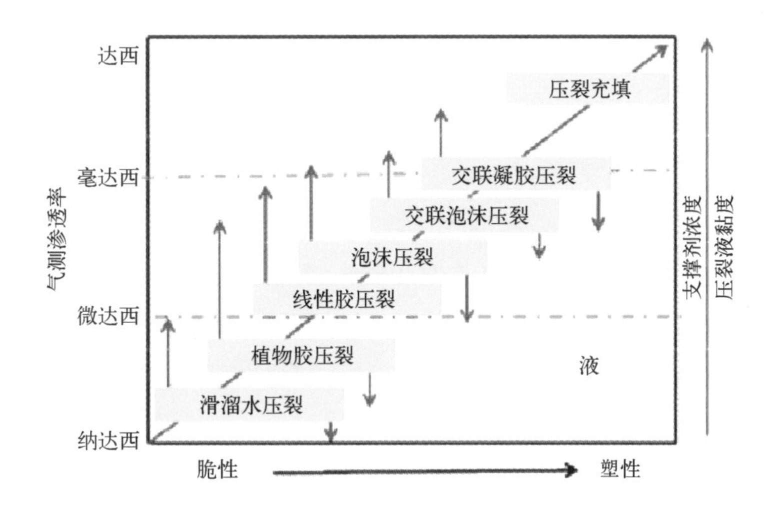

图4-1 国外页岩不同脆塑性条件下的适用压裂液类型

缝并使其得以充分延伸。由于网络裂缝的每个分支缝的缝宽都很窄，即使采用全程滑溜水，其携带的支撑剂也容易被裂缝壁夹住，故不会沉降缝底而影响导流能力（虽然不加支撑剂的裂缝也有一定的导流能力，但在超过30 MPa条件下会快速下降）；对于塑性非常强的页岩地层，一般采用常规的高黏压裂液体系。由于塑性地层一般产生单一的水力主缝，用高黏度的压裂液会提高造缝效率，并在整个施工期间的很长时间内（通常在7天以上），可以使支撑剂悬浮，从而提高纵向支撑效率，尤其是远井裂缝的纵向支撑效率，只要同步破胶工作做得彻底，对提高压裂效果具有十分重要的意义；而对于介于上述两种极端情况之间的页岩压裂而言，一般采取混合压裂液体系，即前期采用低黏度的滑溜水体系，后期采用高黏度的线性胶或冻胶。此时，滑溜水体系主要用于沟通并延伸各天然裂缝系统，高黏度压裂液由于黏度高，难以继续进入滑溜水已进入的天然裂缝系统，在高排量的共同作用下，会把主裂缝延伸得很充分，通过自身携带的较高浓度的混砂浆，最终在主裂缝内提供一条高通道的渗流通道，与之前已形成的天然裂缝通道相互贯通，最终会形成理想的网络裂缝系统，能较大幅度地提高裂缝的有效改造体积和产气效果。

4.2 页岩气压裂工作液

4.2.1 压裂液组成及添加剂

页岩储层中一般含有较高的黏土矿物，而黏土矿物遇水一般会发生一定程度的膨胀，由于页岩基质本身是纳米级的，哪怕轻微的黏土膨胀都可能导致压裂效果的快速降低。因此，合理配置压裂液，选择添加剂成分及浓度对页岩储层压裂至关重要，故使用针对性较强的压裂液是提高页岩气井压裂经济效益的重要措施。

1. 压裂液组成

目前页岩气井水力压裂常用的压裂液类型主要有滑溜水压裂液和清洁压裂液。以滑溜水压裂液为例，其组成中水占99%以上，其他添加剂成分（如酸，降阻剂、助排剂等）总量约占压裂液总量的1%（图4-2）。

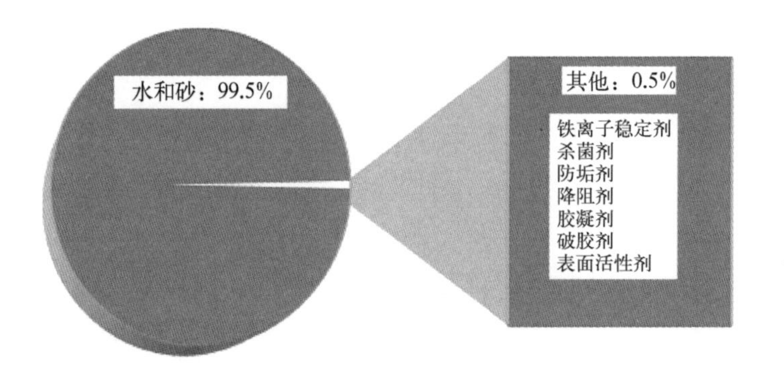

图4-2 典型的页岩气压裂液配方

页岩中含多种酸溶性矿物，如钙质等，它们随机分布在页岩的基质、层理及原生裂缝中。当这些酸溶性矿物遇到可反应流体时，就会溶解并被清除，从而有助于增加裂缝表面积，提高吸附态气的解吸速度并增强其在裂缝网络中的扩散作用。在页岩压裂液中添加可与酸溶性矿物发生反应的化学成分，是目前页岩压裂中的一种较新的理念。实验表明，添加可反应性流体成分后，井眼内气体的初始产量可增加一倍。

2. 压裂液添加剂

添加剂在压裂液中所占比例虽然很小，但对于提高页岩气井的产量却是至关重要的。压裂液中含有多种添加剂，以美国Fayetteville页岩压裂滑溜水为例，它是一种水基压裂液，兼具压裂液和清水的优点，主要成分为水，添加剂包括降阻剂、杀菌剂等。根据不同压裂要求，添加剂的使用也会有所不同。

4.2.2 常用的压裂液体系

1. 滑溜水压裂液

滑溜水压裂液是指在清水中加入降阻剂、助排剂、黏土稳定剂等添加剂的一种压裂液，早在1950年就被引进用于常规油气藏压裂中，但随着交联压裂液的出现很快淡出了人们的视线。在最近的一二十年间，由于非常规油气藏的开采得到快速发展，滑溜水压裂液再次得到重视并被发展。

1）滑溜水压裂液优缺点分析

（1）优点

① 滑溜水压裂液体系显著减少了胶液对地层及裂缝的伤害。传统的胶液使用较高浓度的稠化剂，其残渣及滤饼会堵塞地层并降低裂缝导流能力。而滑溜水压裂液只含少量降阻剂，易于返排，大大降低了对地层及裂缝的伤害，从而有利于提高产量[1]。

② 成本较低。滑溜水中的化学添加剂用量较少，成本大幅降低，可使原来不具商业开采价值的页岩气得到有效开发。

③ 滑溜水压裂液能产生复杂程度更高、体积更大的网络裂缝。由于滑溜水压裂液具有较低的黏度以及较高的施工排量，可以显著沟通不同尺度的网络裂缝系统，从而使裂缝的复杂性指数大幅提升，改造体积也大幅提高，最终使得产量不仅增加幅度较大且有一定的稳产期。

④ 由于滑溜水压裂液中添加剂含量少且较为清洁，因此更有利于循环利用[2]。

（2）缺点

① 滑溜水压裂液的最大缺点是对支撑剂的输送能力差。由于滑溜水压裂液黏

度较低，携砂能力较差，会导致支撑剂在裂缝中的过早沉淀，使支撑剂不能得到均匀铺置。另外，过早沉降的支撑剂会大部分堆积在近井地带，使过流断面变窄，后续尾追的大粒径支撑剂可能绕流通过并在远井地带支撑，不仅与裂缝导流能力的理想剖面差距甚远，而且也易形成施工上的安全隐患。针对上述缺点，主要通过如下两条途径来改善：研究制造出低密度高强度的支撑剂，使其在不降低导流能力的前提下便于输送；研究新型滑溜水压裂液体系，使其在输送支撑剂过程中具有较高黏度，在达到预期的缝长后则自动降低黏度以制造复杂的裂缝网络。

② 滑溜水压裂施工中所需水量较大。由于滑溜水携砂能力差，为了将大量支撑剂传输进入地层，必须在高泵速下将大量的滑溜水压裂液注入地层，并泵送较低砂浓度的支撑剂。在美国许多区域的页岩气开采中，滑溜水压裂液的单井使用量都达到了几百万加仑[3]，国内也有达到单井用液量46 500 m^3的记录。随着水平井多级压裂及同步压裂技术的发展，滑溜水压裂液的使用量还在不断增加。在淡水缺乏的区域，滑溜水压裂液的应用会受到很大程度的限制。为了减少淡水的用量，可向滑溜水体系中加入一定量的降滤失剂，以降低滑溜水压裂液向地层的滤失。此外，采用更高效的返排液处理技术，也可加大对滑溜水压裂液的回收利用。

尽管有上述缺点，1997年Mitchell 能源公司首次将滑溜水压裂液应用在Barnett页岩气的压裂作业中并取得了很好的效果[4]，到2004 年滑溜水压裂液的使用量已占美国压裂液使用总量的30%以上。早期的滑溜水压裂液不添加支撑剂，靠产生的剪切裂缝提供流动通道，但这种剪切缝的导流能力在闭合压力超过30 MPa后会快速降低。国外大量的现场应用结果表明，添加了支撑剂的滑溜水压裂液其压裂效果明显好于不加支撑剂时的效果，支撑剂能够让裂缝在压裂液返排后仍保持开启状态。

滑溜水压裂液体系本身是一种较差的支撑剂载体，需要通过提高注入的排量来减少支撑剂的沉降。此外，通过滑溜水压裂液与胶液混合使用来缓解支撑剂的沉降和铺置问题，高黏度流体尽管能达到这一目标但会显著降低裂缝的复杂性指数。

为了弥补滑溜水压裂液体系的上述缺点，Bell[5]等首先在2010年提出一种新型的滑溜水压裂液体系概念，该体系兼具滑溜水压裂液体系和常规冻胶压裂液体系的优点，可以在冻胶破坏前最大限度地运输支撑剂，以创造一个足够复杂的裂缝网络。

2011 年，Brannon[6]等在Bell 等人的研究基础上研制出了一种新的交联聚合体系，通过在地层中可控的黏度降解，该液体转变为具有较低黏度的滑溜水压裂液以提供所需复杂度的裂缝网络，即这种液体可以先产生距井眼一定距离的平面裂缝，然后再自发转变为低黏度液体而产生复杂裂缝。因而，该体系兼具滑溜水压裂液体系和交联凝胶体系的优点，又克服了两者的缺点。此外，他们还通过裂缝模型证明了该体系在液体性能及裂缝网络延伸控制方面的实用性。在2011 年上半年，该体系在美国得克萨斯州、阿肯色州和路易斯安那州的页岩气开采中得到了600多次应用，与常规滑溜水压裂液体系及胶液体系相比，该体系获得了更好的生产效果。

2）滑溜水压裂液添加剂

研究发现，在滑溜水压裂液的现场施工中降阻剂的减阻效果往往会由于其他添加剂的加入而显著降低，于是降阻剂和其他添加剂之间的相互作用开始受到人们关注。2009 年，Shawn M. Rimassa[7]等通过实验证明阳离子杀菌剂会对阴离子聚丙烯酰胺降阻剂的效果产生不利影响，而非离子杀菌剂却对其效果没有任何影响，因此提出以非离子或阳离子聚丙烯酰胺以及多糖类聚合物作为降阻剂来取代阴离子聚丙烯酰胺。同年，C. W. Aften[8]等通过研究发现非离子表面活性剂会缩短聚丙烯酰胺乳液降阻剂在水中的分散时间，使其在更短时间内完全溶解并达到最大黏度，从而提高了其减阻效果。

2011 年Carl Aften[9]研究了杀菌剂对降阻剂带来的影响。结果表明，一些杀菌剂也会伤害降阻剂的性能，这类化学添加剂对降阻剂的水化机理产生影响，降低了增黏效果并导致降阻剂乳液分散能力减弱。此外，添加剂之间的相互影响不仅受添加剂类型的影响，还受滑溜水中的含盐量及温度等外界环境的影响。同年，Javad Paktinat[10]提出阳离子黏土稳定剂与阴离子降阻剂在一定的情况下，它们之间的混合使用，会产生交联反应从而使降阻剂分子结构发生变化产生沉淀，这不仅降低了降阻剂效果，还会导致对地层的损害。此外，他还认为一般的阴离子降阻剂与阳离子降阻剂混合使用都会产生沉淀，所以在设计压裂液体系前应注意添加剂的配伍问题。

综上可知，应提前设计并优化滑溜水压裂液中化学添加剂之间的配伍性，以保证压裂改造更加有效并使其对地层的损害降到最低。

3）破胶剂优选

目前几乎所有降阻剂均使用高分子乳液，尽管滑溜水压裂液中的降阻剂浓度非常低，但由于常规滑溜水压裂所需的滑溜水压裂液体积较大，就会有大量的聚合物注入地层，且大多数聚合物难以降解，因而近年来降阻剂对地层及裂缝造成的潜在损害逐渐受到关注。因此，需要找到一种合适的破胶剂来有效降低聚合物分子量，进而减少对裂缝及地层的损害。

2007 年P. S. Carman[11]等对滑溜水压裂中的破胶剂进行了成功优选。首先，他们对几种传统的氧化型破胶剂进行了筛选，利用截留分子量过滤技术测量聚合物分子量的降解程度，从而确定聚合物碎片的比例和大小。此外，他们还通过实验确定在降阻剂中加入破胶剂并没有对聚合物的水化性能及减阻效果产生不利影响。结果表明，传统的氧化型破胶剂在温度为180°时对聚合物降阻剂有一定程度的降解；在相同温度下，过硫酸钾氧化剂比有机过氧化物和无机过氧化物具有更好的效果；此外，随着破胶剂浓度的增加，降阻剂完全降解所需时间随之减少。

4）盐分对降阻剂效果的影响

降阻剂作为滑溜水压裂液中最主要的添加剂，其减阻效果的好坏对压裂施工而言至关重要。Javad Paktinat 等通过将降阻剂在盐水中的减阻效果与在清水中的减阻效果进行比较，分析了含盐量对降阻剂的影响。他们通过环流试验以及对油管摩阻变化的观察，证明具有较高盐度和硬度的压裂液将降低降阻剂的使用效果。他们认为这是由于水中的离子会跟一些聚合物分子发生反应，并导致聚合物分子发生自身反应，最终引起聚合物分子的体积在静态条件下逐渐减小，从而降低了聚合物分子的增黏能力。

当盐水的硬度达到50 mg/L时就会导致降阻剂性能降低，且当硬度超过降阻剂所能承受的范围，可能会对聚合物产生永久性的破坏。此外，当盐水中含盐成分为一价盐时，盐分产生的离子强度也会降低聚合物的增黏能力。因此当一价氯化盐所造成的影响不是永久的，即可用某种办法稀释一价氯化盐的盐水，可以使聚合物重新获得它的性能。同时，这也说明聚合物之间的吸引力不是由化学键决定的，而是受到聚合物分子与溶液中离子之间的电磁力影响。

2. 胶液体系

虽然页岩气压裂中的主流体系是滑溜水压裂液，但一般在页岩气压裂中，胶液体系与滑溜水压裂液体系是混合使用的，滑溜水由于黏度低，可以很容易沟通不同尺度的微裂缝和层理缝或纹理缝,形成复杂的网络裂缝系统。但如单独使用滑溜水,即使形成了网络裂缝,其覆盖范围也可能极为有限。此时应配合使用高黏度的胶液体系,由于其黏度高,微裂缝系统难以进入,只能沿主裂缝的缝长方向大幅度延伸,再通过配合使用高浓度的支撑剂,从而形成主裂缝的高导流通道,以及滑溜水形成的分支微裂缝通道,最终共同形成纵横交错的复杂网络裂缝系统,并最大限度地提高裂缝的改造体积和改造效果。

1）胶液的优点

（1）造缝及携砂能力强,在人工主裂缝中可提供高导流的裂缝通道,对保持长期且稳定的生产具有重要的作用;

（2）由于较强的携砂性能,可以避免水平井筒的大量沉砂,从而当压裂结束时过顶替现象将显著减少;

（3）有利于增加有效的裂缝段数。特别是当水平井分段压裂时,可以优化与控制每段裂缝内胶液的稠化剂浓度剖面与破胶剂浓度剖面,确保在最后一段施工结束时能同步破胶,最大限度地提高有效的裂缝条数。如全程滑溜水压裂液体系,所有裂缝尤其是先施工的裂缝内的支撑剂会大幅度沉降缝底,会明显降低有效的裂缝条数和压裂效果;

（4）可建立支撑裂缝与水平井筒的沟通渠道。如全程滑溜水压裂液体系,与直井压裂不同,水平井压裂时水平井筒下部的支撑剂由于重力作用,会大量沉降在裂缝底部(水平井筒上部支撑剂同样由于重力作用会沉降在水平井筒处),与水平井筒无法建立通畅的沟通渠道。如尾追一定比例的胶液体系,胶液携带的支撑剂在水平井筒附近均有分布,可有效沟通滑溜水携带的支撑裂缝带。

2）胶液的缺点

（1）难以形成复杂性指数高的网络裂缝系统。由于其黏度高,进缝阻力大,微裂缝系统根本不可能进入;

（2）伤害性比滑溜水压裂液体系大。由于黏度高,需要加破胶剂,而目前不交联的胶液的破胶性能要比交联冻胶压裂液还要差,对裂缝的导流能力也会造成一定幅度的降低,从而影响压裂的增产及稳产效果。尤其是当破胶效果不好时,由于页岩气的黏度相对较低,在压裂液的返排过程中容易产生“黏滞指进”现象,换言之,页岩气在裂缝中会突进，绕过未破胶的残胶，使得裂缝伤害可能永久性存在。

3）常用的胶液体系

（1）常规瓜胶基液

该体系一般分为羟丙基瓜胶和羧甲基羟丙基瓜胶两种。一般不交联，其性能可用pH、黏度、携砂性能、破胶性能及返排性能等参数来表征。

该体系从性能及成本上都基本满足页岩气压裂的需求，唯一不足之处是悬砂性能相对较差，可能需要更多的顶替液，这样就不利于对缝口处裂缝导流能力的保护。

（2）常规瓜胶交联压裂液体系

该体系与瓜胶基液基本性能几乎相当，唯一差别是黏度相对较高，悬砂性能（黏弹性能）相对较好。另一个优点是破胶比基液更为彻底，对裂缝导流能力的伤害更低。

（3）结构型流体体系

典型代表是各种小分子和高分子聚合物压裂液体系。该类体系不用化学交联，添加剂的种类也相对较少。与瓜胶类压裂液相比，该体系黏度相对较低，但黏弹性相对较好，悬砂性能也较好。目前，国内油田应用的胶液大多是这种体系。至于添加剂的种类，与滑溜水压裂液体系基本相同。

3. 新型超低浓度压裂液

压裂后残留在裂缝中的聚合物冻胶会造成储层伤害，降低压裂液中聚合物的浓度可以减少伤害，但是会降低压裂液的黏弹性从而导致支撑剂沉降。因此，研究具有携砂性能的超低浓度压裂液十分必要。通过化学方法合成超低浓度压裂液的增稠剂，再利用实验方法优化交联剂和破胶剂，并评估超低浓度压裂液的抗高温以及剪切流变性的一般技术指标。实验结果表明，0.24%的低浓度聚合物压裂液仍能满足携砂能力的要求，50 ～ 120℃的条件下，高剪切条件以及破胶后残余量会显著减少，并减少对储层的伤害，其伤害率小于18%。如某现场47口井的平均用液量为184 m^3，平均加砂量为33.3 m^3，平均砂液比为28.7%，平均最高泵压为36.6 MPa，操作成功率和工艺效率大于90%。应用结果表明，该压裂液的效果是瓜胶压裂液效果的2.5倍。

压裂液性能直接影响压后效果。瓜胶和羟乙基纤维素残留在裂缝中会伤害储层，降低地层渗流能力。研究表明，聚合物浓度减小到0.4%时，储层伤害明显减少，压裂液有更好的流变性。1993年，Harris将羟丙基瓜胶（HPG）浓度降到0.36%时，高储层温度下的聚合物浓度会增加。1996年，Nimerick等开发了pH缓冲体系，储层温度低于100℃时，此缓冲体系中的HPG浓度可降低到0.3%以下，并成功应用于美国的致密砂岩气藏，并得出当HPG浓度降低25%则压裂效果相对常规压裂液要提高18.4%。2002—2005年，中原油田优化了HPG压裂液浓度，在90～140℃的温度条件下，HPG浓度成功降低20%～30%，达到0.25%～0.40%。2003年，BJ公司采用了新技术生产更高分子量的瓜胶粉末（PEG），在压裂液中增加很小的PEG量，就能得到理想的稠化效果和携砂性能。2004年，Wind River砂岩气藏，Powder River砂岩油藏，以及科罗拉多州和新墨西哥州的煤层气均利用上述技术开发应用了1 000口井以上。2008—2011年，吐哈油田将合成瓜胶（HG）作为HPG的主要成分，HG的浓度达到0.24%，其性能介于常规HPG压裂液和清洁压裂液之间，既有HPG压裂液的高黏弹性和也有清洁压裂液的低伤害性。超低浓度压裂液主要由HG增稠剂、交联剂、破胶剂、pH调节剂、黏土稳定剂和助排剂等组成，具有很好的耐热性，以及携砂、减阻、破胶能力，它的低浓度、低残留、易返排、低伤害等特性，不仅保证油气藏的经济效益还有助于环境保护，减少储层伤害，提高压裂效果。

超低浓度压裂液一般技术参数：

（1）基液视黏度：20～60℃，HG浓度为0.24%～0.30%的条件下，基液视黏度为51～61 mPa·s。

（2）耐热性：在170 s^{-1}的剪切速率，压裂液视黏度≥50 mPa·s的条件下，温度范围为30～120℃。

（3）高温抗剪切能力：在温度为110℃、剪切速率为170 s^{-1}条件下，60 min持续剪切作用下，压裂液视黏度≥80 mPa·s。

（4）交联时间：在60～120℃条件下，交联时间为30～90 s。

（5）破胶时间：≤360 s。

（6）破胶剂黏度：≤3 mPa·s。

（7）破胶剂表面张力：≤25.0 mN/m。

（8）破胶剂和煤油间的界面张力：≤2.0 mN/m。

（9）残余量：≤ 248 mg/L。

（10）岩心渗透性伤害率：≤ 18%。

（11）滤失系数：$\leqslant 7.26 \times 10^{-4}\ \mathrm{m}/\sqrt{\mathrm{min}}$。

从2008年到2010年，超低浓度聚合物压裂液应用了47口井。单井的平均用液量为184 m^3，平均砂量为33.3 m^3，平均砂液比为28.7%，平均最大泵压为36.6 MPa，HG浓度低于0.30%（最低为0.24%），操作成功率为97.9%，技术效率为93.6%。应用超低浓度聚合物压裂液后，单井平均日产液量增加19.1 m^3/d（最大增长值为42.6 m^3/d），平均日产油量增加7.6 t/d，是应用HPG压裂液效果的2.5倍。现场应用证明，超低浓度聚合物压裂液能有效减少油井含水率，平均含水率降低17%（最多降低46.7%）。

4. 可回收再利用压裂液

页岩气压裂用水量的成倍增加和后续问题的处理，促使工程技术人员不断寻找更经济环保且可持续作业的水力压裂方法。

Marcellus区块的两个作业区都希望通过返排水的再利用来降低水力压裂用水的采购和处理成本。采取整体分析的方法，得到一个单级且环保的水处理技术来充分清洁返排水，并与清水混合后用于水力压裂。有超过9.54×10^4 m^3的返排水被成功处理，并应用于这两个作业区超过240个层段的压裂工作。

随着处理水的水质提高，与清水混合的时候可以增加处理水的比例。下文将验证处理水的再利用能够减少清水用量，且满足污液处置及运输的需求。

1）相关工艺技术

根据油田需求和压裂液的配伍性，选择二氧化氯作为主要处理剂，其独特的化学和生物特性能去除关键污染物，充分处理后的返排水可成功用于滑溜水压裂液。

当提出滑溜水压裂液的时候，重要的是将流体系统作为整体来理解，而不仅仅是单独成分的集合。任何的不配伍都能影响降阻剂，并需要更大的泵注马力。采取任何处理返排水或产出水方法之前，必须对水的化学性质有清楚的认识，并充分了解与其他压裂液成分有什么相互作用。

ClO_2是一种对固着细菌最有效且反应快速的广谱杀菌剂。它可以在很宽的pH值范围内使用，故被广泛应用于油田。目前在油田中典型的地表水应用包括FeS和H_2S软化水，可对清水进行化学处理，从而可应用于钻井及水力压裂，以及产出水和返排水再利用的杀菌处理。本文阐述的是将ClO_2用于特殊离子的氧化还原，从而实现杀菌处理及硫化物对水的软化。

2）案例1

处理水再利用时，最重要的是确认处理水与地层及流体体系配伍。根据返排水的体积，清水运输及储存的经济性，需要至少25%的压裂液由再利用水提供。产出水在现场混合后用于后续处理及再利用。为保证混合水的有效性，二价铁与三价铁以及细菌是主要影响因素。二价铁会影响大多数降阻剂的完整性，三价铁会引起地层与井底支撑剂充填层堵塞。虽然细菌不会对压裂液造成影响，但可能导致H_2S的产生，从而产生腐蚀及堵塞问题。

周边井场的返排水和产出水被输送至储罐中，先经过二氧化氯处理，处理水通过净化器进行固液分离，再通过过滤器进行抛光。过滤后，清洁处理过的液体被储存起来。上述操作过程如图4-3所示。

图4-3 案例1的操作流程

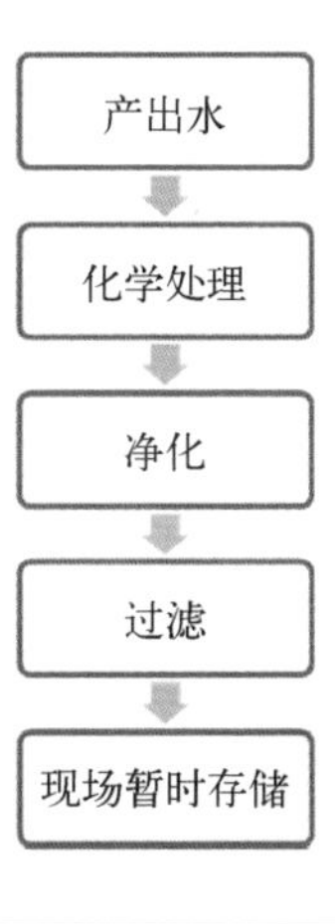

采样点位于处理过程的上游，测量铁和细菌含量。处理后取样确保目标污染物被去除。二价铁用高精度DR890光度计测量。所有处理前样品测量结果低于30 mg/L时，先在1 ∶ 20稀释比下测量，然后在1 ∶ 10稀释比下再测一次。处理后的样品测量结果低于6 mg/L时，先在1 ∶ 10稀释比下测量，然后在1 ∶ 2稀释比下再测一次。细菌含量用连续稀释方法测量。

由于每辆货车的水都是来自不同井场，以及不同层段的返排水和产出水。大部分降阻剂必须要控制二价铁含量小于10 mg/L才能产生效果，所以要除去足够的二价铁使降阻剂生效。为了满足再利用水占25%的要求，二价铁含量需低于40 mg/L。施工后30天，压裂后平均二价铁含量为6.67 mg/L。图4-4反映了二价铁离子流入与流出时的对比。如图4-5所示，随着二价铁含量的减少可再利用的水量明显增加，在1∶4的稀释比下，可再利用水从50%增至100%，在1∶2的稀释比下，从6%增至97%。施工过程中也有效去除了细菌。图4-6反映了未处理水的细菌含量水平。即使细菌水平相对较低，但在温暖的适宜条件下，少量的细菌也能引起显著的问题。处理后，所有样品细菌含量均明显降低，从而降低了化学试剂成本（用于控制压裂液中的细菌含量）。

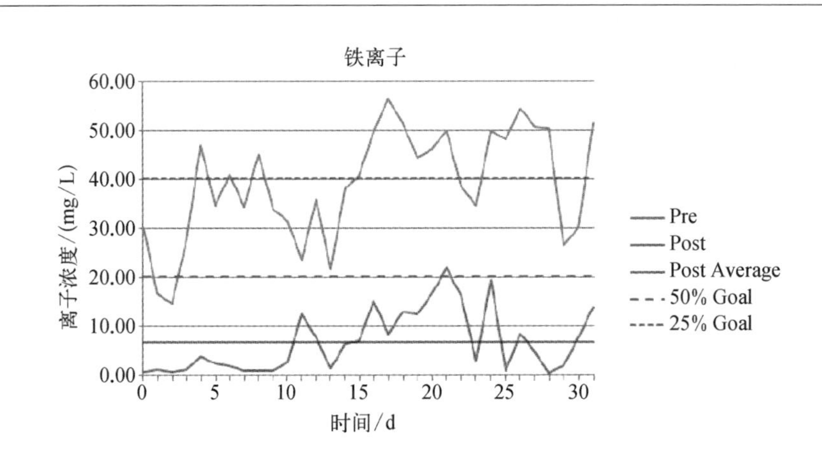

图4-4　二价铁离子流入与流出对比

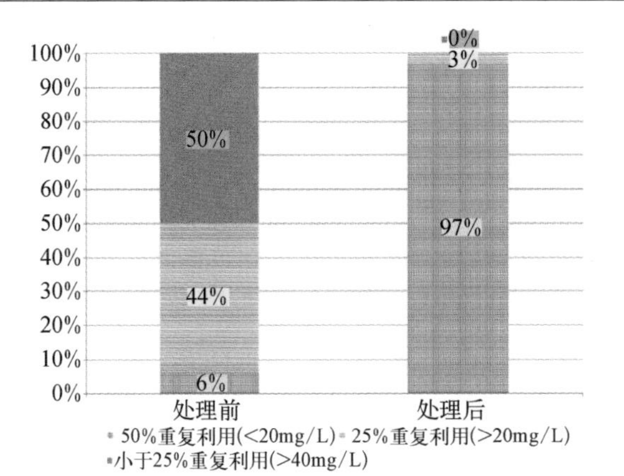

图4-5　目标范围内的二价铁离子

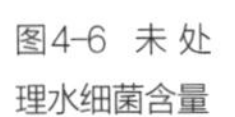
图4-6 未处理水细菌含量

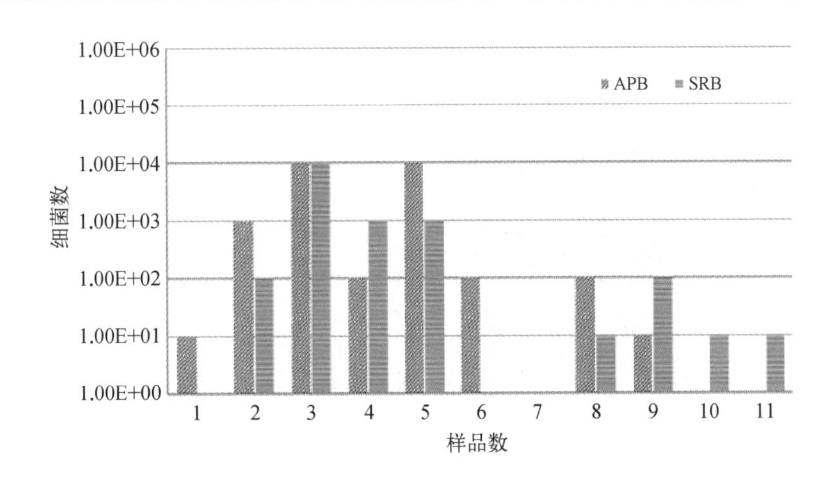

3）案例2

施工人员需要处理多个蓄水池的方案。这些蓄水池中的返排水和产出水含有大量的细菌，它们会溶解铁、H_2S和FeS，导致水质变差并伴有异味。这些污染物会影响水在压裂液中的效果，如H_2S的存在使流体处理和压裂过程中存在安全隐患，并具有腐蚀性。此外，在滑溜水压裂中，铁会减弱降阻剂的性能。水中大量的硫酸盐还原菌及产酸菌可能会污染井筒，产生的H_2S，FeS会增加管柱的腐蚀。

ClO_2被用于对压裂用水混合前的水进行处理。约47 700 m^3水在三个蓄水池间进行处理。混合处理策略：第一个蓄水池的水进行动态处理而另外两个蓄水池的水进行批量处理。这需要蓄水池中的水在处理前、处理中、处理后都要充分混合。在处理中、处理后的混合过程中会减少因过多化学残留而产生负面效应，更有效地去除污染物。

在处理前对蓄水池的水做全面的水质分析，确定水的离子组成和对氧化剂的需求。如图4-7所示，处理后的水明显比未处理的水更清洁。处理结果导致细菌减少，FeS及H_2S完全被氧化。蓄水池异味被除去，有更多的水能够被再利用。

4）经济效益

水的循环利用能显著推动衰竭井的经济效益。Marcellus页岩区块第二级的处理井一般离井场很远。通常情况下，附近或本地的基础设施在水的再利用计划中是十分重要的，因为运输成本在整体的水资源管理过程中是最重要的。

(a)

(b)

图4-7 处理前(a) 后(b) 水质对比

4.3 页岩气压裂支撑剂

支撑剂是水力压裂压开裂缝后，用来支撑裂缝阻止它重新闭合的一种固体颗粒。它的作用是形成远高于储集层渗透率的支撑裂缝带，使流体在支撑剂中有较高的流通性，降低流动阻力，从而达到增产目的。

支撑剂自20世纪40年代末开始应用以来，已经历了半个多世纪的发展，所用的支撑剂大致可分为天然和人造两大类，前者以石英砂为代表，后者主要为烧结陶粒。50—60年代曾经使用过金属铝球、塑料球、核桃壳与玻璃球等，但由于其自身存在的缺点已被淘汰。60年代后，石英砂开始在国外的现场施工中得到应用，80年代初，我国在压裂中使用的支撑剂是兰州天然石英砂，该砂的技术指标是：体积密度1.62 g/cm^3，视密度在2.62 g/cm^3，28 MPa闭合压力下破碎率是12% ～ 14%。80年代中期发展到用电熔喷吹铝矾石作为支撑剂，生产工艺是将高电压转换成低电压大电流，连接三根石墨电极形成的熔炉，先将铝矾石原材料直接加入炉中加热，待熔融后溢出，再在一定风压下将溢出的熔液吹散，最终制成产品。这一时期内在水力压裂中起到一定的作用，相比石英砂的技术指标要高出几倍。体积密度是2.00 g/cm^3，视密度为3.33 g/cm^3，60 MPa闭合压力下破碎率是6%～8%。该产品的缺点是体积密度高，粒径分布不均匀，但比石英砂导流能力要高几倍。在这同期，江苏东方支撑剂有限公司利用铝矾土和陶土，再添加二价金属离子，成功开发出烧结低密度低强度的支撑剂，生产工艺采用陶瓷烧结工艺，先将原料加工到250目细粉进行配料，再挤压造粒制成半成品，最后在隧道窑中（1 250～1 280℃）烧结24 h左右制成产品。产品的体积密度为1.58～1.62 g/cm^3，视密度为2.60～2.80 g/cm^3，在52 MPa闭合压力下破碎率是10%～14%。通过改进配方和工艺，目前在52 MPa闭合压力下破碎率是7.69%。20世纪90年代中期生产厂家利用生铝矾土添加铁离子和镁离子，磨成250～280目细粉，采用糖衣锅喷雾干法造粒，装入匣钵放入倒烟窑（1 350～1 380℃）中烧结而成，高温烧成时间70 h。产品指标是：体积密度为1.70～1.75 g/cm^3，视密度为3.10～3.33 g/cm^3，52 MPa闭合压力下破碎率为15%～18%。随着技术的发展，人们对支撑剂质量的重视，都在改变生产工艺，建成了各种长度不同的技术先进的隧道窑，以减少烧结温度的温差，改变配方技术，精心选择了原材料，优选金属相二价离子和非金属二价离子的添加剂技术，弥补了原材料理化指标不足，生产出高技术指标的支撑剂。目前我国支撑剂生产厂家已达30多家，产品都是中等密度中等强度的支撑剂，体积密度是1.70～1.75 g/cm^3，视密度为3.10～3.30 g/cm^3，52 MPa闭合压力下破碎率为8%左右；中等密度高强度支撑剂技术指标是：体积密度是1.70～1.75 g/cm^3，视密度为3.20～3.40 g/cm^3，69 MPa闭合压力下破碎率为8%左右；高密度高强度技术指标是：体积密度是1.85～1.90 g/cm^3，视密度为3.30～3.40 g/cm^3，86 MPa闭合压力下破碎率为10.0%左右。上述指标同国外同类产品相比已达到先进水平，如69 MPa闭合压力下导流能力为45～60 μm^2·cm。

国外的支撑剂厂家以美国卡博公司为例，目前其技术及产品质量在国际上处于领先水平。他们采用回转窑生产设备（回转窑的长度约40多米），使用了先进的流化床设备造粒，半成品密实度好，表面光滑度高，产品烧结温度1 600℃，烧结时间4～5 h。原材料采用低铝矾土和黏土，开发出的CARBOECONOPROP产品技术指标为：体积密度为1.55～1.58 g/cm^3，视密度为2.66～2.72 g/cm^3，52 MPa闭合压力下破碎率是12%左右。随后又研制了CARBOLITE产品来代替CARBOECONOPROP产品，该产品技术指标为：体积密度为1.62～1.65 g/cm^3，视密度为2.60～2.80 g/cm^3，52 MPa闭合压力下破碎率是7.5%。在上述产品基础上，相继又开发了中等强度的CARBOPROP和高强度CARBOHSP产品：其中中等强度的CARBOPROP产品技术指标为：体积密度为1.97 g/cm^3，视密度为3.28 g/cm^3，69 MPa闭合压力下破碎率为3.6%；高强度CARBOHSP产品技术指标为：体积密度为2.04 g/cm^3，视密度为3.42 g/cm^3，在69 MPa和86 MPa闭合压力下破碎率分别为1.06%和2.3%。虽然这两种产品从体积密度来看都很高，但在高闭合压力下破碎率都很低。目前，该公司以生产CARBOLITE和CARBOPROP产品为主，而CARBOHSP产品则根据需要进行生产。

4.3.1 支撑剂的种类

1. 石英砂

石英砂多产于沙漠、河滩和沿海地带。如国内的兰州砂、承德砂、内蒙砂。

天然石英砂的化学成分是氧化硅，伴有少量的氧化铝、氧化铁、氧化钾、氧化钙和氧化镁。

天然石英砂矿物组分以石英为主，其含量是衡量石英砂质量的重要指标。压裂用石英砂中的石英含量一般在80%左右，并伴有少量长石、燧石和其他喷出岩、变质岩等岩屑。

从石英的微观结构看，可分为单晶石英和复晶石英两种，单晶石英的颗粒质量越大其抗压强度越高。

一般石英砂的视密度为2.65 g/cm^3，体积密度为1.70 g/cm^3，承压20～34 MPa。

2. 陶粒

人造陶粒主要由铝矾土（氧化铝）烧结或喷吹而成，具有较高的抗压强度，并可划分为中等强度和高强度两种陶粒。

中等强度陶粒是由铝矾土或铝质陶土制成，视密度为2.73～3.3 g/cm^3，其化学组分：氧化铝或铝质（质量分数约为46%～77%），硅质含量12%～55%，其他氧化物约占10%，承压55～80 MPa。

高强度陶粒是由铝矾土或氧化锆制成，视密度为3.4 g/cm^3。其化学组分：氧化铝（质量分数约为85%～90%），氧化硅（质量分数约为3%～6%），氧化铁（质量分数约为4%～7%），氧化钛、氧化锆（质量分数约为3%～4%），承压100 MPa。

3. 树脂砂

树脂砂是将树脂薄膜包裹到石英砂的表面上，经热固处理制成，其视密度为2.55 g/cm^3。在低应力下，树脂砂性能与石英砂接近，而在高应力下，树脂砂性能远远优于石英砂。中等强度低密度或高密度树脂砂可承压55～69 MPa，它能较好平衡低强度天然石英砂与高强度铝土支撑剂对于强度的要求，且相对密度较低，便于携砂和铺砂。

树脂砂分为两种，固化砂和预固化砂。固化砂是在地层温度下固结，这对防止压后出砂及防止地层吐砂有一定的效果。预固化砂即在地面已形成完好的树脂薄膜包裹的砂子，其优点包括：

（1）树脂薄膜包裹的砂子，增加了砂粒间的接触面积，从而提高了抗压能力；

（2）树脂薄膜可将压碎了的砂粒、粉砂包裹起来，减少了颗粒的运移与堵塞孔道的概率，从而改善了导流能力；

（3）树脂砂的总体积密度比中强度或高强度的人造支撑剂都低许多，便于悬浮，从而能降低对压裂液的要求。

4.3.2 压裂支撑剂的主要性能

1. 不同粒径支撑剂的导流能力

在研究不同粒径支撑剂对页岩裂缝导流能力的影响时，所采用的实验参数如下：支撑剂选用陶粒、石英砂、覆膜石英砂三种，陶粒选用16～30目、20～40目、30～50目、40～60目和40～70目共五种粒径，石英砂选用16～20目、20～40目、40～70目共三种粒径，覆膜石英砂选用30～50目、40～70目两种粒径，铺砂浓度均采用5 kg/m^2，闭合压力从5 MPa开始，从10～70 MPa每隔10 MPa测试一个压力点，共八个测试压力点，每个测试压力点测试1 h，流体速度取2～5 mL/min。具体实验方案见表4-1：

表4-1 不同粒径支撑剂对页岩导流能力影响的实验方案

编　号	支撑剂类型	支撑剂粒径/目	铺砂浓度/(kg/m²)	闭合压力/MPa
1	陶粒	16 ~ 30	5	5 ~ 70
2	陶粒	20 ~ 40	5	5 ~ 70
3	陶粒	30 ~ 50	5	5 ~ 70
4	陶粒	40 ~ 60	5	5 ~ 70
5	陶粒	40 ~ 70	5	5 ~ 70
6	石英砂	16 ~ 20	5	5 ~ 70
7	石英砂	20 ~ 40	5	5 ~ 70
8	石英砂	40 ~ 70	5	5 ~ 70
9	覆膜石英砂	30 ~ 50	5	5 ~ 70
10	覆膜石英砂	40 ~ 70	5	5 ~ 70

五种不同粒径陶粒对导流能力的影响实验结果如下：

在5 kg/m²铺砂浓度条件下，绘制了五种不同粒径陶粒支撑剂的导流能力随闭合压力的变化曲线(图4-8)，从图4-8可以看到随着闭合压力的增加导流能力下降很快，当闭合压力从5 MPa增加到70 MPa时，导流能力平均下降85% ~ 95%，其中粒径为16 ~ 30目的陶粒支撑剂对应的下降幅度最显著，达97.6%。

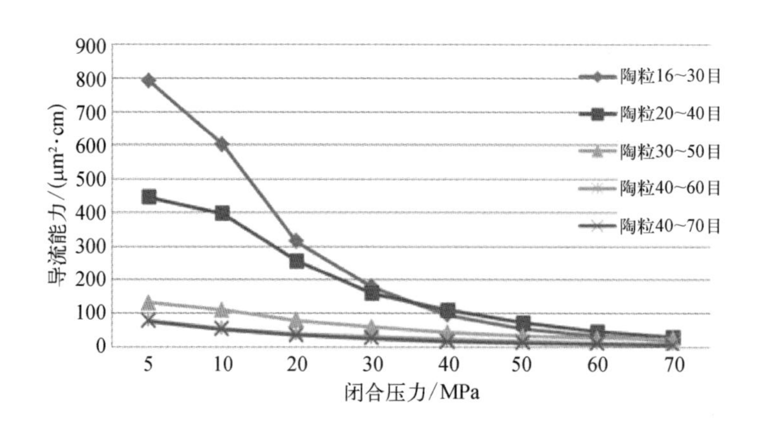

图4-8 不同粒径支撑剂导流能力对比

三种不同粒径石英砂对导流能力的影响实验结果如下：

利用有关实验数据绘制出的曲线图如图4-9所示。由图4-9可以看出，闭合压力低于40 MPa时，导流能力下降较快，高于40 MPa以后，随着闭合压力增大，导流能力曲线趋于平缓。由图4-9还可以看出，16～20目石英砂在闭合压力为20 MPa时破碎严重，导流能力下降约88.6%，低于20～40目石英砂的导流能力，当闭合压力增加到30 MPa时，16～20目石英砂与40～70目石英砂的导流能力值十分接近，由此可以看出，在5 kg/m^{2}铺砂浓度条件下，当高于20 MPa闭合压力时20～40目石英砂具有较好的导流能力。

图4-9 不同粒径石英砂导流能力实验对比

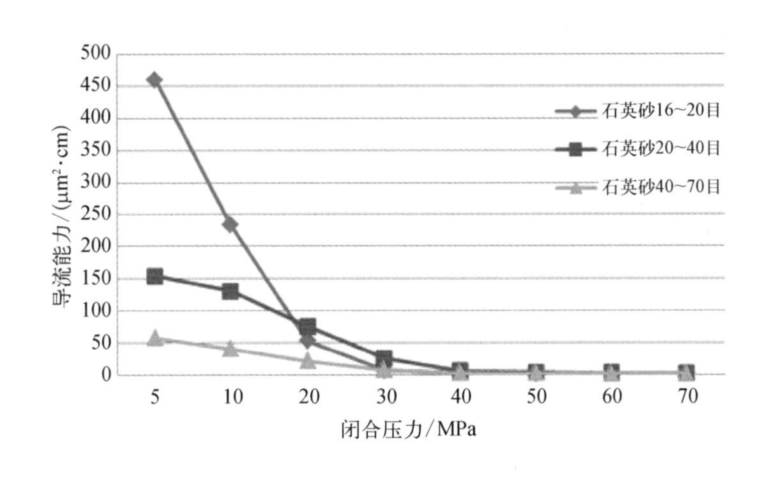

两种不同粒径覆膜石英砂对导流能力的影响实验结果如下：

图4-10反映了实验中30～50目、40～70目覆膜石英砂导流能力的变化情况。在5 kg/m^{2}铺砂浓度条件下，闭合压力从5 MPa增加到70 MPa，两种粒径覆膜石英砂导流能力分别下降94.4%和94.7%。当闭合压力为70 MPa时，40～70目覆膜石英砂的导流能力为3.64 μm^2·cm，而30～50目覆膜石英砂的导流能力比40～70目覆膜石英砂要高27.4%，仍具有较高的导流能力。

2. 不同类型支撑剂的导流能力

针对不同类型支撑剂对页岩裂缝导流能力的影响时，可根据页岩特性选用

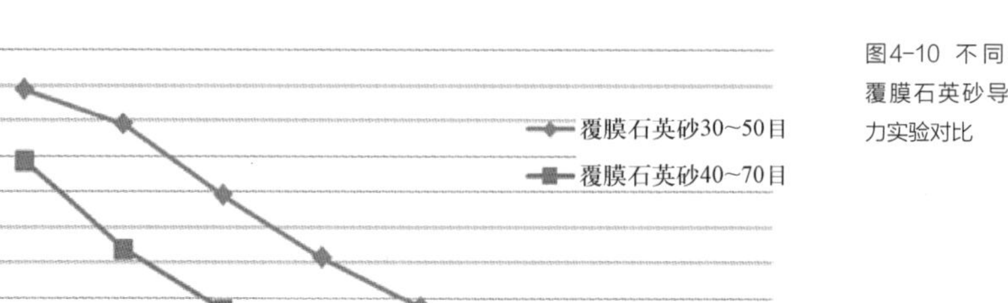

图4-10 不同粒径覆膜石英砂导流能力实验对比

30 ～ 50目、40 ～ 70目两种粒径较小的支撑剂，其中40 ～ 70目选用陶粒、石英砂、覆膜石英砂三种类型，30 ～ 50目选用陶粒、覆膜石英砂两种类型，铺砂浓度采用5 kg/m²。针对40 ～ 70目覆膜石英砂、陶粒两种类型支撑剂，再分别选用2.5 kg/m²、1 kg/m²、0.5 kg/m²、0.1 kg/m²铺砂浓度进行对比测试。闭合压力从5 MPa开始，从10 ～ 70 MPa每隔10 MPa测试一个压力点，共八个测试压力点，每个测试压力点测试1 h，流体速度取2 ～ 5 mL/min。实验方案见表4-2。

在5 kg/m²铺砂浓度条件下，40 ～ 70目陶粒依然具有较好的导流能力，当闭合压力达到20 MPa时，石英砂破碎严重导致导流能力加速下降，而陶粒和覆膜石英砂的导流能力则比较平稳（图4-11）。

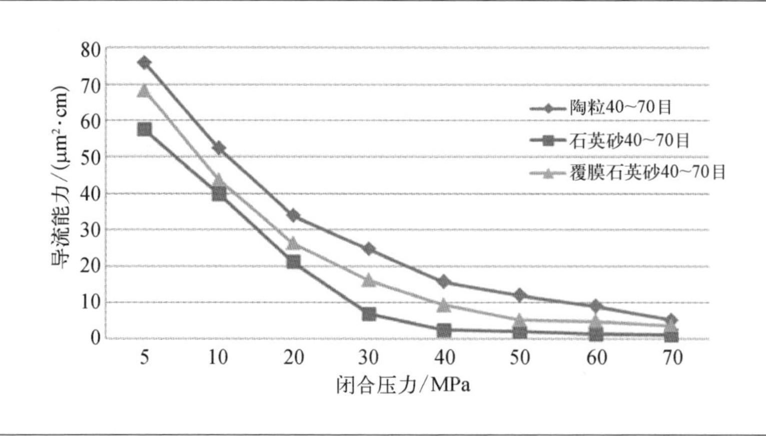

图4-11 在铺砂浓度为5 kg/m²、粒径为40 ～ 70目条件下陶粒、石英砂、覆膜石英砂的导流能力对比

表4-2 不同类型支撑剂对页岩导流能力的影响实验方案

编 号	支撑剂类型	支撑剂粒径/目	铺砂浓度/(kg/m²)	闭合压力/MPa
11	陶粒	40～70	5	5～70
12	石英砂	40～70	5	5～70
13	覆膜石英砂	40～70	5	5～70
14	陶粒	30～50	5	5～70
15	覆膜石英砂	30～50	5	5～70
16	陶粒	40～70	2.5	10～70
17	覆膜石英砂	40～70	2.5	10～70
18	陶粒	40～70	1	10～70
19	覆膜石英砂	40～70	1	10～70
20	陶粒	40～70	0.5	10～70
21	覆膜石英砂	40～70	0.5	10～70
22	陶粒	40～70	0.1	10～70
23	覆膜石英砂	40～70	0.1	10～70

在5 kg/m²铺砂浓度条件下，随着闭合压力从5 MPa增加到70 MPa，陶粒、覆膜石英砂的导流能力逐渐减小，它们之间的差距也逐渐缩小，50 MPa时陶粒导流能力开始趋于平稳，导流能力要比覆膜石英砂高49.57%。

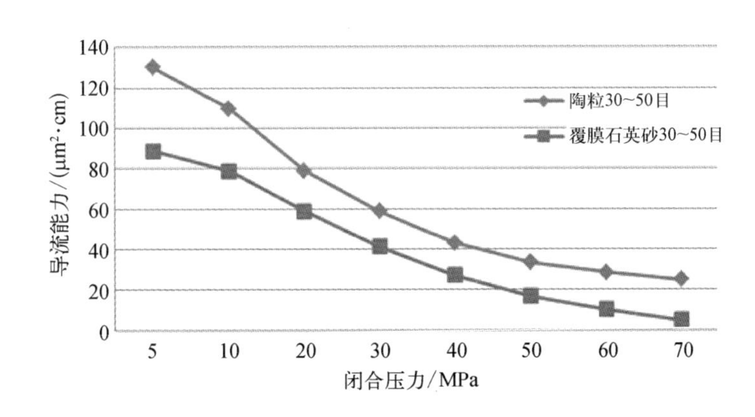

图4-12 在铺砂浓度为5 kg/m²、粒径为30～50目条件下陶粒、覆膜石英砂的导流能力对比

3. 不同铺砂浓度条件下支撑剂的导流能力

不同铺砂浓度条件下导流能力的对比测试选用40 ～ 70目陶粒、覆膜石英砂两种支撑剂，铺砂浓度分别采用5 kg/m²、2.5 kg/m²、1 kg/m²、0.5 kg/m²、0.1 kg/m²，共10组实验，闭合压力从5 MPa开始，从10 ～ 70 MPa每隔10 MPa测试一个压力点，共8个测试压力点，每个测试压力点测试1 h，流体速度取2 ～ 5 mL/min。实验方案见表4-3。

表4-3 不同铺砂浓度对页岩导流能力影响的实验方案

编　号	支撑剂类型	支撑剂粒径/目	铺砂浓度/(kg/m²)	闭合压力/MPa
24	陶粒	40 ~ 70	5	5 ~ 70
25	陶粒	40 ~ 70	2.5	5 ~ 70
26	陶粒	40 ~ 70	1	5 ~ 70
27	陶粒	40 ~ 70	0.5	5 ~ 70
28	陶粒	40 ~ 70	0.1	5 ~ 70
29	覆膜石英砂	40 ~ 70	5	5 ~ 70
30	覆膜石英砂	40 ~ 70	2.5	5 ~ 70
31	覆膜石英砂	40 ~ 70	1	5 ~ 70
32	覆膜石英砂	40 ~ 70	0.5	5 ~ 70
33	覆膜石英砂	40 ~ 70	0.1	5 ~ 70

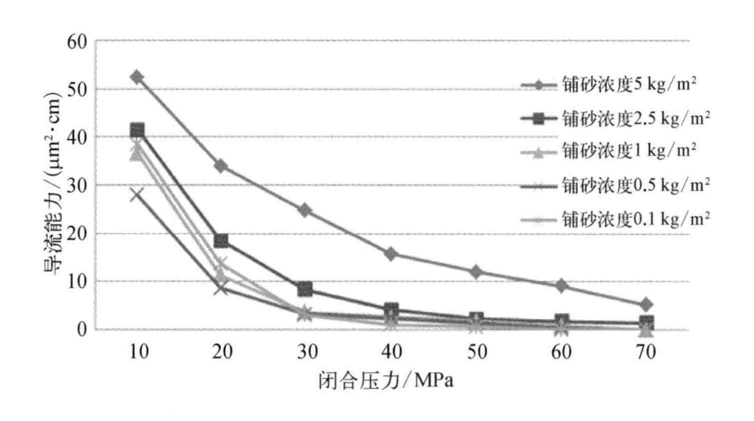

图4-13 不同铺砂浓度条件下陶粒导流能力对比

图4-14 不同铺砂浓度条件下覆膜石英砂导流能力对比

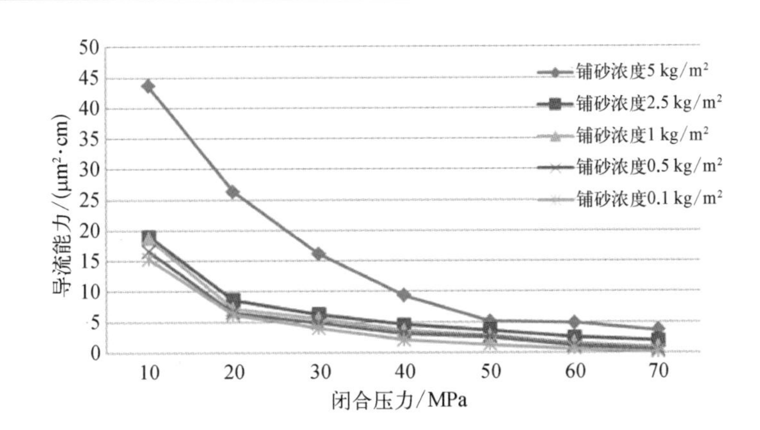

不同铺砂浓度条件下陶粒、覆膜石英砂导流能力的对比如图4-13和图4-14所示，从图中可以看出，随着闭合压力从10 MPa增加到70 MPa，导流能力逐渐下降，其中铺砂浓度5 kg/m^2、2.5 kg/m^{2}对应的陶粒、覆膜石英砂导流能力下降比较平缓。铺砂浓度为0.1 kg/m^{2}时，陶粒在10 MPa闭合压力条件下呈现较高的导流能力。当铺砂浓度高于1 kg/m^{2}时，陶粒的导流能力为1.87 μm^2·cm。而铺砂浓度为0.1 kg/m^{2}时覆膜石英砂并没有出现这种情况，当铺砂浓度越低则随着闭合压力增大，其导流能力下降越快。

4. 不同铺砂支撑剂组合后的导流能力

选用两种组合模式，即覆膜石英砂和普通石英砂，将覆膜石英砂置于缝端，石英砂置于缝口，比例为1∶1；将覆膜砂和石英砂按照1∶1的比例混合均匀，铺置于裂缝中。铺砂浓度采用5 kg/m^2、2.5 kg/m^{2}两种，闭合压力为20～70 MPa，每隔10 MPa测试一个压力点，共6个测试压力点，每个测试压力点测试1 h，流体速度取2～5 mL/min。实验方案见表4-4。

表4-4 不同铺砂浓度页岩导流能力实验方案

编　号	支撑剂类型	铺置比	粒径/目	铺砂浓度/(kg/m^2)	闭合压力/MPa
34	覆膜石英砂、石英砂分段铺置	1∶1	40～70	5	20～70
35	覆膜石英砂、石英砂混合铺置	1∶1	40～70	5	20～70

（续表）

编　号	支撑剂类型	铺置比	粒径 / 目	铺砂浓度 /（kg/m^2）	闭合压力 /MPa
36	覆膜石英砂、石英砂分段铺置	1 ： 1	40 ～ 70	2.5	20 ～ 70
37	覆膜石英砂、石英砂混合铺置	1 ： 1	40 ～ 70	2.5	20 ～ 70

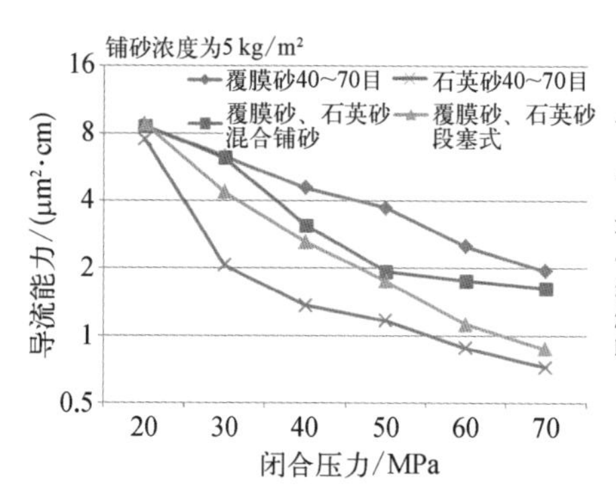

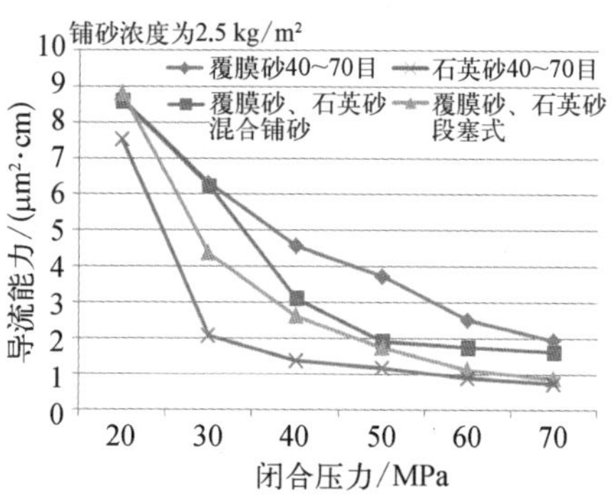

图4-15 铺砂浓度分别为5 kg/m^2、2.5 kg/m^{2}组合铺砂导流能力的曲线

在铺砂浓度（4 ～ 6层）2.5 kg/m^{2}且闭合压力为30 MPa以下条件时，覆膜石英砂、石英砂混合铺置后的导流能力和单一覆膜石英砂铺置后的导流能力相当；闭合压力为30 MPa以上时，分段铺置模式导流能力平稳下降。闭合压力为50 MPa时，混合铺砂导流能力下降速度加快，与分段铺置导流能力相近且只相差0.18 μm^2 · cm，与单一覆膜砂铺置相差1.77 μm^2 · cm。闭合压力继续增大，混合铺砂导流能力趋于平稳，与单一覆膜砂导流能力差距逐渐减小，而石英砂单一铺砂导流能力远低于以上三种铺置模式。

5. 剪切裂缝的导流能力

在研究剪切裂缝导流能力变化规律时，沿弱面裂开的岩板测试剪切错位裂缝的导流能力更接近地下实际情况，对错位裂缝以及整合裂缝考虑选用充填支撑剂和无支撑剂两种情况。支撑剂选用40 ～ 70目覆膜石英砂和陶粒。铺砂浓度分别采用2.5 kg/m^2、1 kg/m^{2}两种，闭合压力为20 ～ 70 MPa，每隔10 MPa测试一个压力点，共6个测试压力点，每个测试压力点测试1小时，流体速度2 ～ 5 mL/min。实验方案见表4-5。

表4-5 剪切裂缝无支撑剂导流能力实验方案

编号	支撑剂类型	粗糙度/μm	裂缝类型	闭合压力/MPa
38	无支撑剂	49.8	整合缝	10～60
39	无支撑剂	49.8	剪切裂缝	10～60
40	无支撑剂	46.7	整合缝	10～60
41	无支撑剂	46.7	剪切裂缝	10～60

整合裂缝中不存在支撑剂时，在10 MPa的闭合压力下，导流能力最高为0.26 μm^2 · cm，而当闭合压力超过20 MPa后，导流能力微乎其微，如图4-16所示的虚线，整合的粗糙裂缝对应力非常敏感，实际地层应力一般超过20 MPa，因此整合的非支撑裂缝并不能提供稳定及足够的导流能力。实验结果表明粗糙度较大的裂缝更易形成高的导流能力，但导流能力与粗糙度并没有绝对的相关性，仅当闭合压力低于30 MPa时，导流能力与粗糙度表现出了一定的相关性，而在更高的闭合压力下并没有相关性。低闭合压力下，缝面如有较高的凸起，相应的粗糙度也往往较大，容易形成宽度较大的连通通道，但随着闭合压力增大，凸起逐渐发生破碎，裂缝闭合程度不断加剧，不同粗糙度的裂缝宽度也逐渐接近。因此，粗糙度对裂缝导流能力的影响仅在低闭合应力条件下较为显著。

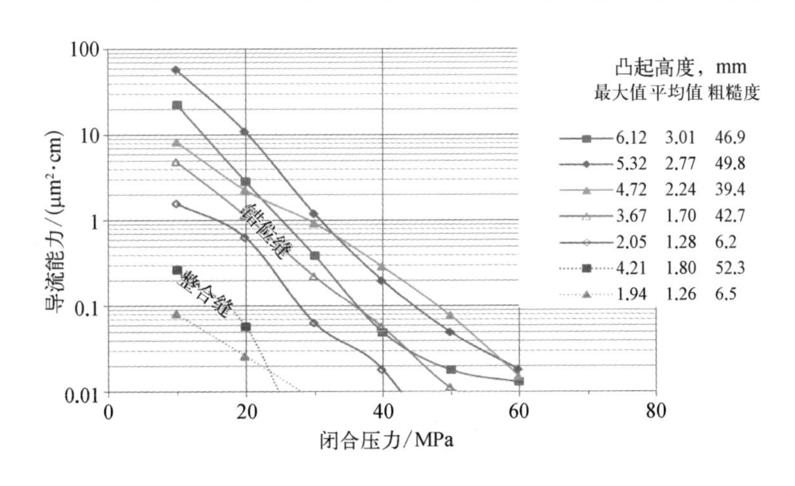

图4-16 不同粗糙程度剪切裂缝无支撑剂下的导流能力对比

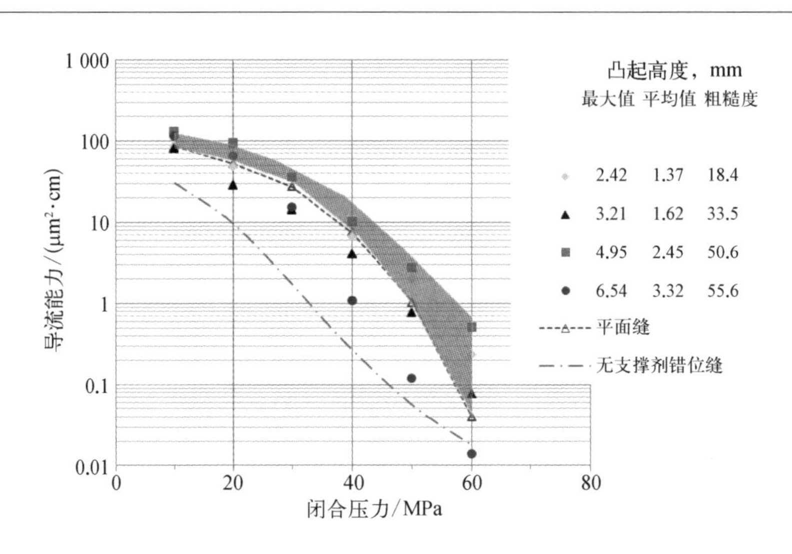

图4-17 支撑剂浓度0.5 kg/m^{2}错位裂缝的导流能力对比

理想的平面缝(图4-17)中铺有浓度0.5 kg/m^{2}的支撑剂，可形成理想的局部铺砂，零星分布的支撑剂虽然可提供较高的导流能力，如闭合压力10 MPa下导流能力达85.34 μm^2·cm，但当闭合压力高于30 MPa时，支撑剂嵌入超过20～40目陶粒粒径的51.8%，导流能力也随之急剧降低，而错位裂缝的凸起可起到辅助支撑裂缝的作用，从而改善导流能力，如图4-17所示的灰色区域。错位裂缝中铺有支撑剂后，导流能力与粗糙度并没有表现出相关性，支撑剂的存在削弱了裂缝粗糙度的影响，裂缝导流能力大小存在一定的随机性，主要与支撑剂在粗糙裂缝内的分布情况有关。如图4-17所示，全局等效的浓度为0.5 kg/m^2(局部单层)，但局部浓度可达2.5 kg/m^2(2～3层)，部分区域出现明显的支撑剂间断，导流能力表现出强烈的应力敏感，闭合压力从10 MPa增加到30 MPa，导流能力从115.20 μm^2·cm急剧降至15.41 μm^2·cm，随着闭合压力进一步增大，仍有大幅度下降的趋势，当闭合压力高于20 MPa后，其导流能力远小于理想平面支撑裂缝。由于支撑剂间断分布，局部缝面出现接触，随着闭合压力增大，闭合程度加剧，并不能形成有效的连通通道。由此可见，即使形成粗糙度较高的错位缝，如果支撑剂分布连续性较差，仍不能提供稳定的导流能力。

6. 复杂裂缝导流能力

测试复杂裂缝的导流能力，可形成的裂缝形态示意如图4-18所示。

图4-18 裂缝形态示意

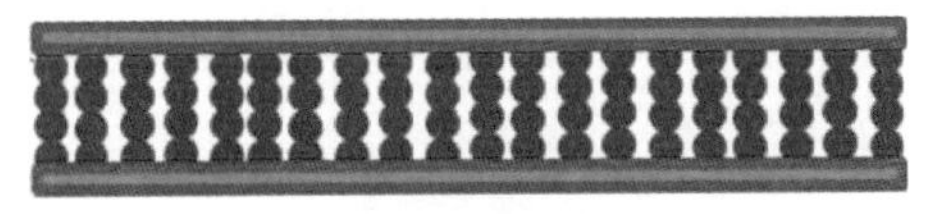

(a) 单一裂缝

(b) 转向裂缝

在研究复杂裂缝导流能力变化规律时，通过应用FCES-100导流仪，同时利用三块岩板增加裂缝复杂程度的方法做出转向裂缝，来模拟实际地层中页岩气藏水力压裂可能存在的导流裂缝支撑形式。支撑剂选用40～70目覆膜石英砂和陶粒。裂缝中铺砂浓度采用2.5 kg/m^2、1 kg/m^2两种，裂缝承受的有效闭合压力为20～70 MPa，每隔10 MPa测试一个压力点，共6个测试压力点，每个测试压力点测试1 h，流体速度2～5 mL/min。实验方案见表4-6。

表4-6 转向裂缝导流能力实验方案

编号	支撑剂类型	裂缝类型	粒径/目	铺砂浓度/(kg/m^2)	闭合压力/MPa
42	覆膜石英砂	转向裂缝	40～70	2.5	20～70
43	陶粒	转向裂缝	40～70	2.5	20～70
44	覆膜石英砂	转向裂缝	40～70	1	20～70
45	陶粒	转向裂缝	40～70	1	20～70

在分支裂缝导流能力实验中，采用2.5 kg/m^2的铺砂浓度，为模拟次生裂缝存在时导流能力差异，将2.5 kg支撑剂分成不同比例的两份，其中一条浓度为2 kg/m^2，另一条为0.5 kg/m^2，在低铺砂浓度实验中，采用1 kg/m^2的铺砂浓度，其中一条浓度为0.1 kg/m^2，另一条为0.9 kg/m^2，可形成的裂缝形态示意如图4-19所示。

(a) 分支裂缝

(b) 单一裂缝

图4-19 裂缝形态示意图

将2.5 kg、1 kg支撑剂平均分配到分支裂缝每条支缝中，测试其导流能力并与不同比例分配的分支裂缝导流能力做对比，裂缝承受有效闭合压力为20～70 MPa，导流能力实验方案见表4-7。

编　号	支撑剂类型	裂缝类型	粒径/目	铺砂浓度分配/(kg/m²)	闭合压力/MPa
46	覆膜石英砂	分支裂缝	40～70	1.25/1.25	20～70
47	陶粒	分支裂缝	40～70	1.25/1.25	20～70
48	覆膜石英砂	分支裂缝	40～70	0.5/2	20～70
49	陶粒	分支裂缝	40～70	0.5/2	20～70
50	覆膜石英砂	分支裂缝	40～70	0.5/0.5	20～70
51	覆膜石英砂	分支裂缝	40～70	0.1/0.9	20～70

表4-7 分支裂缝导流能力实验方案

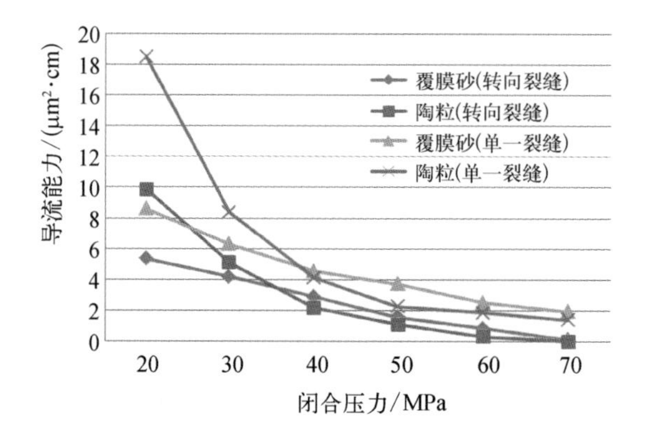

图4-20 2.5 kg/m² 复杂裂缝导流能力曲线

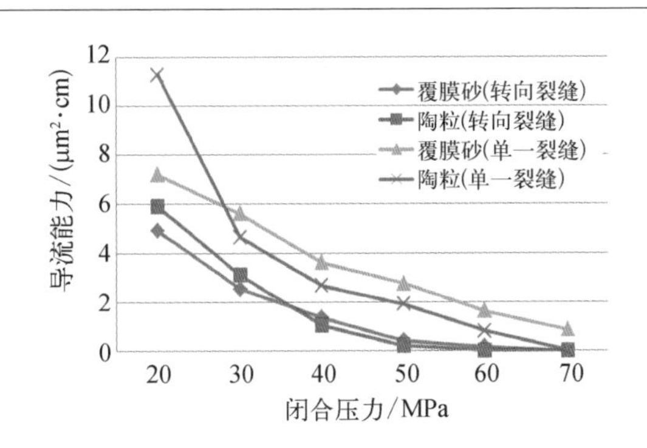

图4-21 1.0 kg/m^2 复杂裂缝导流能力曲线

如图4-20所示，2.5 kg/m^{2}铺砂浓度下，20 MPa时单一裂缝和转向裂缝中陶粒支撑剂均表现出较高的导流能力，转向裂缝中陶粒高达9.89 μm^2·cm，比单一裂缝中覆膜砂的导流能力高12.9%，但不足单一裂缝中陶粒导流能力的50%。随着闭合压力的增加，转向裂缝导流能力下降较快，闭合压力增加到40 MPa后，覆膜砂优势更加明显，陶粒开始低于覆膜砂所产生的导流能力，60 MPa时陶粒导流能力仅为0.31 μm^2·cm，覆膜砂的导流能力为0.82 μm^2·cm，两者相差62.2%。

如图4-21所示，在1.0 kg/m^{2}铺砂浓度条件下，裂缝中支撑剂为1～3层，随着闭合压力增加，支撑剂嵌入影响逐渐明显，单一裂缝和转向裂缝的整体导流能力均小于多层铺砂(2.5 kg/m^2)。闭合压力为20 MPa时转向裂缝中陶粒的导流能力为5.89 μm^2·cm，并不比单一裂缝覆膜砂的导流能力高，相比转向裂缝中覆膜砂的导流能力(4.92 μm^2·cm)还具有一定优势。但陶粒导流能力随着闭合压力增加而明显下降，当闭合压力超过50 MPa后，转向裂缝中覆膜砂仍具有0.18 μm^2·cm的导流能力，而陶粒的导流能力几乎为零。

如图4-22所示，等量的支撑剂对应多条裂缝的等效导流能力小于单一裂缝，但在低闭合压力时导流能力差异并不明显，随着闭合压力的增加，这种差异逐渐显现，其值并不是单纯的两条低铺砂浓度的分支裂缝导流能力的累加。一方面是由于裂缝条数的增多，造成支撑剂较为分散，铺砂浓度降低，增加支撑剂嵌入；另一方面，裂缝形态的扭曲改变了微粒运移模式，产生附加渗流阻力，致使导流能力进一步降低。

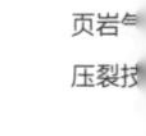

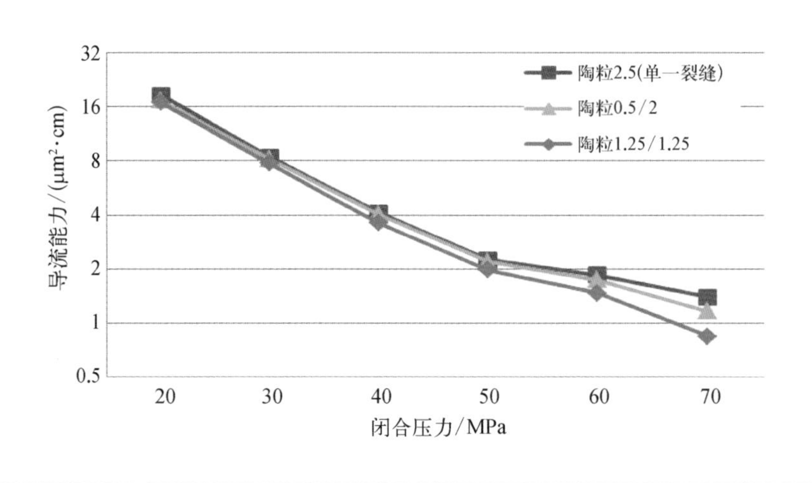

图4-22 分支裂缝中不同铺置模式陶粒的导流能力对比

7. 网络裂缝短期及长期导流能力

在研究长期导流能力变化规律时，选用40 ~ 70目的覆膜石英砂和陶粒两种支撑剂。铺砂浓度采用2.5 kg/m^2、1 kg/m^2两种，闭合压力为52 MPa，测试时间为168小时，流体速度2 ~ 5 mL/min。实验方案见表4-8。

表4-8 长期导流能力实验方案

编　号	支撑剂类型	支撑剂粒径/目	铺砂浓度/(kg/m^2)	闭合压力/MPa	测试时间/h
46	覆膜石英砂	40 ~ 70	2.5	52	168
47	覆膜石英砂	40 ~ 70	1	52	168
48	陶粒	40 ~ 70	2.5	52	168

如图4-23所示，为支撑剂长期导流能力实验曲线图，图中位置偏上的两条曲线为铺砂浓度为2.5 kg/m^2时覆膜砂和陶粒长期导流能力随时间变化的曲线，图中位置偏下的曲线为铺砂浓度1 kg/m^2时覆膜砂长期导流能力随时间变化的曲线，测试时间共168 h。

实验选用铺砂浓度2.5 kg/m^2，40 ~ 70目的陶粒和覆膜砂，以及铺砂浓度为1 kg/m^2的覆膜砂（40 ~ 70目）进行长期导流能力实验：

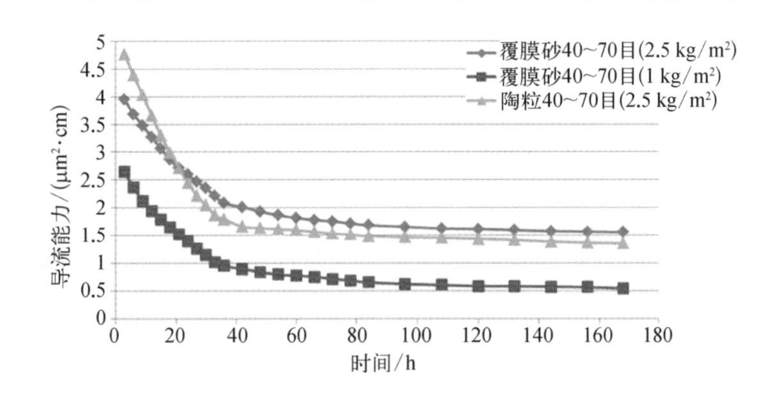

图4-23 长期导流能力实验曲线图

如图4-24所示，随着时间的增加，支撑剂在裂缝中逐渐被压实。即1 kg/m^2覆膜砂（1～2层）在闭合压力为52 MPa条件下，覆膜砂颗粒相互黏结，嵌入程度和破碎率随时间增加而增大，这种嵌入及破碎主要发生在实验开始后40 h内，因此导流能力下降较快，平均下降43.12%，40 h后导流能力下降主要由于实验流体浸泡引起覆膜砂强度下降所致，导流能力曲线斜率明显减小，80 h后导流能力曲线已经接近水平，整个测试过程结束时导流能力下降了60.65%。

图4-24 1 kg/m^2覆膜砂（实验后）

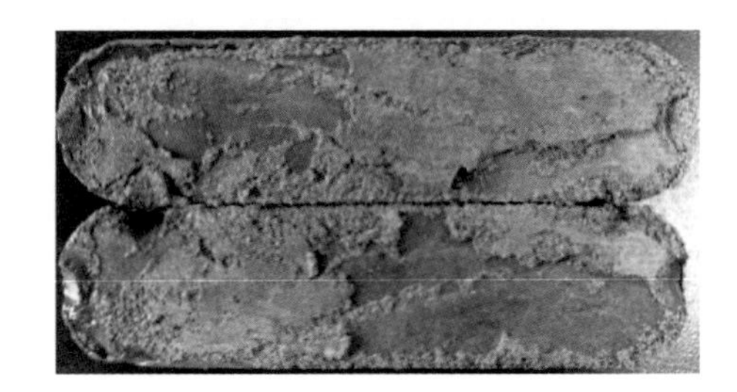

图4-25 2.5 kg/m^2陶粒（实验后）

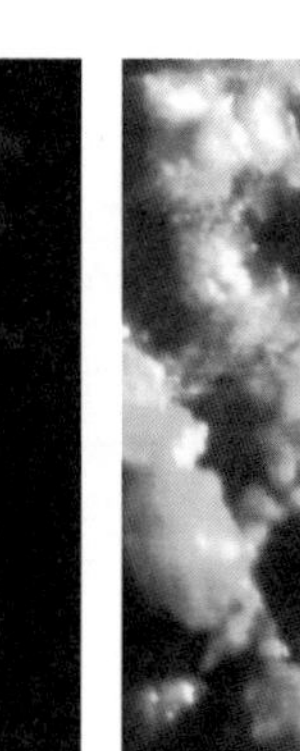

图4-26 陶粒支撑剂嵌入

当铺砂浓度增加到2.5 kg/m^2，覆膜砂导流能力大幅度提高，提高幅度约为32.9%，导流能力曲线随时间变化规律同铺砂浓度1 kg/m^2覆膜砂基本相同。2.5 kg/m^2陶粒在实验初期表现出较高的导流能力，其导流能力约为相同铺砂浓度条件下覆膜砂的2倍，但由于陶粒硬度较大，部分陶粒嵌入页岩岩板表面，如图4-25和图4-26所示，单颗陶粒嵌入深度达50%以上，故缝宽损失较大，同时岩板表面随时间增加泥化现象严重，陶粒颗粒之间相互挤压导致支撑剂破碎，导流能力在实验开始后30 h内下降速度较快，平均下降57.05%，其下降幅度超过覆膜砂，40 h后陶粒主要受流体浸泡因素影响，导流能力下降速度逐渐放缓直至曲线接近水平，168 h后导流能力下降了约71.58%。有关长期导流能力实验数据见表4-9。

表4-9 长期导流能力实验数据

导流能力(闭合压力52 MPa)/(μm^2·cm)			
时间/h	铺砂浓度(2.5 kg/m^2)	铺砂浓度(1 kg/m^2)	铺砂浓度(2.5 kg/m^2)
	覆膜砂(40～70目)	覆膜砂(40～70目)	陶粒(40～70目)
3	3.94	2.64	4.75
6	3.68	2.36	4.38
9	3.47	2.12	4.02
12	3.26	1.94	3.65
15	3.06	1.78	3.29

（续表）

导流能力（闭合压力52 MPa）/（μm²·cm）			
时间/h	铺砂浓度（2.5 kg/m²）	铺砂浓度（1 kg/m²）	铺砂浓度（2.5 kg/m²）
	覆膜砂（40～70目）	覆膜砂（40～70目）	陶粒（40～70目）
18	2.86	1.65	2.98
21	2.71	1.52	2.71
24	2.59	1.39	2.44
27	2.47	1.26	2.21
30	2.35	1.14	2.04
33	2.21	1.02	1.86
36	2.08	0.95	1.79
42	2.01	0.89	1.66
48	1.93	0.84	1.63
54	1.86	0.79	1.61
60	1.81	0.77	1.59
66	1.77	0.75	1.56
72	1.75	0.71	1.53
78	1.71	0.68	1.51
84	1.68	0.65	1.48
96	1.65	0.62	1.46
108	1.62	0.6	1.45
120	1.61	0.58	1.43
132	1.59	0.58	1.41
144	1.57	0.57	1.38
156	1.56	0.56	1.36
168	1.55	0.54	1.35

8. 压裂液对导流能力的影响

压裂后，压裂液破胶返排，但仍有部分破胶较差的压裂液及残渣滞留在支撑带孔隙中，以及压裂液在缝壁形成的滤饼，都会导致导流能力下降。

各种压裂液对裂缝导流能力的影响见表4-10。

表4-10 压裂液对导流能力的影响情况

压裂液种类	裂缝导流能力保持系数/%
生物聚合物	95
泡沫压裂液	80～90
聚合物乳化液	65～85
油基冻胶	45～70
线形溶胶	45～55
羟丙基胍胶	10～50

参考文献

[1] Fisher M K, Wright C A, Davidson B M. Integrating fracture — mapping technologies to improve simulations in the Barnett Shale [J]. SPE Production & Facilities, 2005, 20(2): 85-93.

[2] Palisch T T, Vincent M C, Handren P J. Slickwater fracturing: food for thought [C]. SPE115766, 2008: 1-20.

[3] George E K, et al. Thirty years of gas shale fracturing: what have we learned [C]. SPE133456, 2010: 1-48.

[4] Mayerhofer M J, Rechardson M F, Walker R N, et al. Proppants? we don't need no proppants [C]. SPE38611, 1997: 457-464.

[5] Charles E B, Harold D B, Baker Hughes. Redesigning fracturing fluids for improving reliability and well performance in horizontal tight gas shale applications [C]. SPE140107, 2011: 1-13.

[6] Harrold D B, Charles E B, Baker Hughes. Eliminating slickwater compromises for

improved shale stimulation [C]. SPE147485, 2011: 1–11.

[7] Rimassa S M, Howard P R, Arnold M O, et al. Are you buying too much friction reducer because of your biocide [C]. SPE119569, 2009: 1–9.

[8] Aften C W, Watson W P. Improved friction reducer for hydraulic fracturing [C]. SPE118747, 2009: 1–26.

[9] Carl Aften, Javad Paktinat, Bill O'Neil. Critical evaluation of biocide — friction reducer interactions used in slickwater fracs [C]. SPE141358, 2011: 1–21.

[10] Javad Paktinat, Bill O'Neil, Carl Aften, et al. Critical evaluation of high brine tolerant additives used in shale slickwater fracs [C]. SPE141356, 2011: 1–19.

[11] Carman P S, Cawiezel K E. Successful breaker optimization for polyacry — lamide friction reducers used in slickwater fracturing [C]. SPE106162, 2007: 1–9.

第 5 章

页岩气压裂优化设计

页岩气的压裂优化设计包含诸多方面的内容，如目标函数确定、压裂方式优选、射孔方案优选、小型测试压裂、主压裂裂缝参数优化和施工参数优化及压后返排参数优化等内容。

5.1 压裂目标函数

常规压裂的目标函数一般是压后产量或经济效益。页岩气压裂的目标函数也可设定为压后产量或经济效益，但页岩气压裂目前主要追求的目标函数还有裂缝复杂性指数等。当然，复杂性指数越大越好。但是复杂性指数的最大化设计依赖于对储层特性尤其是两向水平主应力差值的精细评估，更依赖于压裂时主裂缝净压力的优化与控制。

5.2 压裂方式优选

压裂方式的优选首先取决于完井方式。目前国外页岩气的完井方式中，套管完井方式约占85%，其次主要是裸眼完井方式。不同完井方式所采用的压裂工艺方式见表5-1。

表5-1 不同完井方式下所采用的压裂工艺方式

封隔类型	分段压裂主体工艺技术	裸眼完井	套管完井
封隔器	裸眼封隔器＋滑套分段压裂技术	√	
	固井滑套一体化分段压裂技术		√
桥　塞	泵送桥塞分段压裂技术		√
砂（胶）塞	连续油管水力喷射射孔环空加砂压裂技术		√

由表5-1可知，适用于套管完井的压裂方式多达三种，而适用于裸眼完井的压裂方式仅一种。这也是为什么页岩气大多采用套管完井的主要原因。

不同的压裂工艺方式各有优缺点。裸眼封隔器+滑套分段压裂技术的优点是施工快捷，甚至一天之内可施工10段以上，缺点是裂缝起裂位置难以控制，如果裂缝起裂点位于封隔器位置，可能影响封隔器坐封效果。泵送桥塞分段压裂技术是目前最常用的一种压裂方式，其优点是通过与簇射孔联作的方式可以精确控制裂缝起裂点位置。如果地质甜点也优选得当，可较大幅度地提高压裂效果。但缺点是工艺相对复杂、施工速度慢，一天之内可施工2段就很不错了。另外，钻塞时间偏长，甚至会超过压裂施工时间，如果井口泵压控制不当，可能张开已经闭合的裂缝，使支撑剂发生沉降从而影响压裂效果。套管固井滑套压裂方法的优点是联合了套管固井和裸眼滑套两种压裂方式的优势，缺点是有时打不开固井滑套。连续油管水力喷射射孔环空加砂压裂的优点与泵送桥塞分段压裂方法基本接近，但缺点是现场可操作性不强，特别是要在水平井筒形成砂塞，难度很大。幸好目前已有连续油管带底封的工具串，可克服砂塞方法的缺点。

上述水平井分段压裂工艺方法都有一个共同的缺点，即普遍存在过顶替现象，给裂缝的有效条数控制带来了很大的困难。假设储层滤失小（页岩普遍具备这一特性，关键是天然裂缝不可继续延伸，否则会导致滤失速度大幅提升），故裂缝的闭合时间长，如果当压完最后一段裂缝并进行压后统一放喷排液时，此时若所有的裂缝都还未闭合，则在返排过程中通过控制出砂可将裂缝远处的支撑剂再携带回近井筒的缝口处，这样就可减小过顶替所构成的不利影响。但是上述情况出现的概率非常低。因此，实际的水平井压裂效果远不如模拟计算的理想，在很大程度上正是因为过顶替的影响，而出现缝口处的“包饺子”现象。

5.3 井筒适应性分析

页岩气井一般以套管固井的方式完井，裸眼完井方式很少，即使有也在页岩夹杂的硅质砂岩或钙质碳酸盐岩条带里。下文将主要讨论各种套管井井筒的适应性。

5.3.1 直井井筒

直井井筒适应性较强，只要是常用的60°相位角螺旋式射孔方式，就与人工裂缝的方向关联性不大。要注意的是，射孔密度不能过大，否则易破坏套管的抗压强度，从而难以保证满足水力压裂的要求。

5.3.2 斜井井筒

与直井井筒不同，斜井井筒本身有方向性，如果井筒方向恰好与水力裂缝的方向一致，则与直井筒基本相同。井筒位于其他角度时，则会发生井筒多裂缝现象，与直井井筒相比，更易发生早期砂堵现象，需要多级支撑剂段塞技术以消除或尽可能削弱近井筒的扭曲摩阻。

5.3.3 水平井筒

斜井井筒的倾斜角为90°时就是水平井筒。此时，水平井筒的方向与水力裂缝方向的关系非常大。如两者一致则会形成纵向裂缝，这与常规的水平井分段压裂的概念不太相符。如两者互为垂直方向，则会形成理想的横切裂缝，此时压裂的近井筒摩阻最小。如两者呈其他任意角度，则会发生近井筒扭曲效应，从而引发早期砂堵。此时的射孔方式一般是分簇射孔，射孔簇的布孔方式、孔密及单簇射孔长度等都会影响裂缝的起裂与延伸。按以往经验，当排量为10 m^3/min时48个有效的孔眼就会消除近井筒扭曲摩阻。

上述所有的井筒类型，最终都应进行射孔后的管柱强度校核，防止压裂后的套管变形，从而会影响桥塞工具的下入及后续的钻塞作业。

5.4 射孔方案优化

射孔方案优化原则上以簇射孔为宜，且每簇射孔厚度在1 m之内，相邻簇间距离为20 ～ 30 m。水平井采用该原则，有利于形成网络裂缝。对于直井压裂，如排除物性及含气性等因素，也适用该原则。采用簇射孔的目的是尽量在该簇射孔处形成一个主裂缝，避免射孔井段过长形成过多的主裂缝。如主裂缝过多，则每个主裂缝都不长，难以形成沟通远井的天然裂缝。而当相邻的射孔簇之间距离控制在20 ～ 30 m，能保证主缝的诱导应力场相互叠加和干扰，从而诱发远井主裂缝间的沟通，最终有助于实现远井的网络裂缝。

此外，射孔方案的优化还应综合考虑天然裂缝及地应力状况，尽量选择天然裂缝发育及地应力相对较低的层段射孔。需要注意的是，如裂缝更易向下延伸，射孔段的选择不宜太偏上，否则将难以沟通填砂网络裂缝与孔眼处，从而阻碍页岩气的产出。

5.4.1 射孔位置选择的基本原则

具体射孔位置应根据测录井等资料进行选择，其选择原则如下：

（1）高杨氏模量、低泊松比。

（2）脆性好则簇数多；塑性强则簇数少。

（3）测井解释孔隙度较高。

（4）TOC含量较高。

（5）录井气测显示好。

（6）固井质量优良。

（7）避开接箍位置。

（8）避开高密度段和漏失段。

5.4.2 射孔井段优选多因素分析

射孔井段优选主要是根据常规测井、各向异性成像测井、FMI成像测井、ECS测井、TOC实验分析、地应力剖面等资料进行综合分析，利用正交分析方法划分射孔位置。

至于射孔工具方面，目前斯伦贝谢研发的INsidr技术是一项能在射孔作业中减少振动和岩屑的新技术，它主要由高压高密度射孔枪系统（图5-1）和PUREplanner软件所组成。该技术最大限度地减少了深水高压井中岩屑体积和射孔枪振动，同时提高了射孔的效率，减少了井下工具损坏的风险，保证了射孔后孔道的畅通，能够最大限制地提高产量。

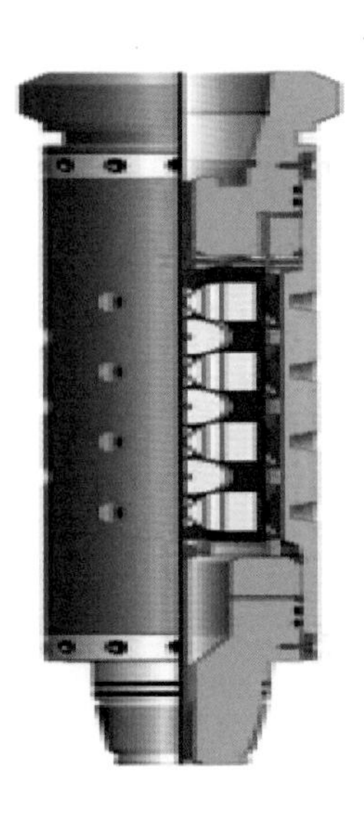

图5-1 INsidr技术中使用的高压高密度射孔枪

通过减少射孔的振动，INsidr射孔技术可以保护传输射孔油管和完井设备。该系统与其他已有的射孔枪系统兼容，包括PowerFlow Max HMX大孔聚能射孔弹等。

使用PUREplanner软件可以对射孔枪的振动进行调节，可以预测所增加的足以引起机械损坏的最大动载荷。当预测的动载荷过大时，可以通过该软件来调节射孔枪柱和井底钻具组合，使其低于最大载荷值，处于受控状态。另外，使用INsidr技术还可以显著减少所产生的碎屑体积。

5.5 测试压裂优化设计

为了深入了解页岩地层参数，并为压裂设计方案选择及调整提供依据，需要进行测试压裂设计。目前在现场实施并形成了三种主要测试压裂方式：微注测试、平衡测试+校正压裂测试、诱导测试压裂。下文将分别对这三种测试方式进行阐述。

5.5.1 微注测试

通常是射孔测试后进行微注测试。这种测试的特点是低排量、小体积泵注、长时间关井测压降。采用数据反演地层及裂缝参数，获取的地层参数主要包括渗透率、破裂压力、闭合压力、滤失系数等。微注测试可在小型压裂测试前20～30天进行，测试后读取解释井口/井下存储式电子压力计数据进行反演解释，以此为依据调整测试方案。

1. 微注测试理论方法研究

图5-2显示了一个理想的微注测试过程的双对数诊断图。由图5-2可知，压降导数呈现了一定趋势，主要包括：

（1）弹性闭合流动过程（压差导数曲线斜率为3/2）；

（2）主裂缝闭合时期（偏离压差导数曲线斜率为3/2处的点）；

（3）闭合后地层线性流（压差导数曲线斜率为1/2）；

（4）后期拟径向流动（压差导数曲线斜率为0）。

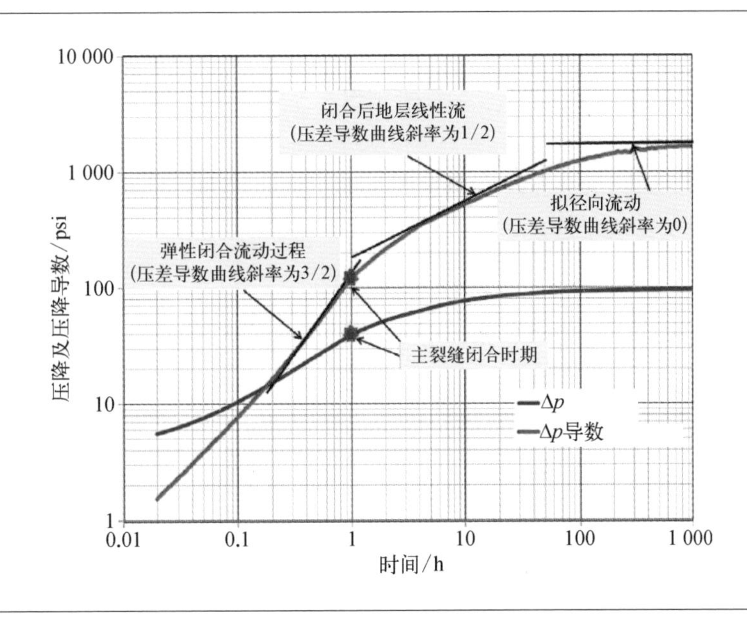

图5-2 理想的微注测试过程的双对数

1）闭合前理论

分析和模拟闭合前压降阶段，是以Cater滤失模型、Nolte针对裂缝增长的理论及地层地应力之下闭合裂缝壁面符合弹性理论为基础的，在此假定关井后裂缝立即停止扩展。压降主要由缝宽控制，如式（5-1）所示：

$$p_w = p_c + S_f \overline{w} \tag{5-1}$$

式中，p_c为闭合应力；S_f为裂缝刚度。依据线弹性理论，裂缝净压力和裂缝宽度为线性关系。对于S_f有不同的分析表达式，但都基于一个假设：就是裂缝中没有横向流动，裂缝中的压力在任意给定的关井时间处均是常数。表5-2列出了几种模型下的S_f值，包括PKN模型、KGD模型和径向（Radial）模型。

表5-2 几种模型下的裂缝刚度S_f和α值

	PKN	KGD	Radial
α	4/5	2/3	8/9
S_f	$\frac{2E'}{\pi h_f}$	$\frac{E'}{\pi x_f}$	$\frac{3\pi E'}{16R_f}$

给出注入时间t_e，可以由式（5-2）得到量纲为1关井时间：

$$\Delta t_D = \frac{\Delta t}{t_e} \tag{5-2}$$

关于任意关井时间 Δt时的裂缝宽度表达式如式（5-3）所示，式中考虑了地层和裂缝扩展时注入流体的滤失：

$$\overline{w_{t_e+\Delta t}} = \frac{V_i}{A_e} - 2S_p - 2C_L\sqrt{t_e}\,g(\Delta t_D,\ \alpha) \tag{5-3}$$

结合式（5-2）和式（5-3），可以得到闭合前压力压降模型表达式，如式（5-4）所示：

$$p_w = \left(p_c + \frac{S_f V_i}{A_e} - 2S_f S_p\right) - (2S_f C_L\sqrt{t_e})\,g(\Delta t_D,\ \alpha) \tag{5-4}$$

式中，V_i表示单翼裂缝的注入流体体积；A_e表示单翼裂缝壁面的表面积；S_p表示初滤失量；C_L表示滤失系数。

式（5-4）表明直到裂缝闭合结束前，井底压力会随着g函数线性降低，闭合后压降会偏离原先的线性趋势。该模型的线性特性如式（5-5）所示：

$$p_w = b_N + m_N g(\Delta t_D,\ \alpha) \tag{5-5}$$

式中，$b_N = p_c + S_f V_i / A_e$，$m_N = -2S_f C_L\sqrt{t_e}$。

假设初滤失量忽略不计，由上述各式可以计算滤失系数、裂缝尺寸、裂缝平均宽度和压裂液效率等。上述各式具体见表5-3，其中b_N和m_N是必要的输入参数。

如果考虑g函数上限为压裂液效率100%的情形，则如式（5-6）所示：

$$g(\Delta t_D,\ \alpha = 1) = \frac{4}{3}\left[(1 + \Delta t_D)^{\frac{3}{2}} - \Delta t_D^{\ \frac{3}{2}}\right] \tag{5-6}$$

表5-3 注入压降测试模型

	PKN α = 4/5	KGD α = 2/3	Radial α = 8/9
Leakoff coefficient, C_L	$\frac{\pi h_f}{4\sqrt{t_e}E'}(-m_N)$	$\frac{\pi x_f}{2\sqrt{t_e}E'}(-m_N)$	$\frac{8R_f}{3\pi\sqrt{t_e}E'}(-m_N)$
Fracture Extent	$x_f = \frac{2E'V_i}{\pi h_f^2(b_N - p_C)}$	$x_f = \sqrt{\frac{E'V_i}{\pi h_f(b_N - p_C)}}$	$R_f = 3\sqrt{\frac{3E'V_i}{8(b_N - p_C)}}$

（续表）

	PKN α = 4/5	KGD α = 2/3	Radial α = 8/9
Fracture Width	$\overline{w}_e = \frac{V_i}{x_f h_f} - 2.830 C_L \sqrt{t_e}$	$\overline{w}_e = \frac{V_i}{x_f h_f} - 2.956 C_L \sqrt{t_e}$	$\overline{w}_e = \frac{V_i}{R_f^2 \frac{\pi}{2}} - 2.754 C_L \sqrt{t_e}$
Fluid Efficiency	$\eta_e = \frac{\overline{w}_e x_f h_f}{V_i}$	$\eta_e = \frac{\overline{w}_e x_f h_f}{V_i}$	$\eta_e = \frac{\overline{w}_e R_f^2 \frac{\pi}{2}}{V_i}$

指数 α 为3/2表示计算的压力导数会随着叠加时间的对数呈现3/2的斜率。当压差不再由这种行为控制时，可以认为裂缝闭合。根据该方法可从诊断图中挑出斜率偏离3/2线时的闭合时间和闭合应力点。

将式(5–6)重新排列，如式(5–7)所示：

$$g(\Delta t_D,\ \alpha = 1) = \frac{4}{3}\Delta t_D^{3/2}[\tau^{\frac{3}{2}} - 1] \tag{5–7}$$

其中t_p用注入时间t_e替代，将式(5–6)代入式(5–7)，取导数可得式(5–8)和式(5–9)：

$$\Delta p' = \frac{\mathrm{d}p}{\mathrm{dln}\ \tau} = \frac{\mathrm{d}p}{\mathrm{d}\tau} \cdot \tau \tag{5–8}$$

$$\Delta p' = 2m_N \Delta t_D^{\frac{5}{2}} \tau(1 - \tau^{1/2}) \tag{5–9}$$

重新排列式(5–9)，可得两个必要参数的值，如式(5–10)和式(5–11)所示：

$$m_N = \frac{\Delta p'}{2\Delta t_D^{5/2}\tau(1 - \tau^{1/2})} \tag{5–10}$$

$$b_N = p_w - m_N \frac{4}{3}\Delta t_D^{3/2}(\tau^{3/2} - 1) \tag{5–11}$$

式中，$p_w = p_{isp} - \Delta p$。

这就可使用 Δt_c，Δp_c和闭合时间处的 $\Delta p'_c$值来计算b_N和m_N值。

2）闭合后理论

尽管在扩展过程中裂缝半长会增加，但闭合后的压力响应主要由闭合时间处呈现的裂缝几何形状控制。将滤失速度近似考虑成两个注入速度，第一个是裂缝扩展过程中假定滤失速度为平均滤失速度，第二个是闭合中的平均滤失速度。假定平均滤失速度为常数，其值为闭合时间滤失的总体积与注入时间和闭合时间之和的比值。基于该假设获得量纲为1井底压力的值，如式（5-12）所示：

$$\Delta\bar{p}_{wD} = (1 - e^{-(t_{eD}+t_{cD})s}) \frac{\overline{q_D}}{s} K_0 \left[\frac{1}{2}\sqrt{s}\right] \tag{5-12}$$

式中，K_0为修正的第二类零阶贝塞尔函数。对于量纲为1的压力、时间、速率需借助Stehfest反演进行处理。

其量纲为1的压力的Laplace变换式如式（5-13）所示：

$$\bar{p}_{wD} = \frac{K_0}{s^{3/2}K_1} \frac{r_{wD}\sqrt{s}}{r_{eD}\sqrt{s}} \tag{5-13}$$

式中，K_1为修正的第二类一阶贝塞尔函数。为了定义量纲为1的压力、时间、速率，认为裂缝为量纲为1的导流能力裂缝，等效井眼半径表示为：$rw' = xf/2$。

该式仍需借助Stehfest反演进行处理，并得到类似于Horner时间函数。

3）数据分析方法

为了更好地分析现场数据，最好可以直接测出的地层厚度、裂缝高度、平面应变弹性模量、孔隙度、地层流体黏度和压缩性、气层温度和气体相对密度等数据。为了创建双对数诊断图，有必要确定瞬时停泵压力和计算压差。在双对数图中，可以发现压降测试中呈现四种特征：3/2斜率、3/2斜率趋势末端变平段、1/2斜率、1/2斜率变平段。对于这些输入参数有如下解释。

（1）初始假设裂缝几何形态，有两种合适的选择，如PKN模型和径向模型。当注入的体积很小或者当产层与周围地层的应力差很小时，产生的裂缝可能是径向的。当岩性表明存在一个较强的裂缝高度限制时，需要注入足量的液体保证裂缝半长超过其高度，就应用PKN模型。

（2）导数3/2斜率趋势末端上定义闭合时间点（$\Delta p'_c, t_c$），并在该时间点得出闭合应力。根据式（5-10）和式（5-11）可以确定m_N和b_N的值。确定m_N和b_N后，接下来的步骤取决于假定的裂缝几何形态。

① PKN几何形态

（Ⅰ）储层渗透率可由最后拟径向流阶段不变的导数值确定，针对气藏采用$\Delta m(p)'$，如式（5-14）所示：

$$k = \frac{711qT}{m'h} \text{——气} \tag{5-14}$$

（Ⅱ）初始储层压力也可由拟径向流阶段导数估计出，如式（5-15）所示：

$$p^* \sim pi = -m'\ln\left(\frac{t_e + \Delta t_{\text{slope}=0}}{\Delta t_{\text{slope}=0}}\right) - \Delta p(\Delta t_{\text{slope}=0}) + p_{\text{isp}} \tag{5-15}$$

裂缝半长可选择闭合后1/2斜率线上一个点（Δt, $\Delta p'$）确定，如式（5-16）所示：

$$\begin{aligned} x_f &= \left(\frac{4.064qB}{m_{lf}h}\right)\left(\frac{\mu}{k\Phi c_t}\right)^{0.5} \text{——油} \\ x_f &= \left(\frac{40.592qT}{m_{lf}h}\right)\left(\frac{1}{k\Phi\overline{\mu_g c_t}}\right)^{0.5} \text{——气} \end{aligned} \tag{5-16}$$

其中$m_{lf} = 2\Delta p'/\sqrt{\Delta t}$。

（Ⅲ）裂缝长度可用来估算缝高，然后利用表5-3中的各式可估算出滤失系数，注入末期的平均缝宽和计算压裂液效率。

② 径向裂缝几何形态

（Ⅰ）该情形只有裂缝半径得到后才可估算出渗透率，然后利用表5-3中的各式计算出裂缝半径、滤失系数、注入末期的平均缝宽和压裂液效率。

（Ⅱ）如果裂缝半径$2R_f <$缝高h，渗透率可在$h = 2R_f$的条件下估算出。而当$2R_f > h$，使用真实的储层厚度便可估算出渗透率。

（Ⅲ）初始储层压力可由式（5-15）得到。

最后，我们产生分段Global模型来匹配这些数据。

2. 微注测试应用

1）Haynesville页岩气井

Haynesville页岩气地层位于Louisiana西北部，Texas东部，并延伸至Arkansas。Haynesville页岩具备异常高压和较大的厚度，地层埋藏深度为3 048 ～ 4 267 m。

对其中一口套管完井垂深为3 749 m的水平井端部位进行了微注测试。通过TCP打开了三个射孔簇，间距为27 m，射孔密度为39孔/m，三个射孔簇的长度分别为1.2 m、1.2 m和0.6 m，结果产生了120个射孔。

注入测试共计3.18 m^3清水，排量为0.477 m^3/min，共计6.6 min。井底压力监测时长为67 h。表5-4显示了分析中使用的储层和流体数据。

图5-3显示了压力压降数据呈现真实气体$m(p)$函数形式的双对数图。闭合前3/2斜率和闭合应力很容易确定，但闭合后特征不符合1/2斜率趋势。然而，闭合后导数很快趋平。这种情形因为缺乏1/2斜率趋势，意味着不能指示裂缝半长和半径。结合闭合前和闭合后分析，仅能估算出渗透率和裂缝几何形态。

表5-4 Haynesville页岩压裂微注测试输入参数

SG_g	0.7
μ_g/cP	0.038
C_t/psi^{-1}	$2\ 098\times10^{-5}$
E'/psi	6.00×10^{6}
p_{isp}/psi	14 668
Φ/%	7
S_w/%	30
H/ft	150
地层温度/°F	320

图5-4显示了微注测试得到的渗透率结果和生产解释结果，从图5-4可知，通过微注测试计算出渗透率的结果与生产解释结果较为接近。表5-5列出了微注测试的泵注程序。

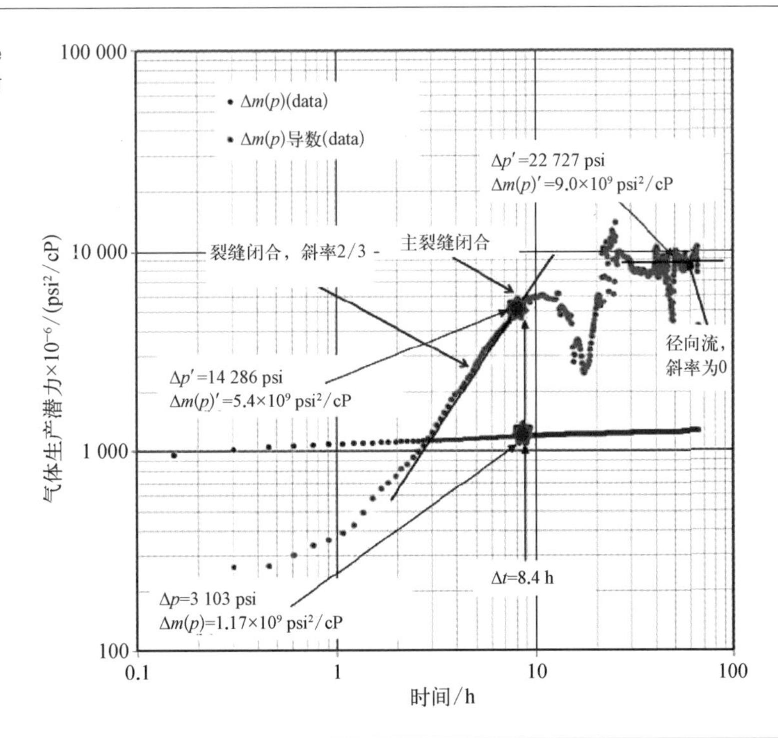

图5-3 Haynesville页岩微注测试双对数

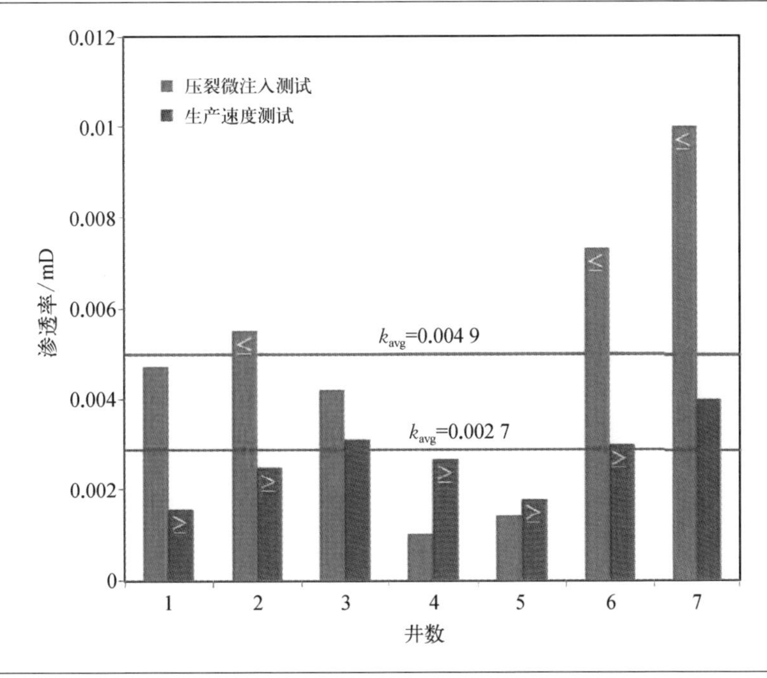

图5-4 Haynesville页岩微注测试和生产速度分析渗透率的对比

表5-5 Haynesville页岩典型微注测试泵注程序

注入排量/(m^3/min)	注入时间/min	注入体积/m^3	累计注入体积/bbl
0.25	0.25	0.063	10.335
0.56	0.6	0.336	
0.89	0.4	0.356	
1.1	1.439 13	1.583	
1.6	5	8	

2）国内某井微注测试应用

某井于2011年4月27号18：46进行微注测试，排量0.5 m^3/min，破裂井口泵压29.5 MPa，施工压力27.6 ～ 30.7 MPa，停泵压力26.7 MPa，用2%氯化钾水15 m^3。压后使用井口存储式压力计记录时间和压力数据共48 h。该井微注测试泵注程序见表5-6，压力监测曲线如图5-5所示。

表5-6 某井微注测试泵注程序

步　骤	排量/(m^3/min)	液　体	泵注体积/m^3	备　注
破裂地层	0.5	2% KCl	15	持续泵注直到起裂
关井测压降	0	—	—	2 ～ 3天

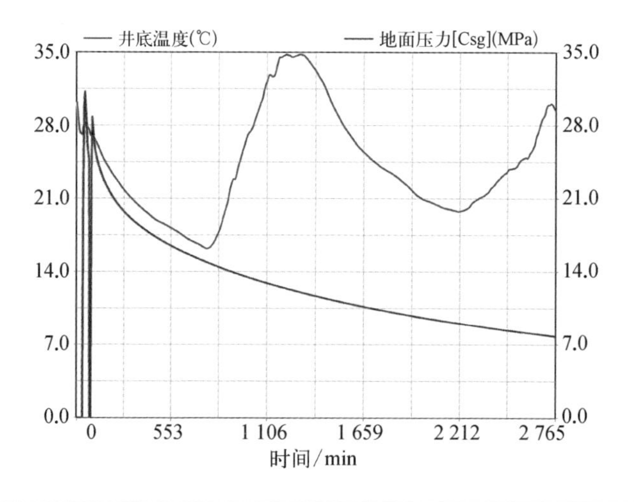

图5-5 某井微注测试压力监测曲线

对小型注入测试部分数据进行处理与分析的结果如图5-6所示。

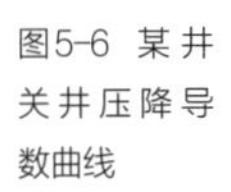

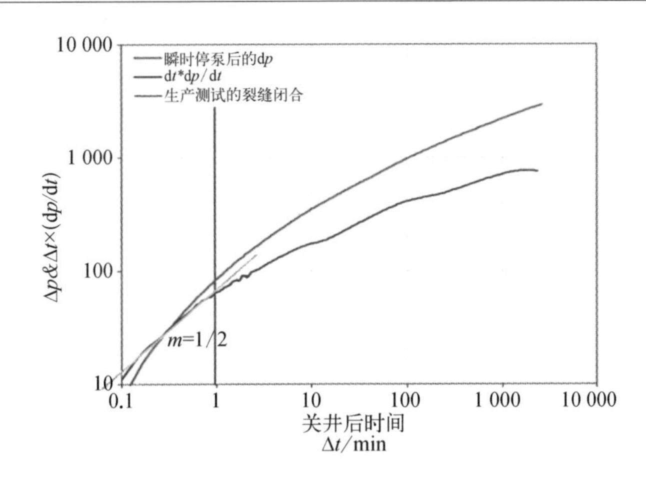

图5-6 某井关井压降导数曲线

由图5-6可知，注入测试结束后的压力反应在短时间内符合线性流，但是线性流到拟径向流的过渡时间很长，仅在关井结束时出现可能的拟径向流反应。

（1）闭合后压力分析

对压降数据用闭合后压力分析方法进行分析的结果如图5-7和图5-8所示。

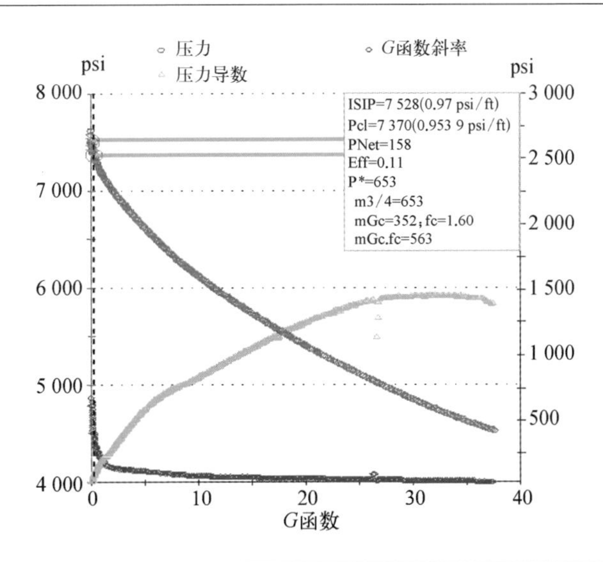

图5-7 某井闭合后G函数曲线

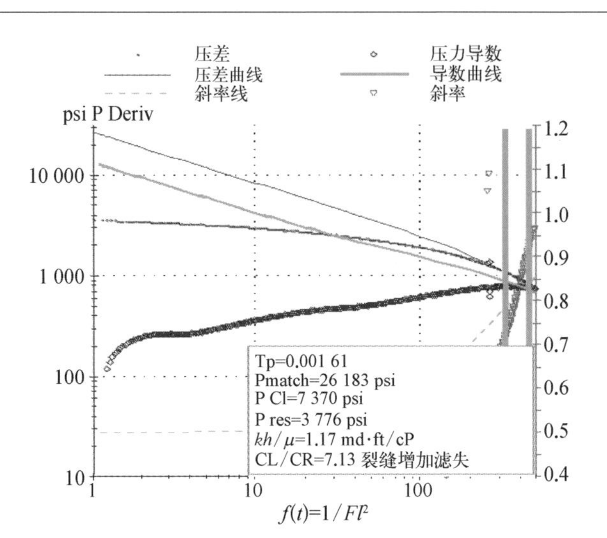

图5-8 某井闭合后F函数曲线图

在使用闭合后压降分析方法时，由于监测时间长度不够，储层流态并未进入拟径向流，因此结果分析的精度将受到一定影响，利用该方法分析的结果如下：闭合压力为0.8 MPa，储层导流系数$\frac{kh}{\mu}$约为0.356 6 mD · m/cP。

（2）闭合前压力分析

对该数据采用闭合前压力分析方法进行分析，结果如图5-9所示，相关参数解释结果见表5-7。

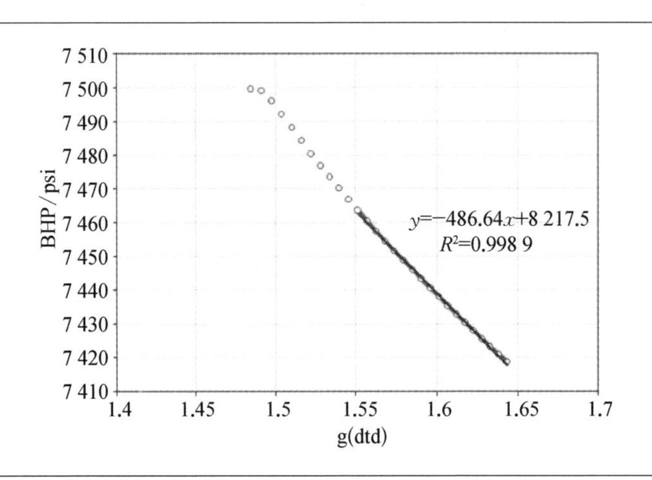

图5-9 某井闭合前G函数曲线

表5-7 某井闭合前分析解释参数结果

porosity	viscosity (cp)	ct	res press (psi)	h_perm	h_f(t)	E(10^6 psi)	γ	rp	
0.01	0.02	1.91E.04	3 400	36	36	2.26	0.23	1.00	
time close	efficiency	t_p	V_inj (bbl)	Xf/Rf	WL(n)	CL (ft/m n1/2)	k_perm (mD)	k_entire (mD)	kh/μ
12.120	0.099	8.48	24.65	60.51	0.687	0.006 6	0.001 489	0.001 489	2.3

基于对储层参数的假设以及从裂缝净压力估计的裂缝高度，拟合得到流动系数 $\frac{kh}{\mu}$ 约为0.816 mD · m/cP。根据以上数据，用Horner方法对油藏压力进行外推（图5-10），可以得到地层有效渗透率约为0.001 5 × 10^{-3} μm^2。

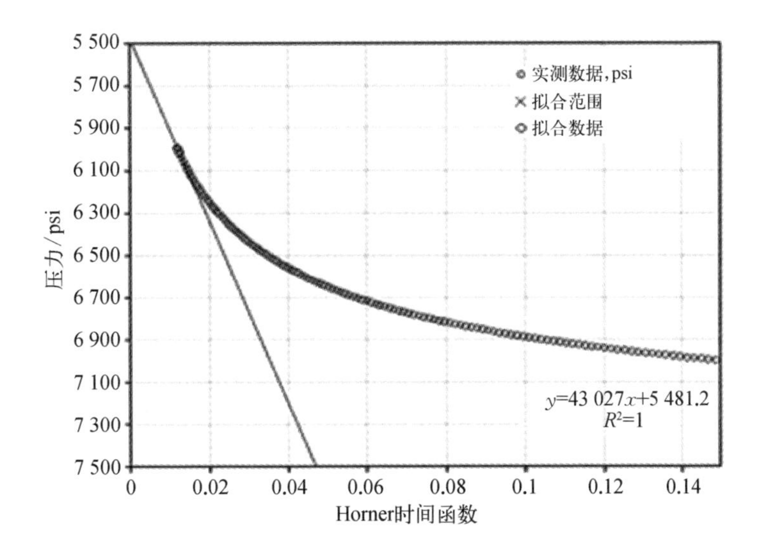

图5-10 利用Horner方法对油藏压力进行外推解释的曲线

5.5.2 平衡测试 + 校正压裂测试

在阶梯降排量测试之后，所采取的平衡测试以及与主压裂排量相当的校正测试，目的是为了获取相对准确的闭合点，继而确定地层最小水平主应力和调整主程序。

1. 平衡测试＋校正测试压裂理论研究

测试包含三个步骤：阶梯升排量到设计值，阶梯降排量和平衡测试。

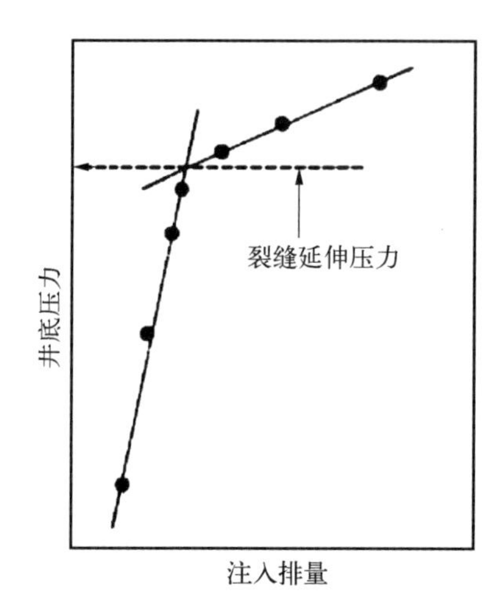

图5-11 利用阶梯升排量与压力响应关系确定裂缝延伸压力的示意图

阶梯升排量在渗透性地层中是常用的测试方法。液体被不断增加的排量注入地层，直到裂缝产生并延伸。压力和排量关系图通常呈现两种不同的斜率，而交叉点就是裂缝的延伸压力（图5-11）。图中斜率的改变是由于地层基质滤失和裂缝在较高排量下开启产生的不同压力响应所造成的。由于液体在裂缝内的摩阻和裂缝的刚性的影响，该压力通常比闭合压力高0.35 ～ 1.38 MPa。

在阶梯降排量测试之后，立即进入平衡测试阶段。该测试用于确定闭合压力至岩石的最小主应力。精确确定闭合压力是非常重要的，因为所有的压裂分析都需要将该数据作为参考。

按照常规的做法，闭合压力将由压力降落曲线确定。其中有很多算法可以利用，例如时间平方根、G函数等。但尝试在曲线上找到闭合点时通常会遇到麻烦，因为整个裂缝闭合过程中，储层滤失还在继续，这样裂缝会出现多种异常的闭合过程，从而在曲线上会出现多个具有闭合特征的曲线位置，如图5-12所示。闭合过程中会有裂缝高度减少和裂缝长度增加等过程，都会出现压力曲线的异常波动，因此该方法具有一定的局限性。

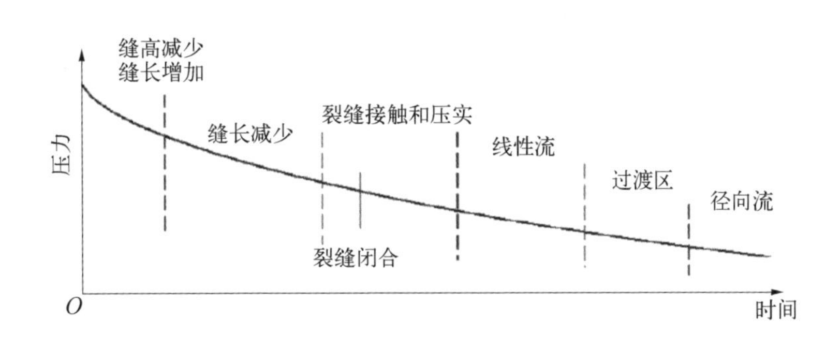

图5-12 裂缝闭合过程中压力随时间的响应示意图

为避免常规小型测试压裂解释工程中闭合点的不确定性，需引入平衡测试方法，从而能够较容易找到一个相对准确的闭合点。

平衡测试的基本过程如图5-13所示。测试过程中，液体首先以施工排量（Q_{i1}）泵入地层一段时间以制造一个水力裂缝，然后泵速降到很低（Q_{i2}）并维持一段时间。施工压力开始会像停泵一样下降。当压裂液滤失率大于注入率时，裂缝体积和压力随时间延长而降低。当裂缝体积下降到一定程度时裂缝趋于闭合，裂缝长度也随之减小。压裂液滤失率将随时间延长而减少，直至压裂液的滤失率等于注入率。这时裂缝体积达到稳定，井眼压力达到平衡并开始逐步上升，因为此时压裂液滤失率随时间延长而下降而注入率保持不变。压裂液注入率与滤失率达到平衡时（t_{eq}）的最小压力即为平衡压力（p_{eq}）。在压力达到平衡后立即关井，平衡测试结束。

平衡压力是裂缝闭合压力的上限。通过减去最后关井时的瞬时压力变化（Δp_{si}），可以消除摩擦和扭曲成分。校正后的平衡压力（$p_{eq}-\Delta p_{si}$）与裂缝的闭合压力只相差裂缝中的净压力，由于注入率（Q_{i2}）较小，而净压力相对较小，因此校正后的平衡压力近似等于裂缝闭合压力。如果把校正后的平衡压力再减去净压力，则能得到更准确的裂缝闭合压力。

通过平衡测试方法，可以获得一个唯一的闭合压力。若再追加一个校正测试，还可获得裂缝半长、裂缝宽度、裂缝高度、液体滤失系数、液体效率等参数。

校正测试是一个注入 / 关井 / 压降程序。利用与主压裂相同的液体以设计的压裂排量泵入地层，然后关井监测压力降。

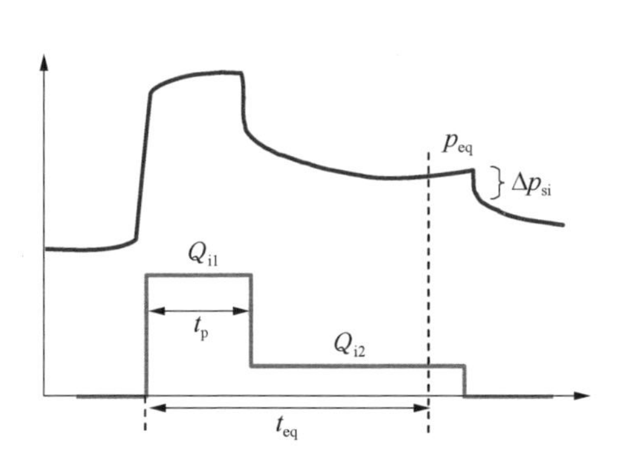

图5-13 平衡压降测试原理图

2. 平衡测试 + 校正测试压裂试实施方法

1）平衡测试泵注方案

下面结合国内某井压裂现场试验来进一步说明平衡测试方法及应用，小型测试压裂的基本步骤见表5-8。

表5-8 某井小型测试压裂泵注程序

步　骤	泵速/(m^3/min)	液　体	泵注体积/m^3	备　注
起泵灌注井筒	0 ~ 0.3	2% KCl	—	
开启裂缝 / 注入	2.5	2% KCl	15	
降低泵速	2.0	2% KCl	0.5	至少需要三步
降低泵速	1.5	2% KCl	0.4	
降低泵速	1.0	2% KCl	0.3	
平衡测试	0.5	2% KCl	5	
关井	0	—	—	~ 60 min监测
校正注入 / 压降	10.0	2% KCl	50	
顶替	10.0	2% KCl	20	
关井	0	—	—	~ 60 min压降监测

2）某井小型测试压裂实施

小型测试压裂前，该井先进行了酸预处理。共泵注15 m^3 15%HCl来顶替20 m^3 2%KCl盐水，排量为0.6 ~ 0.74 m^3/min，压力为23.2 ~ 24.4 MPa。

紧接着进行了平衡注入测试。阶梯降排量测试排量为0.5 ~ 2.53 m^3/min，压力为22.95 ~ 26.39 MPa，停泵压力为26.14 MPa；小型压裂测试排量为10.10 m^3/min，压力为38.26 ~ 39.91 MPa，停泵压力为26.69 MPa。该井的小型测试压裂施工曲线如图5-14所示。

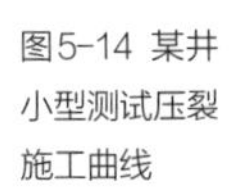
图5-14 某井小型测试压裂施工曲线

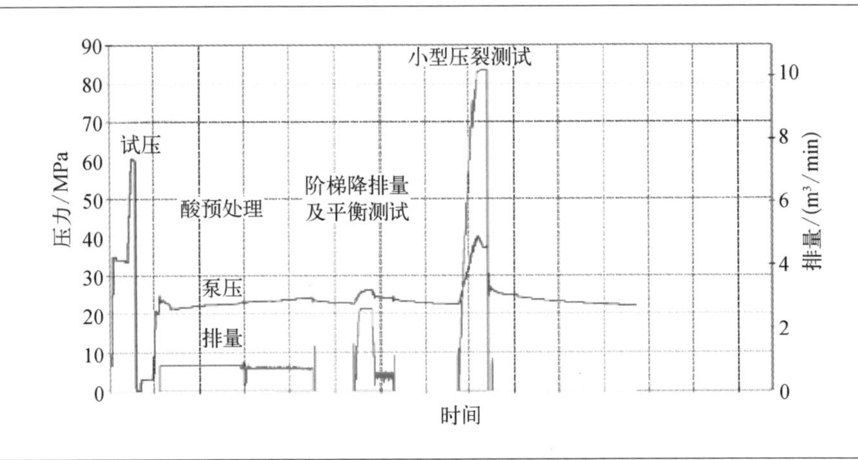

(1) 摩阻分析

排量为2.0 m^3/min下近井筒摩阻为0.7 MPa，近井筒摩阻主要由射孔段摩阻形成，近井裂缝弯曲摩阻几乎为零，不会对加砂压裂施工造成太大的影响(图5-15)。

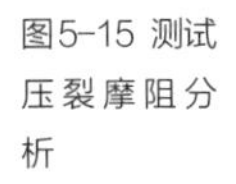
图5-15 测试压裂摩阻分析

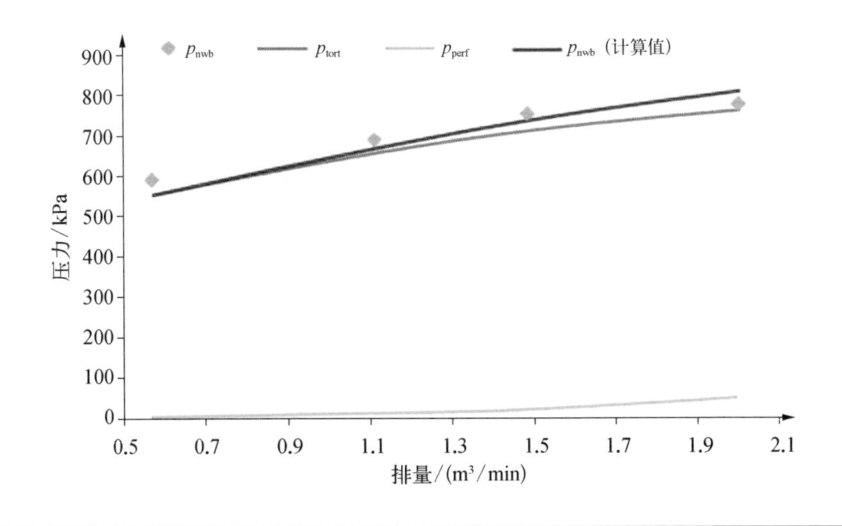

（2）平衡测试分析

平衡状态时地面压力为24.33 MPa（3 528 psi），平衡测试结束时地面瞬时停泵压力为24.13 MPa（3 500 psi），折算到井底压力为41.44 MPa（6 009 psi）(图5-16)。利用Mayerhofer方法求得地层渗透率上限为0.06 mD。

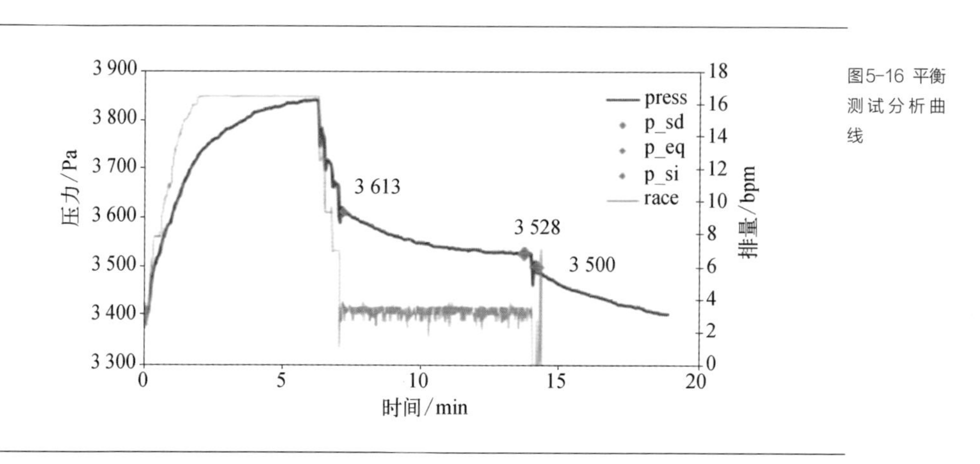

图5-16 平衡测试分析曲线

（3）测试压降分析

G函数反映页岩天然裂缝较发育（图5-17），计算闭合压力为40.93 MPa（5 935 psi），在排量为10.10 m^3/min条件下液体效率为40.3%。

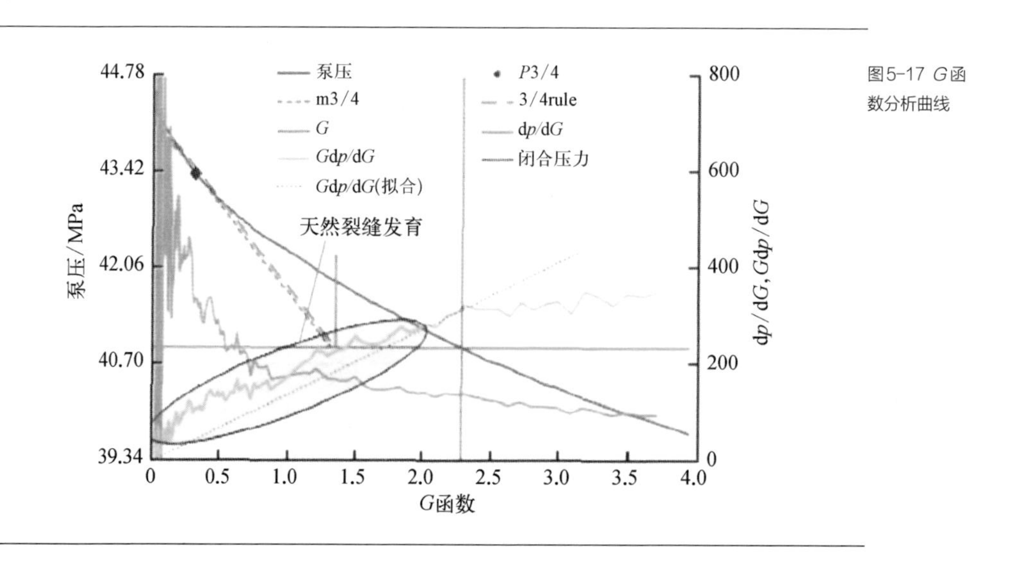

图5-17 G函数分析曲线

5.5.3 诱导注入小型压裂测试

通常在主压裂施工前2～3天进行诱导注入测试，即阶梯升/降排量测试，加大测试压裂用液规模至整体规模的10%，最高排量提升至主压裂施工排量，从而获取天然裂缝及摩阻等参数。

1. 诱导注入小型测试压裂理论研究

常规压裂前的小型测试压裂规模一般在60 m^3以下，但页岩气压裂与之不同，若其小型测试压裂规模过小，则难以反应远井的储层状况。因此，页岩气网络压裂前的小型测试压裂，其用液规模一般在200 m^3左右。

提高用液规模的另一个好处是形成的诱导应力相对较大。如果地层两个水平主应力差值不大，更易形成网络裂缝。如果裂缝更易向下延伸，还可在小型测试压裂中适当加些陶粉或砂粉，利用停泵测压降时机沉降缝底来控制缝高下窜。

1）主要目的

（1）地层破裂，有主通道；

（2）了解每个排量对应的压力；

（3）了解储层的地应力、压裂液滤失及天然裂缝发育情况；

（4）加陶粉段塞，支撑剂沉降，控缝高；

（5）主压裂裂缝转向。

2）设计原则

（1）规模的确定，按正式压裂的10%左右确定；

（2）排量的设计按经验取逐步递增及递减模式，只要设备能力和井口承压允许，可试验最大的排量；

（3）升降排量时以尽量短时间达到预期值；

（4）裂缝产生的诱导应力以大于水平应力差值为宜。

3）诱导测试压裂总体方案设计

（1）阶梯升排量测试

除去灌注井筒和开启裂缝或注入，注入测试时间应持续5～8 min。理想情况下，设置两步阶梯压力低于破裂压力。整个注入阶段，需要维持稳定的排量并逐步上升到12 m^3/min甚至以上。

（2）稳定注入

根据物质平衡关系，通过实施小规模的稳定注入阶段有助于评估裂缝扩展状态。经典的Nolte-Smith分析方法认为，在稳定注入阶段的净压力可以用来解释压力的变化趋势，从而预防端部脱砂、携砂液脱砂以及过高的缝高延伸等状况的发生。

（3）阶梯降排量测试

阶梯降排量测试主要用来确定孔眼摩阻以及近井筒扭曲摩阻，孔眼摩阻与q_i^2成比例，近井筒摩阻与$q_i^{1/2}$成比例。这一关系表明在阶梯降排量测试中，高排量下孔眼摩阻能更明显的降低压力，而近井筒摩阻在低排量的情况下影响较为明显。当排量降低有恒定的压降时孔眼摩阻不明显，当排量下降时，近井筒摩阻越来越明显。此阶段采取逐车停泵，排量逐级降至1 m^3/min，每一级排量持续15～20 s。

（4）停泵测压降

随后关井、测压降120 min。之所以不采取注入或回流测试方案，主要是因为此类测试通常遇到页岩压裂过程中天然裂缝发育或大量张开而引起严重滤失的情况时很难控制测试压裂回流速度，现场实施相对复杂。根据北密歇根盆地Antrim页岩小型测试压裂实践应用情况来看，注入或压降测试基本能满足测试要求：

① 不会由于固井质量差而使得小体积、低排量测试分析受到影响；

② 高注入速率确保压开地层或缩短滤失时间以提升液体效率；另外，较大体积注入使关井到裂缝闭合时间延长，反过来简化了利用压降数据对压力传导特征的解释；

③ 较大体积注入压裂（一般为压裂管柱体积的一半）允许对与裂缝闭合压降有关的所有压力传导进行强制诊断。

4）诱导测试压裂参数优化

诱导测试压裂与传统阶梯升或降排量测试的区别在于其排量、用液量普遍较高。一方面得到地层破裂压力、延伸压力、闭合压力、液体效率及摩阻等参数的认识，为主压裂施工设计及方案调整提供依据；另一方面通过小型测试压裂预先打开因胶结而封闭的裂缝，并使局部裂缝脆弱面产生剪切，或理想状态下依靠清水起到一定的裂缝支撑作用，为后续主压裂施工裂缝转向创造一定的地层通道。

（1）合适的用液规模，满足创造剪切缝体积和部分张开微裂隙的滤失

层状页岩在测试压裂过程中可能会产生张性缝、剪切缝和天然微裂隙。剪切滑移缝和张开天然微裂隙是期望得到的，因为这有利于后续主压裂的实施。然而，天然裂缝的张开对裂缝内净压力的需求较大，同时会消耗更多的压裂液体积（图5-18）。考虑地层水力裂缝张开或剪切特征，以及天然裂缝发育情况，根据主压裂用液规模设计，选择诱导测试压裂用液量为主压裂用液量的8% ~ 10%。

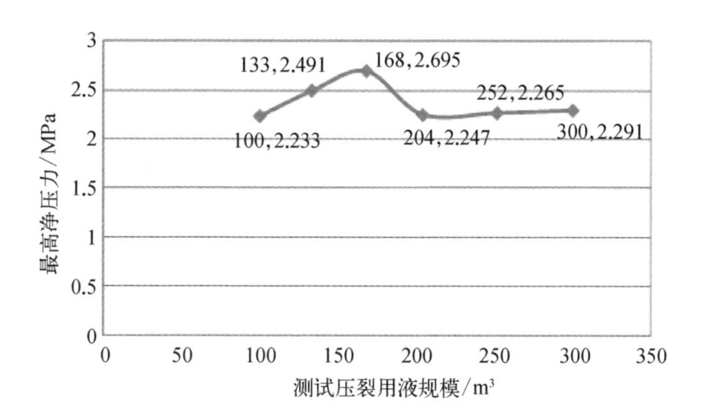

图5-18 诱导测试压裂用液量优化

（2）合理的排量，争取最高净压力，从而增加更多微裂隙张开的概率

由式（5-17）可知：净压力与排量成正比，适当增加排量有利于裂缝延伸和开启天然裂缝，最高排量设计应与主压裂施工排量相当。

$$p_{\mathrm{n}} \propto \left[\frac{K'}{c_{\mathrm{f}}^{2n+1}} \left(\frac{q_{\mathrm{i}}}{h_{\mathrm{f}}} \right)^{n} x_{\mathrm{f}} \right]^{\frac{1}{2n+2}} \tag{5-17}$$

式中，p_n为井筒净压力，MPa；c_f为裂缝韧度系数；q_i为泵注排量，m^3/min；K'为稠度系数，$Pa \cdot s^n$；n为流态指数，量纲为1；h_f为裂缝高度，m；x_f为裂缝半长，m。

排量优化过程中，需同时考虑地层的滤失性、注入液体流变特性以及裂缝缝长、缝宽、净压力与排量的匹配关系。图5-19给出了某井诱导测试压裂所需排量的优化方案。由图5-19可知，尽管排量增加能弥补一部分压裂液滤失增加引起的净压力降低，但是总体趋势是不同排量下净压力随滤失系数的增加而降低；同时，从图5-19还可以看到，12 m^3/min排量产生的净压力反而小于10 m^3/min排量下的净压力，其原因在于：地层部分天然裂缝发育，未到达诱导注入排量时，天然裂缝会不同程度地被打开，反映在整个提升排量过程中随着滤失增加导致净压力的下降幅度有所差异，优化设计排量为10 m^3/min。

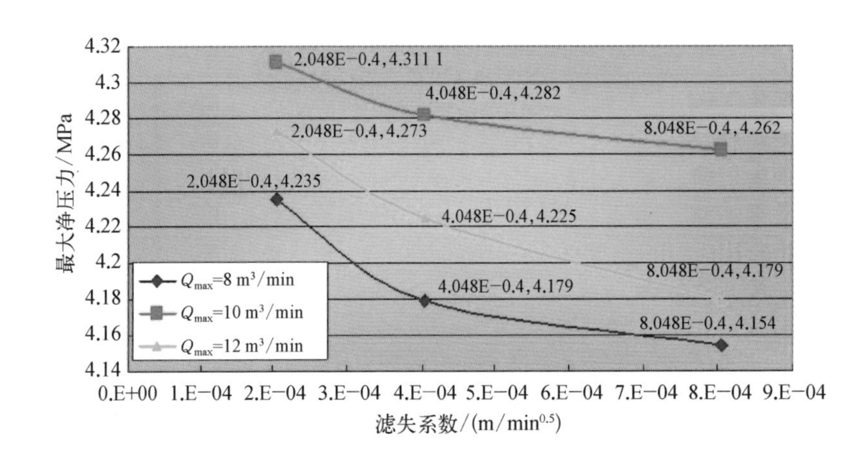

图5-19 诱导测试压裂最高排量优化

（3）使用一定陶粉，降低多裂缝滤失和近井摩阻，预防主压裂阶段过早脱砂

常规测试压裂一般不考虑加入支撑剂，而根据页岩气井测试压裂的设计理念，加入一定比例的支撑剂（中等抗压强度陶粒，70～140目，砂液比控制在2%左右）有利于降低测试压裂阶段产生的多裂缝滤失，并能减小近井筒摩阻，对在后续主压裂阶段防止过早脱砂起到一定预防作用，且同时有助于裂缝转向，但可能会以牺牲部分裂缝内净压力为代价。

最终形成的诱导注入测试压裂方案见表5-9。

表5-9 诱导测试压裂典型方案

泵注类型	排量/(m^3/min)	净液体积/m^3	阶段时间/min	液体类型	备 注
起泵	0～0.5			滑溜水	灌注井筒
升排量测试	1	2	2	滑溜水	稳步提升排量，尽量保持各排量下压力平稳
	2	4	2	滑溜水	
	3	6	2	滑溜水	
	5	10	2	滑溜水	
	7	14	2	滑溜水	
	9	18	2	滑溜水	
诱导注入	10	60	6	滑溜水	
降排量测试	8	4	0.5	滑溜水	根据实际情况可采用逐级降低泵车档位和逐台停车方式
	6	3	0.5	滑溜水	
	4	2	0.5	滑溜水	
	2	1	0.5	滑溜水	
	1	0.5	0.5	滑溜水	
停泵	0	0	60	停泵	
校正注入/压降	10	50	5	滑溜水	若闭合点不明显，则附加校正注入
停泵			60		如果压力降落缓慢，无法识别闭合点，增加停泵时间
合计		174.5	145.5		

5.6 裂缝参数优化

5.6.1 页岩气压裂井产量预测方法

应用常用的带吸附气模块的ECLIPSE商业软件，可对页岩气井压裂产量进行预测。裂缝的设置仍按"等效导流能力"的方法设置。所谓等效导流能力就是将裂缝的宽度放大一定比例后，将裂缝内的渗透率按相同的比例缩小，使它们的乘积即裂缝的导流能力保持不变。之所以要放大裂缝的宽度，这是因为如按原始的裂缝宽度放进气藏模型中，因裂缝的宽度很小（一般仅为2 ～ 3 mm），所以划分的网格数量会非常多，造成运算速度显著降低。另外，裂缝内支撑剂的渗透率通常达10D甚至100D以上，比基质的纳达西级渗透率要高10个数量级以上，也同样会极大地降低运算速度和效率。通过适当放大裂缝宽度和按同等比例降低裂缝的渗透率后，上述问题会同步解决。只要将裂缝的宽度放大倍数控制在一定范围内，最终的计算结果稳定性仍然较好。

与常规砂岩气藏不同，页岩压裂的裂缝不是单一的双翼对称的裂缝，而是纵横交错的复杂裂缝。为模拟复杂裂缝，特定义裂缝的连通系数为与井筒有效连通的裂缝条数与总裂缝条数之比。有关裂缝连通系数定义示意如图5-20所示。

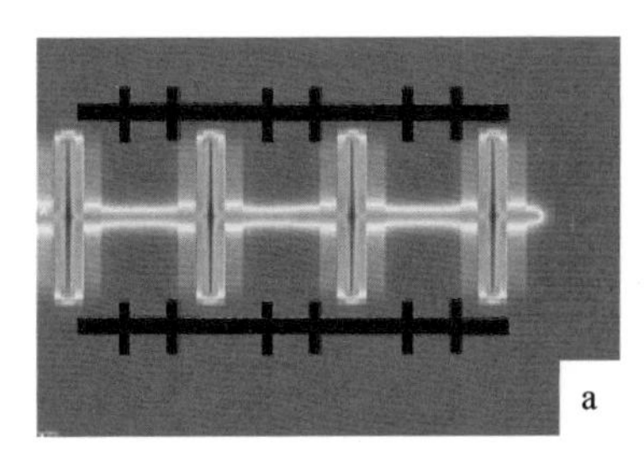

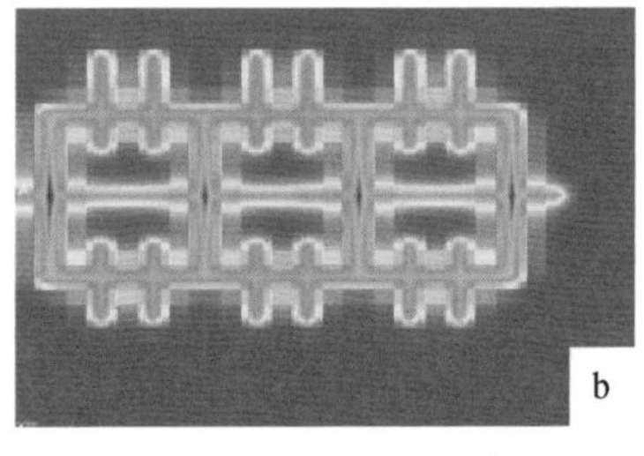

图5-20 裂缝连通系数定义示意图

如图5-20（a）所示，与井筒有效连通的裂缝为4条，总裂缝条数为18条，则裂缝连通系数为0.22。而在图5-20（b）中，18条裂缝都与井筒连通，则裂缝连通系数为1。

上述两种连通系数的产量模拟结果如图5-21所示。由图5-21可知，两种裂缝连通系数下的产气量可相差1倍以上。因此，对页岩气压裂而言，不但要增加裂缝的条数，更重要的是要增加与井筒能有效连通的裂缝条数。

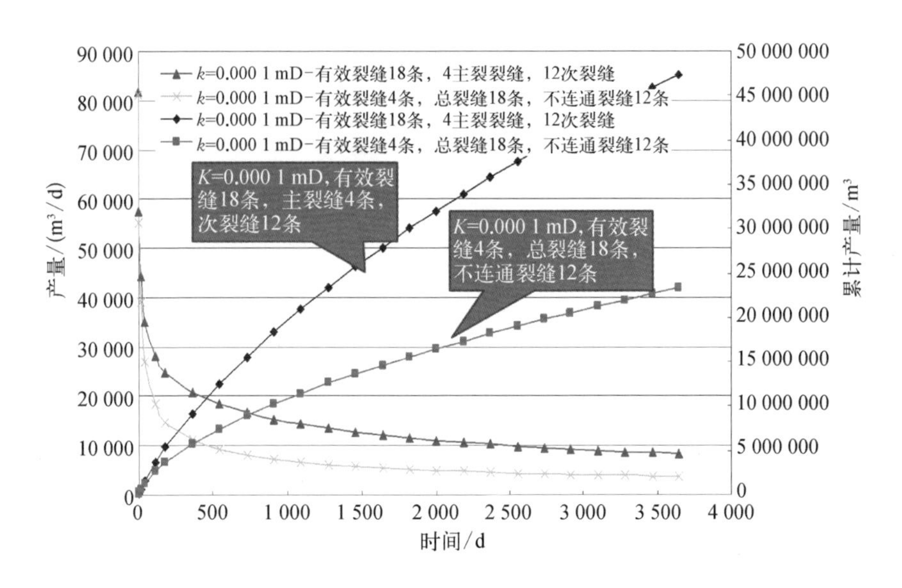

图5-21 不同裂缝连通系数下的产量及累计产量对比

增加次裂缝的条数对产量增加会有影响，但增加到一定程度后增幅会逐渐减缓，如图5-22所示。

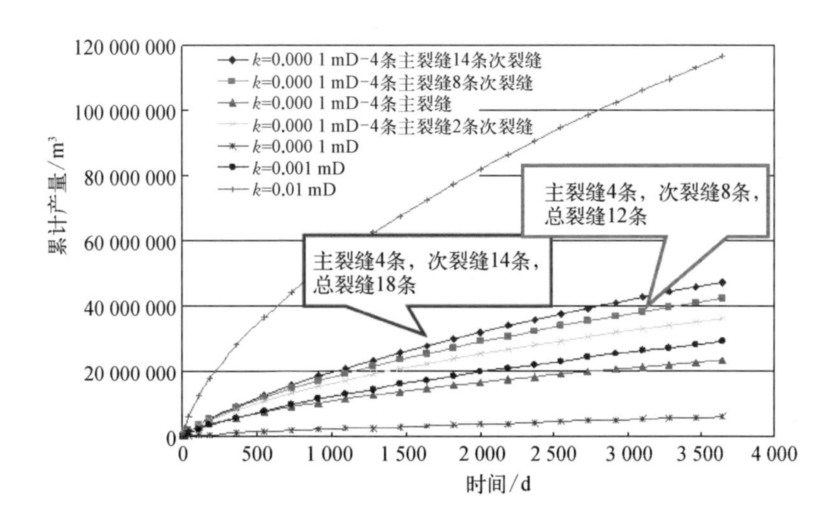

图5-22 次裂缝密度对产量的影响对比

由图5-22可知，裂缝条数从12条增加18条，裂缝密度增加50%，而10年的累计采气量只增加了15%。由此可以得出，仅持续增加裂缝密度对产量和采出程度的影响十分有限。这是因为页岩气基质渗透率太低，故网络裂缝十分有限，从而导致单井控制面积有限。如果想继续提高该类地层的采出程度，就势必要增加水平井数量。

通过上述类似的模拟还可发现，主裂缝数量对初始产量的影响明显，次生裂缝的发育程度对初始产量的影响不大，只是对投产后的产量递减率以及后期的稳产影响较大。

值得指出的是，最近有学者提出了一种新的计算页岩气产量的方法。得州大学奥斯汀分校的V.Sharb教授最近提出了一种计算页岩气产量的新方法，即一种新的计算模型，考虑了气体在干酪根中的扩散、干酪根表面的Langmuir 吸附以及纳米孔隙的流动。

该模型首先建立一个修正的地层模型来检验基础的物理传输机制和预测页岩气层的气体产量，并用视渗透率取代常规渗透率，同时考虑滑脱和扩散对渗透率的影响。模型中干酪根表面被认为是气体的来源，考虑了吸附和解吸附量。在初始状态下，平衡条件吸附量和解吸附量是相等的。采气时，由于压力下降，吸附量减小，表面开始解吸吸附气体。当在生产过程中解吸附量超过吸附量时，应用建立的吸附气体模型。气体在干酪根中的扩散通过从干酪根内部向干酪根表面提供气体来附加到地层模型中。在均衡条件下，气体在干酪根内部和表面的浓度是相同的，一旦气体吸附导致表面气体浓度降低，产生的气体浓度梯度便形成了气体扩散机制。虽然在地质结构中干酪根中的气体扩散是一个相当缓慢的过程，但气体浓度扩散在页岩气地层模型中是很重要的一部分。

发展的模型量化了每一种传输机制的影响，也证实若使用常规模型预测气体产量，则这些附加的物理传输机制会造成计算误差。新的模型能准确预测页岩气的产能，该模型假设为一维径向地层单相流，并且忽略裂缝的影响。

此外，该团队还建立了一个同时考虑滑脱和无滑脱流动、Knudsen 扩散、Landmuir 吸附 – 解吸的模型，然后用一个数值算法来建立气体在干酪根表面和内部的扩散模型。此模型适用于各种实际情况，能更好地反映不同传输机制相互作用，并量化每个传输机制的影响。

5.6.2 分段级数优化

有了上述页岩气压裂产量预测方法，就可通过产量预测来优化裂缝的段数。对页岩气水平井而言，合理的分段是水力压裂成功的重要保证。充分考虑到现值和发挥水平井最大产能，当水力压裂形成横向缝时，不同水平段长度与经济压裂级数优化结果如图5-23所示。

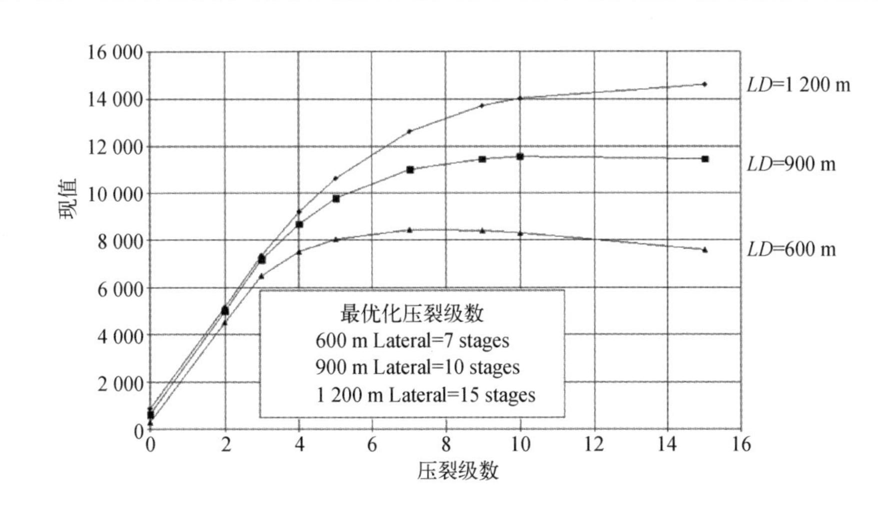

图5-23 不同水平段长度经济压裂级数与现值关系

从图5-23可知，当水平段长度为600 m时，压裂级数为7级现值最优；当水平段长度为900 m时，压裂级数为10级现值最优；当水平段长度为1 200 m时，压裂级数为15级现值最优。表5-10列出了采用压裂软件优化不同渗透率下及不同水平段的压裂级数计算结果。

表5-10 压裂软件优化结果

渗透率/mD	致密程度	水平段长度/m	分级级数
0.005 ~ 0.1	致密	800	9
		1 000	11
		1 200	15
0.001 ~ 0.005	特致密	800	10

（续表）

渗透率/mD	致密程度	水平段长度/m	分级级数
0.001 ~ 0.005	特致密	1 000	12
		1 200	15
0.000 1 ~ 0.001	极致密	800	10
		1 000	13
		1 200	16

5.6.3 裂缝间距优化

从理论上来说，裂缝间距优化应首先基于储层地质甜点与工程甜点的预测为基础，鉴于页岩本身的强非均质性，不等间距的裂缝分布可能更是常态，这方面的优化模拟难度较大。下文将以均质页岩为基础，进行气藏数值模拟优化。

1. 不等间距裂缝分布

以常用的ECLIPSE软件为模拟工具，考虑页岩气的吸附特性，通过建立气藏地质模型和裂缝模型（以“等效导流能力”的原则设置人工水力裂缝），以某一页岩气的基础地质参数为依据，模拟的地层流线结果如图5-24所示，压力分布如图5-25所示。

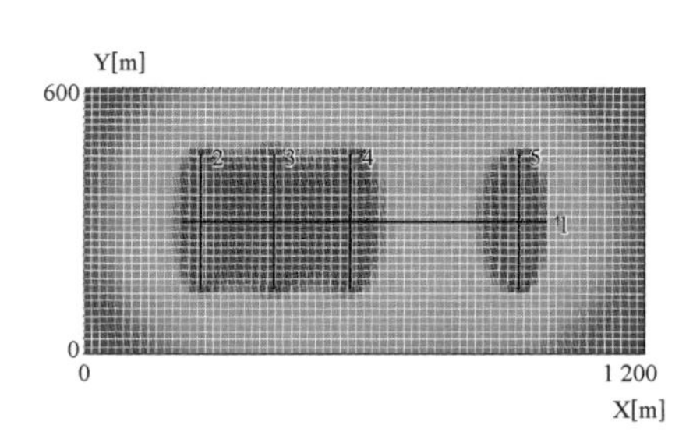

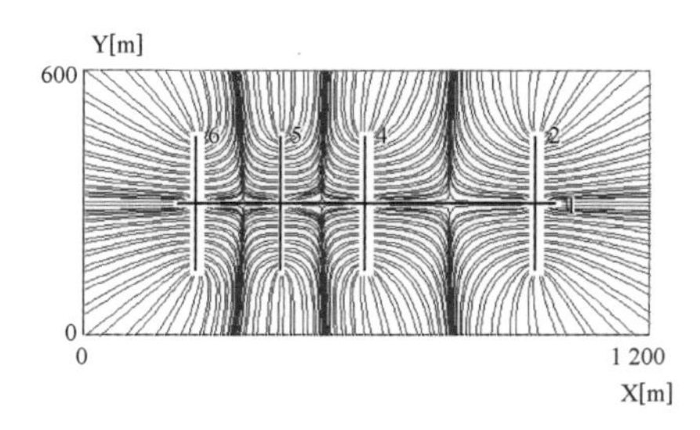

图5-24 不等间距裂缝分布的地层流体流线

从图5-25还可知，间距分布不等的5条裂缝会形成一段时间压力场的“真空”地带。

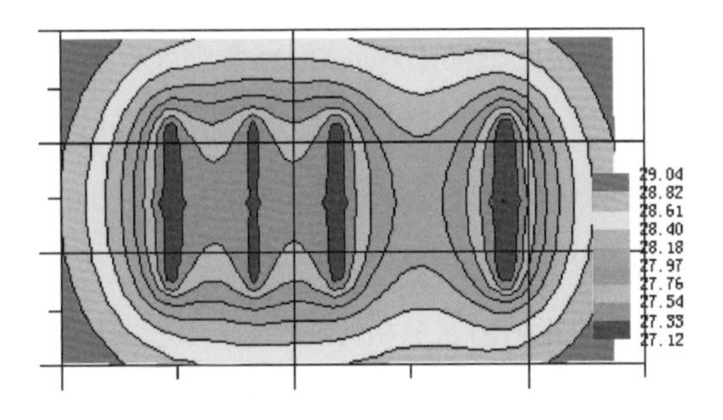

图5-25 不等间距裂缝分布的压力场分布

2. 等间距裂缝分布

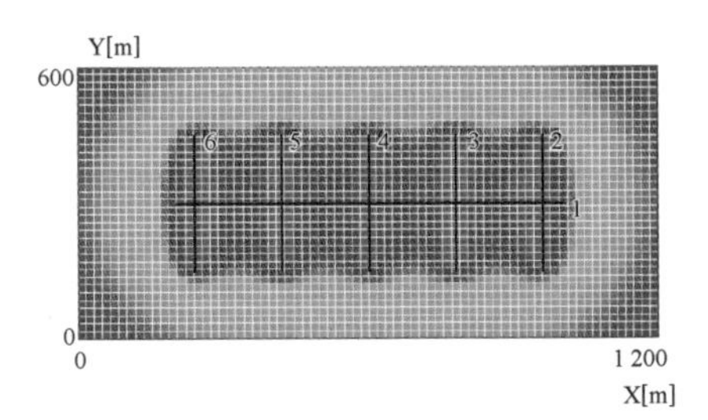

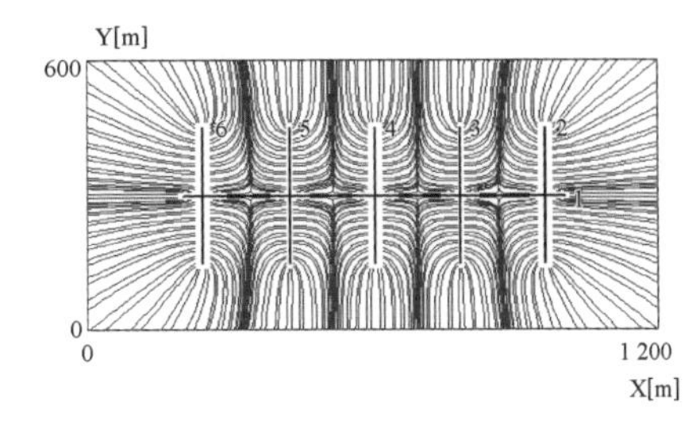

图5-26 等间距裂缝分布的地层流体流线

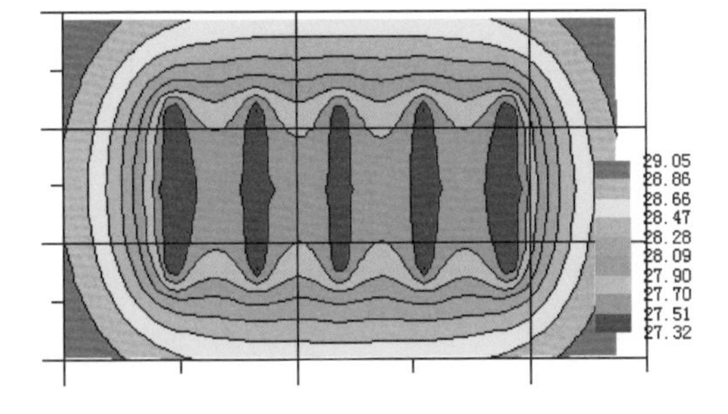

图5-27 等间距裂缝分布的压力场分布

模拟的地层流线结果如图5-26所示，压力分布如图5-27所示。从图中可知，等间距分布的5条裂缝会形成比较系统、稳定的压力漏斗。因此，按上述模拟结果，如果是均质页岩，等间距分布更有利于页岩气的产出。

3. 考虑诱导应力的裂缝间距优化

上述两种数值模拟实际上仅考虑了裂缝间的渗流干扰的影响（如不是真正意义

上的渗流，可简单称作流动干扰，因为页岩流动除了天然裂缝和人工裂缝间的渗流外，还存在分子扩散等多尺度的流动形式）。但仅考虑该因素还不够，由于诱导应力的干扰作用，此时还应考虑在流动干扰确定的裂缝间距内，能否覆盖到诱导应力传播的区域。如果覆盖了，说明这也是复杂裂缝易形成的距离。如果覆盖不了，应在流动干扰确定的基础上适当减少裂缝间距。

由上述页岩诱导应力的影响因素分析可知，裂缝净压力是最主要的影响因素，净压力越大，诱导应力传播距离越远。因此，提升净压力不但是提高裂缝复杂性程度的有效方法，也是增大裂缝间距，从而降低压裂施工成本的有效途径。

5.6.4 裂缝缝长分布设计

1. 中间裂缝等长

中间裂缝全部等长情况下的模拟结果如图5-28所示。

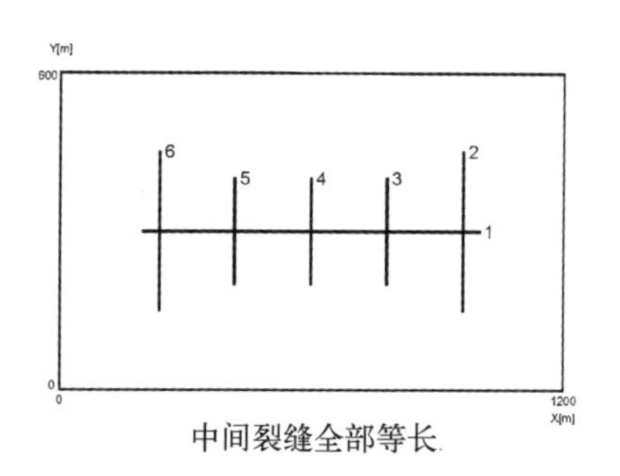

中间裂缝全部等长

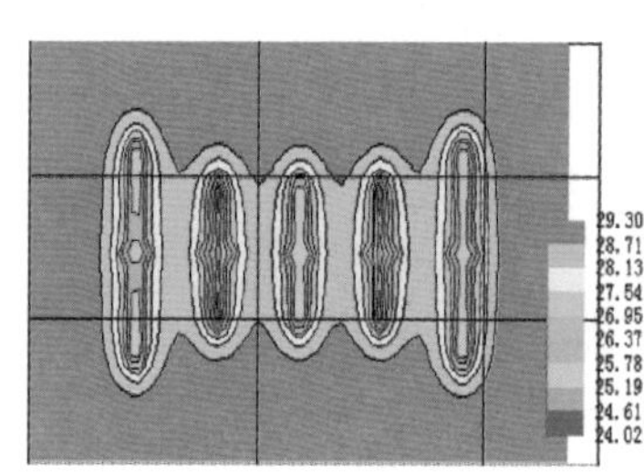

生产3天后的压力场

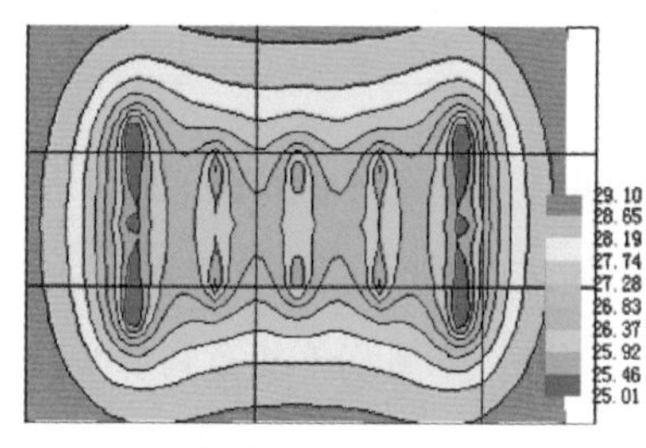

生产30天后的压力场

图5-28 等长裂缝组合形式下的模拟结果示意图

2. 长短裂缝相间

长短缝相间的模拟结果如图5-29所示。

图5-29 长短裂缝相间组合形式下的模拟结果示意图

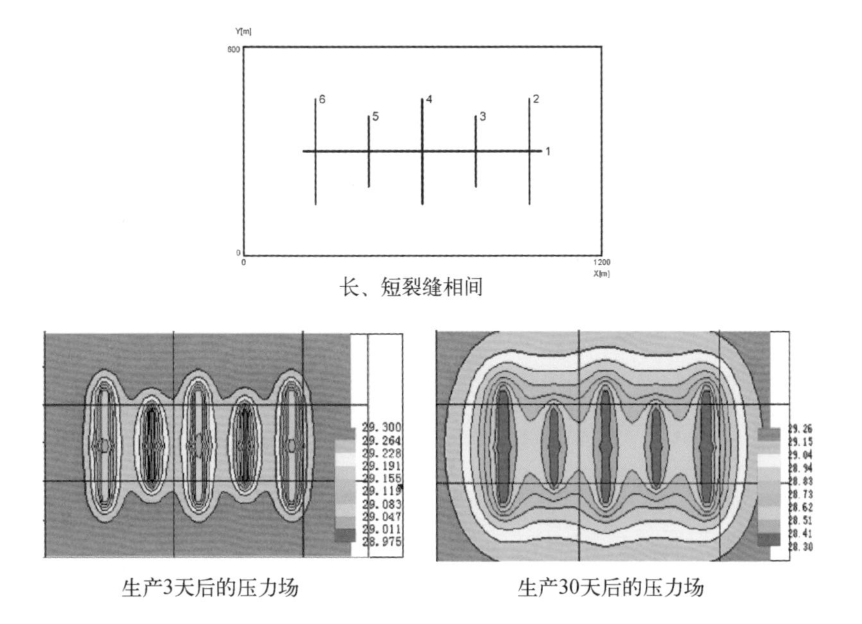

由图5-29可知，长、短裂缝组合情况下，可以有效降低缝间干扰，利于长期稳定生产。

5.6.5 裂缝导流能力优化

Peter Valko和Economides在水力压裂中引进物理优化技术，将水力压裂井生产指数最大化，即UFD方法。引入了支撑剂数概念N_{prop}[1]，如式（5-18）所示：

$$N_p = I_x^2 C_{fD} = \frac{4k_f x_f w}{k x_e^2} = \frac{4k_f x_f w h_p}{k x_e^2 h_p} = \frac{2k_f V_p}{k V_{res}} \tag{5-18}$$

式中，I_x为穿透比；C_{fD}为量纲为1的裂缝导流能力；V_{res}为产层泄油体积；V_p为支撑裂缝体积（注入体积乘以支撑裂缝与动态裂缝高度比）；k_f为支撑裂缝渗透率；k为产层渗透率；x_e为井的泄油半径。

对于给定的N_{prop}值，存在一个最佳的量纲为1的裂缝导流能力使得生产指数最大化。

当N_{prop}值较低时，裂缝最佳量纲为1的导流能力$C_{fD}=1.6$，最大的量纲为1的生产指数$J_D=1.909$。当支撑体积增加或产层渗透率降低时，最佳量纲为1的裂缝导流能力略有增加。

实现最大量纲为1生产指数与支撑剂数的函数关系式如式（5-19）所示：

$$J_{D,\max}(N_{prop})=\begin{cases}\dfrac{1}{0.990-0.5\ln(N_{prop})} & N_p\leqslant 0.1\\ \dfrac{6}{\pi}-\exp\left[\dfrac{0.423-0.311N_{prop}-0.089N_{prop}^2}{1+0.667N_{prop}+0.015N_{prop}^2}\right] & N_p>0.1\end{cases}\tag{5-19}$$

支撑剂数与最佳量纲为1的裂缝导流能力的函数关系式如式（5-20）所示：

$$C_{fD,opt}(N_{prop})=\begin{cases}1.6 & N_p<0.1\\ 1.6+\exp\left[\dfrac{-0.583+1.48\ln(N_{prop})}{1+0.142\ln(N_{prop})}\right] & 0.1\leqslant N_p\leqslant 10\\ N_{prop} & N_p>10\end{cases}\tag{5-20}$$

当最佳量纲为1的裂缝导流能力确定后，最优裂缝长度和宽度如式（5-21）和式（5-22）所示：

$$x_{f,opt}=\sqrt{\frac{k_f V_p}{C_{fD,opt}k h_n}}\tag{5-21}$$

$$w_{p,opt}=\sqrt{\frac{C_{fD,opt}k V_p}{k_f h_n}}\tag{5-22}$$

不同支撑剂数条件下的压后产气指数与量纲为1的裂缝导流能力的关系如图5-30和图5-31所示。其中，支撑剂数较低情况如图5-30所示，支撑剂数较高情况如图5-31所示。一般而言，页岩气由于超低的基质渗透率，支撑剂数会相对较高，此时采用图5-31反映的情况来优化页岩气的量纲为1导流能力较为理想。

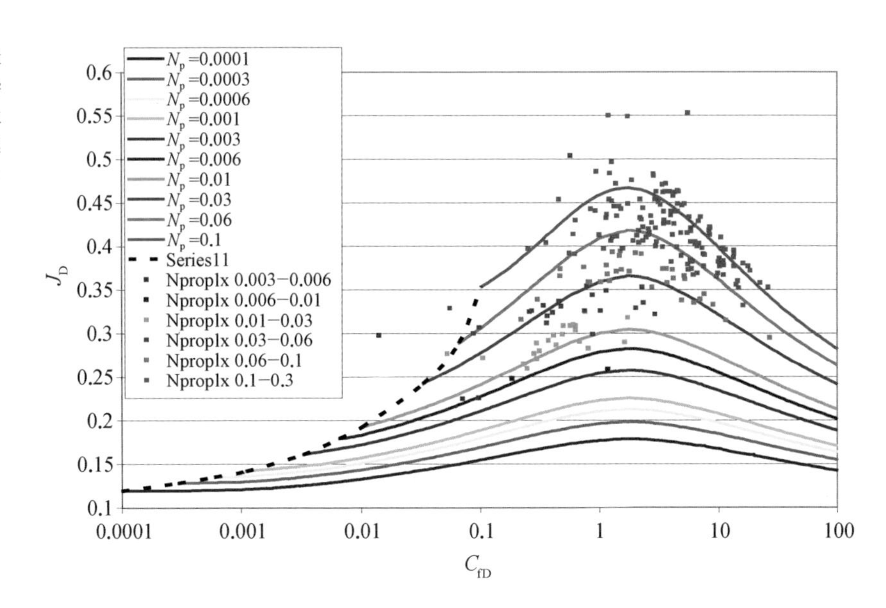

图5-30 量纲为1裂缝导流能力与生产指数关系（$N_{prop}\leqslant 0.1$）

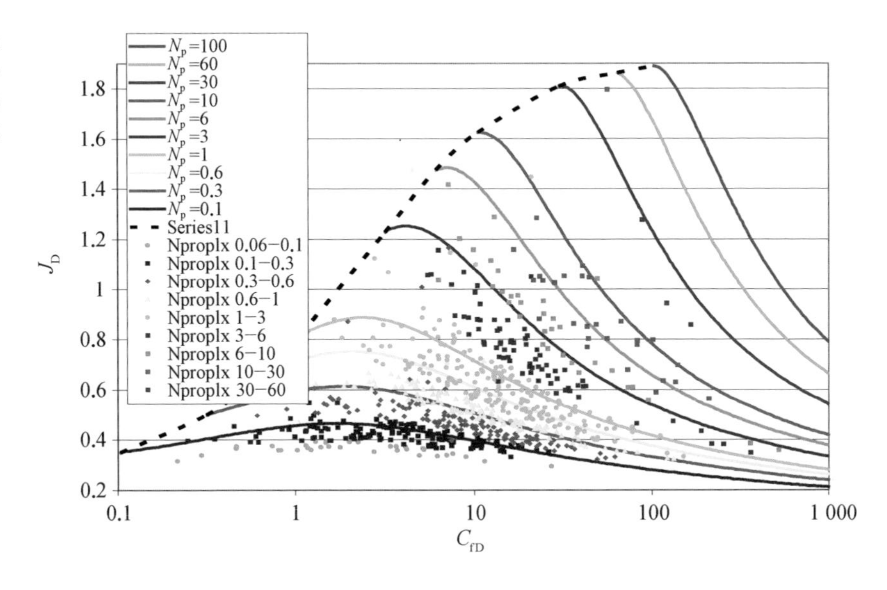

图5-31 量纲为1裂缝导流能力与生产指数关系（$N_{prop}>0.1$）

由图5-31还可知，对页岩气压裂而言，渗透率越低对应的量纲为1裂缝导流能力也越高。

不同页岩气藏长宽比条件下，其量纲为1导流能力、压后采气指数及优化缝长与支撑剂数的关系如图5-32所示。不同支撑剂数条件下，其压后采气指数与页岩气藏宽长比的关系如图5-33所示。

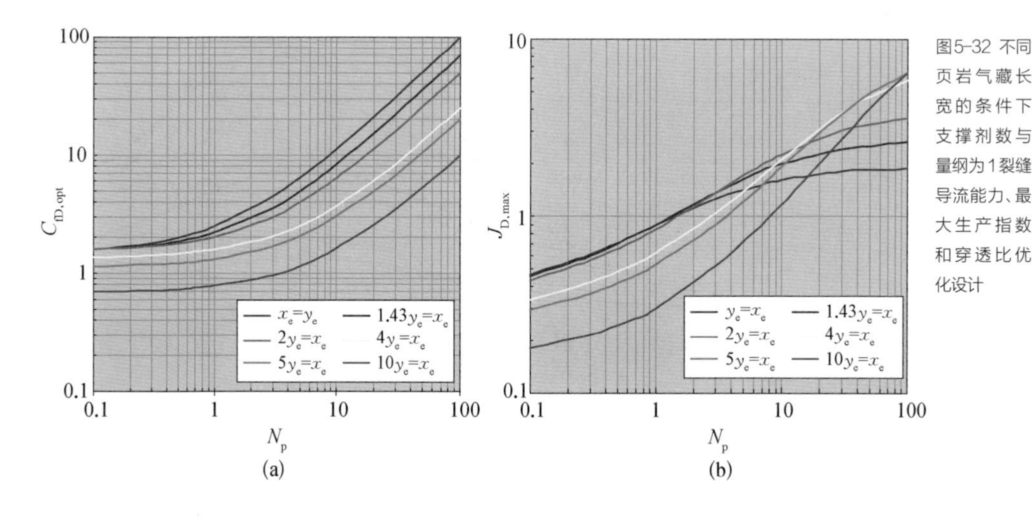

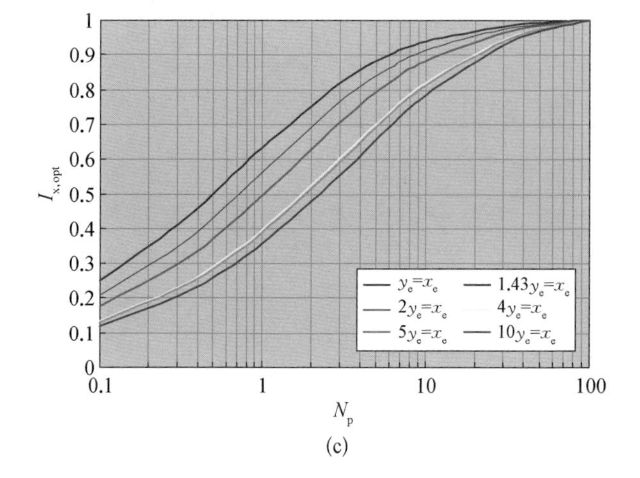

图5-32 不同页岩气藏长宽的条件下支撑剂数与量纲为1裂缝导流能力、最大生产指数和穿透比优化设计

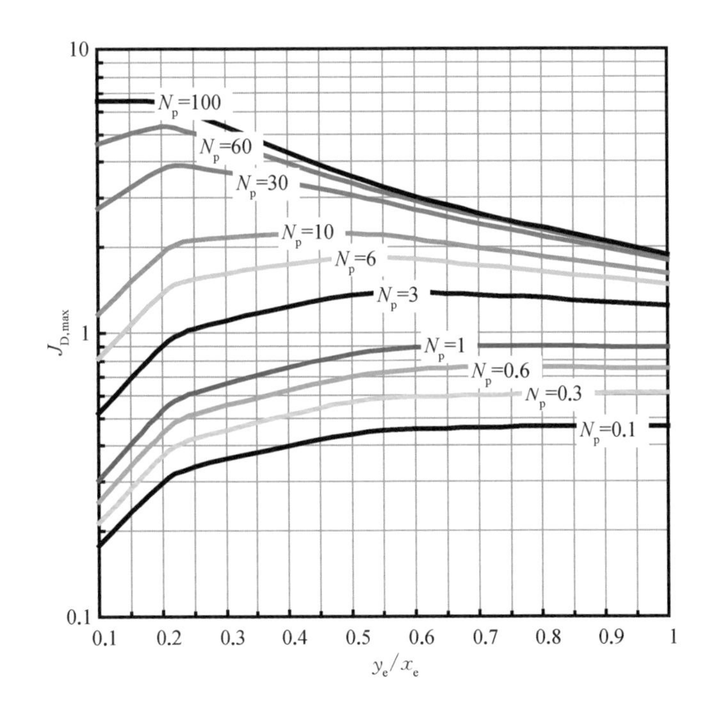

图5-33 不同支撑剂数条件下水力裂缝纵横比与最大生产指数优化设计

由上述两图可对裂缝的导流能力进行优化。

5.7 压裂工艺参数优化

5.7.1 主压裂排量优化

根据井口压力预测排量，设置不同的排量来模拟缝高和净压力，以此来选择合适的压裂施工排量。

井口压力的预测以井底裂缝延伸压力为基础，需考虑到井筒静液柱压力和压裂液的沿程摩阻后再得到井口压力。

施工排量的优选还要考虑到缝高的控制,有时要充分延伸缝高,有时却要控制缝高的过度延伸。如水平层理或纹理缝发育,则缝高延伸可能会受较大的限制,此时应尽量在高黏度压裂液的配合下采用较高的排量。

此外,还要考虑到垂向地应力的分布,并由地应力大小计算各层的破裂压力差异。若破裂压力差异较小,如1 ～ 2 MPa,则几乎不会影响缝高延伸。若各层破裂压力差异性较大,如5 ～ 7 MPa,则压裂可能只压开部分页岩厚度。

主裂缝净压力的优选与控制,是获得理想裂缝形态及几何尺寸的重要环节。对于有潜在天然裂缝的页岩压裂而言,一般要求主裂缝的缝长在未达到设计预期值前,要控制排量、控制净压力,使其不超过天然裂缝张开的临界压力。一旦主裂缝的缝长达到预期值要求,可采取提高排量、液量、砂液比等综合措施,大幅度提升主裂缝净压力,力争使所有与主裂缝沟通的天然裂缝都能获得较大程度的延伸和扩展,从而形成裂缝复杂性指数较高的体积裂缝。

由于目前页岩气水平井一般采用簇射孔方式,参考国内外的成功经验,单孔排量应达0.25 m^3/min以上才能获得理想的裂缝形态。

5.7.2 主压裂前置液百分比优化

常规压裂的前置液主要用来造缝和降温。如前置液量过大,伤害也大,也易造成压裂停泵后裂缝内支撑剂的再次运移分布,不利于对缝口处导流能力的保护; 反之,如前置液量过小,造缝肯定不充分,会引发早期的砂堵现象。

页岩气压裂也基于同样的原理。只不过由于页岩气压裂普遍采用段塞式加砂模式,加砂期间未携砂的隔离液也起到类似前置液的作用。

模拟不同前置液比例对应的缝长和导流能力分布,其中还包括根据工艺需要而设计的压裂液液体段塞和支撑剂段塞优化。另外,要考虑选择裂缝内导流能力分布基本连续,且造缝半长与支撑半长基本接近,作为前置液量百分比的优化前提。

5.7.3 主压裂规模的优化

压裂规模优化包括压裂液总量优化和支撑剂总量优化两个方面的内容。首先由产量预测模拟得出优化的支撑半长及导流能力后，再由裂缝扩展模拟软件模拟不同的液量、支撑剂量所对应的裂缝半长及导流能力，由此选择合适的压裂规模。

5.7.4 主压裂泵注工艺的优化

页岩压裂泵注过程中，通常应尽量避免出现早期井筒多裂缝，而在前置液阶段加入陶粉对天然缝或钻井诱导缝进行冲刷和预充填。其中涉及前置段塞的优化问题，故还需通过段塞模型研究，分析段塞使用量的控制因素。

5.8 页岩气压裂优化设计新方法

在国外页岩气压裂裂缝复杂性指数的基础上，发展出由直井压裂转化为水平井压裂的新思路，并引入4种修正因子，从而初步建立了相应的压裂优化设计方法，下文将进行详细阐述。

5.8.1 页岩气水平井分段压裂裂缝复杂性指数

目前，在页岩压裂中网络压裂或体积压裂被研究的较多[2]，但即便在压裂技术应用成熟的北美地区，网络裂缝或体积裂缝出现的概率却比较低。另外，通过国内已有的且数量不多的水平井分段压裂实践，以及评估分析结果，可知网络裂缝或体积裂缝出现的概率是相对较低的。

既然网络裂缝或体积裂缝只是压裂设计追求的理想目标，因此，如何在现有成本和技术条件下最大限度地提高页岩气水平井分段压裂的效果，显然只有尽量增加裂缝的复杂性，才能实现压裂裂缝波及范围内动用体积的最大化，最终提高分段压裂的效果和后续开发的经济性。

要提高裂缝的复杂性，必须充分利用各种有利的地质条件（如脆性好、水平主应力差异小、天然裂缝发育等），同时在缝间距和压裂工艺参数上进行优化调整，尽可能增加净压力[3]。国外对页岩压裂裂缝复杂性指数的定义主要针对直井，且过于简单，仅定义为由微地震监测得出的缝宽与全缝长的比值。理想情况下该复杂性指数为1，常规的单一裂缝接近于0。该概念显然难以适应页岩水平井分段压裂的需要。

1. 水平井分段压裂裂缝复杂性指数概念的建立

2008年Cipolla简单地将压裂裂缝复杂性指数定义为微地震裂缝监测的缝宽与全缝长之比[4]，如式（5-23）所示：

$$F_{\mathrm{CI}} = \frac{W}{L} \tag{5-23}$$

式中，F_{CI}为裂缝复杂性指数，量纲为1；W为垂直缝长方向压裂液波及范围，m；L为压裂造缝全长，m。

由于页岩压裂裂缝非平面扩展的特殊性与普遍性，水力造缝长度内的裂缝仍能提供一定的导流能力。另外，式（5-23）还暗含两个假设条件，一是造缝高度可以垂直向上下贯穿整个页岩厚度；二是主裂缝造缝半长不受天然裂缝的影响，一直延伸到设计预期值。

而在水平井分段压裂中，由于通常采用簇射孔方式，加上水平层理发育，缝高延伸往往受限，实际上难以穿透几十米甚至上百米的页岩厚度；二是由于净压力控制一旦不利，过早将天然裂缝张开，则主裂缝长度很难达到设计预期值；三是水平井多段压裂相邻裂缝间，若不发生流动干扰或应力干扰，则上述裂缝复杂性指数的概念仍然适用，但一旦发生缝间干扰，则会增加裂缝复杂性指数；四是绝大多数条件下裂缝会呈非平面扩展模式，且裂缝宽度变化较大，即使没有支撑剂支撑，也会提供一定的导流能力。

考虑到上述水平井分段压裂的特殊性，裂缝复杂性指数必须有新的表达方式，故分别引入缝高垂向延伸因子I_h、缝长延伸因子I_l、缝间应力干扰因子I_{fi}、缝宽非平面扩展因子I_w来修正式（5-23），如式（5-24）所示：

$$F_{CI} = I_h \cdot I_l(1 + I_{fi})(1 + I_w) \times \frac{W}{L} \tag{5-24}$$

式中，$I_h = \frac{h}{H}$；$I_l = \frac{l}{L}$；$I_{fi} = \frac{d}{D}$；$I_w = \frac{\sigma_w}{w}$。h为实际的造缝高度，m；H为贯穿整个页岩厚度的造缝高度，m；l为实际的造缝半长，m；L为设计预期的主裂缝造缝半长，m；d为水平井相邻裂缝间的诱导应力高于原始水平应力差时的传播距离（从一侧裂缝算起），m；D为水平井相邻裂缝间的段间距的一半，m；σ_w为裂缝半缝宽的均方差，m；w为裂缝半缝宽的均值，m。

有关水平井分段压裂裂缝示意图如图5-34所示。

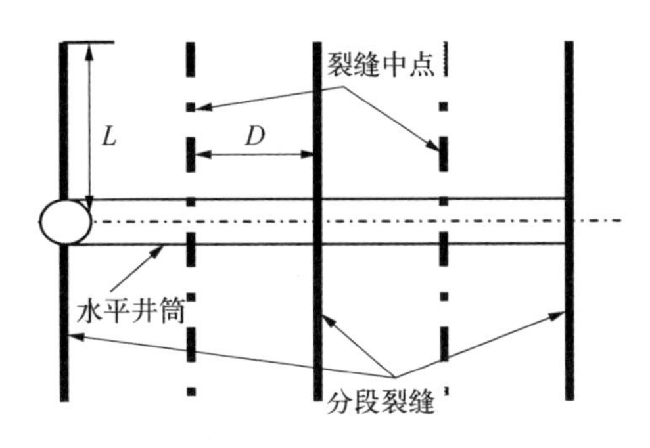

图5-34 水平井分段压裂裂缝示意图

由式（5-23）可知，在常规直井压裂的单一裂缝模型中，裂缝复杂性指数接近0，网络裂缝的复杂性指数为1，介于两者之间的为复杂裂缝，且指数越高，裂缝复杂性程度越高。

对于页岩水平井分段压裂而言，由式（5-24）可知，在极端的情况下，如缝高或缝长为0，则裂缝复杂性指数为0。与直井单缝不同，垂直缝长方向的压裂液最大波及范围为相邻裂缝段间距的一半，可能比缝长要小得多。而缝高垂向延伸因子及缝长延伸因子的最大值为1，缝间应力干扰因子最大值为2，因此，水平井分段压裂裂缝复杂性指数由段间距与造缝全长的比值决定。具体见表5-11。

段间距/造缝全长	水平井裂缝复杂性指数,量纲为1		
	单一裂缝	复杂裂缝	网络裂缝
0.05	0	0 ~ 0.15	> 0.15
0.1	0	0 ~ 0.3	> 0.3
0.5	0	0 ~ 1.5	> 1.5
1	0	0 ~ 3	> 3

表5-11 不同段间距与缝长比值下的裂缝复杂性指数与裂缝类型的关系

上述参数中,最难求的是诱导应力传播距离,目前已有模型可计算并得出结果[5]。诱导应力的传播距离取决于裂缝内净压力及脆性。净压力越高,脆性越好,诱导应力传播的距离就越远。真正起作用的诱导应力应大于原始两向水平应力差值,此时诱导应力作用区域内可实现裂缝转向或网络裂缝效果。模拟结果如图5-35所示。

由图5-35可知,当裂缝净压力达10 ~ 15 MPa时,如原始水平应力差为6.7 MPa,则真正有意义的诱导应力传播距离为20 ~ 30 m。

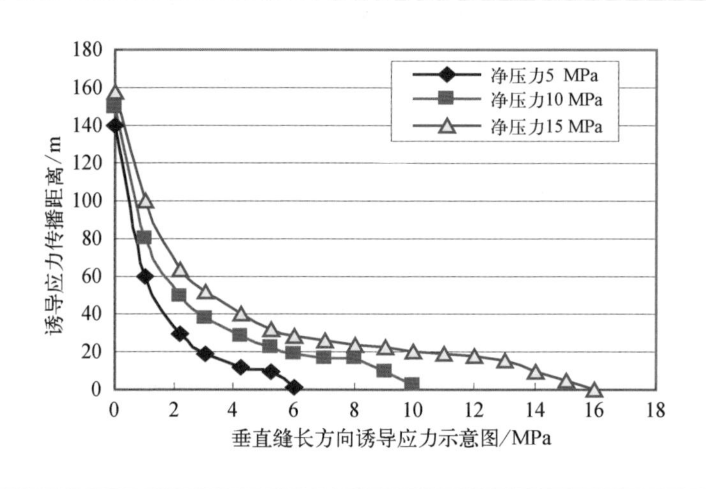

图5-35 某井压裂裂缝诱导应力场的模拟结果

裂缝宽度的非平面扩展数据可采用三维形貌仪经处理后获得。图5-36为某岩心裂缝扩展物模实验后的裂缝面三维扫描形貌。

图5-36 示例的某裂缝面三维扫描形貌

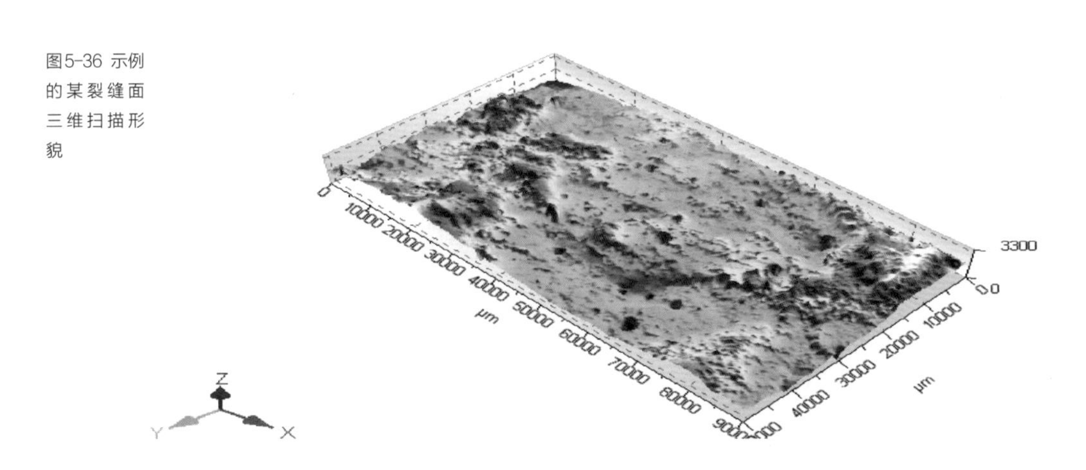

由图5-36可知，裂缝宽度大多凹凸不平，目前已取重庆彭水地区的页岩露头进行了大量的扩展物模实验。实验结果表明，只要采用低黏度滑溜水进行压裂，裂缝宽度剖面基本是凹凸不平的，故即使没有支撑剂支撑，这样的裂缝仍有一定的导流能力。

2. 水平井裂缝复杂性指数最大化控制方法

从上述裂缝复杂性指数定义可知，实现裂缝复杂性指数的最大化方法如下：

1）造缝半长控制

由于页岩一般含有各种天然裂缝，且天然裂缝与主裂缝一般存在一定的夹角。因此，施工过程中如过早将天然裂缝张开，则会产生近井筒多裂缝，那么主裂缝长度就难以达到预期要求。

一般情况下，张开天然裂缝所需要的最小裂缝净压力如式（5-25）所示：

$$p_n = \frac{\sigma_H - \sigma_h}{1 - 2\nu} \tag{5-25}$$

式中，p_n为张开天然裂缝的临界张开压力，MPa；σ_H，σ_h分别为最大与最小水平主应力，MPa；ν为岩石泊松比，量纲为1。

由式（5-25）可知，泊松比越小（越脆）或原始水平应力差越小，则张开天然裂缝所需的最小净压力越小，则主裂缝半长越达不到设计要求。

因此，在主缝长达到设计预期值之前，务必控制好净压力，使之低于天然裂缝张开的临界低值。一旦主缝长达到设计预期值，则应尽可能提升裂缝净压力，促使裂缝转向甚至多处转向。

而净压力的地质力学影响因素一般包括：页岩与上下各层的应力差值，以及页岩层本身的岩石断裂韧性。储隔层上下应力差越小，缝高越容易失控，净压力越不易建立起来。此外，页岩层岩石断裂韧性越小，裂缝越易向前延伸，净压力也不容易建立起来。

净压力的工艺影响因素有：排量、液量及施工砂液比等。一般而言，这三个因素越高，净压力越高。但控制施工砂液比是控制净压力的最佳措施。如常规岩性的端部脱砂压裂技术[6]，就是利用高浓度砂浆在裂缝四周产生砂堵效应，最终形成很宽的裂缝和很高的净压力。

2）垂直缝长方向的压裂液波及宽度控制

在主缝长达到预期目标值后，如何在宽度方向尽可能提高波及范围是提高压裂改造体积和改造效果的唯一途径。常规的裂缝复杂性指数公式中，一般简单地认为微地震信号波及的范围就是压裂液波及的范围。其实，微地震信号有的可能是回音效果，而且微地震信号传播的区域，不一定对最终产量有贡献。

为了增加垂直缝长方向的压裂液波及的宽度范围，可采取如下措施：一是尽可能采用低黏度滑溜水体系，由于黏度低，可以使压裂液运移到天然裂缝的深处沟通，同时，由于低黏度液体的造缝宽度凹凸不平，即使没有支撑剂支撑，也同样具有导流能力；二是适当提高施工的砂液比水平，增大携砂液的进缝摩阻，并在缝中某处产生局部砂堵效应，促使液体转向；如果原始水平应力差大，或断裂韧性小，靠施工参数调整难以大幅度提升净压力水平，可以尝试采用暂堵剂或大粒径支撑剂缝内人工转向技术[7]。

3）缝高的垂向延伸控制

页岩厚度往往是几十米甚至上百米，加上水平层理的发育，虽然已普遍应用水平井分段压裂簇射孔技术，施工排量也很高，但由于簇射孔的分流效应及水平层理的遏制效应,缝高的延伸一般有限。

理想的缝高延伸规律可采用国外常用的直井导眼井技术,即在导眼井上进行压裂并测压后井温,以及利用示踪剂测井等工作。

一般而言,对脆性好的页岩可采用簇射孔技术,对塑性强的页岩则应减少射孔簇数甚至采用单簇射孔技术。

为了将不同的层理尽数扩展并沟通,从而垂直向上贯通整个页岩厚度,需要在不同层理面有裂缝延伸的复杂裂缝甚至网络裂缝,故现场可采取变排量的施工策略。

4)裂缝宽度的非平面扩展控制

裂缝宽度变化越剧烈,裂缝的复杂性程度越高,即使没有支撑剂支撑也能提供一定的导流能力。从重庆彭水地区裂缝扩展物模实验结果可知,压裂液黏度越低,裂缝宽度变化越剧烈。因此,在可能情况下应尽可能采取全程滑溜水或大比例滑溜水的策略。

5)水平井分段压裂相邻裂缝间干扰因子控制

裂缝复杂性程度主要取决于相邻裂缝间诱导应力的干扰程度。一般而言,页岩越脆,裂缝净压力越高,段间距越小,则诱导应力干扰程度越大,出现复杂裂缝的概率也越高。

按上述相邻裂缝间干扰因子的定义,该因子最小值为0,最大值为2。主要原因是如果诱导应力很高,其传播距离会很远,但最多传到相邻的裂缝就会被裂缝而吸收,穿过相邻裂缝而继续传播的可能性较小。

但脆性页岩的裂缝净压力难以建立并维持在一个远超原始水平应力差的水平。当页岩脆性强时,裂缝易破裂并向前延伸,而缝宽则难以进一步提高。这也是国外脆性好的Barnett页岩地层采用大液量滑溜水和低砂液比施工的重要原因[8]。此时,往往以提高射孔簇数来降低段间距,从而增加缝间干扰[9-10]。

3. 现场试验研究

1)试验简况

在四川盆地及周缘4口水平井上获得成功应用,施工参数统计见表5-12。每口井分压段数10～22段,共实施65段140簇压裂,单段最大加砂量126 m^3,最大用液规模为4.5×10^4 m^3，滑溜水最高施工砂液比19%，最大排量15.5 m^3/min，最大井深4 985 m，最高闭合压力92 MPa。结果表明压后效果较好，尤其在焦石坝，其每日稳定生产气量达10×10^4 m^3以上。

表5-12 4口页岩气井压裂施工参数统计

井　　号	A井	B井	C井	D井
水平段长度/m	1 029	1 007	1 260	1 050
段数	18	15	22	10
簇数	36	36	46	22
垂深/m	2 150～2 200	2 327～2 410.2	2 866～3 019	3806～4 900
总液量/m^3	30 236	20 134	46 542.26	12 628
单段最大加液量/m^3	1 716	1 510	2 671.8	1 380
总砂量/m^3	1 145	966	2 108.1	698
平均砂液比/%	12	14	10.54	20
最大砂液比/%	22	27	12.32	32
单段最大加砂量/m^3	86	113	126	108
滑溜水排量/(m^3/min)	13.8	12.5	13～14	15.5
胶液排量/(m^3/min)	13.1	11.8	11.5～13	13
酸液用量/m^3	365	120	297.4	100
施工压力/MPa	53.5～60	50～57	40～80	76.6～85
停泵压力/MPa	47	31	18～46	60.5
破裂压力/MPa	54	65	41～85	82

2）裂缝复杂性评价

（1）破裂压力特征分析

破裂压力的峰值下降幅度可反映脆性的强弱。下降幅度越大，脆性越好，破裂不明显或无明显下降，则说明塑性较强。由脆性的强弱可感知裂缝的复杂性程度。

C井第5段为低地应力漏失层，在升排量过程中及较大排量下，地层共发生3次明显破裂（图5-37）。其中大排量保持在14.4 m^3/min时，缝内憋压明显，有2处分别达9 MPa和22 MPa，促使裂缝明显转向。破裂后压力降幅较大，降速较快，说明地层脆性好，易形成复杂裂缝。

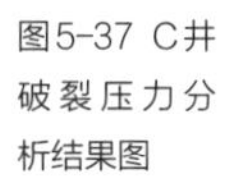

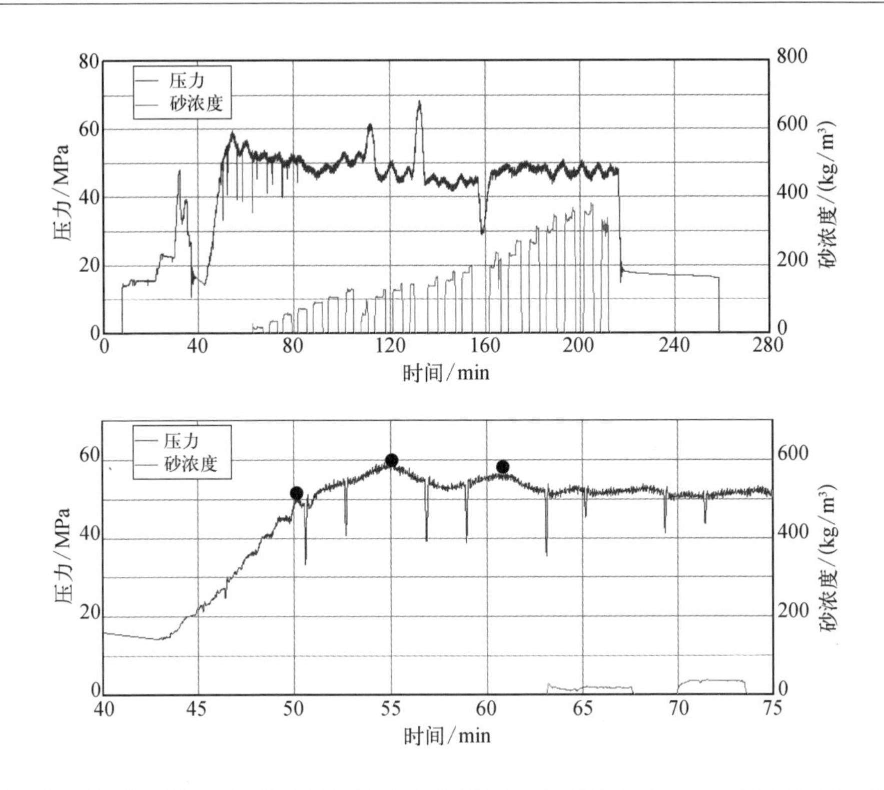

图5-37 C井破裂压力分析结果图

在施工参数基本恒定的前提下，综合考虑压力波数和平均压力波动幅度（图5-38），类型1波数较大、平均压力波幅最大；类型2压力波数最大、平均压力波幅较大。这两种类型的地层裂缝发育程度较好、分布范围较大，压裂后易形成天然层理缝与水力裂缝相交的复杂裂缝。类型3压力波数和波幅均最小，地层塑性强，易形成单一缝；类型4整体压力波动情况比类型1和2要差，不易形成复杂裂缝。具体结果见表5-13。

表5-13 C井压力曲线特性统计表

类　型	代表段	压力波数	压力波波幅/MPa	裂缝发育程度
1	2	10	5个波幅6～8 MPa，其余3～5 MPa	远井裂缝相对发育较好，天然裂缝分布范围大
2	5	18	9个在4 MPa以上(有两个达9 MPa和22 MPa)，其余为1.5 MPa左右的小波幅	远井裂缝相对发育较好，天然裂缝分布范围大

(续表)

类 型	代表段	压力波数	压力波波幅/MPa	裂缝发育程度
3	8	7	仅有5个4 MPa以上波幅，其余波幅在2 MPa以下	裂缝相对不发育，天然裂缝分布有限
4	18	12	6个波幅在4～5 MPa，其余波幅3 MPa左右	地层均质，裂缝发育程度一般，分布范围有限

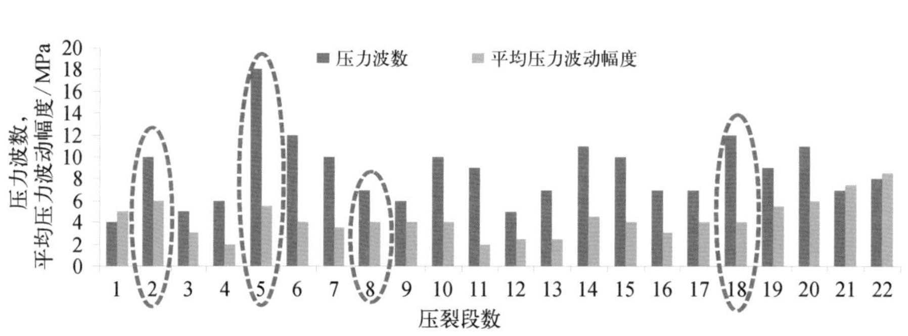

图5-38 C井施工压裂曲线波动分析结果

C井及B井最终的裂缝复杂性评价结果见表5-14。

表5-14 C井与B井不同裂缝类型比例

项 目	单 一 裂 缝	复 杂 裂 缝	网 络 裂 缝
裂缝复杂性指数	0	0～0.17	≥0.17
C井	7～16段，占45%	1,3,4,17～22段，占41%	2,5,6段，占14%
B井	1～5段，8～11段，16段，18段，占61%	6～7段，12～15段，17段，占39%	无，占0%

4. 小结

(1) 以常规的直井压裂裂缝复杂性指数定义为基础，水平井分段压裂中的裂缝复杂性指数要考虑缝高垂向延伸因子、缝长延伸因子、缝间应力干扰因子及缝宽非平面扩展因子等因素，并初步得出新的裂缝复杂性指数与不同裂缝类型间的对应关系。

(2) 将水平井分段压裂裂缝复杂性指数最大化作为目标函数，进行了系统的控制方法研究与分析，认为要提高裂缝的复杂性，宜选用脆性好的目标层、适当的段间距、大比例或全程应用低黏度滑溜水、变排量、净压力控制（前期控制后期提升）及缝内暂堵等综合性措施，这对页岩水平井分段压裂设计及施工提供了借鉴和指导。

（3）在四川周缘四个区块的四口井上进行了提高裂缝复杂性指数的设计及现场试验，结果表明这些施工都获得了成功，并评价分析了不同类型裂缝出现的概率分布，为后续压裂设计改进提供了依据。

（4）建议今后进一步结合裂缝监测结果，对裂缝的复杂性分布规律进行对比分析。

5.8.2 页岩气水平井分段压裂优化设计新方法

与常规油气井压裂优化设计相比，由于裂缝的形态复杂，考虑的因素较多[11-14]，故页岩气水平井压裂优化设计要更复杂、更困难。目前，页岩气水平井分段压裂设计是在采用常规砂岩水平井分段压裂设计方法的基础上，应用正交设计原理，对网络裂缝多缝长及多导流能力进行优化[15-16]。实际上，网络裂缝是页岩气水平井压裂设计的最高目标，一般难以实现。多口页岩气水平井压裂后评估结论认为，网络裂缝形成的概率仅为10%左右，单一裂缝为40%左右，其余的则是介于单一裂缝和网络裂缝之间的复杂裂缝[17-18]。可以这样认为，压裂产生的裂缝形态都是复杂裂缝，单一裂缝和网络裂缝都是复杂裂缝的两种特殊表现形式。对于这种特殊的复杂裂缝的表征及压裂优化设计目前还没有一套成熟的方法。为此，下文将提出以裂缝复杂性指数为目标函数的页岩气水平井压裂优化设计新方法。针对水平层理缝发育储层及高角度天然裂缝发育储层，进行了提高裂缝复杂指数方法研究。现场实例表明，该方法可以提高页岩气井产量，并为国内逐渐增多的页岩气水平井分段压裂实践提供理论依据。

1. 复杂裂缝的量化表征新方法

目前，虽然已对页岩气水平井分段压裂的裂缝复杂性指数进行了量化表征，但仅给出了不同缝间距及缝长条件下的裂缝复杂性指数的分布范围，并未就复杂裂缝本身进一步细分。例如，同样是复杂裂缝，有的复杂性指数接近单一裂缝的临界值，而有的裂缝复杂性指数却接近网络裂缝的临界值。因此，如果仅粗略讨论复杂裂缝，可能会混淆复杂裂缝本身的差异性，而对裂缝的复杂程度仍然没有清晰的认识，并不能实现压裂设计的最优化。为此，下文将提出一个新的复杂裂缝的量化表征方法。

1）裂缝复杂性指数的新定义

图5-39为水平井分段压裂裂缝示意图。如图5-39所示，假设分支裂缝1～6都相互平行，并都垂直于水力裂缝Ⅱ，且对称分布于水力裂缝Ⅱ的全缝长范围内。根据以往对复杂裂缝指数的定义[9]，将分支裂缝1～6的平均长度与水力裂缝Ⅱ的全缝长的比值，再乘以4因素的叠加因子，所得数值即为裂缝的复杂性指数。该定义认为分支裂缝1～6的流动干扰波及面积正好相互叠置，但实际上分支裂缝的密集程度可能没有达到将上述流动干扰波及面积全覆盖的程度。因此，需提出一种新的裂缝复杂性指数的定义：将不同分支裂缝流动干扰波及面积与水力裂缝Ⅱ的全缝长相除，得到分支裂缝的等效缝宽，该等效缝宽与水力裂缝Ⅱ的全缝长的比值，再乘以4因素的叠加因子。新的裂缝复杂性指数的表达式如式（5-26）所示：

$$F_{\mathrm{CI}} = I_{\mathrm{h}} I_{\mathrm{l}} (1 + I_{\mathrm{fi}})(1 + I_{w}) \frac{A}{L^2} \tag{5-26}$$

式中，A为分支裂缝渗流干扰波及面积，m^2；L为水力裂缝全缝长，m；I_{h}为缝高垂向延伸因子，$I_{\mathrm{h}} = \frac{h}{H}$；$I_{\mathrm{l}}$为缝长延伸因子，$I_{\mathrm{l}} = \frac{l}{L}$；$I_{\mathrm{fi}}$为缝间应力干扰因子，$I_{\mathrm{fi}} = \frac{d}{D}$；$I_{w}$为缝宽非平面扩展因子，$I_{w} = \frac{\sigma_w}{w}$；$h$为实际的造缝高度，m；$H$为贯穿整个页岩厚度的造缝高度，m；$l$为实际的造缝半长，m；$L$为预期的主裂缝造缝半长，m；$d$为水平井相邻裂缝间的诱导应力高于原始水平应力差时的传播距离（从一侧裂缝算起），m；D为水平井相邻裂缝间的段间距的一半，m；σ_w为裂缝半缝宽的均方差，m；w为裂缝半缝宽的均值，m。

图5-39 水平井分段压裂裂缝示意图

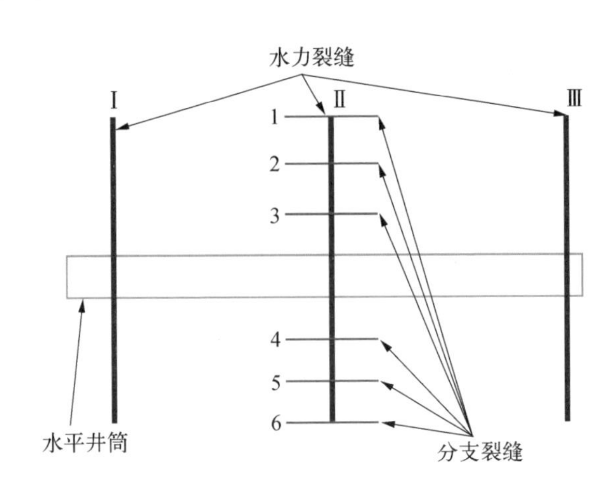

2）分支裂缝流动干扰波及面积的确定

如果完全参照渗流干扰理论，页岩基质的超低渗透性会导致流动影响的区域非常有限。为此，可以将应力干扰区叠加面积近似视为分支裂缝的流动干扰波及面积。在计算应力干扰区叠加面积时，先计算水力裂缝Ⅱ的诱导应力传播区域，再分别计算分支裂缝1～6的诱导应力传播区域，2个传播区域的叠加面积，即为应力干扰区叠加面积。如果水力裂缝Ⅱ的传播距离超过分支裂缝1～6的半缝长，可以用原始水平应力差为界来压缩水力裂缝Ⅱ的诱导应力传播距离。此外，如果分支裂缝净压力太小，其诱导应力传播距离实在有限，可以不考虑取水平应力差为界，而直接取水力裂缝Ⅱ与分支裂缝1～6的流动干扰面积（此时的水平应力差不是原始的水平应力差，而是在考虑水力裂缝Ⅱ已经产生诱导应力的基础上，已经变小了的水平应力差）。

3）分支裂缝的分布及延伸长度的确定

借助前期裂缝扩展物模实验结果[20]，在水力裂缝Ⅱ扩展的过程中，遇到天然裂缝的表现是压力曲线呈现锯齿状波动。出现压力波动的时机反映出分支裂缝距离水平井筒的远近，压力波动的幅度及波幅的宽度反映了分支裂缝的长度及宽度的特征。利用压裂施工综合曲线，可以近似计算出每个分支裂缝延伸的用液量（约等于压力波动波幅的宽度对应的时间与注入排量的乘积）。至于分支裂缝的排量分配，还没有可靠的分配办法，可以假设为注入排量的1/10～1/5，并假设分支缝的端部净压力低于临界应力强度因子后，分支裂缝不再继续延伸。水力裂缝Ⅱ遇到第2个分支缝后，按照同样的方法可以计算出第2个分支缝的长度及宽度。两个相邻分支缝的距离，可以依据压裂施工参数，通过成熟的商业软件如MEYER等模拟计算方法得出。最终，可计算出各分支缝沿水力裂缝Ⅱ全缝长方向的分布，以及每个分支缝的长度及宽度。

将分支裂缝的流动干扰波及面积，以及其长度和宽度，包括其他已知参数，代入式(5-26)，即可计算出裂缝复杂性指数。

2. 压裂优化设计新方法

为方便计算，可先设定不同分支裂缝在等效缝宽条件下的复杂性指数，计算压裂后形成不同形态裂缝的产量动态及递减规律，从单一裂缝一直计算到网络裂缝。理论上讲，复杂性指数越高，压裂后产量越高，一般很难找到裂缝复杂性指数的拐点值，如图5-40所示。在模拟计算中，常采用ECLIPSE软件，并用具备模拟吸附气的功能模块进行模拟。按前面的图5-39所示方式设置不同复杂性指数的水力裂缝与分支缝分布，通过模拟便可得出不同裂缝复杂性指数条件下的压后产量动态。换言之，压裂优化设计的目标就是在已有施工条件的前提下，最大限度地提高裂缝的复杂性指数。

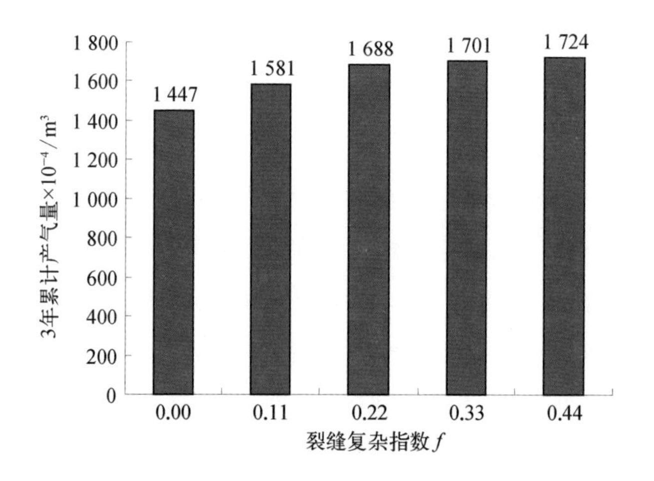

图5-40 不同裂缝复杂性指数下的页岩气水平井压后3年累计产气量的模拟计算结果图

1）水平层理缝或纹理缝地层

在压裂水平层理缝或纹理缝地层时，水力裂缝肯定能沟通层理缝或纹理缝，但不能沟通全部的层理缝/纹理缝，这与天然裂缝情况不同，因为两者的方向刚好相差90°。一般情况下，层理缝或纹理缝的存在是页岩的重要特征，且呈多层叠置分布，它对水力裂缝缝高的增长具有较强的抑制作用，且不能应用常规砂岩或碳酸盐岩的垂向应力差遮挡的概念。

目前，室内实验已证实，当水力裂缝遇到水平层理缝或纹理缝时，实验初期会很快沟通水平层理缝或纹理缝并使之延伸。但由于受实验排量的限制，还未发现水力裂缝接着穿越第2条层理缝或纹理缝的情况。根据能量守恒原则，当水力裂缝穿越第1条层理缝或纹理缝后，由于消耗掉很大一部分能量，已再无能量穿越另外的层理缝或纹理缝。换言之，虽不断注入后续压裂液，但层理缝或纹理缝一旦被沟通，由于其处于地质力学上的弱面，注入能量的大部分会被已延伸的层理缝或纹理缝吸收并继续延伸。实际上，最理想的情况是不同的层理缝或纹理缝都能被依次打开并且都能最大限度地获得延伸，最终形成体积裂缝。为此，可先设计低黏度的滑溜水打开第1条层理缝或纹理缝，等延伸到预期的缝长后，再用高黏度的胶液（线性胶或交联冻胶），另外应尽最大可能提高注入排量，提高打开第2条层理缝或纹理缝的概率，然后再注入低黏度的滑溜水，由于黏度差发生的黏滞指进效应，滑溜水会很快穿过高黏度胶液，在新打开的层理缝或纹理缝里继续延伸。依次类推，最终实现所有层理缝或纹理缝都被打开并被充分延伸的目的。

滑溜水与胶液的注入比例、具体注入体积、排量等参数的设计，要采取循序渐进的原则设计。换言之，胶液的体积及排量设计宜小不宜大，避免一次就打开所有层理缝或纹理缝的情况发生。但也不能太小，太小可能就难以压开第2条层理缝或纹理缝。

从理论上分析，先用高黏度胶液一次将所有的层理缝或纹理缝全部压开，然后改用低黏度的滑溜水同时延伸所有已压开的层理缝或纹理缝，但该设计思路实现的难度较大，因为如果多个水平的层理缝或纹理缝同时延伸的话，其延伸阻力会非常高，而在垂直方向上还有两翼主裂缝会与它们争夺注入的压裂液，显然两翼主裂缝更易吸收大量的压裂液，这主要是由于其流动阻力相对要更小。

因施工现场面临操作上的一些难题，目前在压裂水平层理缝或纹理缝发育程度较好的地层时，一般只应用高黏度胶液，争取先把它们全部压开。随着理论和现场实践经验的丰富和完善，以及技术水平的不断提高，应该能逐步实现上述预期的理想化目标。

2）高角度天然裂缝地层

在遇到高角度天然裂缝地层时，首先要判断该天然裂缝是潜在型（或充填型）还是张开型。

对于张开型高角度天然裂缝，为了降低压裂液滤失量，应当尝试陶粉与常规大粒径支撑剂混合的施工方法，即在遇到张开型天然裂缝后，将陶粉按一定比例和大粒径支撑剂混合后一起注入裂缝中，由于小粒径陶粉的流动阻力小，会优先进入裂缝，而大粒径支撑剂因流动阻力大很难进入天然裂缝，而且天然裂缝的张开宽度可能也不足以使其进入。陶粉用量与天然裂缝发育程度密切相关，最理想的结果是所有的陶粉都进入天然裂缝中，所有的大粒径支撑剂都留在人工主裂缝中，但由于天然裂缝的分布情况很难被准确预测，因而陶粉用量的设计不可能达到最优的。但开始压裂时可先采用小比例陶粉，在压裂施工过程中不断优化，逐步摸索出最佳的混合比例。以前技术人员认为遇到天然裂缝就须快速封堵，不让其延伸，但随着对裂缝复杂性指数认识的不断深入，人们开始认为有必要先延伸天然裂缝，然后再实施封堵。因此，可以采取延缓陶粉的注入时机或降低陶粉的浓度等办法来达到该目的。

对潜在型或充填型天然裂缝，可先计算其临界张开压力。如果临界张开压力很大，而主裂缝净压力又相对较小，则天然裂缝在整个压裂施工过程中是不能张开的。反之，如果临界张开压力很小，在压裂施工过程中天然裂缝会过早张开，使主裂缝的缝长难以达到设计的预期要求。因此，在这种情况下，压裂初期就要优选施工参数（液量、排量、黏度、砂浓度等），从而有效控制主裂缝净压力低于天然裂缝的临界张开压力，等到主裂缝的缝长达到设计要求后，再优选施工参数以提高主裂缝净压力使天然裂缝张开，最终形成沟通近井、远井微裂缝系统的网络裂缝，最终达到充分提高改造体积的目的。

3）天然裂缝分布密度及延伸缝长的定量描述方法

天然裂缝分布密度相对容易计算，可将现场压裂施工的井口压力曲线转变为井底压力曲线，再根据压力曲线的波动情况，结合相关裂缝模拟软件，可识别在主裂缝缝长方向上的天然裂缝分布密度。

主裂缝穿过天然裂缝有以下三种情况：

一是主裂缝遇到张开型天然裂缝。当主裂缝遇到第1条天然裂缝时，压裂液会发生分流，但大部分压裂液仍在主裂缝内。由于天然裂缝缝宽小，压裂液流动阻力大，短时间内裂缝就会停止延伸。当主裂缝遇到第2条天然裂缝时，又发生上述同样的现象，依此类推。

二是主裂缝遇到潜在型或充填型天然裂缝，而未能有效控制净压力。在这种情况下，天然裂缝会过早张开，这与第一种情况比较类似。

三是主裂缝遇到潜在型或充填型天然裂缝，但能有效控制净压力。在这种情况下，直到主裂缝的缝长达到预期要求时，才让所有的天然裂缝张开。由于多个天然裂缝同步张开，相互间竞争压裂液，因而与前两种情况相比，天然裂缝延伸范围会较大幅度缩小，这与限流压裂的分流情况比较类似。

描述每条天然裂缝的缝长及缝宽的一个重点就是确定流量在各裂缝的动态分配，多条裂缝同时存在和延伸时满足Kirchoff第一定律和第二定律，即物质平衡和压力连续准则。对主裂缝穿过天然裂缝的三种情况建立数学模型，可计算不同液量及排量条件下每条天然裂缝的缝长及缝宽，即可定量确定裂缝复杂性指数。

（1）第一和第二种情况下的裂缝扩展模型

这两种情况下，随着压裂施工的进行，天然裂缝的张开数量逐渐增加，即参与分流的裂缝数量不断增加。假设在$j-1$时刻，主裂缝延伸至第$k+1$条天然裂缝且天然裂缝开始张开，则第$k+1$条天然裂缝的缝口压力为缝口闭合压力σ_{ck+1}，裂缝扩展模型如下式所示：

$$\sum_{i=1}^{k+1} Q_i + Q = Q_T \tag{5-27}$$

$$p_0 = \Delta p_{cfi} + \Delta p_{wi} + \sigma_{ni} = \Delta p_{cf(k+1)} + \sigma_{c(k+1)} (i = 1, 2, \cdots, k) \tag{5-28}$$

$$\begin{aligned} \frac{\mathrm{d}p_{wi}}{\mathrm{d}s} &= (-2k)\left(\frac{2n+1}{n}\right)^n Q_i \frac{1}{H_i W_i^{2n+1} \xi} p_{wi}(x_i) \\ &= p_{cfi};\ p_{wi}(tip) = \sigma_{ci}^{tip} (i = 1, 2, \cdots, k) \end{aligned} \tag{5-29}$$

$$\frac{\mathrm{d}p_{cf}}{\mathrm{d}s} = (-2k)\left(\frac{2n+1}{n}\right)^{n} Q^{n} \frac{1}{H^{n}W^{2n+1}\xi} —— p_{cf(x_{k+1})} = \sigma_{c(k+1)},\ p_{cf(x_0)} = p_0 \tag{5-30}$$

在随后时间里，仍然只有 $k+1$ 条天然裂缝，则裂缝扩展模型如下式所示：

$$\sum_{i=1}^{k+1} Q_i + Q = Q_T \tag{5-31}$$

$$p_0 = \Delta p_{cfi} + \Delta p_{wi} + \sigma_{ni}(i = 1, 2, \cdots, k+1) \tag{5-32}$$

$$\begin{aligned}\frac{\mathrm{d}p_{wi}}{\mathrm{d}s} &= (-2k)\left(\frac{2n+1}{n}\right)^{n} Q_i \frac{1}{H_i W_i^{2n+1}\xi} —— p_{wi}(x_i) \\ &= p_{cfi},\ p_{wi}(\mathrm{tip}) = \sigma_{ci}^{\mathrm{tip}}(i = 1, 2, \cdots, k+1)\end{aligned} \tag{5-33}$$

$$\frac{\mathrm{d}p_{cf}}{\mathrm{d}s} = (-2k)\left(\frac{2n+1}{n}\right)^{n} Q^{n} \frac{1}{H^{n}W^{2n+1}\xi} —— p_{cf(x_0)} = p_0 \tag{5-34}$$

$$w_{i\max}(x) = 2\alpha\left[\left(\frac{1}{60}\right)\frac{(1-\nu^2)Q_i\mu L_i}{E}\right]^{1/4} —— \overline{w_i} = \frac{\pi}{4} w_{\max i} \tag{5-35}$$

$$L_i = \frac{Q_i \overline{w_i}}{4\pi H_i C^2}\left[e^{x^2} erfc(x) + \frac{2x}{\sqrt{\pi}} - 1\right] \tag{5-36}$$

式中，$x = \dfrac{2C\sqrt{\pi t}}{\overline{w}}$。

（2）第三种情况下的裂缝扩展模型

该情况下假设各天然裂缝同时开启和进液，则裂缝扩展模型如下式所示：

$$Q_T = \sum_{i=1}^{m} Q_i + Q \tag{5-37}$$

$$p_0 = \Delta p_{cfi} + \Delta p_{wi} + \sigma_{ni} \tag{5-38}$$

$$\frac{\mathrm{d}p_{cf}}{\mathrm{d}s} = (-2k)\left(\frac{2n+1}{n}\right)^{n} Q^{n} \frac{1}{H^{n}W^{2n+1}\xi} —— p_{cf(\mathrm{inlet})} = p_0 \tag{5-39}$$

$$\frac{\mathrm{d}p_{wi}}{\mathrm{d}s} = (-2k)\left(\frac{2n+1}{n}\right)^{n} Q_i \frac{1}{H_i W_i^{2n+1}\xi} —— p_{wi}(\mathrm{inlet}) = p_{cfi},\ p_{wi}(\mathrm{tip}) = \sigma_{ci}^{\mathrm{tip}} \tag{5-40}$$

各个天然裂缝的缝宽与缝长的计算公式与式（5-35）～式（5-36）相同。

式中，Q_T为压裂液总排量，m^3/min；Q和Q_i分别为主缝和主缝中对应第i条天然裂缝的压裂液流量，m^3/min；p_{cf}及p_{cfi}为主缝中的压力和主缝中对应第i条天然裂缝位置处的压力，MPa；$p_{wi}(x_i)$为主缝中对应第i条裂缝x_i位置处的压力，MPa；Δp_{cfi}为主缝中从缝口到第i条天然裂缝的缝中沿程压降，MPa；p_{wi}为第i条天然裂缝中的压力，MPa；$p_{wi}(\text{tip})$为第i条天然裂缝尖端压力，MPa；$p_{wi}(\text{inlet})$为第i条天然裂缝缝口压力，MPa；Δp_{wi}为第i条天然裂缝中的压力降，MPa；σ_{ci}及σ_{ci}^{tip}为第i条裂缝闭合应力和尖端闭合应力，MPa；p_0为主缝缝口压力，MPa；x_0及x_i分别为主缝缝口位置和主缝中相对于第i条天然裂缝的位置，m。

4）提高裂缝复杂性指数的技术措施

由式（5-27）～式（5-40）可知，要提高裂缝的复杂性指数，关键是尽可能增大天然裂缝的缝长和缝宽，并尽量使主力缝的转向次数增多。在纵向上，尽可能多地压开所有的层理缝或纹理缝，并让其最大限度地获得延伸。从而可在纵向和横向方向上最大限度地提高三维裂缝的改造体积，实现压裂效果的最大化。

（1）延伸天然裂缝的主要技术措施。一是要降低压裂液的黏度，使其尽可能多地进入天然裂缝，促使天然裂缝不断延伸，并可通过模型计算延伸的缝长及缝宽；二是控制陶粉的加砂时机、浓度和段塞量等参数，但目前还无法实现定量模拟。

（2）促使主裂缝多次转向的主要技术措施。由于主裂缝内存在压力梯度，压力梯度越小，主裂缝转向的概率越大。可采用低黏度压裂液和降低排量等措施来降低缝内的压力梯度；其次，要最大限度地提高主裂缝的净压力，除了可以优化压裂液黏度、液量、排量及施工砂液比等参数外，还可以采用人工转向技术，如应用缝内暂堵剂等。

3. 应用实例

某区块A井和B井两口页岩气井位于同一平台，其水平段长度、压裂段数及施工压力都比较接近，具体参数见表5-15，压裂施工曲线如图5-41所示。其中，B井采用上文所提出的新方法进行了压裂设计，A井则未采用上述新方法进行压裂设计。

表5-15 某区块两口页岩气井施工参数及无阻流量对比

井 名	水平段长/m	段数 / 簇数	施工压力/MPa	停泵压力/MPa	无阻流量/(10^4 m^3 · d^{-1})
A井	1 008	15/36	50 ～ 57	31	16.74
B井	1 003	15/36	50 ～ 70	28	21.18

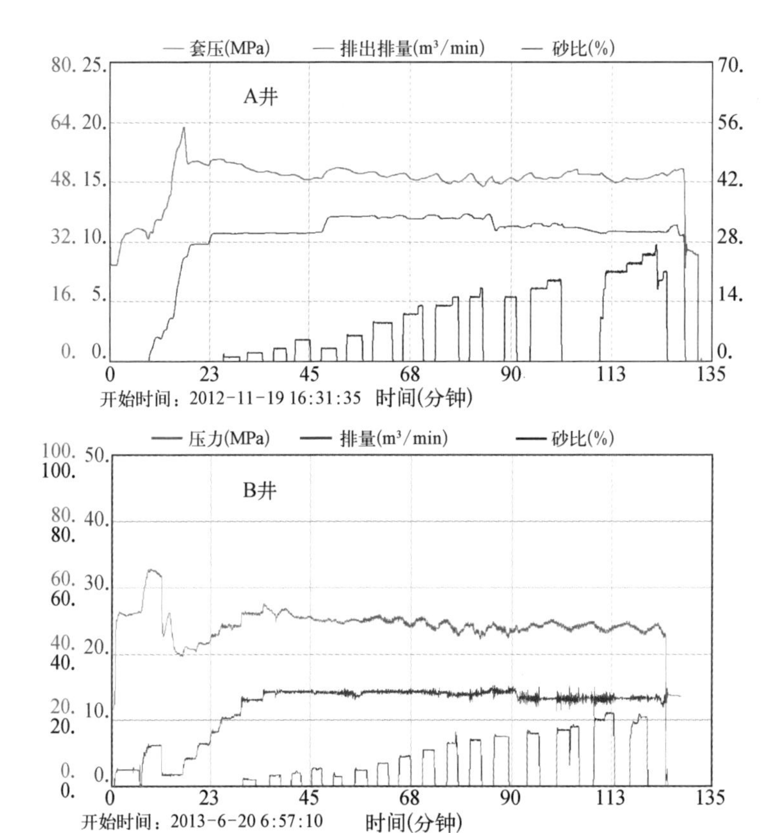

图5-41 A井和B井压裂施工曲线

根据笔者提出的压裂优化新方法，增大液量和排量是提高裂缝复杂性指数的有效措施，因此，B井的单段施工液量比A井约高214 m^3，排量高2 ～ 3 m^3/min。根据式(5-26)计算得到A井的裂缝复杂性指数为0.13，B井的裂缝复杂性指数为0.16，两口井压后无阻流量分别为16.74×10^4和21.18×10^4 m^3/d。因此，当采用新方法对压裂施工参数（排量和液量等）进行优化后，气井的裂缝复杂性指数及压后产量都得到了明显提高。

表5-16 某区块两口页岩气井裂缝复杂性指数

井　名	排量/($m^3 \cdot min^{-1}$)	单段液量/m^3	延伸天然裂缝液量/m^3	天然裂缝半缝长/m	天然裂缝数量/条	裂缝复杂性指数
A井	10～12	1 331	10.0	12.5	6	0.13
B井	12～14	1 545	12.6	15.7	8	0.16

4. 小结

（1）在已有页岩气水平井裂缝复杂性指数的基础上，充分考虑了各分支裂缝沿主水力裂缝方向的分布密度及其相互间流动干扰波及面积，提出了新的裂缝复杂性指数的表达式，使其不仅仅是一个范围，而是一个具体数值。

（2）初步建立了以最大限度地提高裂缝复杂性指数为目标函数的页岩气水平井分段压裂优化设计新方法，针对层理缝或纹理缝，以及不同性质的天然裂缝特征，建立了针对性的设计方法，并从量化的角度进行模拟分析，以增强现场可操作性。

（3）矿场应用实例表明，上述新的设计方法能较大幅度提高裂缝的复杂性指数和压裂后的产量，对提高页岩气开发效果及水平具有重要的现实意义。

（4）建议对水力裂缝与层理缝或纹理缝及天然裂缝的相互干扰，以及扩展互动情况进行三维的模拟分析，并与相应的物理模拟相结合，最终完善优化页岩气水平井裂缝复杂性指数优化设计方法。

参考文献

[1] Economides M, Demarchos A S. Benefits of a p-3D Over a 2D Model for Unified Fracture Design. SPE 112374-MS, 2008, SPE International Symposium and Exhibition on Formation Damage Control, 13-15 February, Lafayette, Louisiana, USA.

[2] King G. Thirty years of gas shale fracturing: what have we learned[C]. SPE 133456, 2010.

[3] Hyunil Jo, PhD, Baker Hughes. Optimizing Fracture Spacing to Induce Complex Fractures in a Hydraulically Fractured Horizontal Wellbore[C]. SPE 1154930, 2012.

[4] Cipolla C L, Schlumberger Warpinski N R. The Relationship Between Fracture Complexity, Reservoir Properties, and Fracture-Treatment Design[C]. SPE 115769, 2010.

[5] Palmer I D. Amoco Production Research. Induced Stresses Due to Propped Hydraulic Fracture in Coalbed Methane Wells[C]. SPE 25861, 1993.

[6] 敖西川,郭建春,侯文波.高渗透油层端部脱砂压裂技术研究[J].钻采工艺,2003,26(4): 25-27.

[7] 刘洪,胡永全,赵金洲,等.重复压裂气井诱导应力场模拟研究[J].岩石力学与工程学报,2004,23(23): 4023-4026.

[8] Waters G, Ramakrishnan H, Daniels J. Utilization of real time microseismic monitoring and hydraulic fracture diversion technology in the completion of Barnet shale horizontal wells[C]. OTC, 2009.

[9] 尹建,郭建春,曾凡辉.水平井分段压裂射孔间距优化方法[J].石油钻探技术,2012,40(5): 67-70.

[10] Cheng Y. Impacts of the number of perforation clusters and cluster spacing on production performance of horizontal shale gas wells[C]. SPE138843, 2010.

[11] Rickman R, Mullen M, Petre E, et al. A practical use of shale petrophysics for stimulation design optimization:all shale plays are not clones of the Barnett shale[R]. SPE 115258, 2008.

[12] Wang Y, Miskimins J L. Experimental investigations of hydraulic fracture growth complexity in slick water fracturing treatments[R]. SPE 137515, 2010.

[13] 蒋廷学,贾长贵,王海涛,等.页岩气网络压裂设计方法研究[J].石油钻探技术,2011,39(3): 36-40.

[14] 赵金洲，王松，李勇明.页岩气藏压裂改造难点与技术关键[J].天然气工业，2012,32(4): 46-49.

[15] 吴奇，胥云，王腾飞，等.增产改造理念的重大变革——体积改造技术概论[J].天然气工业，2011,31(4): 7-12.

[16] Beugelsdijk L J L, Pater C J, Sato K, et al. Experimental hydraulic fracture propagation in a multi fractured medium[R]. SPE59419, 2000.

[17] 曾雨辰，杨保军，王凌冰.涪页HF-1井泵送易钻桥塞分段大型压裂技术[J].石油钻采工艺，2012,34(5): 75-79.

[18] Soliman M Y, East L, Augustine J. Fracturing design aimed at enhancing fracture complexity[R]. SPE 130043, 2010.

[19] 蒋廷学.页岩油气水平井压裂裂缝复杂性指数研究及应用展望[J].石油钻探技术，2013,41(2): 7-12.

[20] 张旭，蒋廷学，贾长贵，等.页岩气储层水力压裂物理模拟试验研究[J].石油钻探技术，2013,41(2): 70-74.

第6章

页岩气压裂工艺技术

前面几章着重从储层评价、地应力、裂缝扩展、诱导应力及优化设计等方面进行了系统的阐述，本章将从页岩气压裂工艺方面进行阐述，以实现页岩气压裂设计目标。

6.1　压裂工艺流程

6.1.1　第一段连续油管射孔

在压裂第一段，若没有射孔且排量为0，则几乎不可能实施泵送桥塞工艺，因此只有用连续油管进行射孔。

6.1.2　酸预处理

酸预处理是所有页岩气压裂的必选项目。通过国内外大量的页岩气压裂实践，证明了酸预处理是降低破裂压力和施工压力的有效措施。国内一般每段注入10～20 m^{3}的酸，压力可降低10～30 MPa以上，具有很好的效果。

至于酸的类型，一般是浓度为10%～15%的盐酸，也有用稀土酸的。注酸时排量一般为1～2 m^3/min，当酸进入第一簇射孔位置一段时间后，可适当快速提高排量，以防止大量的酸都进入第一簇裂缝位置，而其他簇裂缝可能得不到应有的酸处理量，从而影响压裂的裂缝条数。

目前的酸处理液以盐酸居多，大多是用来浸泡井筒里的泥浆等堵塞物。至于酸敏情况则不必过多考虑，即使有酸敏，因后续要注入大量滑溜水压裂液和胶液体系，酸量所占总比例仅为1%左右，因此，酸反应后几乎被稀释了100倍左右，故不用过分担心酸敏问题。

6.1.3 注入前置液

页岩气压裂的前置液注入方式与常规压裂有很大不同。页岩气压裂大量应用前置液多级段塞技术，并采用加砂期间段塞式注入模式，中间不加砂的隔离液在某种意义上说也应是前置液的一部分。

如以网络裂缝为主，前置液的黏度应适当低些以充分沟通不同的网络裂缝系统；反之，如以单一裂缝为主，黏度可适当高些，甚至可应用胶液及泡沫压裂液等体系。

6.1.4 泵入含支撑剂的携砂液

这个工序主要指主加砂阶段，前置液阶段的支撑剂段塞技术除外。该阶段的主要特点为：仍然是段塞式加砂，但段塞的数量很多，对脆性强的地层有时可采用一段砂一段液模式，对塑性强的地层则可采取连续两段以上砂一段液的模式。如地层的塑性特别强，甚至可采用连续加砂模式，此时与常规压裂没有差别。

6.1.5 顶替

顶替的作用是将地面管线、直井筒及水平井筒内的支撑剂全部顶替进地层，确保井眼的清洁，以利于后续泵送桥塞射孔联作的顺利实施。理想的情况是顶替液量与地面管线及井筒的容积之和相当。但是，由于水平井筒具有易沉砂的特性，现场施工时要使用过量的顶替液来确保水平井筒无沉砂。

此外，由于目前施工经常采用空心桥塞，需要投球对已压裂段进行封堵，在堵球未到达桥塞位置前，大量的投球液也进入已压裂段，使过顶替效应更为严重，这会严重影响压裂效果，可采取如下措施进行改善：（1）选用悬砂性能好的压裂液；（2）使用密度更低的支撑剂；（3）改进桥塞设计，可将桥塞与球一体化设计。

6.1.6 后续其他流程

接下来的流程包括：起出连续油管，下第二段的桥塞和射孔枪；座封桥塞，丢手；上提射孔枪到预定位置，射孔；起出射孔枪；预处理；重复上述步骤。

压裂结束后钻塞作业，即在未应用大通径桥塞前，一般要采取钻塞作业。目前通常采用连续油管钻塞。最后是压裂液返排。压裂液返排一般要求采用同步破胶技术，在最后一段压裂施工结束后，利用井口余压立即放喷排液。如井口压力降低到0附近，需要考虑人工助排措施，如下泵及气举等。一般而言，网络裂缝压后返排率相对较低，这是由于网络裂缝的缝宽都相对较窄，流动阻力较大；而单一裂缝的返排率都相对较高，这主要因为单一裂缝的缝宽较宽，流动阻力较小。

6.2 压裂工艺技术

6.2.1 滑溜水压裂技术[1-2]

滑溜水压裂工艺的发展，使得在Barnett页岩的钻井和再压裂计划获得较大进展。滑溜水压裂是应用滑溜水作为工作液，靠水力（有时也添加少量的支撑剂）在地层中形成水力裂缝，具有低伤害、低成本、能够深度解堵等优势。目前已成为美国页岩气藏最主要的增产措施之一。滑溜水压裂有4种机理：地层岩石中存在的天然裂缝具有非常粗糙的表面，裂缝闭合后仍然保持一定的裂缝缝隙，提供了有利的注入水通道；与其他压裂技术相比，滑溜水压裂作业后，工作液返排率高、残渣少，减少了工作液残渣对储层造成的二次伤害，能进一步提高压裂效果；在压裂过程中，由于脱落的岩石碎屑沉降于裂缝中，起到支撑作用，能保持裂缝张开；当裂缝周边的岩石在压力超过临界压力后，剪切力使两个裂缝粗糙面产生剪切滑移，停泵后粗糙面使它们不能再滑回到原来的位置，从而继续保持一定的裂缝渗透率。

页岩气压裂也可采用其他压裂液体系。滑溜水可以进入并扩大页岩天然裂缝体系且尽可能接触大量的页岩面积。泡沫有较高的黏度和贾敏效应，可以很好地控制天然裂缝内的滤失。氮气压裂和二氧化碳压裂能够进入页岩的结构内，然而气相缺乏携带较多支撑剂的能力。此外，交联烃类压裂（如使用丙烷和丁烷）应用在水敏严重的页岩里，这对于页岩压裂而言是一个技术上的突破。

滑溜水或者交联压裂液的选择主要是依据滤失控制要求和裂缝导流能力来进行评价优选。一般在以下几种情况会优先考虑非交联或者滑溜水压裂液：岩石是脆性的、黏土含量低和基本与岩石无反应等情况。如Fayetteville页岩现场压裂中主体采用滑溜水压裂液体系，其中水＋支撑剂占到了体系的99.51%，如图6–1所示；而交联压裂液一般在以下几种情况下使用：韧性页岩、高渗透率地层和需要控制流体滤失等情况。

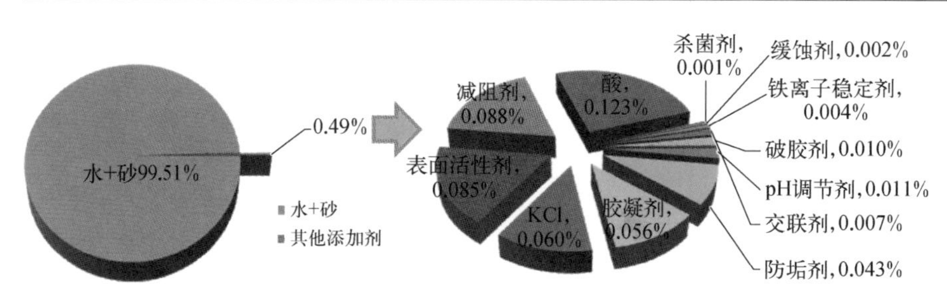

图6–1 Fayetteville页岩现场压裂中主体采用滑溜水压裂液体系组成示意

页岩压裂的目标是形成裂缝网络，提高导流能力，增加有效改造体积，最终增加产量。另外，脆性页岩所用压裂液黏度越低（如降阻水），越容易形成网络缝，黏度越高则越容易形成两翼裂缝，而对于塑性页岩，则适宜采用高黏度压裂液，如线性胶压裂液。

6.2.2 泡沫压裂技术[3]

泡沫压裂主要指应用泡沫压裂液进行压裂作业。目前的泡沫压裂液一般有CO_2泡沫压裂液和N_2泡沫压裂液两种。滑溜水、胶液等都可按上述方法形成泡沫压裂液，前者呈弱酸性，后者呈中性。表征泡沫压裂液的特征参数主要有泡沫质量（目前国外最高的泡沫质量达90%以上），此外，与常规流体一样，也有流变性、悬砂性及破胶性等要求。

与页岩气压裂常用的滑溜水压裂液相比，泡沫黏度较高，且容易产生贾敏效应，对沟通微裂缝是不利的，但携砂效果好。因此，泡沫压裂一般应用在岩石塑性较强，仅产生单一裂缝的情况下。若岩石很脆，天然裂缝发育程度较好，水平主应力差又小，容易形成网络裂缝时，不建议推荐使用泡沫压裂。但可以与滑溜水配合，在后期携砂阶段使用，以充分发挥滑溜水压裂液和泡沫压裂液的优势，从而取得更好的体积压裂效果。

目前，超高质量泡沫压裂工艺使用超高质量的泡沫压裂液，结合超轻支撑剂，采用支撑剂单层局部铺置。这种压裂体系包含有黏弹性表面活性剂的稠化水和氮气，在储层条件下产生气体体积分数为93% ～ 99%的泡沫。该体系对裂缝导流能力无伤害，具有足够的携砂能力，有效地把超轻支撑剂单层局部铺置在复杂裂缝网络系统中。由于用超高质量的泡沫压裂液能够使携砂液量最小，因此，该体系特别适用于低压、水敏性气藏的增产作业。

研究表明，气体体积分数为95%的泡沫压裂液在37.8℃和6.9 MPa的条件下，采用设计速度，注入含有1.35%表面活性剂的稠化水，在氮气流中可产生体积分数为95%的气体泡沫。在连续剪切1 h的条件下，测定其流变性，该体系的黏度达到850 mPa・s；而与之相比，泡沫相对密度在0.7、瓜胶质量浓度在1.8 kg/m^3的压裂液的黏度则为200 mPa・s，证明了超高质量的泡沫压裂液具有良好的携砂能力。

在某页岩地层的29口水平井，在相同液量条件下，使用超高质量的泡沫压裂液，结合超轻支撑剂，并采用支撑剂单层局部铺置工艺，与使用氮气压裂或者常规泡沫压裂的井进行了生产动态对比。结果表明，使用超高质量泡沫压裂工艺的井生产210天的累计产量，比其他所有参照井平均高46%左右。

6.2.3 水力喷射压裂技术[4-5]

水力喷射压裂包括水力深穿透射孔、孔内增压致裂及自动封隔，由于这三方面的作用共同存在、相互影响，所以其压裂机理相当复杂，须从三个方面阐述水力喷射压裂机理。

1. 水力深穿透射孔机理

水力深穿透射孔是水力喷射压裂的第一个环节，由此建立起井筒与油层的渗流通道。它是通过磨料射流先切割套管，然后切割近井地层岩石，最终可形成直径30 mm，深达780 mm的纺锤形孔眼。

李根生等曾对水力深穿透射孔机理进行过实验研究。结果表明，射流切割套管是依靠磨料冲蚀套管表面，形成唇形压坑。在压坑附近的亚表层中会形成应变层，一部分材料被挤压到坑四周形成凸起唇缘。唇形压坑和凸起唇缘致使材料发生形变和机械疲劳。当材料达到屈服极限时，便会在其表面产生裂纹。裂纹延伸形成应力集中区，套管局部强度大幅度下降，在磨料射流的巨大冲击力下，套管局部破裂成孔。

射流穿透套管后将直接冲蚀水泥环和近井地层岩石。由于水泥环和岩石属于脆性材料，所以冲蚀过程不会像冲蚀延展性材料那样形成压坑，而是成块的剥蚀岩石形成破碎坑。射流冲击岩石表面形成漫流，射流轴心作用区的岩石受压，漫流区的岩石受拉。由于脆性材料的抗拉强度较低，所以岩石以拉伸破坏为主。此外，水流会在裂纹中形成水击压力，起到延伸和扩展裂纹的作用，从而增强破岩能力。

研究表明，优化选择射孔参数对后续的孔内增压致裂过程有着重要的意义。增加射孔直径和深度可以显著降低起裂压力，射孔方位应沿垂直于最小水平主应力的方向，处于该方向的起裂压力最低。

2. 孔内增压致裂机理

在地面增压后的高压流体流经毫米级直径的喷嘴后转化为高速射流，并迅速进入孔眼。由于孔眼体积有限和水的不可压缩性，孔内流体会挤压射流，致使其轴心速度迅速衰减，从而将巨大动能又重新转化为压能，使得孔内滞止压力迅速升高，形成增压效应。与此同时，环空中同样注入流体，并将井底压力控制在裂缝延伸压力以下，当环空压力和孔内增压值之和超过地层起裂压力时，孔眼末端岩石就会立即起裂，如图6-2所示。由于喷嘴周围会形成低压区，所以环空流体会被卷吸进入裂缝，驱使裂缝向前延伸。裂缝起裂的条件如式(6-1)所示：

$$p_{环空} + p_{增压} \geqslant p_{起裂} \quad (6-1)$$

3. 自动封隔机理

当新井段开始压裂时，由于环空压力保持在裂缝延伸压力以下，所以已压裂井段不会继续延伸，环空流体也不会再次进入裂缝。因此，不需要使用封隔工具来封隔已压裂井段便实现了自动封隔。

图6-2 水力喷射压裂机理示意

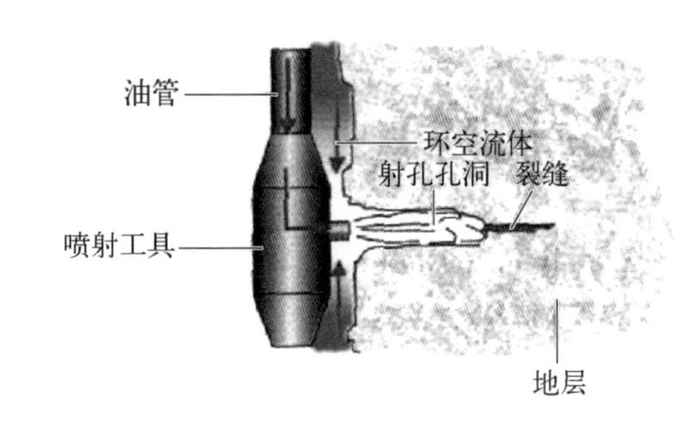

4. 配套工具及材料

连续油管水力喷射压裂需要用到的管柱和工具包括连续油管、连接装置和底部集成管柱。

连续油管是一种可移动、液压驱动设备，目前尺寸范围是1 in、$1\frac{1}{4}$in、$1\frac{1}{2}$in、$1\frac{3}{4}$in、2 in、$2\frac{3}{8}$in、$2\frac{7}{8}$in和$3\frac{1}{2}$in。连续油管设备常包括油管注入器总成、盘管总成、操作控制房、液压动力源、井口防喷器总成和工具总成。

底部集成管柱含有水力喷射压裂工具，水力喷射压裂工具是水力喷射压裂工艺中的关键部分，常见的结构如图6-3所示。喷射工具本体两侧按一定角度装有多个喷嘴，高压流体从喷嘴喷出转变为高速流体。回流装置是喷射工具主体的一部分，装有一圆球单向阀。水力喷射和压裂时，圆球停留在装置底部，流体不允许从底部向环空中流出。返洗时，流体可通过此装置从环空流进油管中，返回至地面。喷射工具工作时喷嘴磨损严重，喷射返流会对喷射工具表面造成损伤，故需要重新优化设计新型喷嘴，选择合适的喷嘴材料和耐返溅本体材料，延长喷射工具的使用寿命。

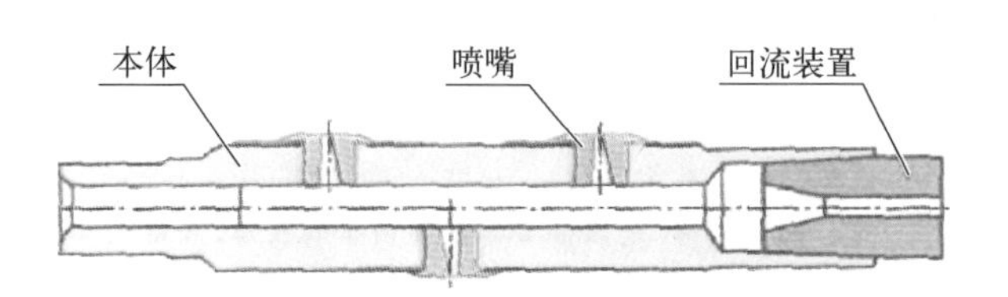

图6-3 水力喷射压裂工具

水力喷射压裂分为两种，一种是拖动的，另一种是不动管柱的。基本原理都是利用高压水射流，速度可高达130 m/s以上，可在套管壁上直接射开孔眼，用砂量1 ～ 2 m^3，砂液比3% ～ 5%。射孔后继续喷射高压水射流和后续的混砂液，并在环空补液，以满足设计的排量要求。其封隔效果主要取决于高压水射流产生的负压效应，关键是环空压力应不超过井底裂缝的延伸压力，否则环空补的液可能会穿过正压裂段而流向前一个已压裂段，造成分段效果的大幅降低。

水力喷射压裂的优点是井下工具较简单，不需要下封隔器等工具。其次，可定点压裂，且不容易出现多裂缝现象(常规簇射孔易出现簇内多缝)。缺点是砂液比不高，这是由于环空是不带砂的，补液后砂液比会大幅度降低，从而会影响压裂的效果。其次，不动管柱水力喷射压裂时还经常发生砂卡管柱现象，为此，压完一段后放喷时经常用小油嘴慢慢放，结果会显著延长施工时间，有时放喷还需等待一天后才能进行后续压裂施工。

另外，拖动水力喷射对喷嘴的过砂能力要求很高，目前国外每个喷嘴过砂量在20 m^3以上，国内一般约为10 m^3。

6.2.4 重复压裂[6-7]

当页岩气井初始压裂处理已经无效或现有的支撑剂因时间关系而损坏或质量下降，导致气体产量大幅下降时，重复压裂能重建储层到井眼的线性流，从而恢复或增加生产产能，可使最终采收率约提高8% ～ 10%，可采储量增加60%，是一种低成本增产方法。一般情况下，重复压裂后井的产气速度能达到或超过原始产气速度。这种方法可有效改善单井产量与生产的动态特征,并成功应用在一些经济效益较差的井。如得克萨斯州Newark East气田Barnett页岩新井完井和老井采用重复压裂方法压裂后,页岩气井产量接近甚至超过初次压裂时期。

重复压裂技术的核心是裂缝的转向研究和井下工具(直井重复压裂不存在该问题)或分段压裂方式的研究,基础是重复压裂前诱导应力场的研究。与第一次压裂不同,重复压裂的诱导应力场不仅与第一次裂缝有关,更与生产引起的诱导应力有关。这种叠加的诱导应力场会明显改变原始的应力大小和方向,使重复压裂的裂缝起裂时,可能沿不同的方向起裂与扩展,从而将先前未沟通的页岩气开采出来。

重复压裂的分段压裂方法很关键,理想的情况是双封隔器单卡管柱,压完一段解封拖动再封压下一段,但施工排量将会受限。另外,受管内沉砂影响,会在很大程度上影响到封隔器的座封、解封和拖动,施工安全隐患较大。实际上,最理想的分段压裂方式应是高强度的液体胶塞,先把所有的老射孔眼封堵上,保证在整个压裂施工阶段中所有射孔段不发生渗漏,然后重新下可钻桥塞射孔联作工具,再进行分段压裂作业。待钻完塞后,之前的液体胶塞会慢慢破胶降解并有效返排,且不影响原有老缝的生产能力。目前,这种液体胶塞正在研发中,相信不久的将来会应用在页岩气水平井的重复压裂中。

6.2.5 同步压裂[8-9]

同步压裂技术是美国近几年在沃斯堡盆地Barnett页岩气开发中成功应用的最新压裂技术。其技术特点是促使水力裂缝扩展过程中的诱导应力场相互作用,对相邻且平行的水平井交互作业,增加改造体积。其目的是用更大的压力和更复杂的网络裂缝来提高初始产量和采收率。2006年,同步压裂首先应用在得克萨斯州Fort Worth 盆地的Barnett页岩,在相隔152 ～ 305 m范围内钻两口平行的水平井并同时进行压裂。另外,压裂采用的是使压裂液及支撑剂在高压下从一口井向另一口井运移距离最短的方法,从而增加水力压裂裂缝网络的密度及表面积。目前可同时进行5口井的同步压裂,采用该技术的页岩气井短期内增产非常明显。

6.2.6 无水压裂技术[10-11]

无水压裂又称LPG(Liquefied Petroleum Gas)压裂，是利用已交联的LPG流体代替常规压裂液的一种压裂方式，其中LPG的主要成分是丙烷。LPG(液化石油气)作为一种特殊压裂介质，成分组成相对简单，主要由丙烷组成，含有少量的乙烷、丙烯、丁烷和添加剂成分。该添加剂成分是一种稠化剂，由于该稠化剂的碳链长度与储层流体相近，通过调节稠化剂的浓度可以获得理想的压裂液黏度，从而获得较好的携砂效果。

与常规油基压裂液不同，LPG 压裂液所用的液化天然气为纯度达到90%的经过分馏的HD-5丙烷和丁烷。在储层温度≤96℃时可以选择100%的HD-5丙烷作为压裂液，而当温度>96℃时则需要加入一定比例的丁烷以保证施工过程中压裂液处于液体状态，若选用 100% 的丁烷作为压裂液则体系可以应用在150℃ 的高温储层。

加拿大GASFRAC能源服务公司针对强水敏页岩储层和致密储层，为降低对储层的伤害和提高返排率，开发了密度低、界面张力低而易于返排的(以液化丙烷或丁烷为介质)冻胶体系(LPG压裂液)，并形成了配套施工技术。该技术适合于油井、气井和凝析油井。截至2012年9月，GASFRAC公司与Husky, EOG, Devon, Canadian Natural Resources, Nexen, Paramount, EXCO, Union Gas Operating, SandRidge等公司合作，已在加拿大和美国完成1580井次压裂，部分施工井的分布如图6-4所示。已施工的储层主要为Artex、bakken、rock creek等致密砂岩储层、Base fish scale、Niobara、Marcellus、Wilrich等页岩储层和Belloy、Ostracod等碳酸盐岩储层。

图6-4 部分LPG压裂施工井分布(红圈代表施工井)

就目前应用情况看，LPG压裂应用温度范围为12 ～ 150℃，已施工井最大深度为4 000 m，施工排量可达8 m³/min，加砂浓度达1 000 kg/m³，最高施工压力90 MPa，上述参数与常规压裂液相近，故可适应低渗、页岩储层改造需求。截至目前最大规模施工是在一口水平段长为4 000 m的水平井中进行的14级压裂，该井共加砂453吨。

1. 压裂液组成和性能

1）LPG相图

LPG压裂液以液化石油气为介质，当储层温度低于96℃时，使用的液化石油气主要为工业丙烷；当储层温度高于96℃则主要使用丁烷与丙烷的混合物；而100%丁烷的临界温度151.9℃，临界压力3.79 MPa，则可以应用的储层温度为150℃。按照改造储层的温度差异，对LPG的液体配方进行优化设计。对于含有丙烷混合相的液体可参考丙烷的相图（图6-5）。由图6-5可知，丙烷在常温条件下且压力为2 MPa时为液体，因此为了确保与砂混合后也为液态且能从密闭砂罐进入管线，砂罐内压需维持在2 MPa以上。

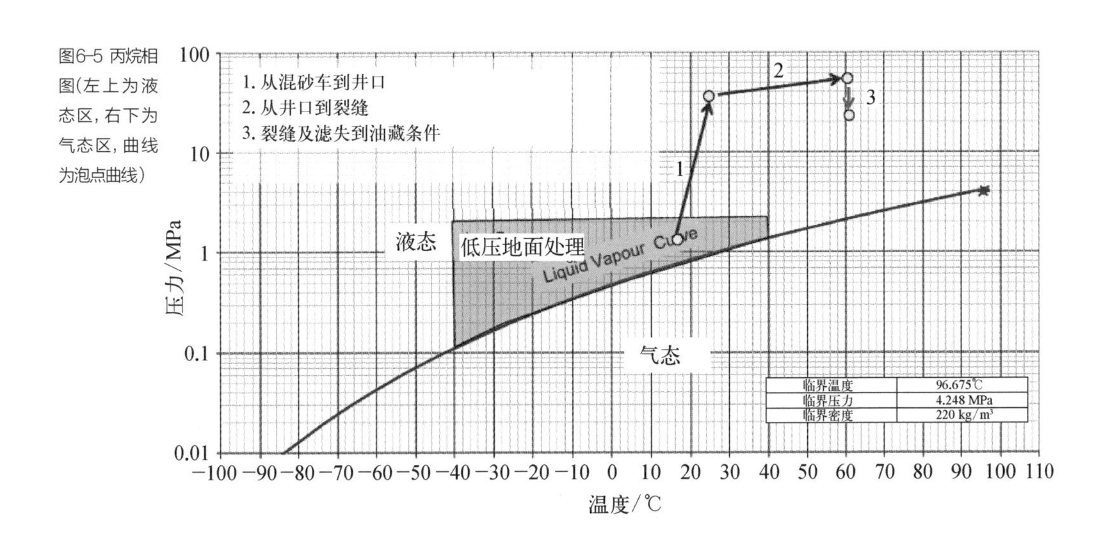

图6-5 丙烷相图（左上为液态区，右下为气态区，曲线为泡点曲线）

2）LPG的理化性质

丙烷分子量44.10，沸点−42.1℃，常温常压下为无色气体，相对空气密度1.56，纯丙烷无臭味，能微溶于水，可溶于乙醇和乙醚。丙烷具有单纯性窒息及麻醉的作用。如人短暂接触1%丙烷时不会产生任何症状，但当接触1% ～ 10%浓度的丙烷时会引起轻度头晕，若接触高浓度可出现麻醉状态并丧失意识，而接触极高浓度则可使人窒息。

丙烷为易燃气体，且与空气混合后能形成爆炸性混合物，遇热源和明火后有燃烧爆炸的危险，若与氧化剂接触则会发生剧烈反应。丙烷比空气重，能在较低处扩散到相当远的地方，遇明火会引着回燃。

丙烷需储存于阴凉、通风的库房，远离火种、热源。库存时，仓库的库温不宜超过30℃，且必须与氧化剂分开存放。另外，库存区还应备有泄漏应急处理设备。一旦泄漏，人员应迅速撤离泄漏污染区并转移至上风处，且隔离至气体散尽，同时切断火源。建议应急处理人员戴自给式呼吸器，穿防静电消防防护服。最后，切断气源，喷雾状水稀释、溶解，抽排（室内）或强力通风（室外）。

使用LPG时，一般不需要特殊防护，但建议特殊情况下要佩戴自吸过滤式防毒面具（半面罩）。对于眼睛一般不需要特别防护，高浓度接触时可戴安全防护眼镜。工作现场严禁吸烟且避免长期反复接触。

一旦吸入，需迅速脱离现场至空气新鲜处。如发现呼吸困难，则需去医院输氧。如发现呼吸停止，应立即进行人工呼吸并迅速就医。

3）LPG压裂液的流变性能

LPG压裂液需加入稠化剂、交联剂、活化剂和破胶剂等添加剂。稠化剂为6 gpt（gpt为每千加仑液体的加仑量），活化剂为6 gpt，破胶剂为1 gpt的压裂液冻胶及其黏温曲线分别如图6-6和图6-7所示。由图6-6可知，交联比较均匀。由图6-7可知，在加入破胶剂后，90 min内黏度仍大于100 mPa·s，160 min后彻底破胶。黏度可在50 ～ 1 000 mPa·s之间进行调节，破胶时间也可根据施工要求进行调节，破胶液的黏度为0.1 ～ 0.2 mPa·s，远低于水基压裂液（水基压裂液破胶后黏度要求小于5 mPa·s），即使为纯水，黏度也为1 mPa·s。因此，LPG在储层和裂缝中的流动阻力将大幅度降低，有助于返排。

4）LPG压裂液的其他性能

LPG压裂液及其他体系的表面张力、黏度及密度见表6-1。由表6-1可知LPG压裂液的密度为0.51 g/cm^3，表面张力为7.6 mN/m，返排液黏度为0.083 mPa·s，上述参数优于常规压裂液，不仅可降低对地层的伤害，而且有助于返排。

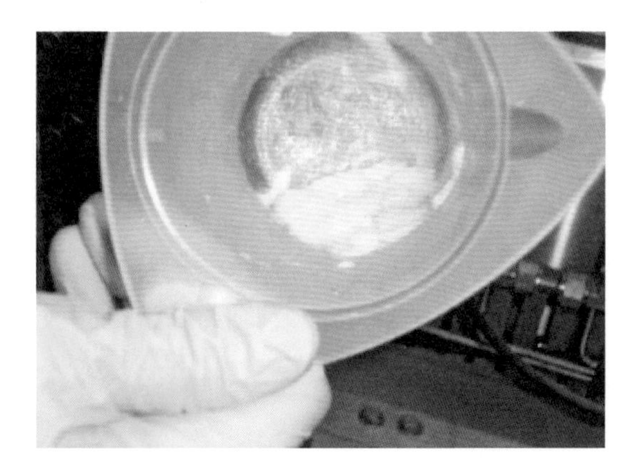

图6-6 LPG压裂液冻胶示意图

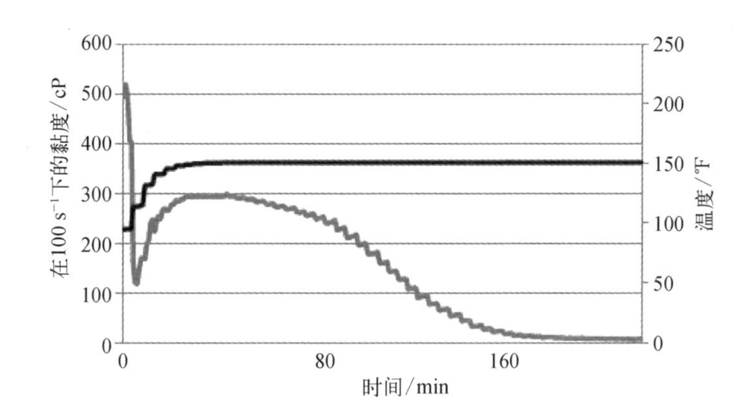

图6-7 LPG冻胶的黏温曲线

表6-1 不同压裂液介质的物性

流　体	表面张力(20℃)/(dyn/cm)	黏度(40℃)/cP	密度/(g/cm^3)
水	72.8	0.657	1.0
裂解油	25.2	1.93	0.82
40%甲醇-水	40.1	—	0.95
甲　醇	22.7	1.09	0.79
丁　烷	12.4	0.397	0.58
丙　烷	7.6	0.083	0.51
天然气	0	0.011 6	—

上述数据表明，以丙烷作为介质的LPG压裂液，其表面张力、黏度、密度等特性均较为突出，能够满足高效返排，降低压裂液伤害的需求。LPG低密度的特性减少了静液柱的压力，利于后期的返排，并可减少施工时的管柱摩阻。LPG压裂液在压裂过程中（相对低温、高压）保持液态，而在压裂结束后地层条件下和井筒中（高温、相对低压）恢复为气态，其返排效率明显高于水基压裂液（返排率往往低于50%）。同时基于LPG液体与油气完全互溶、不与黏土反应、不发生贾敏效应，其对地层伤害也远小于水基压裂液，从而可以实现最佳的压裂效果，大幅度增加人工裂缝的有效长度，显著提高储层改造效果（图6-8）。

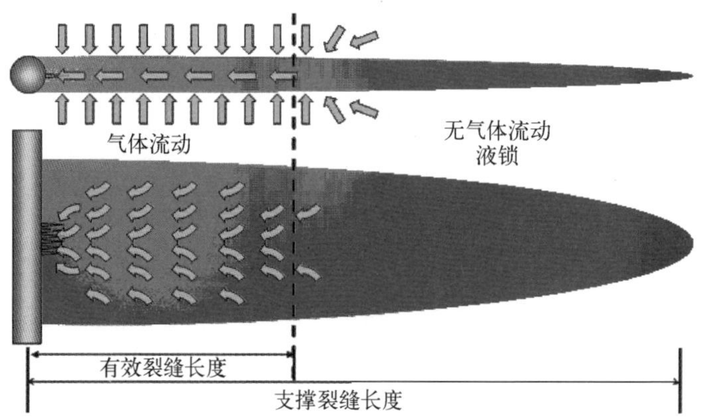

常规压裂由于地层伤害问题使有效缝长明显小于支撑缝长

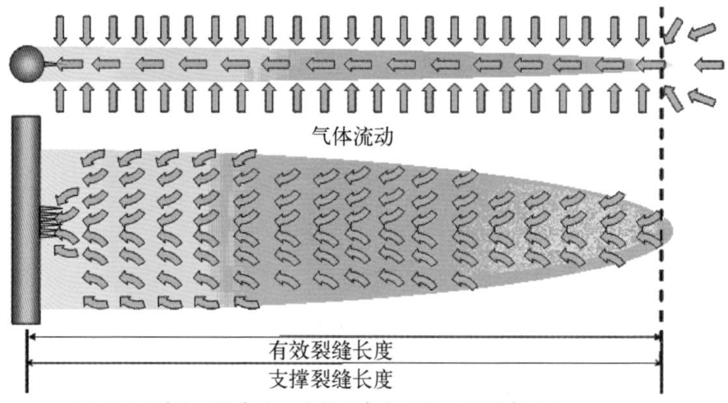

LPG压裂对地层伤害小，有效缝长与实际支撑缝长相当

图6-8 LPG压裂与常规压裂造缝长度和有效缝长关系比较

5）LPG压裂液回收再利用

水基压裂液返排后的液体需要先进行处理才能外排和回收利用，而LPG无须特别的返排作业过程，其返排物质能够直接进入油田生产系统并被回收（气相加压液化分离），实现循环使用，如图6-9所示。

图6-9 水基压裂液与LPG压裂液返排处理示意图

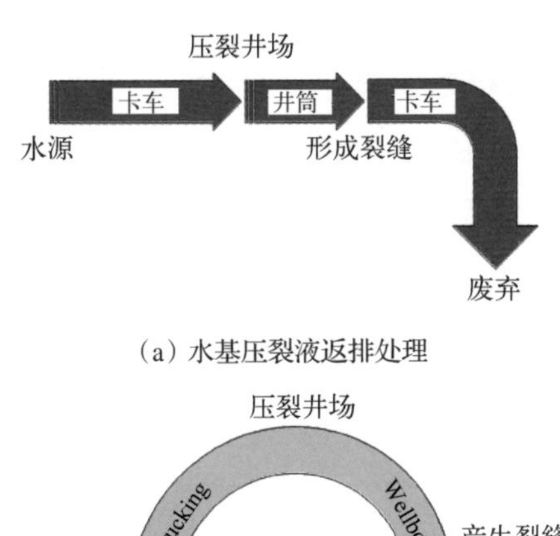

（a）水基压裂液返排处理

（b）LPG压裂液返排处理

2. LPG压裂施工技术

1）施工设备

LPG压裂实行全自动化施工模式，施工场景如图6-10所示。设备组成主要包括压裂车、添加剂运载和泵送系统、LPG罐车、液氮罐车、砂罐、管汇车、仪表车等。不需要混砂车，支撑剂和液体在低压管线中混合输送。

（1）压裂泵车

LPG压裂用压裂车是对所购置的水基压裂用压裂车的泵注系统的密封原件进行了改进，以提高耐磨能力，并确保密封性，如图6-11所示。

图6-10 LPG压裂施工场景示意图

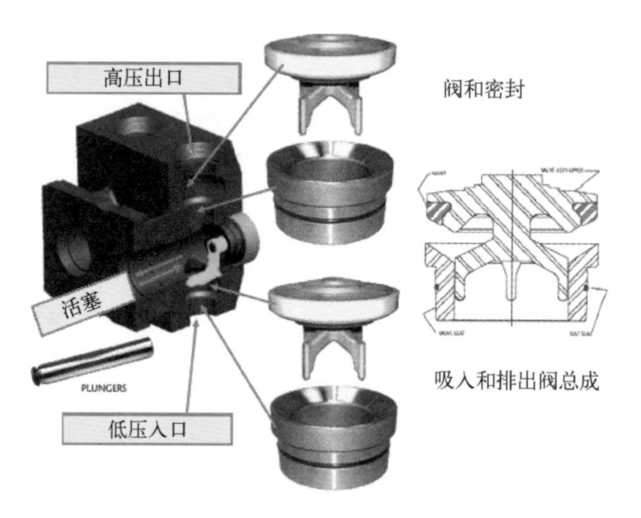

图6-11 高压泵注系统改进的部分示意图

(2) 砂罐与液罐

砂罐为高压密闭系统，目前的砂罐可装100 t陶粒。其下部安装2个绞龙，与低压管线连接。通过控制绞龙转速调整加砂液比。砂罐和运载系统如图6-12所示。

图6-12 LPG压裂用砂罐及运输车示意图

LPG液罐通过密封管组合与砂罐下的搅笼连接，从而形成供液系统，有关LPG压裂液罐及运输车如图6-13所示。

图6-13 LPG压裂液罐及运输车

(3) 添加剂运载和泵送系统

添加剂运载和泵送系统中分类储存了各种添加剂，通过比例泵泵出并连接至供液系统中。泵出控制系统与仪表车相连，并由仪表车直接控制泵送系统。

2）施工安全监测

由于LPG为易燃液体，并且易挥发成为易燃易爆气体。另外，现场压裂施工时LPG用量较多，且施工条件为高压施工，故施工的安全监测和控制尤为重要。LPG压裂专用仪表车内有大量设备是用于监测井场的温度变化、气体泄漏等情况的，而在水基压裂的仪表指挥车里这些是不需要的。

施工警戒区域划分：在施工准备期间，按照井场布局进行合理摆放，并严格划定警戒区域，该警戒区域主要为热感区域及泄漏区，须有明显警戒标志。施工期间，警戒区域内禁止任何人员进入，如图6-14所示。

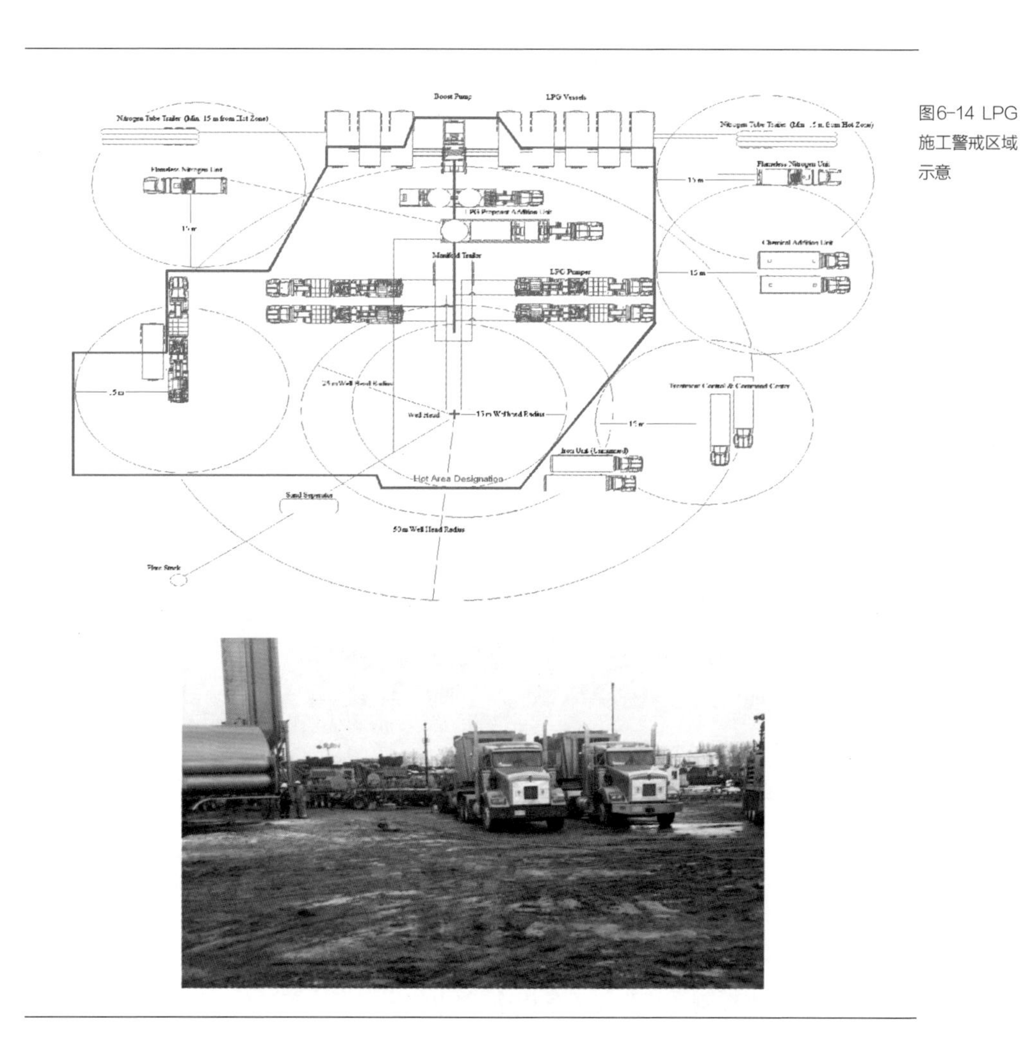

图6-14 LPG施工警戒区域示意

（1）压裂车低压吸入口压力监测

LPG在任何位置泄漏都将造成严重后果，故每台LPG压裂车都在低压吸入口安装压力传感器，该传感器一旦监测到有泄漏发生，须立即停止所有设备的运转并进行整改。有关低压吸入口压力传感器如图6-15所示。

图6-15 低压吸入口压力传感器示意图

（2）LPG浓度监测

LPG的浓度达到一定值并在一定温度下将发生爆炸。另外，压裂车的发动机在施工时均处于工作状态，更增加了爆炸的风险。因此需要在多个位置放置LPG浓度监测设备，如图6-16所示。施工现场的浓度测定感应器一般在20个以上。

图6-16 液化石油气泄漏监测装置（电池供电）示意图

（3）温度监测

为进一步确保施工安全，还要进行红外温度监测。因为液体泄漏时会使其周围温度降低，而机器运转会使其自身温度上升，为了便于将环境温度和机器运转正常温度相比较并进行判断，需采用灵敏度很高的温度感应摄像头进行监测，如图6-17所示。设备运转前后温度对比监测效果如图6-18所示，由图6-18可知监测设备对温度感应灵敏且显示很直观。

图6-17 红外成像采集监测器示意图

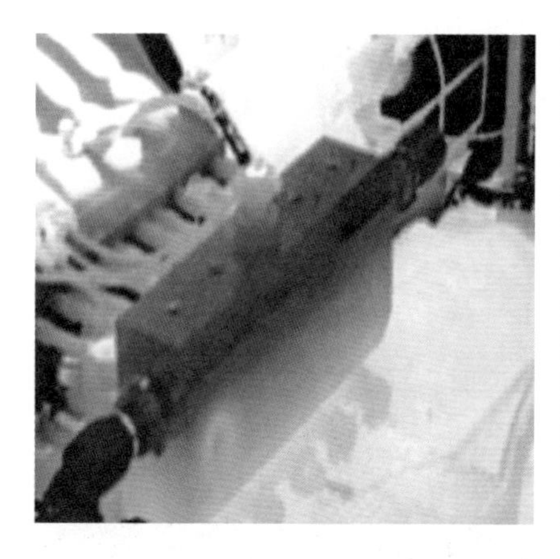

图6-18 设备运转前后温度对比监测效果图

（4）LPG压裂施工规章制度

为确保施工设备、施工人员以及井的安全，LPG压裂的施工规章制度除了水基压裂的施工规章制度,还需建立符合自身特点的规章制度。

首先是与LPG压裂相关的已存在的工业推荐方法(Industry Recommended Practices),包括:试井及液体处置(IRP4);易燃流体的泵送(IRP8);基础安全常识(IRP9);推荐安全行为准则(IRP16);易燃流体处置(5IRP18)。

由于目前LPG施工以丙烷为主,施工还需按照LPG或丙烷工业的相关要求,如:丙烷教育和研究委员会的相关要求;加拿大石油服务协会的要求;加拿大石油生产协会的要求;加拿大丙烷气生产协会的要求。

另外,施工设备设计、操作程序、安全检查规范都必须进行危险与可操作性分析(Hazard and Operability Analysis,简写为HAZOP)第三方评估。

3. LPG压裂施工效果对比

将同一油田应用的LPG压裂比水基压裂进行效果对比,如图6-19所示。由图6-19可以看出,采用LPG压裂的效果明显优于采用水基压裂液压裂的井,由此也说明了LPG压裂技术的优势。

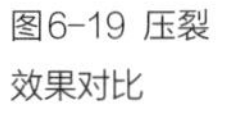
图6-19 压裂效果对比

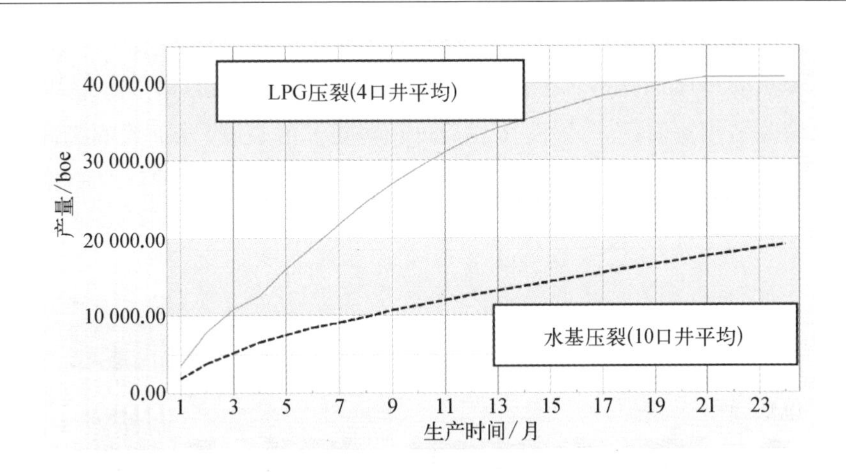

4. 气源及成本

目前国内的LPG几乎全部来自炼油厂,而且是未经分离的混合液化气,只有少量产自油气田。表6-2列出了截至2012年3月31日的液化石油的参考价格,可以看出其均价在6 000 ～ 8 000元/吨(2012年3月价格),平均成本较高。

表6-2 液化石油气参考价格

产品名称	生产厂家	种类	地域	价格(元/吨)	报价日期
液化气	珠海新海	—	全国	7 860	2012-3-31
液化气	珠海煤气	—	全国	8 150	2012-3-31
液化气	珠海横琴	—	全国	7 550	2012-3-31
液化气	中原油田	—	全国	7 150	2012-3-31
液化气	中捷石化	—	全国	7 000	2012-3-31
液化气	镇海炼化	国产气	全国	7 710	2012-3-31
液化气	湛江东兴	—	全国	7 550	2012-3-31
液化气	玉门炼化	气槽	全国	5 970	2012-3-31
液化气	玉门炼化	火槽	全国	6 650	2012-3-31

5. LPG压裂液的优缺点分析

1）LPG压裂优点

液化石油气压裂相对清水压裂的突破在于使用液态烃类(丙烷和丁烷等)作为压裂介质而非清水基液，液态烃纯度常高于90%。若压裂成功则液态烃低密度、低黏度和可溶性强的优势将非常突出，从而洗井迅速且能够近似100%返排，可消除多相流问题。另外，压裂后可获得更长的裂缝，从而大幅提高产量(图6-20)。

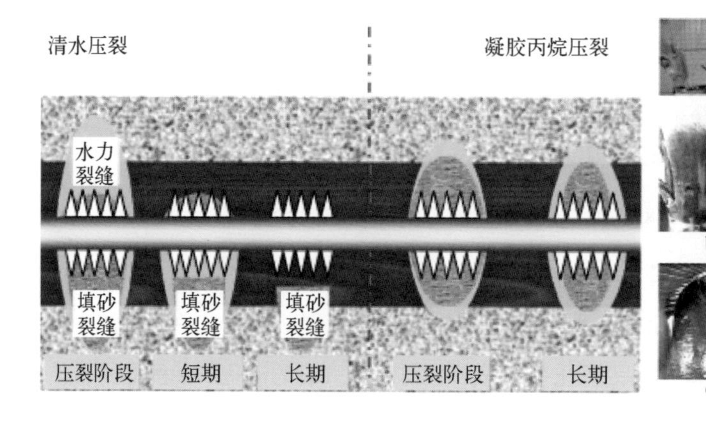

图6-20 水基压裂液和液化石油气压裂铺砂效果对比
a—加入支撑剂前；b—搅拌8 s；c—搅拌15 s

液化石油气压裂系统由气体凝胶系统、氮气密闭系统、混配系统(凝胶与支撑剂)、压裂注入系统、远程监控系统(风险控制)、气体回收系统等组成。施工时全程封闭,先将气体液化,再加入支撑剂完成混配,然后以远程红外监控压裂(图6-21)。

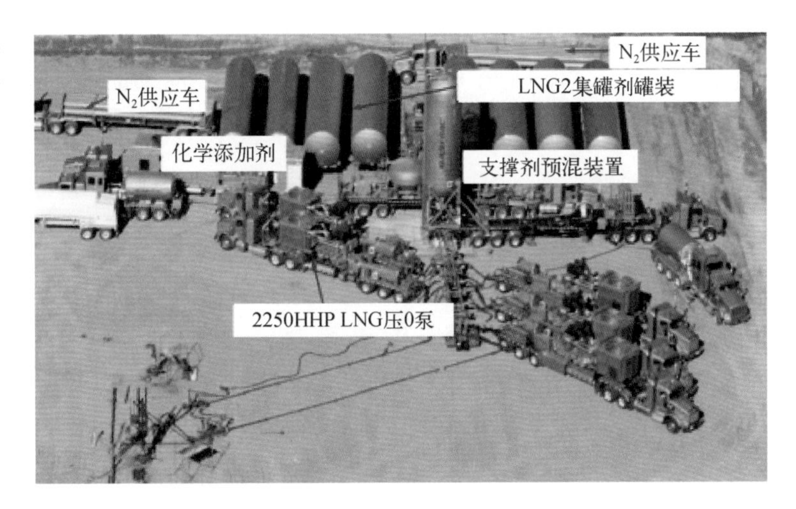

图6-21 液化石油气压裂系统作业流程示意图

液化石油气压裂可提高单井油气产量和最终采收率(20%以上),降低对储层的伤害,压裂过程不需要清水,降低了压裂液的返排污染(丙烷等可回收,如图6-22所示),减少对环境的污染。此外,优异的悬砂、携砂性能保证铺砂效率和长期支撑及流动能力。

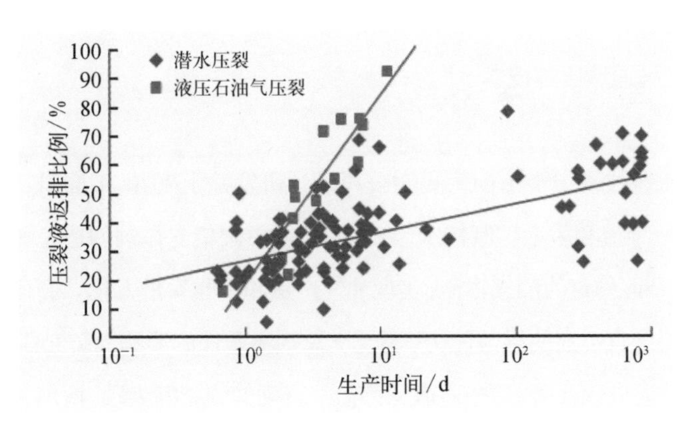

图6-22 压裂返排效果对比

2）LPG压裂缺点

但是液化石油气压裂的短期成本是常规清水压裂的2倍，当烃类回收后则降为1.2倍，故短期成本投入较大；另外，液化石油气属高危气体，可燃性强，一定要重视安全防爆问题，需进行严格监测。

6. LPG压裂液的发展前景

eCORP International（简称eCORP）旗下全资子公司eCORP Stimulation Technologies（简称ecorpStim）近日宣布将推出一项能使丙烷压裂液不可燃的丙烷相关技术。ecorpStim已经成功证明纯液态丙烷可用于碳氢化合物储集岩压裂。ecorpStim的该项装置可为使用丙烷和开采天然气带来的可燃性危险提供多层隔绝与保护，并且压裂过程实现了自动化和远程控制，避免了施工人员处在危险的操作环境中。ecorpStim 的最新创新将进一步确保液态丙烷压裂过程的自身安全操作。目前，这项技术已经提交了专利申请，并启动了进一步的测试和实验，以证明其环境安全性和商业可行性，但尚无现场应用经历。

液化石油气压裂技术在北美页岩气开发中已有大量应用，但在中国尚无应用先例。其显著的节水、环保性，在提高产量及减少压后问题方面表现出优异特性，具有很高的商业开发潜力，故技术引进与自主研发均具有重要的意义。

液化石油气压裂可直接减少清水用量，降低返排阻力，以及对储层的伤害，减少返排液污染问题，从而大幅度提高产量。

6.2.7 高通道压裂技术[12]

高通道压裂技术主要由斯伦贝谢公司设计研发并于2010 年推出。该技术整合了完井、填砂、导流和质量控制技术，在水力裂缝中聚集支撑剂创造无限导流能力的通道，形成复杂而稳定的油气渗流，实现油气产量和采收率最大化。高通道压裂技术创造出来的裂缝有更高的导流能力，不受支撑剂渗透性的影响，油气不通过充填层，经由高导流通道进入井筒，这些通道从井筒一直延伸到裂缝尖端，增加了裂缝的有效长度，能显著改善裂缝的导流能力。

高导流高通道压裂技术目前是斯伦贝谢公司的专有技术(SPE141708),主要是在裂缝内产生开启的流动通道,相比常规压裂会产生较高的裂缝导流能力,其中支撑剂以支撑剂骨架的形式非均匀地铺置在开启通道周围,此时支撑剂不再充当导流介质,而是作为支撑结构来防止裂缝壁面围绕通道周围。裂缝内的通道结构是由特有的泵注程序、射孔、压裂液设计和纤维技术相结合的方式得到的,该技术以常规压裂为基础,但具备很多独特的特性、要求和程序,因此该技术的应用影响了整个设计、施工和周期评价。该压裂技术模拟如图6-23所示。

图6-23 高通道压裂技术与常规压裂技术改善裂缝导流能力的对比

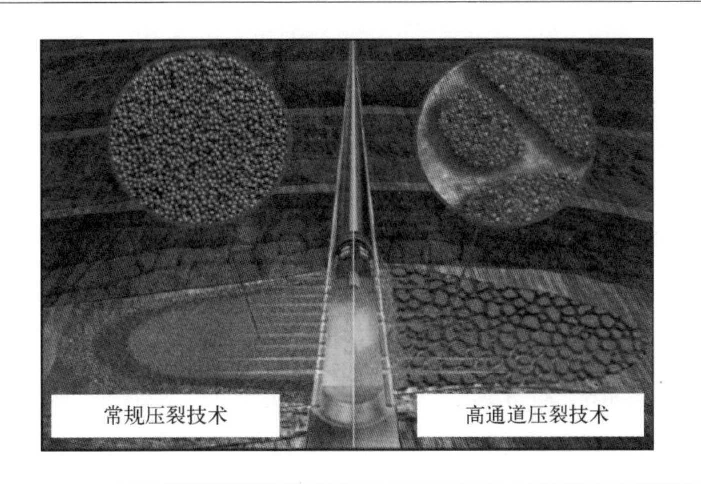

水力裂缝内产生的开启通道过程包括两个重要方面,一方面是地面的施工泵注程序,另一方面是井底实施的射孔技术。首先,支撑剂以小段塞方式加入,支撑剂浓度逐渐增加,与常规施工支撑剂剖面相似,如图6-24所示。

该技术的泵注程序以常规技术为基础,主要区别在于支撑剂是以短小脉冲的方式加入。在给定支撑剂段有较多的小脉冲,其中有两种脉冲方式:携砂液脉冲段和压裂液脉冲段,两个相邻的携砂液段和压裂液段形成一个循环。裂缝和井筒附近需要泵注较长连续段以尾追方式达到,可避免近井筒附近未支撑。

支撑剂脉冲分离可以推进裂缝扩展方向开启通道的形成,这可由通过设计特有的射孔方式得到。主要是不使用均匀射孔方式,而使用非均匀多而密的方式,用非射孔段分隔开。

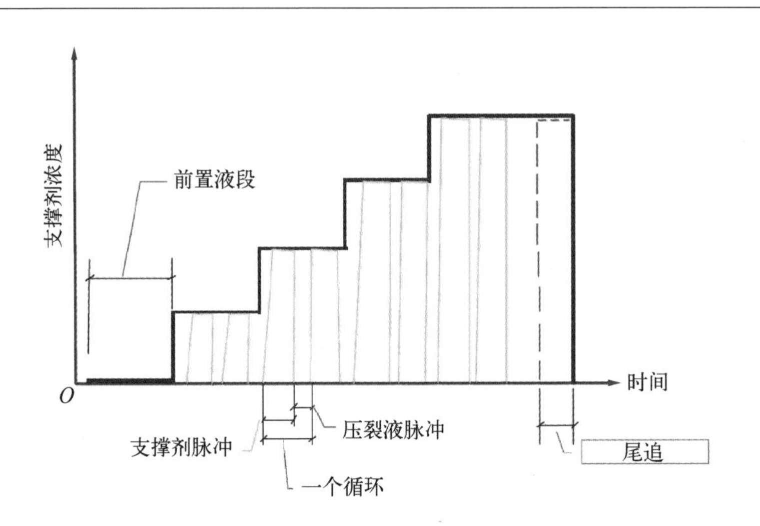

图6-24 新型高通道压裂技术泵注程序示意图

与常规压裂射孔方式相比，高通道压裂射孔设计覆盖裂缝高度的比例相对较大一些，这对于沿缝高方向支撑剂呈现较为均匀的分布及开启通道形成最优几何形状是十分重要的。射孔簇内射孔密度和相位角与常规压裂一致，但其射孔的总数可能相对较少一些，如图6-25所示。

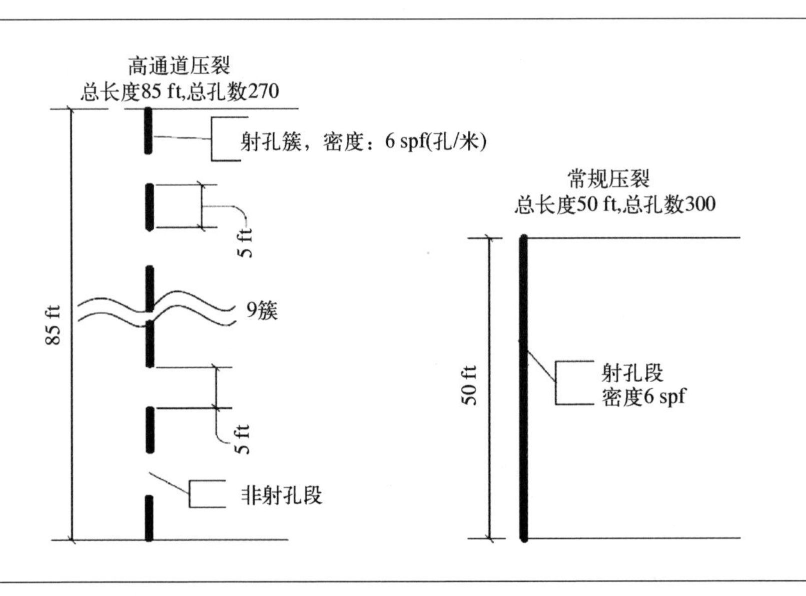

图6-25 高通道压裂与常规压裂在水力裂缝内开启通道形成的射孔模式对比

近井筒效应例如迂曲效应会有助于在裂缝扩展方向上产生开启通道。然而,一般无法确定近井筒效应的具体数值,而利用非均匀性射孔方式是唯一可靠的方法,可以使不连续支撑剂段塞均匀地分布在裂缝内。

高通道压裂技术成功的关键是如何在以下三个过程中维持地面和井底产生的不均匀性,三个过程分别是地面泵入设备到裂缝过程、压裂过程,以及裂缝闭合后支撑剂的传输过程。因此,必须考虑当支撑剂脉冲传输时支撑剂脉冲或者段塞发生的分散问题。因为分散会在裂缝闭合前减少支撑剂骨架有效浓度,从而减少了支撑剂骨架高度,换言之会导致不明确的流动通道结果。

由于沿着油管存在黏度剖面差异常而导致分散,沿着裂缝宽度方向会在裂缝壁面和裂缝中心速度存在较大差异,也常会发生分散问题。此时,增加纤维材料可部分缓解支撑剂脉冲的分散问题。这是由于纤维材料可以改变支撑剂段塞的流变能力,因为纤维可以使段塞增加10 ～ 20 Pa的束缚力,可以防止分散,纤维也能帮助平衡管道中间和两侧的速度剖面,从而降低段塞上的剪应力,也可以缓解分散问题,如图6-26所示。因此应用该技术必须加入纤维材料。

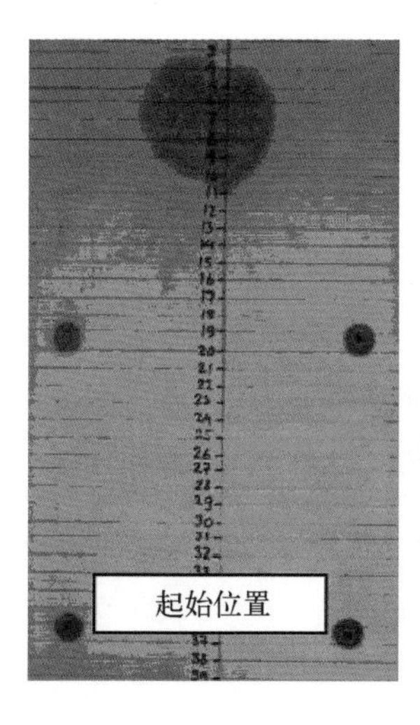

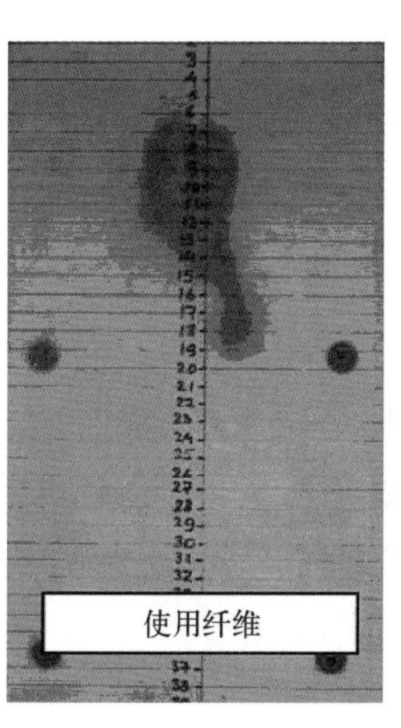

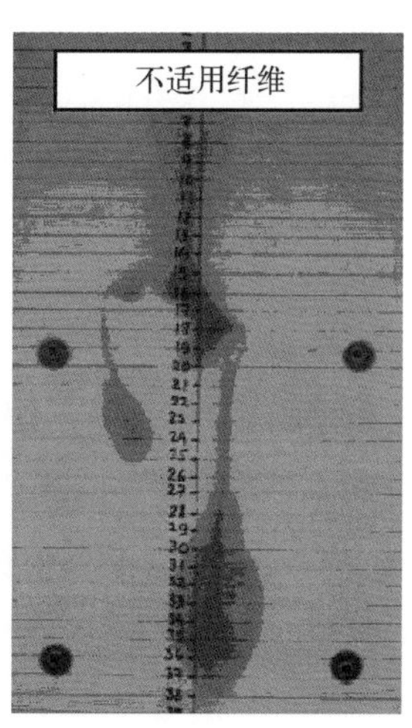

图6-26 纤维对支撑剂段塞沉降的影响示意图

1. 配套工具及材料

高通道压裂技术所用的压裂工具和常规压裂技术的类似,不同之处是该技术需要使用纤维材料，使支撑剂不发生分散并支撑裂缝，从而产生高导流能力的通道。

2. 实例井现场应用

高通道压裂技术在EagleFord页岩气得到应用，显示Heim#2H初始气产量为113 267 m^3/d，相比邻井常规压裂增加了37%，而Dilworth#1H初始油产量为31.8 m^3/d，相比邻井常规压裂增加了32%。

该技术也在美国Jonah气田SHB地区5口井内得到应用（SPE140549），Jonah气田Stud Horse Butte地区位于美国怀俄明州，如图6-27（a）所示。Jonah气田是一个断层圈闭，里面包括位于Green River盆地中心含气量较大的Lance地层。在怀俄明州的Lance地层属于上白垩纪，由一连串河流沙体组成，里面有较多页岩隔层，地层厚度约616 ～ 924 m，层段内砂岩层段约占25% ～ 40%。其中，所有气藏砂岩均含气，没有水层。Lance地层基本的气藏特性总结如下。

岩性：砂岩、粉砂岩和页岩；

种类：沉积岩；

深度：2 310 ～ 4 158 m；

渗透率：$0.000\,5 \times 10^{-3} \sim 0.05 \times 10^{-3}\ \mu m^2$；

孔隙度：6% ～ 12%；

杨氏模量：24 115 ～ 41 388 MPa；

含气饱和度：35% ～ 55%；

气藏压力：20.67 ～ 41.34 MPa；

温度：80 ～ 118℃。

高通道压裂技术在SHB地区5口井得到应用。对于所有的施工层段，交联液体施工由连续的硼酸盐液体和最大砂浓度为720 kg/m^3的支撑剂（一般为20 ～ 40目）组成，射孔的位置和不连续支撑剂段塞个数采用推荐的设计方案进行，另8口相邻井（66段使用的是交联压裂液而29段用滑溜水压裂）采用常规压裂技术，为了缓解不同年限生产产量问题，所有的井都在2010年施工。按照Jonah气田施工的常规压裂方式，对气产量数据进行规范化。

2010年3月高通道压裂技术在Jonah气田第一口井进行应用，该井有12井段，产层净厚190 m需要压裂（$S_g\phi_h = 36.86$），邻井也有12段，其产层净厚为

204 m（$S_g\phi_h$ = 37.50）并进行常规压裂，2口井均呈现较为复杂的薄砂体结构，中间有较多页岩隔层，如图6-27（c）所示。结果表明，高通道压裂技术平均每段泵入39 t支撑剂和342 m^3压裂液，而常规压裂平均每段泵入70 t支撑剂和423 m^3压裂液。

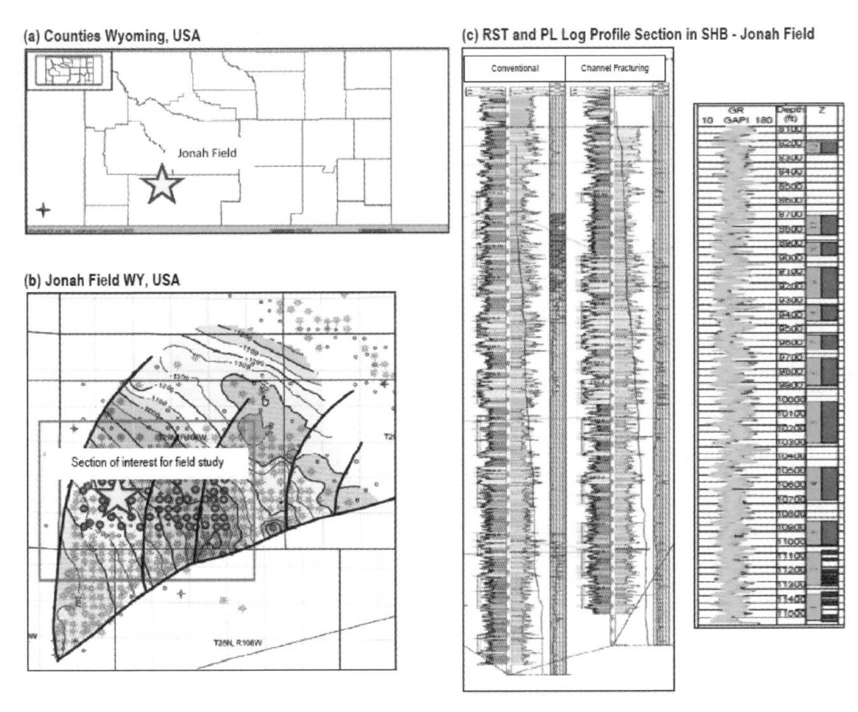

图6-27（a）美国怀俄明州Jonah气田位置示意图；（b）Stud Horse Butte部分在Jonah油田位置示意图；（c）两种增产措施下两口井的RST测试和测井剖面示意图

上述两口井气产量如图6-28所示，若图中的0天相当于最后一个层段压裂结束，那么产量在0天以前的波动是12个压裂段多次射孔和返排等因素引起的，如图6-28（a）所示，还可看出两口井的气产量在早期都会呈现较明显的下降，随后呈现较为稳定的下降趋势，更重要的是应用高通道压裂技术在裂缝内部建立的导流通道在压裂后至少能保持180天。Arps公式（Arps，1945年）如下式所示：

$$q(t) = q_i(1 + bD_it)^{-\frac{1}{b}} \tag{6-2}$$

$$q(t) = q_i(1 + bD_it)^{-\frac{1}{b}}$$

$$Q(t) = \int_0^t q(t)\,\mathrm{d}t = \begin{cases} \dfrac{q_i}{(1-b)D_i}\left[1 - (1+bD_it)^{1-\frac{1}{b}}\right] \text{ 所以 } b \neq \{0,\ 1\}, \\ \dfrac{q_i}{D_i}(1 - \mathrm{e}^{-D_it}) \text{ 所以 } b = 0, \\ \dfrac{q_i}{D_i}\ln(1 + D_it) \text{ 所以 } b = 1, \end{cases} \qquad (6\text{–}3)$$

式(6–2)符合天然气生产速度,可用来预测气井动态特征。式(6–3)中$q(t)$和$Q(t)$分别表示t时的天然气生产速度和累计产量;$D(i)$表示初始递减速度,$q(i)$表示初始流量,而b表示递减指数。

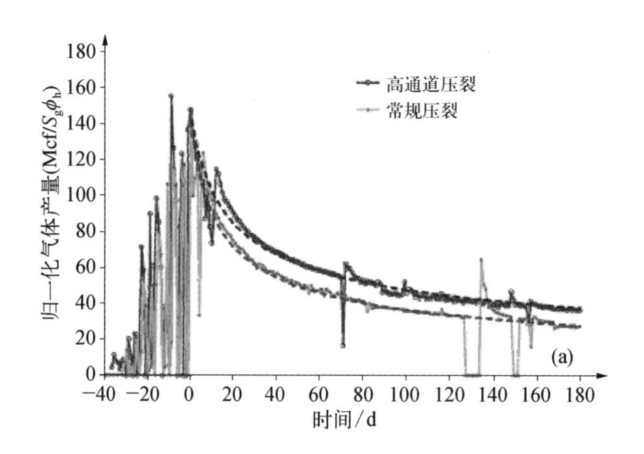

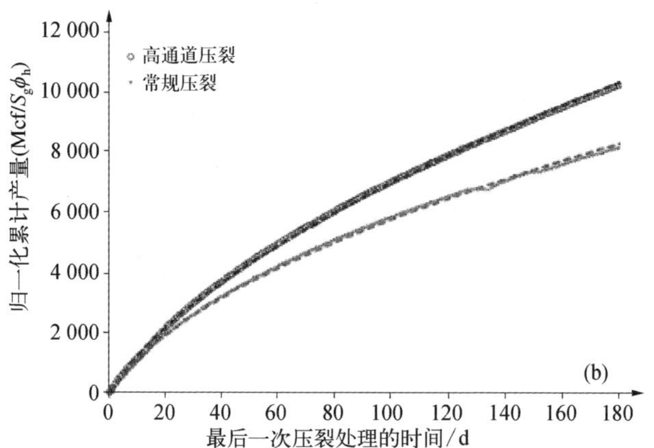

图6–28 (a)蓝线和红线分别表示应用高通道压裂技术和常规压裂得到的天然气生产速度;(b)表示按两种方式压裂并规范化后的累积产量

图6-28(b)表示累计生产数据，短画线表示按照式(6-3)计算出的累计产量，可发现180天后应用高通道压裂技术要比常规压裂技术得到的产量高26%。

该地区共计5口井使用了高通道压裂技术，平均$S_g\phi_h$为39.12，相邻位置的8口井使用常规压裂技术，平均$S_g\phi_h$为43.66。图6-29(a)表示压裂后30天累计产量。

根据式(6-3)得到两年内的生产情形，表明应用高通道压裂技术两年内的累计产量可增加17%左右，如图6-29(b)所示。

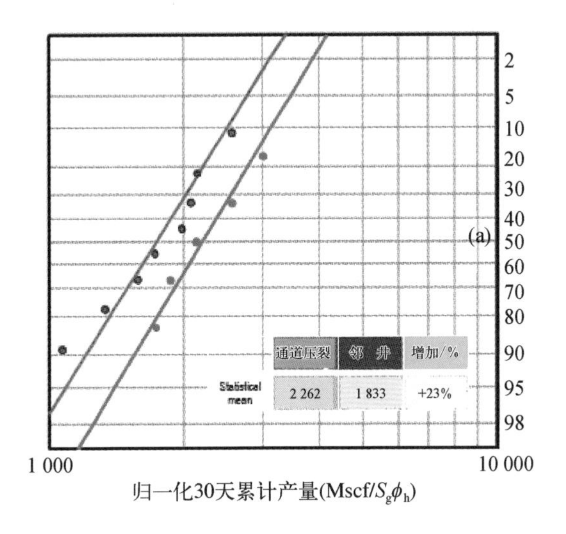

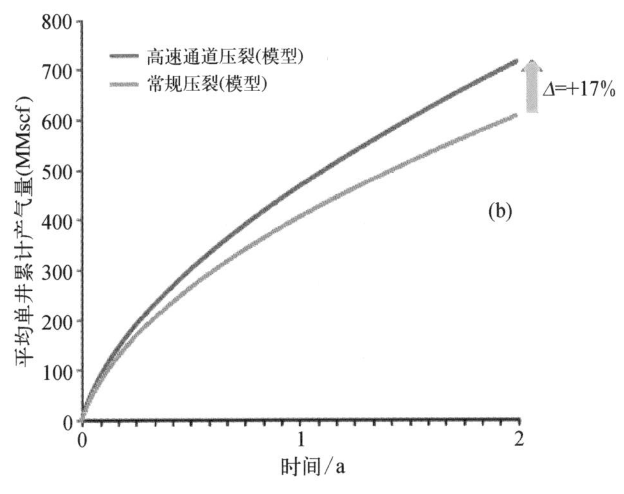

图6-29 (a)短期生产：比较了各井30天累计产量；(b)长期生产：每口井2年内模拟平均累计产量($S_g\phi_h=42$)

3. 技术优缺点

高通道压裂技术目前是斯伦贝谢公司的专利技术，施工成功后获得的裂缝导流能力和产量都比较高，该技术不仅可以降低裂缝净压力增加趋势，也降低了脱砂的风险，并减少了直井垂直裂缝缝高增长范围，即在产层内产生更多缝高较小的裂缝。

高通道压裂技术不适合杨氏模量较低[$(2 \sim 2.5) \times 10^6$ psi]的地层或者闭合压力较高的地层（大于8 000 psi），要求杨氏模量与应力比必须超过400。软地层或者闭合压力较高地层，将会破坏支撑剂骨架的周围，造成有些位置无法铺置支撑剂，将会对导流能力不利，故需要使用特有的射孔技术，但仅有新井或未射孔井可考虑使用该技术。而且该技术需要使用纤维材料，因为纤维可以改善支撑剂传输特性，减少支撑剂分散风险和较大的减少支撑剂沉降速度问题。纤维应该在脉冲的携砂液段和压裂液段加入，而不在前置液阶段、顶替液阶段和尾追阶段添加。纤维浓度要与无支撑剂压裂液体积形成一定关系。由于纤维在井筒内和裂缝内的传输均可以稳定支撑剂骨架及减少分散问题，故在脉冲的压裂液段添加的纤维会影响压裂液的流变性，也会减少携砂液脉冲的沉降问题。

6.2.8 井工厂压裂技术[13-14]

尽管我国页岩气基础资源雄厚，就页岩气的勘探开发而言，中国目前还谈不上规模化、集约化的发展。为实现中国开发页岩气资源大规模开发利用，以下几点是推动页岩气产业快速发展的主要因素：先借鉴国外先进开采经验，进行有效的资源评价，从而确定资源分布区域，再根据不同地质状况选择经济合理开采技术及增产方式；在开发较为成熟的矿区开展页岩气开发先导试验，或与国外公司展开技术合作，积累页岩气优选、评价开采技术和分析经验，建立符合我国页岩气开发并行之有效的配套技术，为规模开发作好充分准备；合理利用成熟的常规天然气开采技术，这是由于页岩气勘探开发与天然气勘探开发有相似之处。天然气一般是以游离气为主，生成于泥岩，储存于砂岩或灰岩之中，而页岩气生成于泥岩之中，其绝大部分是属于吸附气为主。页岩气开采的主体技术与常规天然气开采基本相似。在常规天然气开采技术方面，我国有一系列的配套成熟技术。因此，进行页岩气的水平井钻井技术、压裂改造技术具备一定的基本条件；国家再制定相关的扶持政策，增大相关设备投入并设立专项资金，鼓励倡导有关石油公司及相关科研院所进行页岩气资源的勘探开发，不仅可缓解我国油气供应压力，还可为我国能源资源提供重要补充。

1. 基本概念

井工厂作业是指在开发阶段由于对油气分布认识十分清楚，为降低钻完井及井场建设成本，提高作业效率，批量钻丛式井并批次完井压裂的钻完井模式。在井工厂模式下，钻井设计、井身结构基本采用统一批量设计的方法，在设备定制、物料采购方面统一规格，这样既能缩短设备的交付时间、降低不同型号设备采购、运输和管理费用，还能节约因设计变动而增加的费用。相对于传统井作业，井工厂作业有其自身特点：丛式井场设计、定制钻机及压裂设备（滑动钻机、车载钻机、高马力压裂车、柔性水罐、集中供电系统、集中返排液处理等）、交叉作业（钻井、压裂、连续油管）等。北美的油气开发实践证明，采用井工厂作业模式，能大幅度降低油气井的交付周期及钻井成本。

（1）批量化　指成批数量施工和生产作业。批量作业包括批量钻井作业、批量完井作业、多井同时返排作业和压裂生产等。批量化作业首先是技术整合，其次才能实现批量化。石油钻井、压裂等施工作业是高度技术密集型作业。要建立批量化作业，必须将技术高度集成化，做到流水线上人、机有效组合，不论是在线作业还是离线作业，都要充分体现人的能动性和设备的灵活性相互结合，即使是非同步性的作业也要以弹性的方式做到有机组合，使技术要素在各个工序节点上实现不间断的作业。

（2）交叉作业　交叉作业是井工厂作业又一特色，它通过精细化的HSE管理、质量及过程控制得以实现。根据当地条件，通过分析优选井工厂作业交叉作业项目，结合设备、场地及HSE考虑，认为3项交叉作业（钻井＋完井＋生产）具有更好的适应性。其主要特点是：钻井效率更高、钻机搬家次数更少、需定制钻机、更早实现产气、减少生产延迟。

2. 井工厂作业的适用范围

从专业角度上看，井工厂作业适用于钻井、压裂、试油、试气、采油和采气；从钻井角度讲，适用于大型、超大型丛式井组，丛式水平井组。井工厂作业便于施工、生产和管理，特别适用于低渗透率、低品位的非常规油气资源的开发作业。

3. 技术保证

传统常规钻完井设备无法满足井工厂作业模式的要求，因为大部分作业需线上进行，不能交叉作业且搬家等待时间较长，这些都难以满足批量钻井、离线作业的要求。因此井工厂作业在技术上应满足以下要求。

(1) 需定制设备：它需要满足能够快速移动、快速组装功能；

(2) 特殊井场：作业场地需满足适合井工厂作业要求的井场；

(3) 批量作业性能：具有批量钻井、批量完井、多井批量返排与生产；

(4) 离线作业性能：这样能减少传统作业等待时间(如固井作业、立管试压、连接井下工具串、钻杆连接成柱等)；

(5) 标准化的井身结构设计，确保使用标准化的钻完井设备及材料。

4. 北美页岩气井工厂压裂流程与设备

北美地区页岩气压裂地面流程见图6-30。

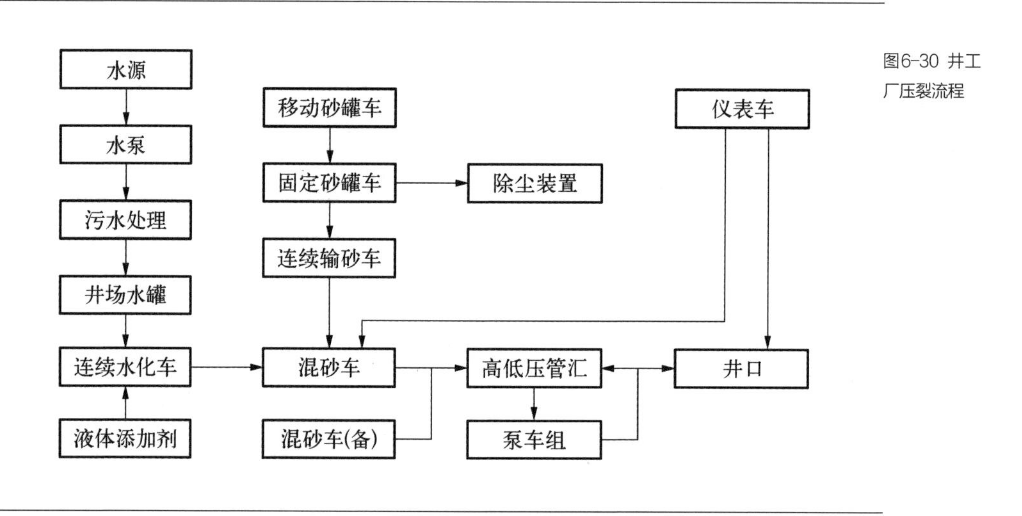

图6-30 井工厂压裂流程

1) 连续泵注系统

该系统包括压裂泵车、混砂车、仪表车、高低压管汇、各种高压控制阀门、低压软管、井口控制闸门组及控制箱。使用的压裂设备大都是拖车式，其中压裂泵车以2 250 HP为主；混砂车的输出排量有16 m^3/min和20 m^3/min两种，输砂能力分别为7 200 kg/min和9 560 kg/min；高低压管汇上带增压泵（由独立柴油机带动），以解决混砂车远离泵车时供液压力不足的问题；羊角式井口内径与套管相同，方便下入各种尺寸的工具，液控闸门可使开关井口安全方便；内径102 mm的高压主管线，可显著减少管线的磨损，延长使用寿命，保证压裂的连续性。

2）连续供砂系统

主要由巨型砂罐、大型输砂器、密闭运砂车、除尘器组成（图6-31 ～图6-34）。

巨型砂罐由拖车拉到现场，它的容量大（单个容积80 m^3），特别适用于大型压裂；大型输砂器可实现大规模连续输砂，自动化程度高，具有双输送带和独立发动机，输砂能力为6 750 kg/min；密闭运砂车可单次拉运22.5 t砂，与巨型固定砂罐连接后，利用风能把支撑剂送到固定砂罐中；除尘器与巨型固定砂罐顶部出风口连接，从而把砂罐里带粉尘的空气吸入除尘器进行处理。

3）连续配液系统

由水化车为主，还包括液体添加剂车、液体胍胶罐车、化学剂运输车、酸运输车等辅助设备。水化车是用于将液体胍胶（LGC）或降阻剂及其他各种液体添加剂稀释溶解成压裂液的设备。其体积庞大，自带发动机，吸入排量可为6.5 m^3/min以上，可实现连续配液，适用于大型压裂。其他辅助设备把压裂液所需各种化学药剂泵送到水化车的搅拌罐中。

图6-31 巨型砂罐（容积80 m^3）示意图

图6-32 大型输砂器示意图

图6-33 密闭运砂车示意图

图6-34 除尘器示意图

4）连续供水系统

由水源、供水泵、污水处理机等主要设备，以及输水管线、水分配器、水管线过桥等辅助设备构成。

水源：可将周围河流或湖泊的水直接送到井场的水罐中，或者在井场附近打水井并挖大水池来蓄水。对于多个丛式井组可以利用水池，如压裂后放喷的水直接排入水池并在经过处理后重复利用。供水泵把水送到井场的水罐中，现场使用的水泵进口一般是304.8 mm，出口是254 mm，排量为21 m^3/min，扬程110 m，自吸高度8 m。污水处理机用来净化压裂放喷出来的残液水，主要是利用臭氧将其进行处理并沉淀后重复利用。

5）工具下入系统

主要由电缆射孔车、井口密封系统（防喷管、电缆放喷盒等）、吊车、泵车、井下工具串（射孔枪、桥塞等）、水罐等组成。

该系统工作过程是：井下工具串连接并放入井口密封系统中，将放喷管与井口连接好，打开井口闸门，工具串依靠重力进入直井段，启动泵车用KCl水溶液把桥塞等工具串送到井底。

6）后勤保障系统

主要由燃料罐车、润滑油罐车、配件卡车、餐车、野营房车、发电照明系统、卫星传输、生活及工业垃圾回收车等组成。井工厂压裂的作业时间较长，一般在10～40天，后勤保障系统可以为人员和设备连续工作提供良好的支持。

6.2.9 拉链式压裂技术

近年来，在压裂设计方面的技术进步使产生远场复杂裂缝成为可能。拉链式压裂技术作为先进技术之一，是指两口平行的水平井顺序压裂使缝端的应力扰动最大化，但该技术的局限是仅能在缝端附近很小的区域产生复杂缝网。另一种设计思路是在一个水平井段上交替压出裂缝，即在两条缝的中间部位再进行压裂，这样就可以通过中间裂缝产生的诱导应力改变两条裂缝间的应力场，从而增大泄气面积和储层改造体积，但这项技术在工艺上很难实现。

下面介绍一种改进的拉链式压裂。设计思路是两口平行的水平井交错布缝，扩大控制面积，诱导应力可以改变原有天然裂缝形态并产生次生裂缝，从而形成我们所需要的复杂缝网结构。这种改进的拉链式压裂可以增加地层内裂缝的复杂性，在工艺上也比较容易实现。

在脆性或非均质的岩石储层中进行水力压裂时会改变裂缝周围的应力场。影响应力改变的因素包括：水力裂缝的张开，岩石的力学性质，裂缝的几何形态，裂缝内的压力（Warpinski et al.，2004）。Sneddon（1946）and Sneddon and Elliot（1946）发表了不同类型裂缝的解决方案，分别是半无限，扁平型，还有任意形态裂缝。

1. 计算平面椭圆形裂缝方法（图6-35）

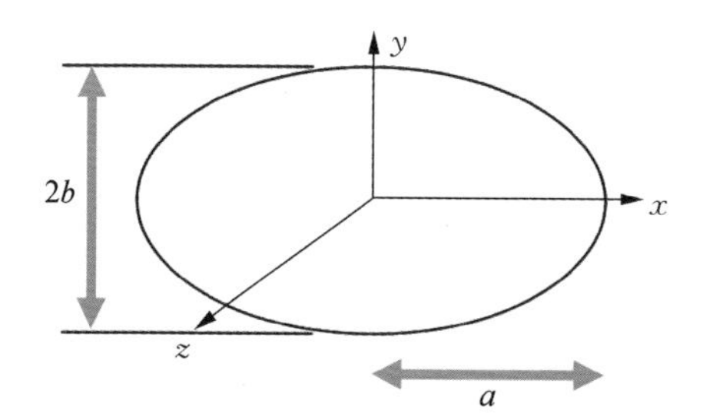

图6-35 平面椭圆裂缝几何图

计算方法如下式所示：

$$\sigma_x + \sigma_y = -8G\left[(1-2\nu_r)\frac{\partial^2\phi}{\partial Z^2} + \frac{\partial^3\phi}{\partial Z^3}\right] \quad (6\text{–}4)$$

$$\sigma_x - \sigma_y + 2i\tau_{xy} = -32G\frac{\partial^2}{\partial^{-2}z}\left[(1-2\nu_r)\phi + Z\frac{\partial\phi}{\partial Z}\right] \quad (6\text{–}5)$$

$$\sigma_z = -8G\frac{\partial^2\phi}{\partial Z^2} + 8GZ\frac{\partial^3\phi}{\partial Z^3} \quad (6\text{–}6)$$

$$\tau_{xz} + i\tau_{yz} = 16GZ\frac{\partial^3\phi}{\partial \bar{Z}\partial Z^2} \quad (6\text{–}7)$$

式中，σ_z为垂直应力；σ_x为最大水平应力；σ_y为最小水平应力。

2. 扁平形裂缝导致的应力干扰

由于扁平形裂缝几何形态的对称性，在平行于裂缝平面方向上的对称线上的应力变化是相等的（σ_x，σ_y）。最小水平主应力的变化总是比最大水平应力和垂直应力的变化大。这是因为裂缝通常沿着垂直于最小水平主应力的方向延伸。

当远离裂缝时，两个水平应力之间的差别将会减小。在$L/H=0.3$的时候应力各向异性的变化达到最大（图6-36）。在应力差不大的情况下是可能发生应力转向的。在垂直应力与最小水平应力接近的走向位移情况下，应力方向的反转意味着产生水平缝（图6-37）。

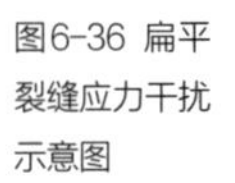

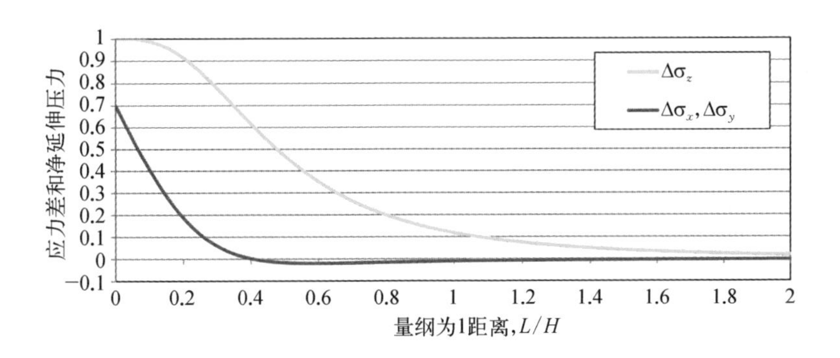

图6-36 扁平裂缝应力干扰示意图

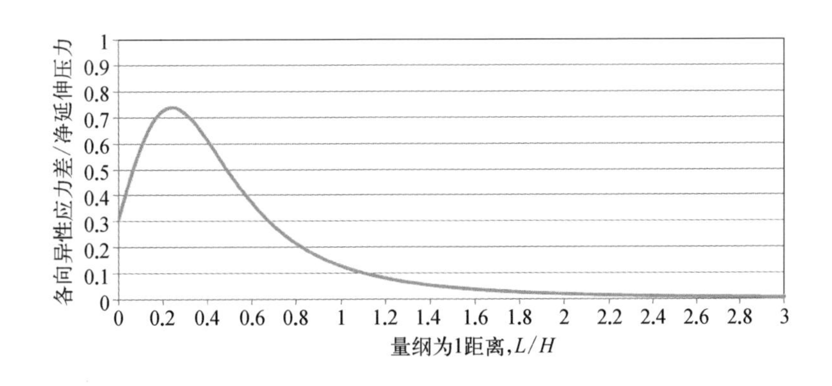

图6-37 扁平裂缝应力各向异性变化示意图

3. 半无限裂缝的应力干扰

半无限裂缝是指一定高度，无限长度的矩形裂缝，宽度相对于高度和长度来说极小。如图6–38所示，显示了高于净压力的应力分量的变化与垂直于裂缝平面的距离的关系，从图中可看出最小水平应力的变化要大于其他方向上应力的变化。

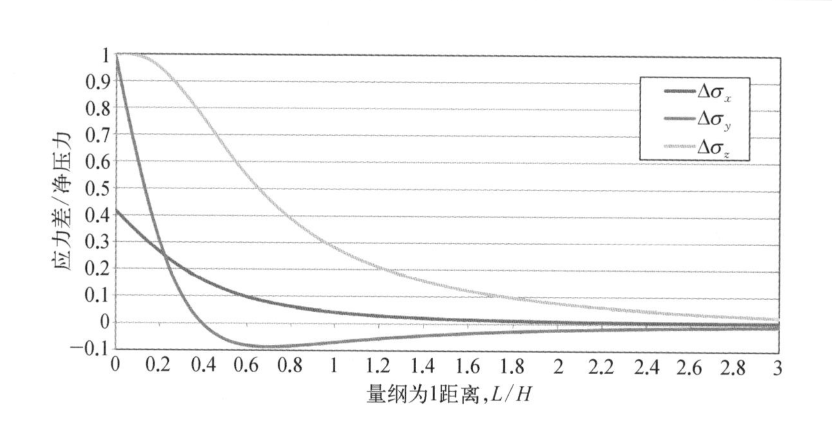

图6–38 净压力应力分量的变化与裂缝距离的关系示意图

4. 椭圆形裂缝导致的应力干扰

如图6–39所示，为椭圆形裂缝中的应力变化示意图。从图中可看出，其应力变化与半无限裂缝的应力变化相似。

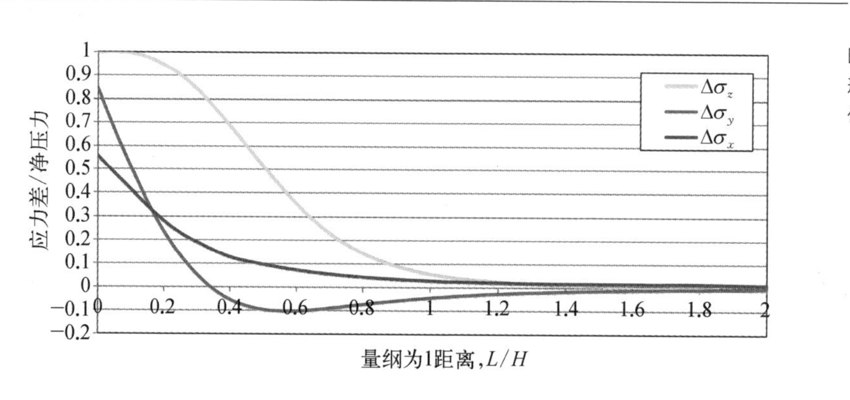

图6–39 椭圆形裂缝应力变化示意图

如图6–40所示，为不同L/H下水平应力的变化示意图。从图中可知，当L/H大于5时应力变化可以忽略。

如图6–41所示，为9个L/H下的最小主应力平均相对差异示意图。

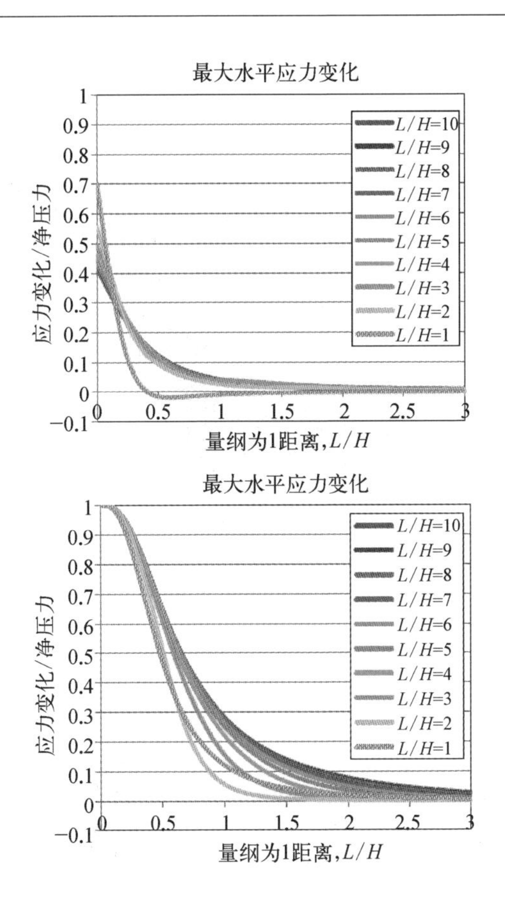

图6-40 500个最小水平应力变化值数据在9个L/H值下的交叉验证

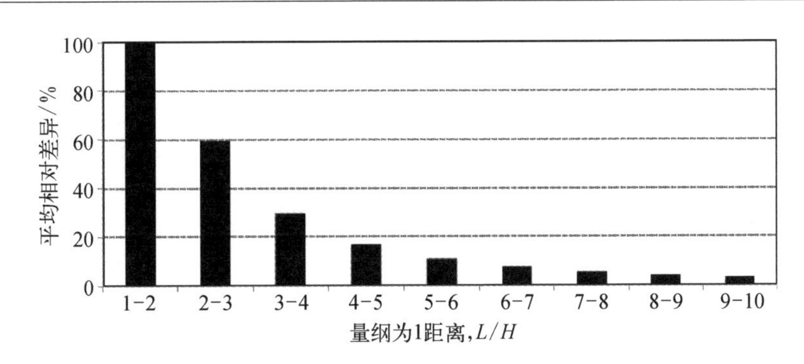

图6-41 9个L/H下的最小主应力平均相对差异示意图

5. 多个裂缝间的应力干扰

如图6-42和图6-43所示，是单缝附近的应力扰动图。应力变化会诱导产生应力各向异性，当应力干扰达到一定程度时，近井地带应力场反转产生纵向裂缝。而在水平井压裂中更希望产生横向缝，所以裂缝位置很关键。

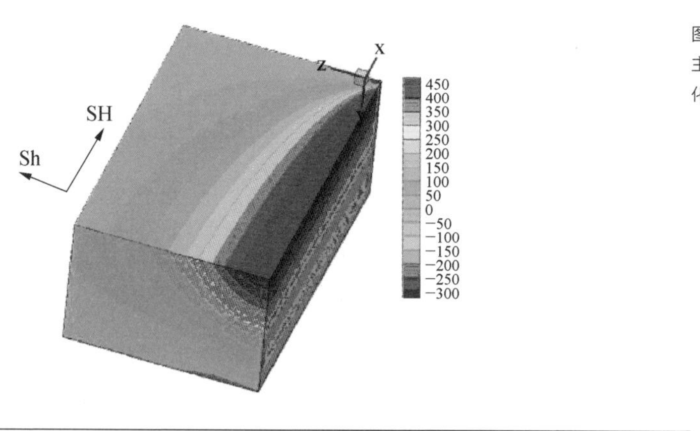

图6-42 最小主应力三维变化

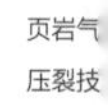

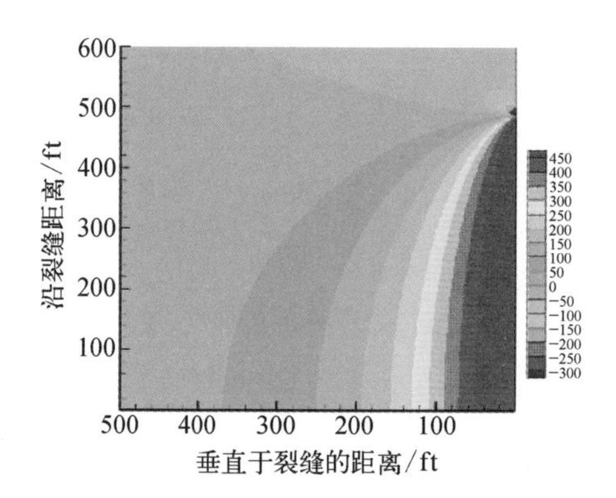

图6-43 最小主应力平面变化

不同的裂缝布缝方式产生的复杂裂缝如下所述：

East等在2010年提出了一种通过改变地层最小主应力大小从而造出复杂缝网的布缝方式，即交错压裂。交错式压裂的布缝方式为在压开两条裂缝后，再在两条缝之间压开一条缝，并在之后的压裂程序上重复这样的操作，直到完成设计的裂缝条数。这种布缝方式可以改变裂缝范围内应力场的分布，造出更多与主裂缝连通的次生裂缝，使整个水平井段改造体积增大（图6-44）。研究了这种布缝方式下地层最小主应力的改变情况，为了模拟交错压裂的诱导应力场，模型设置前两条缝的间距为150 m，且第三条缝在前两条缝的中间位置，故中间缝的扩展对最大水平主应力的改变情况影响很大，并同时受前两条缝净压力的影响。

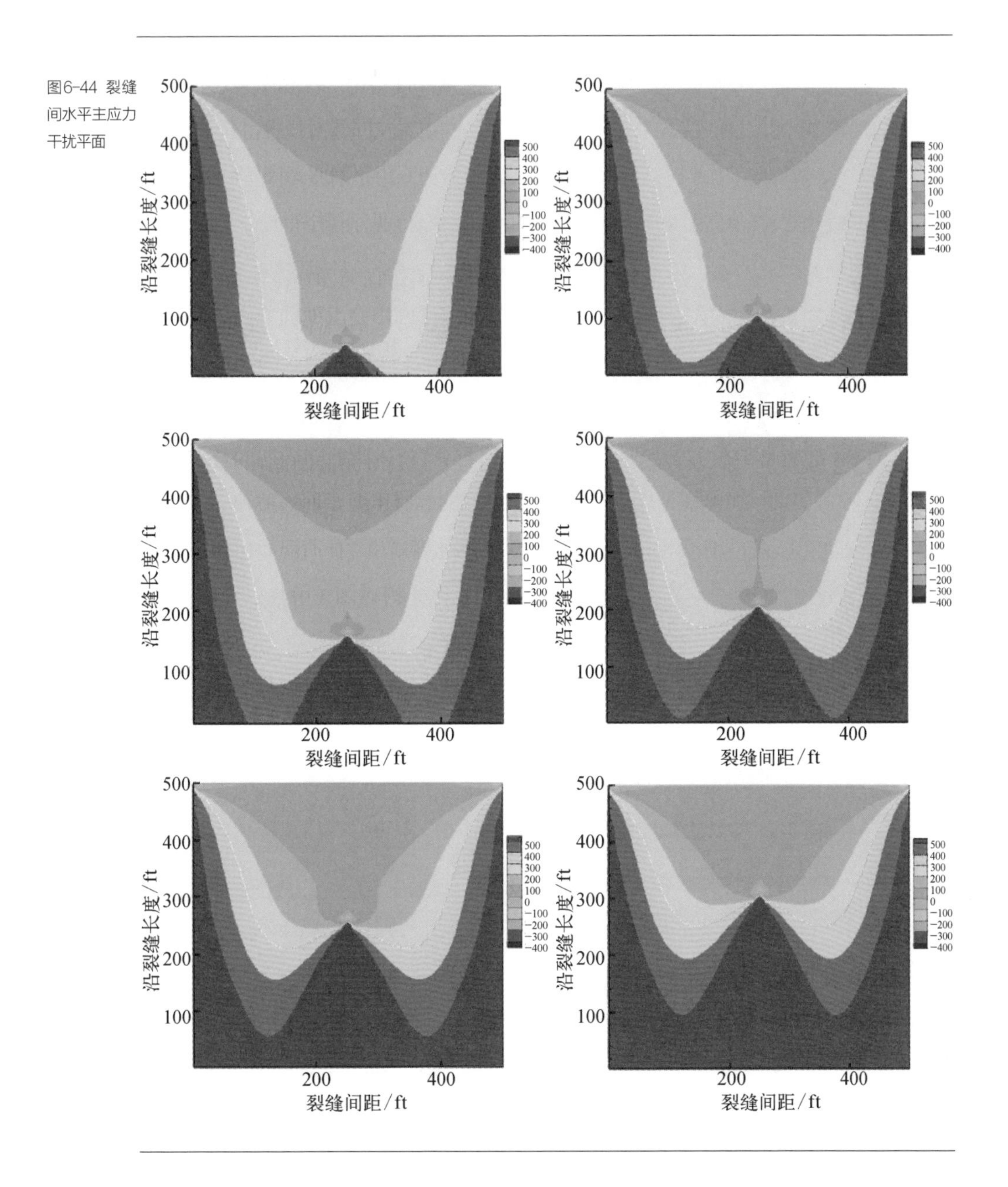

图6-44 裂缝间水平主应力干扰平面

如图6-45所示，为裂缝端部的剪切应力改变情况示意图，这种改变是通过微地震监测得到的。当缝端剪切应力发生改变时，就会发射出一种可以被微波接收器捕

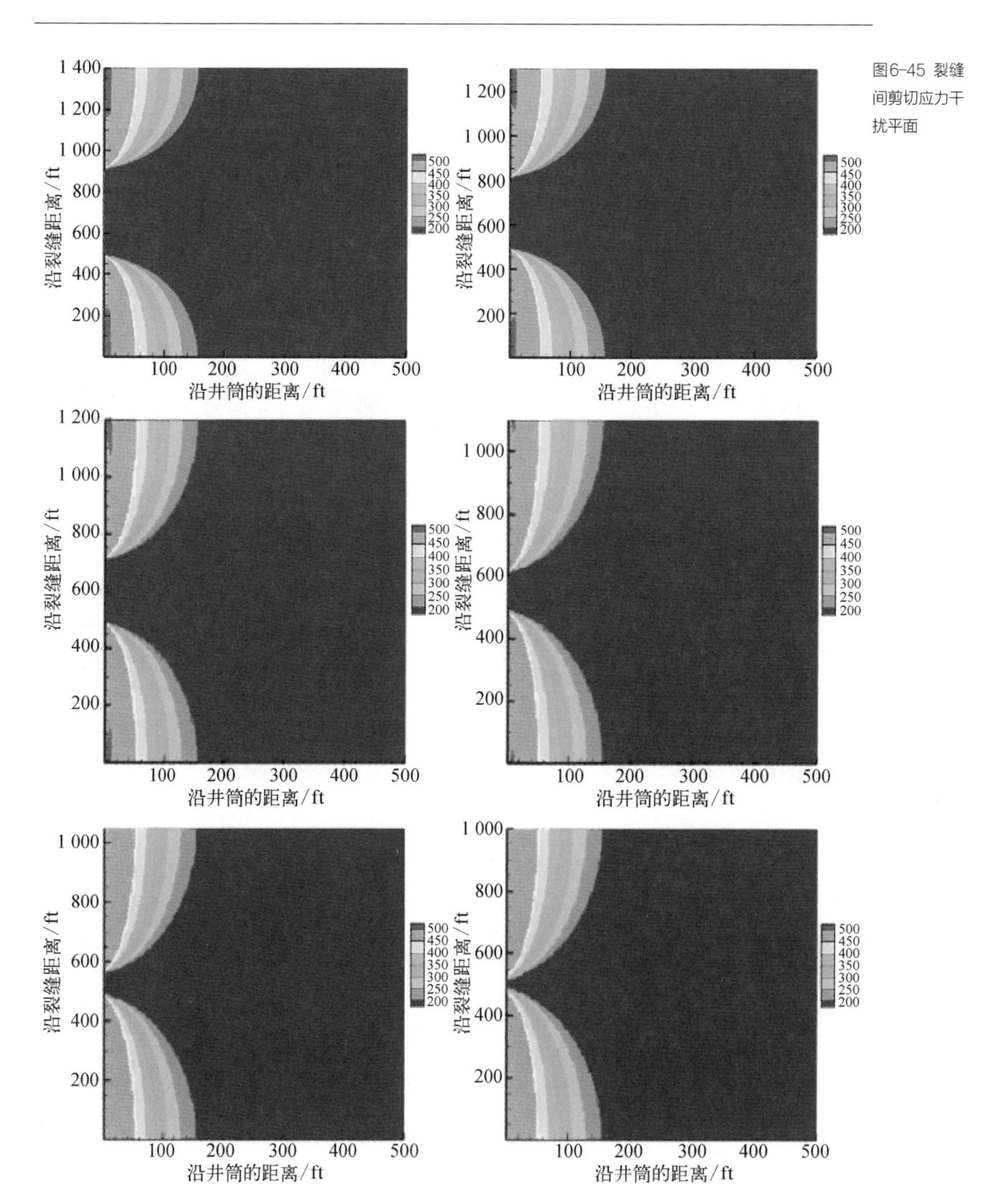

图6-45 裂缝间剪切应力干扰平面

捉到的剪切波，通过对微地震事件的反演得到准确的裂缝位置。从图中可以看出缝端的这种剪切应力改变特别明显，因此随着中间裂缝的扩展所产生的诱导应力有可能压开非常规储层（如页岩）的弱层理面，波及更大的地层范围。尽管这种布缝方式易于制造出复杂缝网结构，但在工艺上却很难实现，而且在近井筒带有可能发生应力反转，因此这项技术目前来看还不适合应用于油田现场。

6.2.10 改进的拉链式压裂技术

这是一种可以有效增大储层改造体积的布缝方式。与拉链式压裂相似，是两口平行的水平井交错布缝（图6-46），拉链式压裂的应力集中主要发生在裂缝尖端，而改进的拉链式压裂可以在两条缝间的区域产生诱导应力。

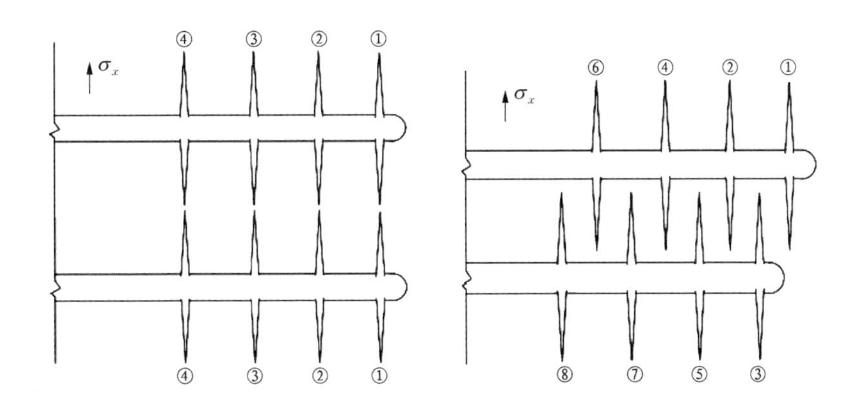

图6-46 水平井交错布缝方式示意图

改进的拉链式压裂可以同时发挥交错式压裂和拉链式压裂的优势，在地层内产生复杂裂缝。改进的拉链式压裂在工艺上较交错压裂简单且易于实现，不需特殊的井下工具。如图6-47所示，为模拟不同井间距三条裂缝控制区域内诱导应力的变化情况示意图，从图中可以看出当井间距从300 m减小到150 m时，最大水平主应力增加了200 ～ 300 psi，因此在设计时两口井的间距是需要谨慎考虑的因素，一口井的裂缝不应该延伸到另一口井的伤害区。这种应力改变可以降低近井筒区域应力反转的风险。

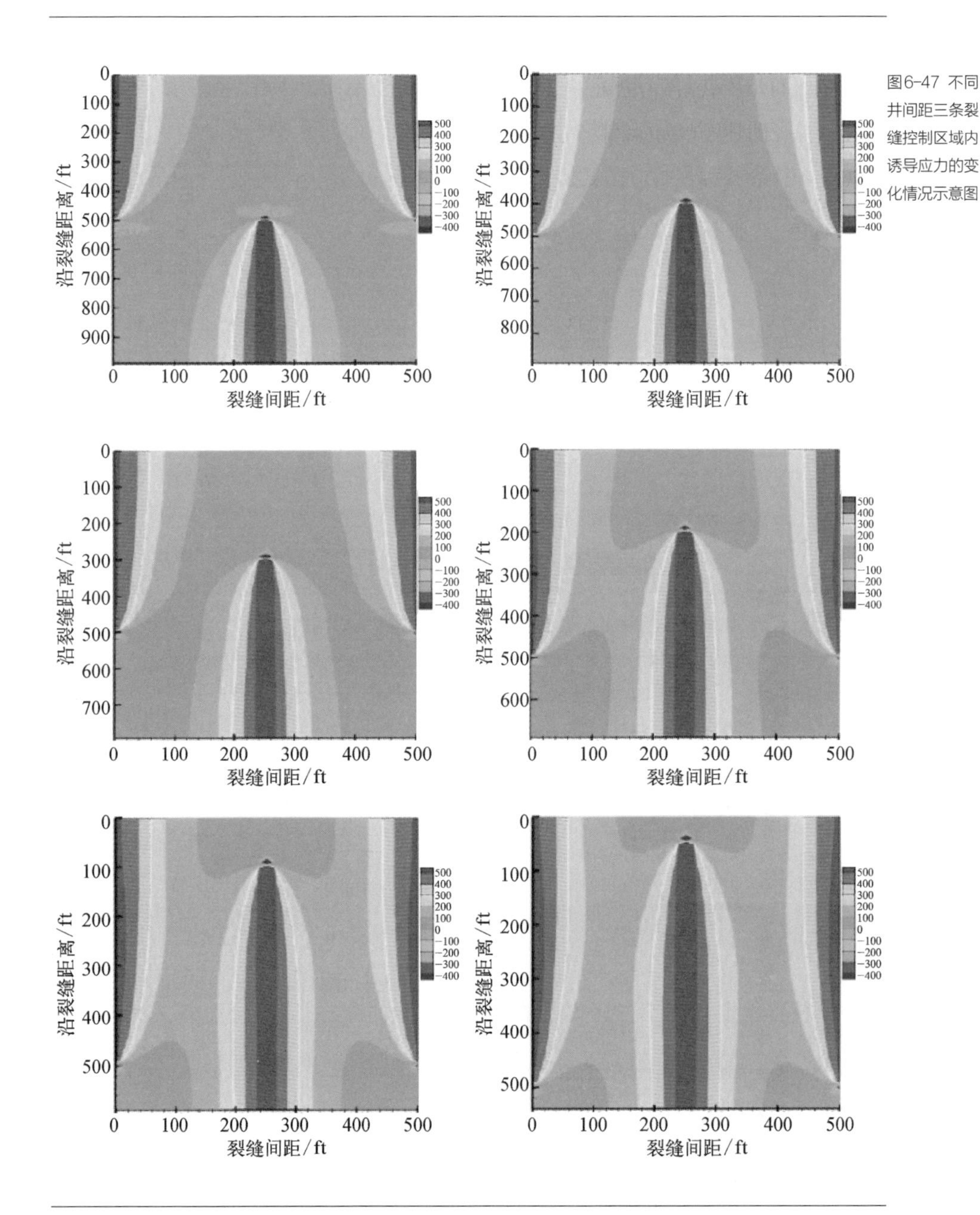

图6-47 不同井间距三条裂缝控制区域内诱导应力的变化情况示意图

综上所述,交错压裂是一种有效的制造复杂缝网的压裂方式,但在工艺上却很难实现;拉链式压裂中两条相对的裂缝尖端必须距离很近才能起到应力干扰的作用,但这又会增加两口井连通进而导致低产量的风险;在改进的拉链式压裂中减小井间距可以增加制造复杂缝的可能性,但井间距的极限值需要进行仔细的计算。

6.3 压裂配套技术

6.3.1 射孔优化

射孔方案的优化在前面已有详细阐述,这里着重从现场施工角度论述。常规直井射孔一般采用螺旋式60°相位角,孔密度一般为16～20孔/米,射孔厚度一般为6 m左右。

对水平井压裂而言,第一段一般采用连续油管输送射孔,常用的管串结构为:连续油管+配接接头+单流阀+液压丢手+变扣接头+压力开孔点火头+第二簇射孔枪+多级射孔接头+第一簇射孔枪+压力点火头+引鞋;其他段射孔一般采用电缆射孔与桥塞压裂联作技术,常用的管串结构为:马龙头+CCL+多级射孔接头+射孔枪+多级射孔接头+射孔枪+多级射孔接头+射孔枪+桥塞坐封工具+桥塞。

6.3.2 易钻桥塞

目前,易钻式桥塞适用于多种套管尺寸(3.5 in/4.5 in/5.5 in/7 in)。目前国外机械桥塞承压达86 MPa,耐温200℃,20 min可以钻穿。该项压裂技术在水平井分段压裂中优点明显。

6.4 压后返排

6.4.1 压裂返排设计优化

1. 单一缝返排方案

（1）停泵后立即快速排液；

（2）排液制度以“控制回压，逐步放大油嘴”为主要原则；

（3）快速返排时，如动液面恢复较慢，就应减慢节奏，防止因动液面降低太快，使裂缝支撑剂承受较大的循环应力载荷影响，从而导致导流能力急剧下降；

（4）尽量提高返排率，并做好水样化验分析。

压后放喷控制油嘴顺序一般参见表6–3。

表6–3 常用的压后放喷控制油嘴顺序

排液顺序	油嘴尺寸/mm	结束时间
1	3	放喷60 min
2	4	放至井口压力低于20 MPa
3	6	放至井口压力低于15 MPa
4	8	放至井口压力低于10 MPa
5	12	放至井口压力低于5 MPa

2. 复杂及网络缝返排方案

1）返排方案要点

（1）停泵后关井测压力15 ～ 30 min，具体时间视裂缝闭合情况而定，如果没有出现明显闭合点则延长停泵时间；

（2）根据页岩气压裂排液情况而定，除Haynesville页岩气藏统计表明较慢的返排速度有益外；一般正常的返排速率控制在10 ～ 30 m^3/h，连续返排，直至见气为止；

（3）先用3 mm油嘴控制压裂液放喷，根据井口压力实时变化情况更换4 ～

5 mm油嘴并逐步放大进行放喷；

（4）采用并联两套油嘴进行连续放喷，控制闸门使得更换油嘴时能够持续放喷；

（5）自喷出现困难时立即进行液氮气举等人工助排方式；

（6）尽量提高返排率，并做好水样化验分析。

2）压裂后返排影响因素分析

常规的气藏数值模型采用质量守恒方程、气体运动方程及等温吸附方程联立求解气水两相流的压力分布和饱和度分布，然后模拟预测压裂后的产量动态及压力变化。模拟压裂后压裂液的返排这一复杂的气液两相流过程主要采用以下的思路：（1）复杂裂缝的设置（图6-48）：总的思路按“等效导流能力”设置（图6-49），即放大裂缝宽度时裂缝内渗透率按比例缩小，使它们的乘积即裂缝的导流能力保持不变。该方法经过常规油气藏的多年验证，不但模拟精度不会降低，还可减少代数方程组的“奇异”性，增加收敛速度，减少运算时间。此外，网络裂缝的设置采用相互连通的次生裂缝与主裂缝沟通，次生裂缝的导流能力与主裂缝相比，按1 ：5比例设置；（2）压力分布及饱和度分布（图6-50和图6-51）：预置不同类型的裂缝几何形态及尺寸，按实际井的压裂施工总液量及井口压力，模拟压裂液的实际注入过程，以精细刻画压裂后返排开始时的压力分布及气水饱和度分布；（3）设置一定的生产制度，模拟返排及生产过程中的气水两相流动规律，即压后返排率及峰值产气量及其递减的规律。如条件成熟，可模拟多井及多段的情况。

利用节点系统分析原理（大系统：基质-裂缝-井底-井口），将应用软件ECLIPSE与PIPESIM结合，同时考虑13个因素，进行正交设计。

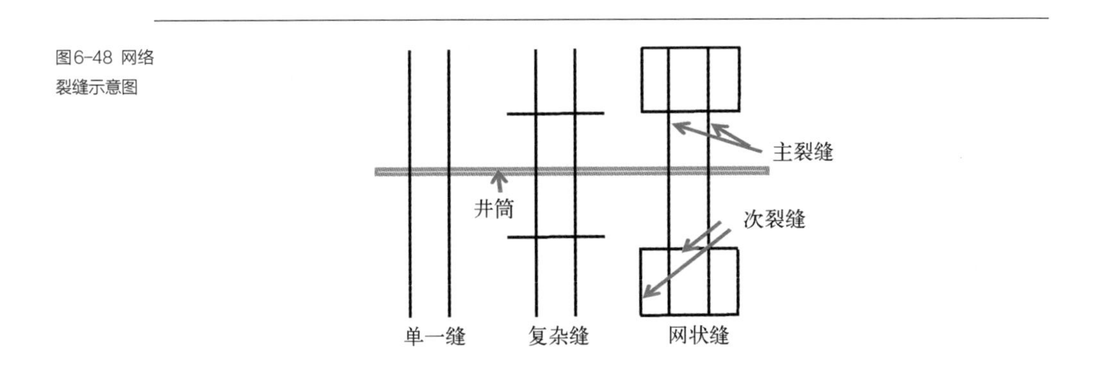

图6-48 网络裂缝示意图

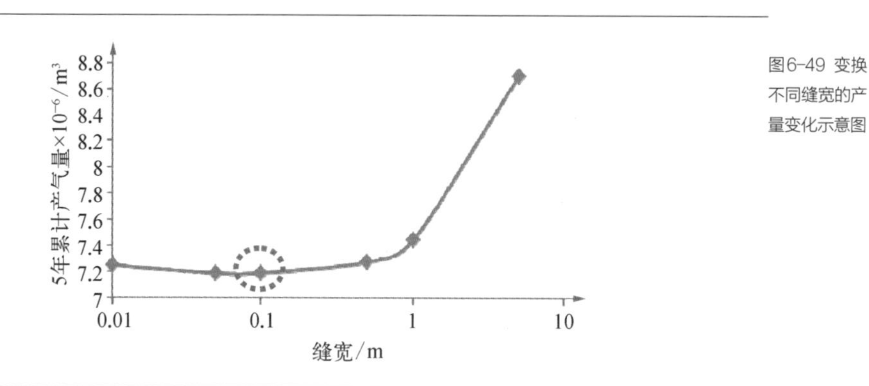

图6-49 变换不同缝宽的产量变化示意图

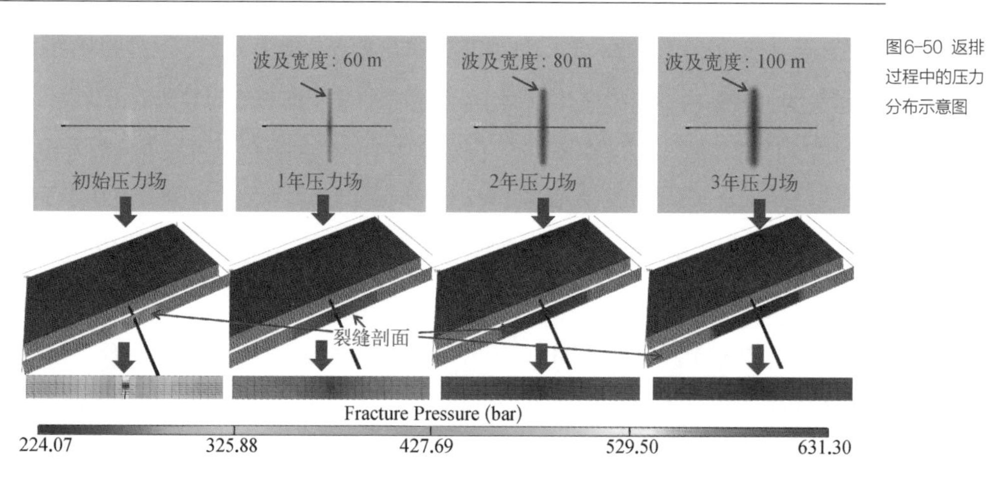

图6-50 返排过程中的压力分布示意图

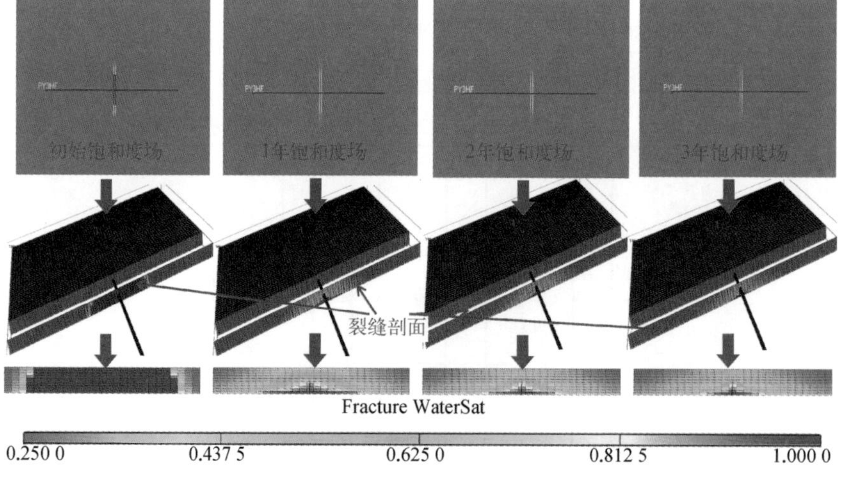

图6-51 返排过程中的饱和度分布示意图

该模型考虑了4类共13个因素：（1）地质参数：压力系数、束缚水饱和度、吸附气含量；（2）裂缝参数：裂缝形态（单一缝、复杂缝、网络缝）、段数（段间距）、裂缝半长、裂缝长期导流（随时间递减）、缝高剖面（沿缝长不等高分布）；（3）压裂施工参数：单段注入量、破胶液黏度；（4）返排参数：返排时机、日排液量、井底流压。

本研究考虑了13种影响因素，如每个因素取3个值，则正常模拟的方案数会高达3^{13}即159万以上，显然是不现实的。为此，采用正交设计法进行方案设置，仅需模拟27个方案，具体方案见表6-4。

27个方案的5年累计产量如图6-52所示，最终得出13个因素的累计产气影响程度显著性对比见表6-5。

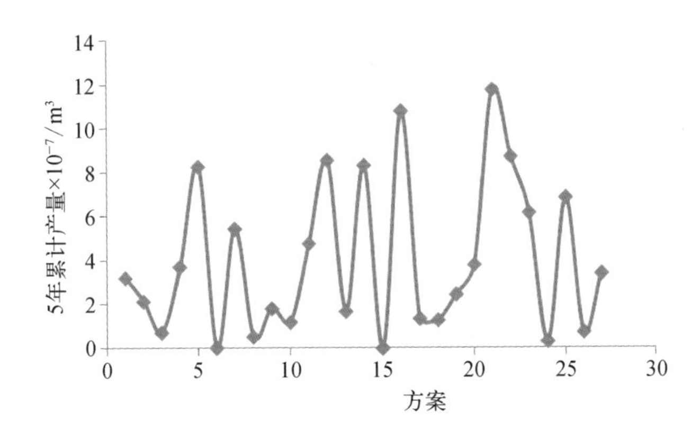

图6-52 27个方案的5年累计产量曲线

表6-4 压后排采模拟方案的正交设计

方案	因素												
	段数	裂缝形态	裂缝半长/m	裂缝导流/(D·cm)	井底流压/MPa	单段注入量/m^3	破胶液黏度/(mPa·s)	压力系数	吸附气含量/%	日排液量/m^3	含水饱和度/%	返排时机	缝高剖面
1	12	单一缝	200	1	19	1 200	0.5	0.8	20	24	25	立即返排	等缝高
2	12	单一缝	200	1	22	1 800	1	1	40	84	40	关井3个月	2/3缝面积
3	12	单一缝	200	1	25	2 400	10	1.2	60	144	55	关井半年	1/2缝面积
4	12	复杂缝	300	2	19	1 200	0.5	1	40	84	55	关井半年	1/2缝面积

（续表）

方案	因素												
	段数	裂缝形态	裂缝半长/m	裂缝导流/(D·cm)	井底流压/MPa	单段注入量/m^3	破胶液黏度/(mPa·s)	压力系数	吸附气含量/%	日排液量/m^3	含水饱和度/%	返排时机	缝高剖面
5	12	复杂缝	300	2	22	1 800	1	1.2	60	144	25	立即返排	等缝高
6	12	复杂缝	300	2	25	2 400	10	0.8	20	24	40	关井3个月	2/3缝面积
7	12	网络缝	400	3	19	1 200	0.5	1.2	60	144	40	关井3个月	2/3缝面积
8	12	网络缝	400	3	22	1 800	1	0.8	20	24	55	关井半年	1/2缝面积
9	12	网络缝	400	3	25	2 400	10	1	40	84	25	立即返排	等缝高
10	18	单一缝	300	3	19	1 800	10	0.8	40	216	25	关井3个月	1/2缝面积
11	18	单一缝	300	3	22	2 400	0.5	1	60	36	40	关井半年	等缝高
12	18	单一缝	300	3	25	1 200	1	1.2	20	126	55	立即返排	2/3缝面积
13	18	复杂缝	400	1	19	1 800	10	1	60	36	55	立即返排	2/3缝面积
14	18	复杂缝	400	1	22	2 400	0.5	1.2	20	126	25	关井3个月	1/2缝面积
15	18	复杂缝	400	1	25	1 200	1	0.8	40	216	40	关井半年	等缝高
16	18	网络缝	200	2	19	1 800	10	1.2	20	126	40	关井半年	等缝高
17	18	网络缝	200	2	22	2 400	0.5	0.8	40	216	55	立即返排	2/3缝面积
18	18	网络缝	200	2	25	1 200	1	1	60	36	25	关井3个月	1/2缝面积
19	24	单一缝	400	2	19	2 400	1	0.8	60	168	25	关井半年	2/3缝面积
20	24	单一缝	400	2	22	1 200	10	1	20	288	40	立即返排	1/2缝面积
21	24	单一缝	400	2	25	1 800	0.5	1.2	40	48	55	关井3个月	等缝高
22	24	复杂缝	200	3	19	2 400	1	1	20	288	55	关井3个月	等缝高

（续表）

方案	因素												
	段数	裂缝形态	裂缝半长/m	裂缝导流/(D·cm)	井底流压/MPa	单段注入量/m³	破胶液黏度/(mPa·s)	压力系数	吸附气含量/%	日排液量/m³	含水饱和度/%	返排时机	缝高剖面
23	24	复杂缝	200	3	22	1 200	10	1.2	40	48	25	关井半年	2/3缝面积
24	24	复杂缝	200	3	25	1 800	0.5	0.8	60	168	40	立即返排	1/2缝面积
25	24	网络缝	300	1	19	2 400	1	1.2	40	48	40	立即返排	1/2缝面积
26	24	网络缝	300	1	22	1 200	10	0.8	60	168	55	关井3个月	等缝高
27	24	网络缝	300	1	25	1 800	0.5	1	20	288	25	关井半年	2/3缝面积

表6-5 13个因素的累计产气影响程度显著性对比

影响参数	*F* 比	*F* 临界值	显著性
段数	18.347	5.14	*
裂缝形态	17.426	5.14	*
裂缝半长	2.427	5.14	*
导流能力	14.488	5.14	*
井底流压	13.857	5.14	*
单段注入量	2.88	5.14	
破胶液黏度	13.736	5.14	*
压力系数	175.97	5.14	*
吸附气含量	25.204	5.14	*
日排液量	1.878	5.14	
束缚水饱和度	0.694	5.14	
返排时机	2.658	5.14	
缝高剖面	32.544	5.14	*

根据方差分析结果可知，有8个因素对5年累计产气量影响显著。各因素影响的大小排序如下：压力系数 > 缝高剖面 > 吸附气含量 > 段数 > 裂缝形态 > 导流能力 > 井底流压 > 破胶液黏度 > 单段注入量 > 返排时机 > 裂缝半长 > 日排液量 > 束缚水饱和度。

27个方案的5年返排率如图6-53所示，最终得出13个因素的返排率影响程度显著性对比见表6-6。

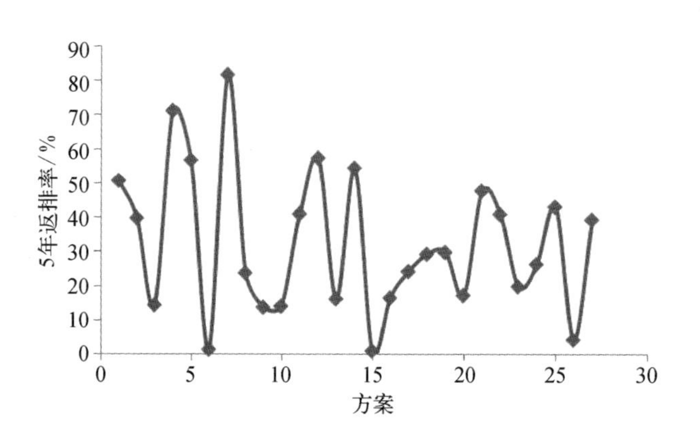

图6-53 27个方案的5年返排率曲线

表6-6 13个因素的返排率影响程度显著性对比

影响参数	F 比	F 临界值	显著性
段数	9.475	5.14	*
裂缝形态	1.162	5.14	
裂缝半长	3.726	5.14	
导流能力	2.547	5.14	
井底流压	15.002	5.14	*
单段注入量	4.3	5.14	
破胶液黏度	86.029	5.14	*
压力系数	39.282	5.14	*
吸附气含量	0.744	5.14	
日排液量	3.36	5.14	

（续表）

影响参数	F 比	F 临界值	显著性
束缚水饱和度	1.482	5.14	
返排时机	3.127	5.14	
缝高剖面	1.135	5.14	

同样根据方差分析结果可知，有4个因素对5年返排率影响显著。各因素影响的大小排序如下：破胶液黏度 > 压力系数 > 井底流压 > 段数 > 单段注入量 > 裂缝半长 > 日排液量 > 返排时机 > 导流能力 > 束缚水饱和度 > 裂缝形态 > 缝高剖面 > 吸附气含量。

3）压后排采制度优化

将页岩气压后返排分成三个阶段：返排初期（油嘴放喷），返排中期（敞喷），返排后期（下泵助排）。借助井筒流动分析计算软件，针对不同的时期计算井筒中的流动特性，优化页岩气压后返排制度。

根据实际生产数据，绘制水相的流入流出曲线，如图6-54所示。气藏流入大于油管流入的区域为稳定生产区域。对于不同生产时期内的水相流入流出曲线，气水两相稳定生产区域在协调点附近。由图6-54可知，示例井的生产协调点为：26.8 MPa的井底流压，116.5 m^3/d的产水量。

图6-54 示例的气井水相流入流出曲线

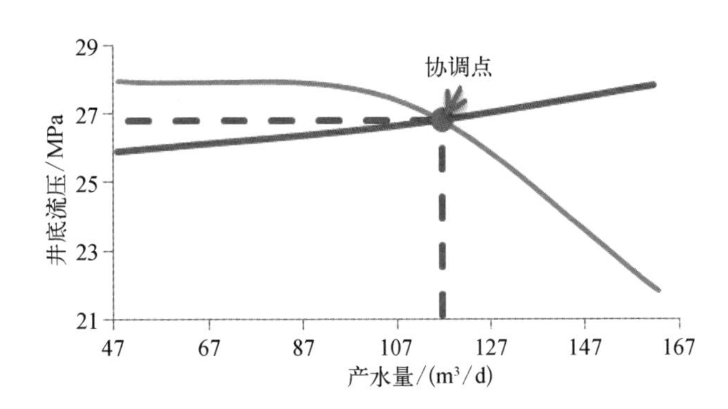

实际生产点落在加粗曲线交点附近，模型符合性较好。当产气井实际产液量为140 ～ 150 m^3/d时，油嘴尺寸推荐10 ～ 18 mm。示例的气井返排初期油嘴优化如图6-55所示。

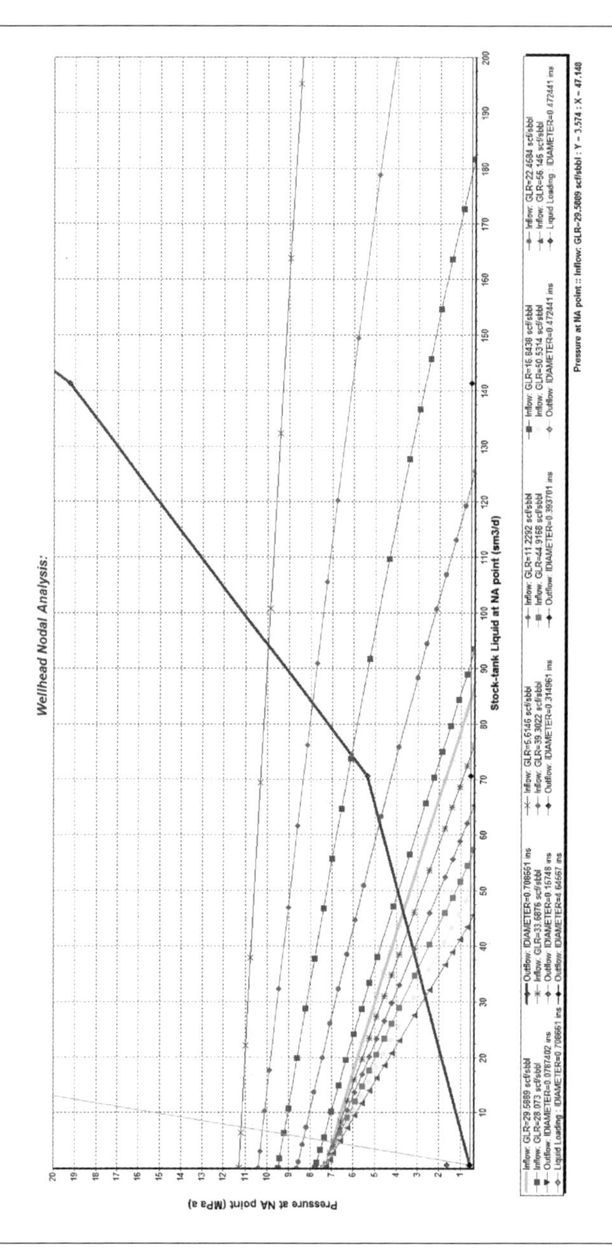

图6-55 示例的气井返排初期油嘴优化示意图

由分析可发现返排中期(敞喷阶段)时,油管尺寸对油管曲线影响较小,协调点变化量不大。示例的气井返排中期油管优化如图6–56所示。

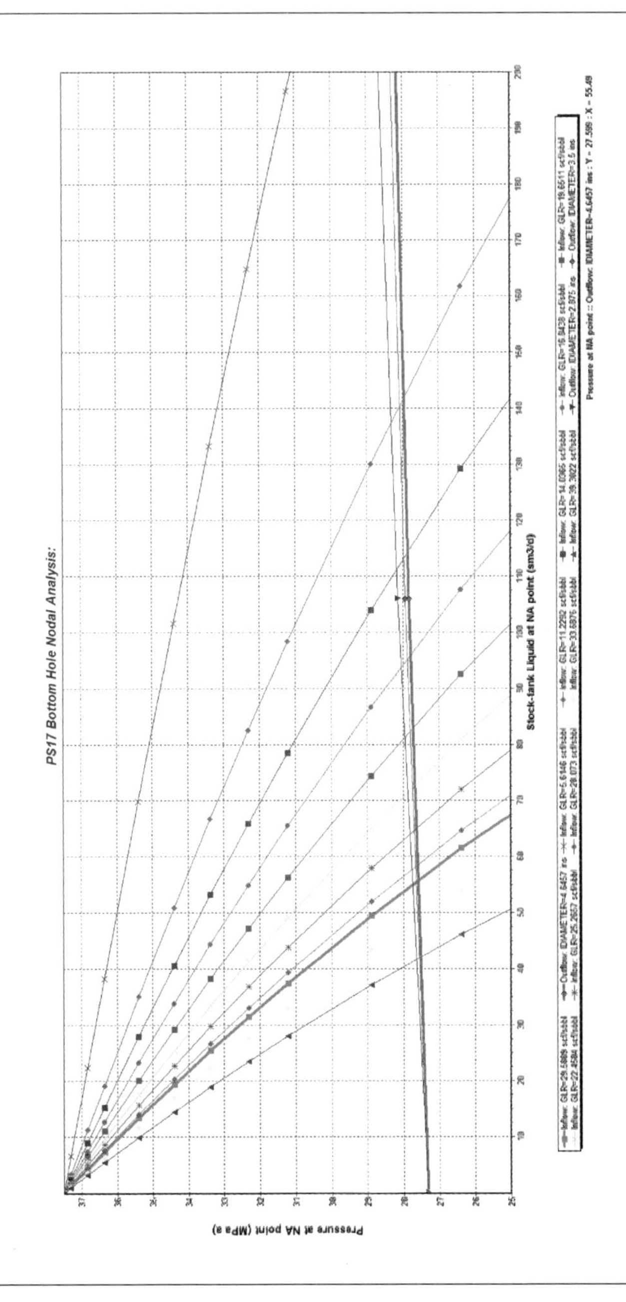

图6–56 示例的气井返排中期油管优化示意图

依据水相生产曲线的协调点，确定下泵后的气井理想产量。借助井筒流动分析软件进行电泵设计。采用逐级计算方法，所需电泵级数34级。根据所选参数计算得到电泵生产动态曲线和电泵特性曲线（图6-57和图6-58），最终确定的主要参数见表6-7。

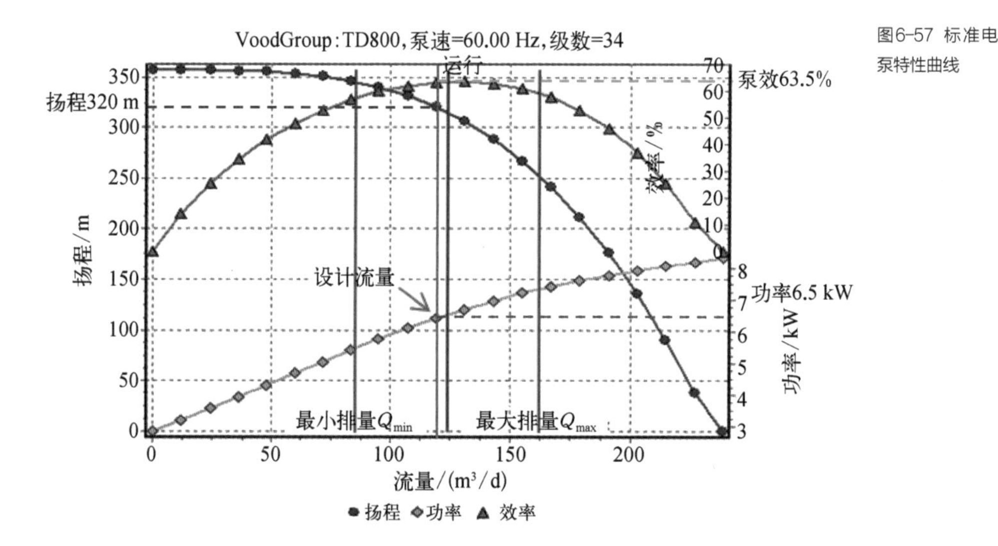

图6-57 标准电泵特性曲线

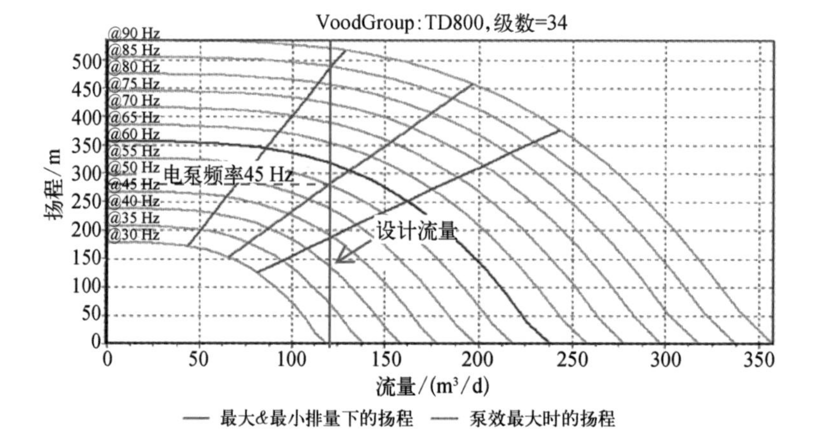

图6-58 不同频率下的电泵特性曲线

表6-7 电泵参数优选结果

参　　数	数　　值
电泵名称	WoodGroup：TD800
设计产量/(m^3/d)	116.5
下泵深度/m	2 700
电泵级数	34
电泵泵效/%	63.5
电泵功率/kW	6.5
电泵频率/Hz	45
油管内径/mm	118

4）小结

（1）压后返排液在大尺度裂缝内优先流动。压力降低后带动小尺度天然裂缝内液体流动（靠近主裂缝优先，远井天然裂缝次之）。

（2）单一主裂缝，应压后立即返排，以避免支撑剂沉降。虽然返排率较高，但产气效果可能不理想，主要原因在于缝壁基质液锁效应比较大。

（3）各种因素对压后产气及产液的影响程度不同。共同的影响因素为压力系数、段数、破胶液黏度、单段规模、裂缝复杂性及缝高剖面等。

（4）返排控制十分重要。为实现最佳的返排效果，可以人为控制这些变化的因素，如单段规模、长导及破胶液黏度等。

参考文献

[1] Palisch T T, Vincent M C, Handren P J. Slickwater Fracturing — Food for Thought. SPE 115766, prepared for presentation at the 2008 SPE Annual Technical Conference and Exhibition held in Denver, Colorado, USA, 21-24 September 2008.

[2] Fontaine J, Johnson N, Schoen D. Design, Execution, and Evaluation of a "Typical" Marcellus Shale Slickwater Stimulation: A Case History. SPE 117772, presentation at the 2008 SPE Eastern Regional/AAPG Eastern Section Joint Meeting held in Pittsburgh, Pennsylvania, USA, 11-15 October 2008.

[3] 谭明文,何兴贵,张绍彬,等.泡沫压裂液研究进展[J]. 钻采工艺,2008,31(5):129-132.

[4] 田守嶒,李根生,黄中伟,等.水力喷射压裂机理与技术研究进展[J].石油钻采工艺,2008,(1):58-62.

[5] 贺会群,李相方,胡强法,等. 连续管水力喷射压裂机理与试验研究[J].石油机械,2008,(4):1-14.

[6] Potapenko D I, Tinkham S K, Lecerf B, et al. Barnett Shale Refracture Stimulations Using a Novel Diversion Technique. SPE 119636, presentation at the 2009 SPE Hydraulic Fracturing Technology Conference held in The Woodlands, Texas, USA, 19-21 January 2009.

[7] Moore L P, Ramakrishnan H. Restimulation: Candidate Selection Methodologies and Treatment Optimization. SPE 102681, prepared for presentation at the 2006 SPE Annual Technical Conference and Exhibition held in San Antonio, Texas, U.S.A., 24-27 September 2006.

[8] Valkó P P. Assigning Value to Stimulation in the Barnett Shale: A Simultaneous Analysis of 7000 Plus Production Histories and Well Completion Records. SPE 119369, prepared for presentation at the 2009 SPE Hydraulic Fracturing Technology Conference held in The Woodlands, Texas, USA, 19 -21 January 2009.

[9] Waters G, Dean B, Downie R, et al. Simultaneous Hydraulic Fracturing of Adjacent Horizontal Wells in the Woodford Shale. SPE 119635, prepared for presentation at the 2009 SPE Hydraulic Fracturing Technology Conference held in The Woodlands, Texas, USA, 19 -21 January 2009.

[10] Loree D N, Mesher S T. Liquified petroleum gas fracturing system. US, 2007204991 [P], 2007.

[11] LeBlanc D, Martel T, Graves D, et al. Application of propane (LPG) based hydraulic fracturing in the McCully gas field[C]. SPE 144093, 2011.

[12] Ahmed M, Shar A H, Khidri M A. Optimizing Production of Tight Gas Wells by Revolutionizing Hydraulic Fracturing. SPE 141708, 2011.

[13] SPE 165673, prepared for SPE Eastern Regional Meeting, 20–22 August, 2013.

[14] Shelley R F, Guliyev N, Nejad A. A Novel Method to Optimize Horizontal Bakken Completions in a Factory Mode Development Program. SPE 159696, SPE Annual Technical Conference and Exhibition, 8–10 October, San Antonio, Texas, USA, 2012.

第7章

裂缝诊断及压裂后评估技术

裂缝诊断与压裂后评估是页岩气压裂中的重要环节之一，它主要包括压裂形成的裂缝形态及几何尺寸的分析、压裂材料与地层的适应性分析、储层特性尤其是远井储层特性的再认识(如岩石力学及地应力、有效渗透率及滤失等)。在此基础上，针对储层特征及裂缝特征，着重研讨目前的水力裂缝形态及尺寸是否满足设计预期要求，有无可能将已形成的单一裂缝转变为复杂裂缝，将已形成的复杂裂缝进一步提高甚至形成预期的网络裂缝。若能实现上述目的，即实现了压裂后评估的最终目标。

7.1 裂缝诊断

7.1.1 裂缝监测目的

裂缝诊断是压裂后评估的重要内容，而裂缝监测的目的就是获得压裂后裂缝的方位、形态及几何尺寸等参数，为井网优化、井筒方位确定及压裂施工参数改进提供

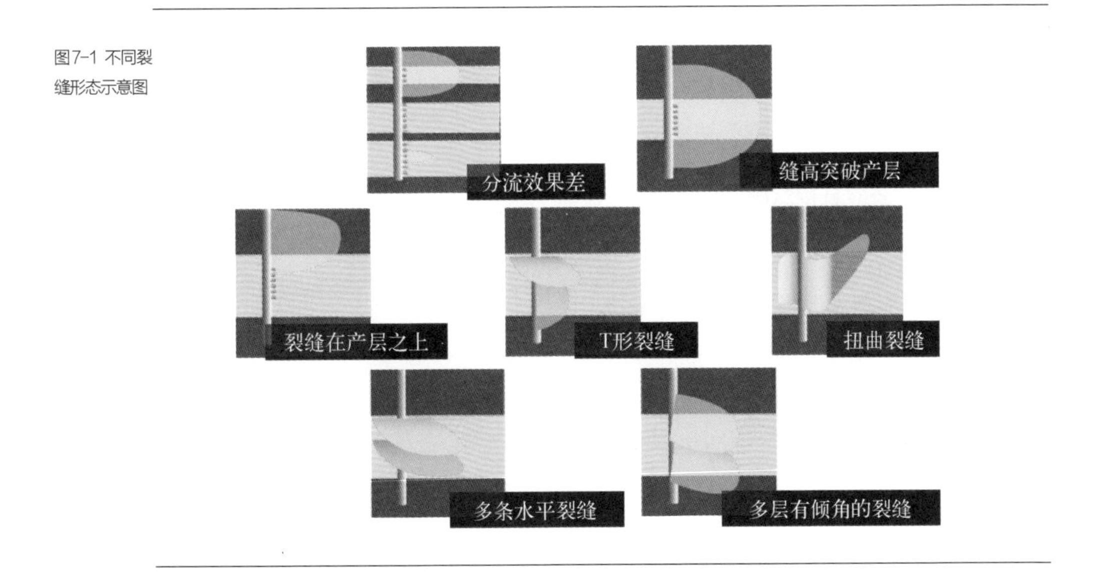

图7-1 不同裂缝形态示意图

基础资料和技术依据。尤其对重复压裂而言,裂缝的方位如何变化,直接关系到后期开发井网的动态调整及重复压裂工艺参数的调整。

裂缝的形态一般不是理想的单一裂缝,而是大多呈现出如图7-1所示的情况。有的裂缝只贯穿部分储层;有的裂缝明显突破产层的限制;有的裂缝则在产层之上而产层本身几乎没有得到任何改造;有的裂缝兼具垂直缝和水平缝的特征,即所谓的"T"形缝;有的裂缝呈非平面展布;有的裂缝是水平多层裂缝;有的是垂直多裂缝。因此,裂缝的形态及与改造储层的关系千差万别,需要有效的裂缝监测技术来识别与定量描述。

7.1.2 裂缝监测技术

裂缝监测技术包括以下三种方法。下边分别进行阐述。

1)间接方法

间接方法包括裂缝净压力分析、生产数据分析和试井分析等。这些方法的共同特点是分析结果的多解性,即不同的人由于解释经验不同、个人偏好的不同,同样的数据其最终解释结果可能大相径庭。

2)近井筒裂缝直接测量法

该方法主要包括示踪剂、温度和生产测井、井筒成像和井径测井等。该方法的共同特点是由于监测的距离较近,不能确定远井裂缝特征及其变化。

3)远井筒裂缝直接监测法

1. 测斜仪

美国哈里伯顿下属Pinnacle公司是测斜仪技术的创始者和技术服务提供商,目前该公司已经在北美等不同地区进行了几千口井的压裂监测。

国内的中石油率先于2008年从Pinnacle公司引进该技术,目前已在大庆、长庆[1]、吉林等油气田和煤层气的压裂中得到了应用。中石化工程院于2011年底从Pinnacle公司引进该技术,目前在华北局致密砂岩气藏丛式井组同步压裂中进行了实际应用。

测斜仪有地面测斜仪和地下测斜仪两种。前者主要监测裂缝的方位（图7-2），后者主要监测裂缝的几何尺寸。测斜仪包括：地面测斜仪系统、井下测斜仪系统、压裂监测配套工具、监测数据采集传输系统、数据处理与解释系统五部分。

（1）监测原理

在压裂井周围地面和邻井井下多点处放置测斜仪，测量因压裂导致的地层倾斜及岩石变形（图7-2），通过解决地球物理的反演问题，确定造成大地变形场的压裂参数，解释并得到裂缝的形态和尺寸，如图7-3所示。

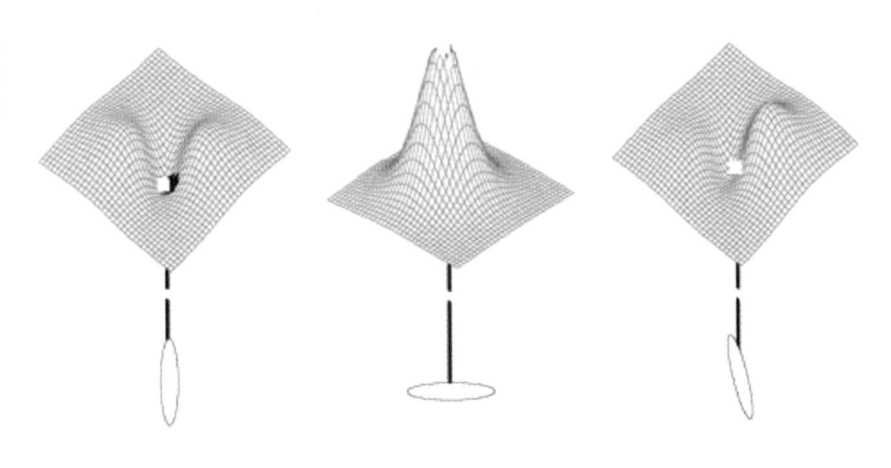

图7-2 通过地面测斜仪观测得到的地表变形示意图

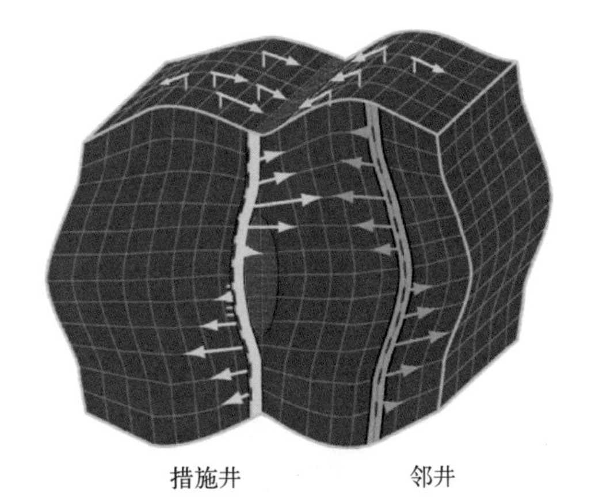

图7-3 测斜仪监测原理示意图

（2）监测选井条件

不管是地面测斜仪还是井下测斜仪，对选井条件都有如下要求：测试井场要求井周围具备布孔条件；测试井的垂直深度要小于4 500 m。另外，由于井下测斜仪对观测井内的流体流动非常敏感，故井下最高耐温为127℃。

（3）观察井要求

要求是直井，观察井最大倾斜角小于15°，对应的目的层倾斜角小于8°，观察井与测试井的距离要小于500 m。

（4）测试方法

地面测斜仪主要获得裂缝方位和裂缝长度。仪器地面布置方式为：直井以井口为中心，水平井以射孔位置对应的地面点为中心，压裂地层深度的25% ～ 75%为半径，并在此半径内随机布置。

地面测斜仪参数及井眼结构如图7–4所示。具体指标：地面测斜仪的测试灵敏度为10^{-9}弧度，直径6.4 cm，长度107 cm，质量4 kg，工作温度为–40 ～ 120℃。

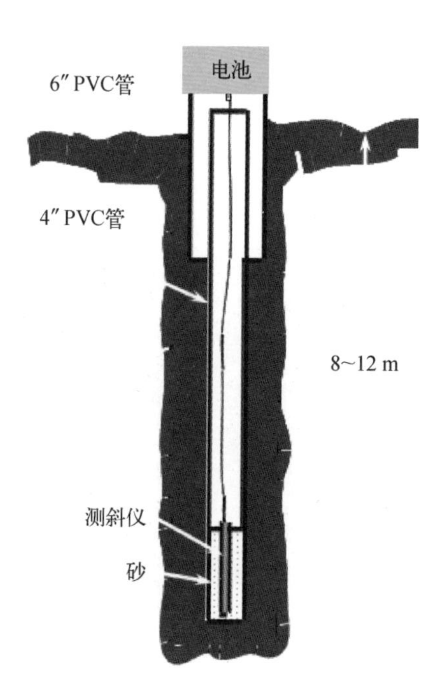

图7–4 地面测斜仪参数及井眼结构示意图

井下测斜仪可获得缝高、缝长、缝宽和方位等参数，井下测斜仪放置到相邻的观察井中，放置的深度与压裂目的层大体相同，压裂过程中这些测斜仪连续记录地层倾斜情况，从而得到水力裂缝的连续扩展情况。一口井中使用多个传感器(一般7～12个)，覆盖裂缝的可能高度。

（5）应用实例

某丛式井组包括6口水平井，水平段垂直深度平均约为2 545 m；平均每口水平井分段压裂7～9段，平均单井压裂总液量为2 400 m^3。

地面小井眼的钻孔要求：需在相应范围内地面钻取一定数量的孔眼，并放置测斜仪；孔眼直径220 mm，孔眼深度10～12 m；布孔范围在射孔位置周围635～1 905 m的半径内均匀布孔，下入直径为110 mm的PVC管，需要固井候凝。

各项工序具体安排见表7-1。

表7-1 裂缝测斜仪监测工作流程及要求

工作内容	时间安排
地形地势考察	压裂前40天
方案设计	压裂前35天
井眼固定材料及施工准备	压裂前30天
地面钻孔	压裂前20天
下地面测斜仪	压裂前10天
解释数据、提交测试报告	压裂后20天

根据水平井分布和施工液量等条件，在进行现场勘查之前，针对井组特点优化设计了能够兼顾三口井同时监测的地面测斜仪的测点位置，如图7-5所示，有关裂缝监测解释结果见表7-2。

表7-2 某井9段压裂裂缝监测解释结果

级数	半缝长/m	裂缝方位
1	138	北东72°
2	142	北东72°

（续表）

级 数	半缝长/m	裂 缝 方 位
3	137	北东70°
4	132	北东67°
5	134	北东74°
6	131	北东71°
7	128	北东76°
8	126	北东74°
9	107	北东71°

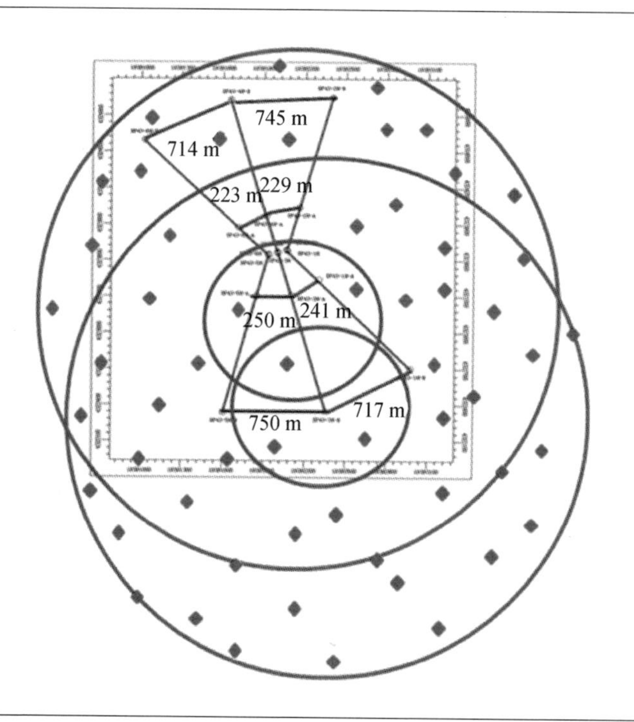

图7-5 三口井同时监测的地面测斜仪的测点位置分布示意图

2. 微地震仪[2]

微地震压裂监测技术是近年来在压裂改造领域中的一项重要新技术，它是通过在地面或者邻井中的检波器，监测在压裂过程中岩石剪切破裂诱发的微地震波，从而描述压裂过程中裂缝的几何形状和空间展布的。其监测原理如图7-6和图7-7所示。

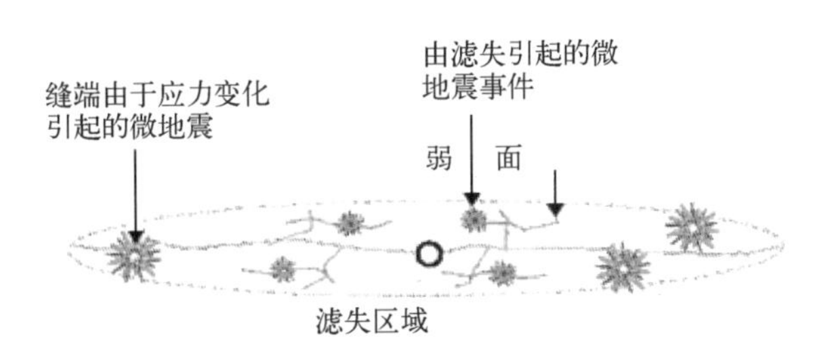

图7-6 微地震原理示意图

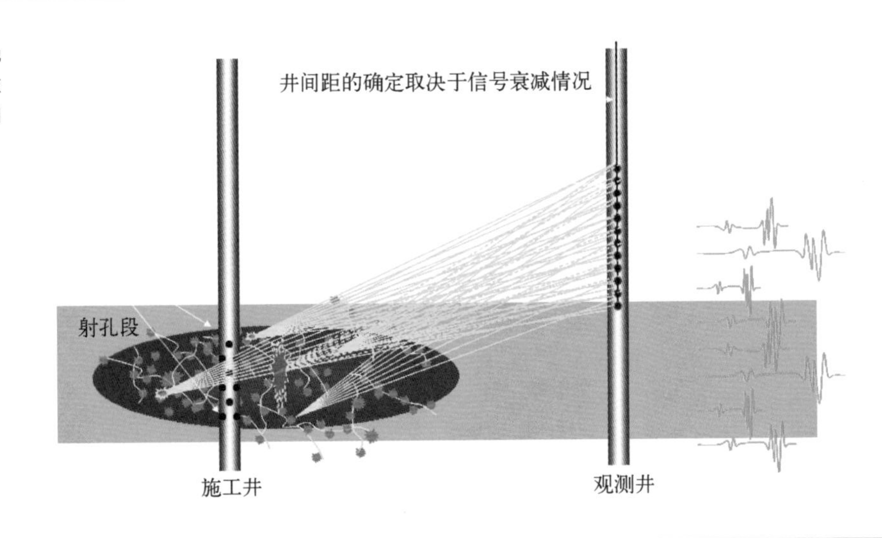

图7-7 微地震裂缝监测技术应用示意图

20世纪80年代末，国外已将微地震监测技术作为确定水力压裂裂缝方位和形状的一种重要的实用方法。10多年来，水力压裂微震监测技术的研究主要集中在裂缝成像数据处理方法、资料解释方法及相关理论上，使利用诱发微地震的裂缝成像技术得到进一步发展。目前国内的微地震监测技术以地面微地震为主，而国外则基本采用井下微地震。

由于水力压裂诱导产生的微地震能量很小，而其高频成分极易衰减和被吸收，因此水力压裂诱导的微地震波在地层中传播的距离较短。除与微地震本身能量有关外，它还与检波器灵敏度等因素有关。微地震传播的距离随岩性不同而不同，具体参数见表7-3。

根据国外经验，地面微地震监测的垂直深度一般在1 000 m以内才较为可靠。除了岩石性质影响微地震信号的传播外，地下缝洞等都会大量吸收微地震信号，从而使监测解释结果出现误差。

表7-3 不同岩性的微地震传播距离

微地震数据采集时间	岩　　性	最远距离/m
1994	/	200
1994	砂泥岩	153
1994	花岗岩	503
1995	砂泥岩	176
1997	砂泥岩	615
2000	砂泥岩	427

由表7-3可知，微地震信号的传播距离一般在700 m以内，即使岩石性质相同，微地震信号传播的距离也会有很大的差异，可能是由于岩石内部孔隙结构或天然裂缝发育程度不同。

2005年长庆油田利用国外技术进行了国内第一次压裂井下微地震监测。有关监测结果如图7-8和图7-9所示。

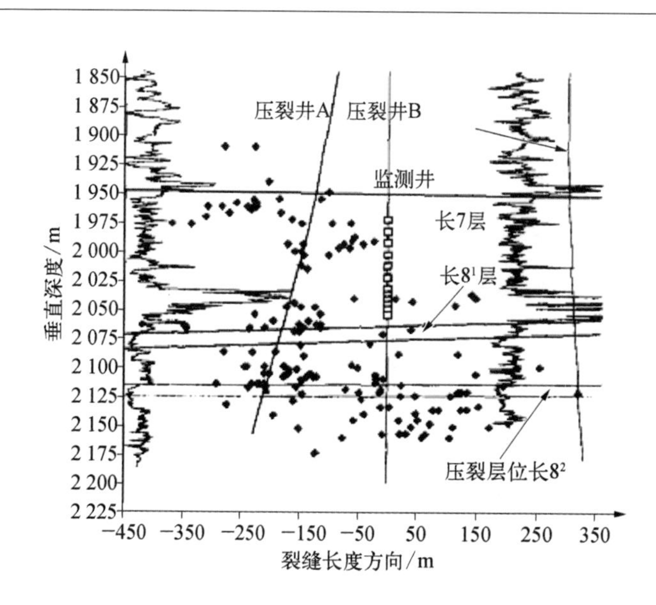

图7-8 压裂井与监测井纵向剖面

图7-9 压裂井与监测井平面展开图

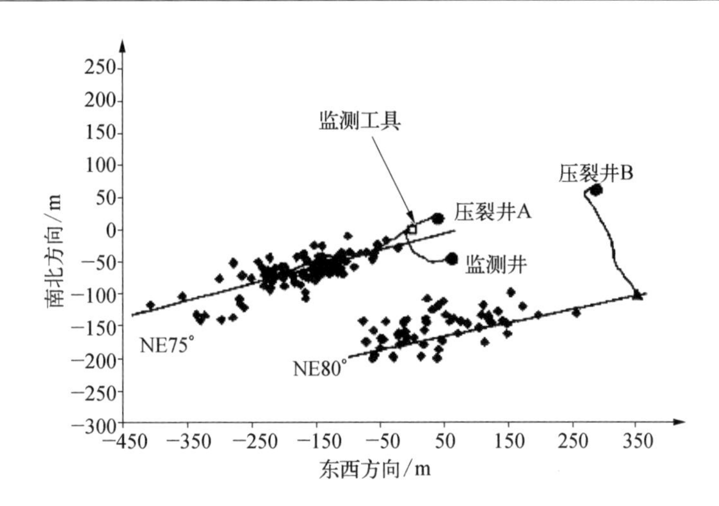

他们通过监测数据分析处理得到了裂缝延伸方位和裂缝在垂直方向上复杂的扩展情况。目前,国内不少油田利用国内相关公司或者研究机构的地面微地震技术对压裂裂缝进行了大量的监测工作。中国石油大学在2006年对东辛油田11个地区进行了连续微地震监测工作,记录了上亿个微震信号数据,处理后共得到符合目的层传来的微地震信号数据108个,其主要原因是监测距离比较远(目的层深达3 000 m),较多目的层高频微地震信号在没有到达地面前就已经衰减掉了,或湮没在噪声中而无法区分。

斯伦贝谢公司在美国Barnett页岩一口井分段压裂的微地震监测中,发现裂缝首先向低应力区延伸,加转向剂后再压裂未有明显改进,但显示部分射孔段出现砂堵,解堵后再压裂获得成功。有关上述裂缝监测解释结果如图7-10所示。

图7-10 某井某段压裂在不同施工时间的微地震监测结果示意图

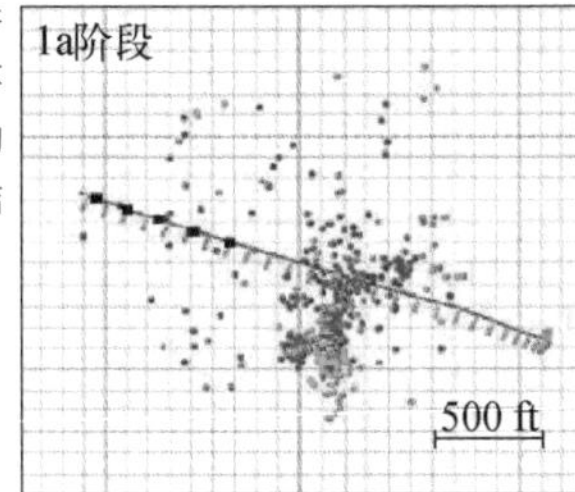

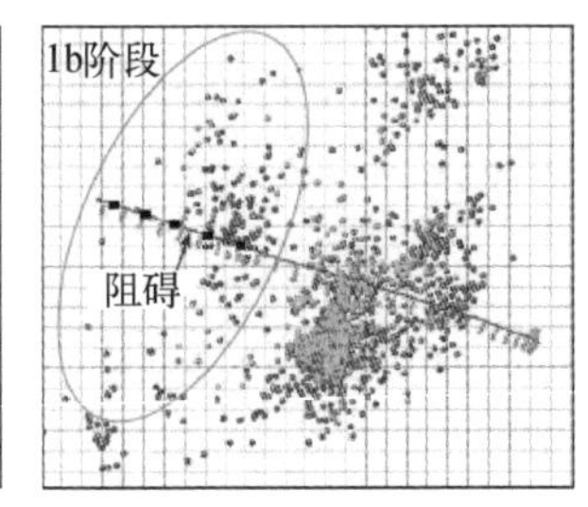

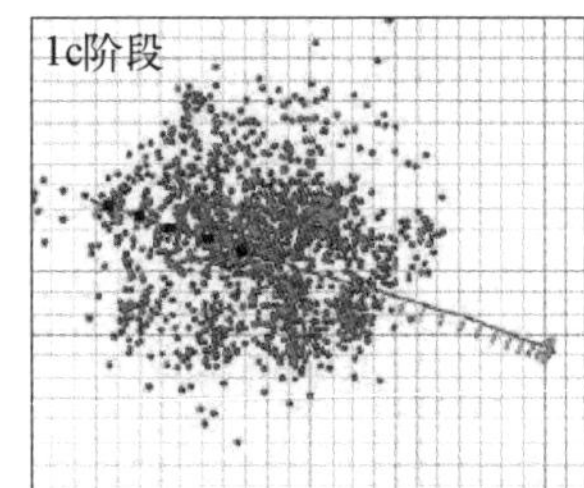

贝克休斯公司将其微地震监测技术与下属的BJ公司的压裂技术相结合，开发的IntelliFrac™可以在压裂施工过程中实时评估裂缝的扩展情况，即实时反映裂缝的扩展方向、缝长、缝高、裂缝体积以及裂缝的复杂程度等参数，从而帮助技术人员制定施工决策。

微地震裂缝监测可以得到裂缝延伸方位等参数，虽然天然裂缝、断层、弱面、流体滤失等情况会对微地震解释结果产生影响，但是由于它可以考察裂缝的复杂性所以被广泛应用于非常规裂缝监测中，如页岩气和煤层气压裂。

7.2 压裂材料与储层适应性分析

压裂材料包括入井的滑溜水、胶液及支撑剂等。所谓适应性是指既能保证压裂施工成功，又能保证压裂后取得最理想效果，与地层特性的匹配性较好，如与地层流体配伍性、伤害性及支撑剂承压能力要大于地层闭合应力等。下面分别从压裂液和支撑剂两方面进行论述。

7.2.1 压裂液与储层的适应性分析

与储层适应性好的压裂液应具有以下几种特征：(1) 与储层配伍性好，不产生二次沉淀等现象；(2) 与工艺参数匹配性好，不产生早期砂堵等现象；(3) 与预期的裂缝特征相吻合，如脆性地层易产生网络裂缝时用滑溜水压裂液比较适宜，而用高黏度的胶液就不合适。反之，如塑性地层易产生单一裂缝时，用滑溜水压裂液就不太适宜；(4) 压裂后返排效果好。当然，如果网络裂缝发育，即使压裂液返排效果好，返排率也不一定高，但对单一裂缝而言，返排率高也是压裂液性能好的标志之一。

对滑溜水压裂液而言，其性能优化有两面性，一方面需要压裂液的黏度越低越好，因其流动阻力小，可以最大限度地沟通不同的网络裂缝系统；另一方面，压裂液的黏度又不能太低，否则携砂性能会大幅度降低。因此，需要在上述两者之间折中优化取值。这样一来，同样是滑溜水压裂液体系，其性能也应针对不同井深、温度及裂缝特征而有所不同。此外，针对水平井分段压裂而言，情况又有新的变化，因每段压裂时的井筒深度、温度等条件都不同，要求的滑溜水压裂液的降阻率及携砂性能等都不相同。一般而言，越往后压裂，对降阻率的要求越低，甚至可取消降阻剂，直接用活性水进行压裂，国内已有成功实施的案例。

对胶液而言，理论上讲黏度越高越好。因其黏度高，难以再次进入先前滑溜水已沟通的网络裂缝系统，配合以大排量，使后续的胶液体系只能向地层深部造一个高导流通道的主裂缝。如果此时天然裂缝发育程度较好，且不平行于主裂缝方向，那么远井储层既有主裂缝沟通，近井与远井的天然裂缝也与主裂缝相互沟通，如果此时水平的层理或纹理缝等又有不同程度的沟通的话，三维网络裂缝基本形成，对提高裂缝的改造体积极为有利。此外，同步破胶技术对胶液而言尤为重要。所谓“同步破胶”就是在所有段都压裂结束后，各段裂缝内的胶液在同一时刻破胶水化。因为每段压裂施工主要的加砂量都是胶液在后期加入的，如同步破胶工作做得不到位，先期已压裂段胶液如过早破胶的话，支撑剂势必大比例沉降在裂缝底部，会使压裂的效果大打折扣。目前已有部分专家提出了页岩气水平井分段压裂有效裂缝条数的概念，换言之，如同步破胶做得不好，压裂段数越多，因施工时间长，有效的裂缝条数可能反而越少。最后要强调的是，同步破胶优化与控制工作，不仅局限于破胶剂的优化本身，胶液本身的浓度优化也要基于多段压裂的裂缝温度场（包括压后温度恢复）模拟结果来进行。一般而言，随着施工的进行，胶液的浓度要求越来越低，而破胶剂的浓度要求越来越高，与前期施工的情况正好相反。

以上只讨论了目前最常用的滑溜水体系及胶液体系的适应性分析情况。目前国外还常使用泡沫压裂液体系，包括N_2和CO_2与滑溜水和胶液都可组成泡沫压裂液体系。泡沫压裂液体系应当只适用于单一裂缝为主且地层压力相对较低的情况。因泡沫压裂液黏度高，多伴有贾敏效应，一般难以进入微细的天然裂缝，对形成网络裂缝极为不利。但可与滑溜水压裂液混合应用，从而兼顾两者的优势，取得更好的增产效果。

7.2.2 支撑剂与储层的适应性分析

1. 支撑剂类型

一般而言，当地层的闭合应力低于28 MPa时，应该选择成本低廉的天然石英砂支撑剂；反之，应选择抗压强度更高的陶粒或覆膜石英砂支撑剂。目前，为了节约施工成本，并兼顾裂缝导流能力基本维持不变或降低幅度较小，应采用混合支撑剂类型，如前期采用石英砂支撑剂，后期使用陶粒或覆膜石英砂支撑剂，或者干脆将石英砂与陶粒或覆膜石英砂按一定比例混合使用。

目前还有一种观点认为，支撑剂的类型选择还与人工裂缝的形态直接相关。如能形成复杂的网络裂缝，此时支撑剂起到的作用已不是常规意义上的支撑作用，而主要是起到类似转向剂的作用，此时即使地层的闭合应力超过28 MPa，也可大量使用天然石英砂作为支撑剂。国外页岩气压裂时有时井深超过3 000 m仍使用天然石英砂正是基于上述原理。

2. 支撑剂粒径

一般而言，针对深井压裂，由于地层闭合压力高，一般选择小粒径支撑剂。对于页岩气压裂，由于存在多尺度的层理缝或纹理缝、高角度的天然裂缝及人工主裂缝，一般需要不同粒径的支撑剂组合进行施工。如目前常用的70 ～ 140目、40 ～ 70目、30 ～ 50目等类型。关键是不同粒径的支撑剂的使用比例及施工砂液比等参数要提前优化设计好，防止过早出现砂堵或因井口压力快速上升等因素而造成砂堵。

7.3 利用压裂施工资料对储层特性的反演

反演的储层特性包括有效渗透率、岩石力学参数、地应力及滤失特征等参数，下面分别进行阐述。

7.3.1 由破裂压力资料反求有效渗透率

在水力压裂设计及施工中,有效渗透率是压前储层评价的重要环节,它关系到压裂原则的确定、储层滤失的评估及天然裂缝状况的评价等。目前,评价有效渗透率的主要手段有:压前不稳定试井、岩心测试及气藏数值模拟等。但在现场进行压裂设计及施工时,有时没有上述资料,特别是预探井的资料很少,所以有必要开展由实时的压裂施工资料来反求有效渗透率的研究。因此尝试了由破裂压力及破裂前泵注的累计液量等数据,推导了有效渗透率的求算公式。由于只利用了压裂施工开始后的短短数分钟的资料,所以对现场实时调整或修改压裂设计以及压后的评估分析,都提供了重要的手段,具有一定的实用价值。

1. 模型的基本假设

(1) 有明显的破裂压力显示;

(2) 仪表读数准确可靠,特别是压力、排量及液量等参数;

(3) 破裂前,认为井筒流速很低,即可忽略井筒的压裂液摩阻;

(4) 射孔效率较高,井筒与储层是有效连通的;

(5) 忽略隔层的渗滤作用;

(6) 因破裂前的施工时间较短,故认为井筒内及压裂液向储层的流动过程为等温过程;

(7) 破裂前压裂液向储层的渗流过程认为是一系列稳态流动的叠加;

(8) 纯压裂液渗滤区与流体压缩区的表皮系数相同。

2. 模型的推导

在地层破裂前,随着泵注液量的增多,井口压力迅速上升,这主要是由于压裂液的注入速度大于其向储层里的渗滤速度及压裂液本身的压缩率。由质量守恒定律可知,破裂前累计注入的液量=地面管线及井筒内压裂液的压缩量+流动进入储层的压裂液量,如式(7-1)所示:

$$V_{olt}=V_{olw}+V_{olf} \tag{7-1}$$

式中，V_{olt}为破裂前压裂液的累计注入量，m^3；V_{olw}为破裂前地面管线及井筒内压裂液的压缩体积，m^3；V_{olf}为破裂前因流动作用进入地层的压裂液量，m^3。

压裂液基液的压缩系数表达式如式（7-2）所示：

$$c_f = \frac{\Delta V_{olw}}{V_b}\frac{1}{dp} \tag{7-2}$$

则破裂前地面管线及井筒内压裂液的压缩体积量表达式如式（7-3）所示：

$$V_{olw} = c_f V_b \int_{p_{w0}+\frac{1}{2}p_h}^{p_f+\frac{1}{2}p_h} dp = c_f V_b (p_f - p_{w0}) \tag{7-3}$$

式中，c_f为压裂液基液的压缩系数，1/MPa；V_b为地面管线及井筒内容积，m^3；p_f为破裂压力（井口），MPa；p_{w0}为压裂施工开始前的井口压力，MPa；p_h为井筒静液柱压力，MPa。

破裂前，压裂液的流动作用相当于平面径向流，并认为压裂液滤液前缘的推进相当于一系列稳态流动过程的叠加。某一前缘推进的流动示意图如图7-11所示（滤失前缘的压力总等于地层压力p_0）。

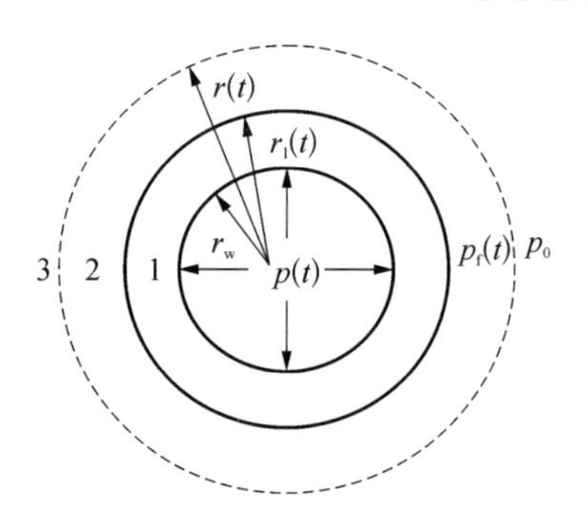

图7-11 压裂液渗滤前缘推进示意图

由图7-11可知，压裂液流向储层内的流动共分三个区，1区为纯压裂液区，2区为气藏流体压缩区，3区为原始孔隙压力区。

设井筒半径为r_w；纯压裂液前缘的半径为$r_1(t)$，其压力为$p_f(t)$，气藏流体压缩区的前缘半径为$r(t)$，其压力为原始孔隙压力p_0。则破裂时进入地层的压裂液总

量[1]如式(7-4)所示(已考虑了单位换算):

$$V_{\mathrm{olf}}=\int_0^{t_f}\frac{1\,728\pi kh[p(t)+p_{\mathrm{h}}-p_{\mathrm{f}}(t)]}{1\,440\mu B\left[\ln\frac{r_1(t)}{r_{\mathrm{w}}}-\frac{1}{2}+s\right]}\mathrm{d}t \tag{7-4}$$

由等值流动阻力原理可得式(7-5):

$$V_{\mathrm{olf}}=\int_0^{t_f}\frac{1\,728\pi kh[p_{\mathrm{f}}(t)-p_0]}{1\,440\mu B\left[\ln\frac{r(t)}{r_1(t)}-\frac{1}{2}+s\right]}\mathrm{d}t \tag{7-5}$$

联立式(7-4)和式(7-5)得式(7-6):

$$V_{\mathrm{olf}}=\int_0^{t_f}\frac{1\,728\pi kh[p(t)+p_{\mathrm{h}}-p_0]}{1\,440\mu B\left[\ln\frac{r(t)}{r_{\mathrm{w}}}-1+2s\right]}\mathrm{d}t \tag{7-6}$$

如考虑到分段积分,则式(7-6)可转换为式(7-7):

$$\begin{aligned}V_{\mathrm{olf}}&=\int_0^{t_f}\frac{1\,728\pi kh[p(t)+p_{\mathrm{h}}-p_0]}{1\,440\mu B\left[\ln\frac{r(t)}{r_{\mathrm{w}}}-1+2s\right]}\mathrm{d}t\\&=\int_0^{t_1}\frac{1\,728\pi kh[p(t)+p_{\mathrm{h}}-p_0]}{1\,440\mu B\left[\ln\frac{r(t)}{r_{\mathrm{w}}}-1+2s\right]}\mathrm{d}t+\int_{t_1}^{t_2}\frac{1\,728\pi kh[p(t)+p_{\mathrm{h}}-p_0]}{1\,440\mu B\left[\ln\frac{r(t)}{r_{\mathrm{w}}}-1+2s\right]}\mathrm{d}t+\\&\int_{t_2}^{t_3}\frac{1\,728\pi kh[p(t)+p_{\mathrm{h}}-p_0]}{1\,440\mu B\left[\ln\frac{r(t)}{r_{\mathrm{w}}}-1+2s\right]}\mathrm{d}t+\cdots+\int_{t_{n-1}}^{t_f}\frac{1\,728\pi kh[p(t)+p_{\mathrm{h}}-p_0]}{1\,440\mu B\left[\ln\frac{r(t)}{r_{\mathrm{w}}}-1+2s\right]}\mathrm{d}t\end{aligned} \tag{7-7}$$

其中,施工井口压力与时间的函数关系可由实际破裂前的施工压力曲线对时间进行拟合分析得到。

当处于某一时刻t时,设其对应的井口压力为$p(t)$,对应的纯压裂液渗滤区前缘半径$r_1(t)$的推导公式如式(7-8)所示:

$$V_{\mathrm{olf}}=\pi r_1(t)^2h\phi+\pi r_1(t)^2h\phi c_{\mathrm{ogwr}}(\bar{p}_{\mathrm{fa}}-p_0) \tag{7-8}$$

此时对应的气藏流体压缩区的前缘半径$r(t)$的推导公式如式(7-9)所示:

$$V_{olf}=\pi[r(t)^2-r_1(t)^2]h\phi c_{ogwr}(\bar{p}-p_0) \tag{7-9}$$

经推导，式(7–8)中纯压裂液渗滤区内的平均压力p_{fa}的表达式如式(7–10)所示：

$$\bar{p}=p(t)+p_h-\frac{p(t)+p_h-p_f(t)}{2\ln\frac{r_1(t)}{r_w}} \tag{7-10}$$

同样经推导，式(7–9)中气藏压缩区范围内的平均压力$\bar{p}$的表达式如式(7–11)所示：

$$\bar{p}=p_f(t)-\frac{p_f(t)-p_0}{2\ln\frac{r(t)}{r_1(t)}} \tag{7-11}$$

式中，V_{olf}为破裂前流动进入地层的压裂液量，m^3；k为压裂目的层有效渗透率，$10^{-3}\ \mu m^2$；h为压裂目的层有效厚度，m；$p(t)$为破裂前某一时刻t时的井口泵压，MPa；p_0为压裂目的层的孔隙压力，MPa；$r(t)$为某一渗滤前缘的半径，m；r_w为压裂井的井筒半径，m；μ为压裂液基液的黏度，mPa・s；B为压裂液基液的体积系数，m^3/m^3；s为压裂目的层的表皮系数，量纲为1；t_f为施工开始到破裂的时间，min；ϕ为压裂目的层的有效孔隙度，%；c_{ogwr}为压裂目的层的综合压缩系数，1/MPa；$\bar{p}$为气藏流体压缩区某一滤失前缘内的平均压力，MPa；p_{fa}为纯压裂液渗滤区某一滤失前缘内的平均压力，MPa。

求$r(t)$时需用两次试凑法求解。即先假设一个$p_f(t)$，在此基础上，再假设一个$r_1(t)$值，用式(7–10)求出一个p_{fa}值，再将该p_{fa}值代入式(7–8)求另一个$r_1(t)$值，如相邻两次计算的$r_1(t)$值较为接近，则说明假设的$r_1(t)$值正确，否则需反复迭代求解。

有了上述计算的$r_1(t)$值，再假设一个$r(t)$值，由式(7–11)计算$\bar{p}$，然后将该$\bar{p}$值代入式(7–9)得到新的$r(t)$值，如相邻两次计算的$r(t)$值较为接近，则说明计算的$r(t)$正确，否则需反复迭代求解，直至相邻两次计算的$r(t)$值较为接近为止。

然后再假设另一个$p_f(t)$值，重复上述步骤，如前后两次$r(t)$值较为接近，说明假设的$p_f(t)$值正确，否则再假设一个$p_f(t)$值，重复上述步骤，直至相邻两次计算的$r(t)$值较为接近为止。

按上述步骤，每一个井口压力$p(t)$都对应一个滤失前缘$r(t)$值，在破裂前取n个$p(t)$，对应计算出n个$r(t)$值，再代入式（7-4）的分段积分式中，就可对时间进行分段积分计算了，最终就可求算压裂目的层的有效渗透率值。

按上述方法对某口页岩气井进行分析。对页岩气压裂而言，如果脆性较好，可能在达到设计排量之前便有多次破裂显示，对每一次破裂而言，都可按上述方法计算对应的有效渗透率，当然，计算的结果可能不一致，但每次破裂反映的是不同页岩层的特性，结果有差异也是正常的情况。示例的两口页岩气井的评价结果与压后产量历史拟合结果对比见表7-4。

表7-4 两口页岩气井有效渗透率评价结果

井　　号	本模型计算结果/mD	压后产量历史拟合结果/mD
A	0.000 72	0.001 1
B	0.000 48	0.000 39

7.3.2 由地面压裂施工压力资料反求储层岩石力学参数的方法

岩石力学参数尤其是就地条件下的岩石力学参数，主要包括泊松比和杨氏模量等，对压裂的优化设计具有重要的影响。它关系到造缝宽度大小、平均砂液比高低、裂缝内的脱砂与否、支撑剂的压碎或嵌入程度大小、支撑剂的类型选择以及其他工艺参数的优选。求取就地条件下的岩石力学参数的主要方法是室内三轴岩心试验和测井资料解释等。实验室三轴测试结果一般较为可靠，但费时、费力，且花费较高，不可能对每口井都进行测试；而测井解释结果一般偏高，有时不太可靠。

因此，需要一种价格低廉、简单易行但结果可靠的方法。尤其是压裂面对的页岩气藏，由于开发成本的制约，不可能花费太多的费用去获取各种资料，包括岩石力学资料。因此，如何利用压裂施工本身所反馈的信息来加深对储层的认识，是摆在广大压裂科研人员面前的一项必须攻关的课题。因此，利用常规的地面压裂施工压力和瞬时停泵压力等资料，初步探讨了求取就地岩石力学参数的新方法，既可用来进行实时分析，也可进行压后评估。

1. 由地面压裂施工压力求井底压力的方法

在水力压裂中，正确确定井底施工压力的大小及其变化是分析裂缝延伸状况和评估储层特性的基础。但由于现场的种种原因，在大多数情况下只能获得井口的压裂施工压力。因此，需要一种由井口压力推算井底压力的方法，而这种方法的实质就是要研究混砂浆摩阻与纯携砂液摩阻间的关系。

我们将针对此问题做较为深入的理论研究[3]，先求出量纲为1混砂浆摩阻与量纲为1混砂浆密度间的定量关系，然后可根据施工砂液比的大小，计算出混砂浆密度的大小，由此可分段计算出井筒的混砂浆摩阻（井筒纯压裂液摩阻可由相关理论公式计算，或当前置液前期瞬时停泵时井口压力的落差即可近似认为是井筒的纯压裂液摩阻，因为此时孔眼摩阻可忽略；而停泵时地层刚起裂不久，故裂缝的摩阻也可忽略）。结合分段计算的井筒静液柱大小，就可由井口施工压力计算出井底施工压力，从而为分析裂缝的延伸状况及调整施工参数提供了依据。其得出的主要关系式如下式所示：

井口压力与井底压力的关系如式（7-12）所示：

$$p_{bt} = p_w + p_H - p_f \tag{7-12}$$

式中，p_{bt}，p_w，p_H，p_f分别为油管的井底压力、井口压力、静液柱压力和油管摩阻，单位都为MPa。

量纲为1摩阻的定义式如式（7-13）所示：

$$\Delta p_r = \frac{p_{sf}}{p_{lf}} \tag{7-13}$$

式中，Δp_r为量纲为1摩阻；p_{sf}，p_{lf}分别为混砂浆和纯携砂液的井筒摩阻，单位都为MPa。

量纲为1密度的定义式如式（7-14）所示：

$$\Delta\rho_r = \frac{\rho_s}{\rho_l} \tag{7-14}$$

式中，$\Delta\rho_r$为混砂浆量纲为1密度；ρ_s，ρ_l分别为混砂浆密度和纯携砂液密度，单位都为kg/m^3。

混砂浆密度的计算公式如式(7-15)所示：

$$\rho_s = \frac{\rho_l + SOR\rho_b}{1 + SOR\dfrac{\rho_b}{\rho_t}} \tag{7-15}$$

式中，SOR为压裂施工砂液比；ρ_b，ρ_t分别为支撑剂的体积密度与视密度，单位都为kg/m^3。

最后得出量纲为1混砂浆摩阻与量纲为1混砂浆密度间的关系式如式(7-16)所示：

$$\Delta p_r = 1.012\,605\Delta\rho_r^{0.699\,473} \tag{7-16}$$

如现场条件不允许在前置液段停泵，可采用如下的公式近似计算纯压裂液在油管中的摩阻：

$$p_{lf} = \frac{5.1\times10^{-6} l_p v^2 f\rho_l}{d} \tag{7-17}$$

$$\text{雷诺数}\quad Re = \frac{g v^{2-n'} d^{n'} \rho_l}{10k' 8^{n'-1}} \tag{7-18}$$

式中，$f = \begin{cases} \dfrac{64}{Re}, & Re < 2\,100 \\ 0.079Re^{-0.25}, & Re > 2\,100 \end{cases}$

式中，f为量纲为1摩阻系数；v为压裂液在油管中的流动速度，m/s；d为压裂管柱内径，m；n'为压裂液流态指数，量纲为1；k'为压裂液稠度系数，Pa·s$^{n'}$；g为重力加速度，m·s^{-2}；l_p为压裂管柱长度，m。

此外，Hannah及Harrington[4]等认为混砂浆摩阻与纯压裂液摩阻间关系式如式(7-19)所示：

$$\frac{p_{sf}}{p_{lf}} = \mu_r^{0.2}\rho_r^{0.8} \tag{7-19}$$

式中，

$$\mu_r = \frac{\mu_s}{\mu} = 1 + 2.5\phi + 10.05\phi^2 + 0.00273\phi^{16.6\phi} \quad (7\text{-}20)$$

式中，ϕ为混砂浆中支撑剂的颗粒体积所占的体积分数比。

应该指出的是，实际操作时由于井筒中含有不同砂液比的混砂浆段，因此需根据详细的施工泵注程序分段计算，为便于计算可每分钟计算一个点，当然如压力变化较快，则应适当缩短时间间隔，以反映压力的真实变化趋势。

2. 就地岩石力学参数与裂缝扩展模型

根据上述计算的井底压力，可初步判断裂缝的扩展形态。一般而言，随着施工时间的增加，Perkins-Kern-Norgren模型（PKN模型）裂缝的井底压力呈现略微增长的特征，而Khristianovic-Geertsma-Dekerk模型（GDK模型）裂缝的井底压力则有一定程度的降低。压裂施工时井底压力的增长模式如图7-12所示。其中，斜率Ⅰ井底净压力上升，表示缝高延伸受到一定限制，这与PKN模型裂缝特征吻合；斜率Ⅳ净压力快速降低，表示裂缝高度出现不稳定增长，这与KGD模型裂缝的特征吻合；斜率Ⅱ净压力基本平稳，表示天然裂缝张开且滤失增大，意味着即将砂堵或者缝高快速延伸；斜率Ⅲ净压力快速上升，表示裂缝内已经出现砂堵。

对页岩气压裂而言，形成的裂缝形态非常复杂，但无论是PKN模型还是GDK模型在裂缝扩展的不同时间内都能体现出相应的压力动态特征。

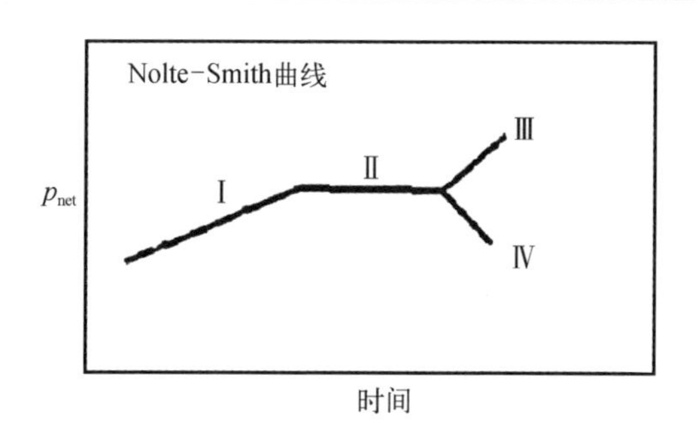

图7-12 压裂施工时井底压力的四种增长模式示意图

1）PKN裂缝扩展模型

考虑滤失与初滤失情况下，任一时刻t时的造缝半长$L(t)$的表达式如式（7-21）

所示：

$$L(t)=\frac{Q[w(x,t)+2S_p]}{4\pi Hc_t^2}\left[e^{x'^2}\operatorname{erfc}(x')+\frac{2x'}{\sqrt{\pi}}-1\right] \tag{7-21}$$

式中，$x'=\frac{2c_t\sqrt{\pi t}}{w(x,t)}$；erfc($x'$)为误差余函数。

任意位置和任意时间的造缝宽度的表达式如式(7-22)所示：

$$w(x,t)=w(0,t)\left\{\frac{x}{L_p}\sin^{-1}\frac{x}{L_p}+\left[1-\left(\frac{x}{L_p}\right)^2\right]^{\frac{1}{2}}-\frac{\pi}{2}\frac{x}{L_p}\right\}^{\frac{1}{4}} \tag{7-22}$$

而缝口处缝宽$w(0,t)$的表达式如式(7-23)所示：

$$w(0,t)=4\left[\frac{2(1-\nu)\mu Q^2}{\pi^3 G c_t H}\right]^{\frac{1}{4}}t^{\frac{1}{8}} \tag{7-23}$$

式中，x为沿缝长任一位置距井点的距离，m；L_p为压裂施工结束时的造缝半长，m；Q为压裂泵注排量，m^3/min；c_t为综合滤失系数，$m/min^{0.5}$；S_p为压裂液的初滤失，m^3/m^2；t为任一压裂施工时间，min；ν为泊松比，量纲为1；μ为压裂液冻胶的黏度，Pa·s；H为裂缝高度，m；G为剪模量，Pa。

剪切模量G与杨氏模量E的关系式如式(7-24)所示：

$$G=\frac{E}{2(1+\nu)} \tag{7-24}$$

平均缝宽$\bar{w}$表达式如式(7-25)所示：

$$\bar{w}=\frac{\pi}{4}w(0,t) \tag{7-25}$$

平均宽度表达式如式(7-26)所示：

$$\bar{w}=\frac{\pi\beta_s[p_{bt}-p_c(t)]}{2E'}\begin{cases}H & \text{PKN 模型}\\ L & \text{KGD 模型}\end{cases} \tag{7-26}$$

式中，$\beta_s=\begin{cases}\dfrac{2n'+2}{3n'+3+a} & \text{PKN 模型}\\ 0.9 & \text{KGD 模型}\end{cases}$；$E'=\dfrac{E}{1-\nu^2}$。

在β_s的表达式中，$a = 1$表示压裂液黏度从井底到缝端呈线性变化，$a = 0$表示压裂液黏度恒定不变。

式中，E为就地条件下的岩石杨氏模量，MPa；E'为平面应变模量，MPa；$p_c(t)$为t时刻缝壁处地层最小的水平主应力(闭合压力)，MPa；p_{bt}为任一施工时间的井底施工压力，MPa。

闭合压力p_c可通过前置液段开始时瞬时停泵来确定。此时，裂缝刚开始延伸，宽度还较小，可近似认为此时的井底压力(地面瞬时停泵压力与井筒静液柱压力之和)即为地层的闭合压力。闭合压力与泊松比的关系式如式(7-27)所示：

$$p_c(t_0) = \frac{\nu}{1-\nu}(\sigma_z - \alpha p_s) + \alpha p_s = p_{isp}(t_0) + p_H \tag{7-27}$$

从而由式(7-27)求出泊松比。

式中，α为Biot弹性系数；σ_z为上覆地层压力，MPa；p_s为目前的孔隙压力，MPa。

值得指出的是，前置液停泵时测得的闭合压力是裂缝刚起裂时的值。实际上随着注入的进行，由于压裂液的不断滤失，沿裂缝壁附近的地层孔隙压力不断增加，会导致闭合压力的增加。滤失系数与不同时间停泵压力的关系式如式(7-28)所示：

$$C_t = \frac{1}{3.28\sqrt{t-t_0}}\left[\frac{1}{C'}\left(\frac{p_{isp}(t) + p_H}{p_{isp}(t_0) + p_H} - 1\right)\right]^{\frac{1}{C''}} \tag{7-28}$$

由式(7-28)得式(7-29)：

$$p_c(t) = p_{isp}(t) + p_H = \left[C'(3.28C_t\sqrt{t-t_0})^{C''} + 1\right](p_{isp}(t_0) + p_H) \tag{7-29}$$

式中，$p_c(t_0)$为前置液某一时刻t_0时停泵获得的裂缝闭合压力，MPa；t为任一施工时间，min；p_H为井筒静液柱压力，MPa；$p_{isp}(t_0)$，$p_{isp}(t)$分别为前置液某一时刻t_0时的停泵压力和压裂施工中任一时刻t时的停泵压力，MPa；C'，C''分别为裂缝几何形状的系数(针对PKN模型，$C' = 0.202\,33$，$C'' = 0.478\,50$；针对KGD模型，$C' = 0.190\,3$，$C'' = 0.467\,67$)。

联合式(7-27)和式(7-29)，可求出压裂施工中任一时刻对应的泊松比。

注意式(7-28)成立的前提条件是：储层原始地应力分布比较均匀，且不存在地应力的突变区域。一般情况下，上述前提条件是能成立的。

具体求解杨氏模量时，可先假设一个值，然后在该假设的杨氏模量条件下，要求解裂缝长度$L(t)$和造缝宽度$w(x, t)$，式(7-21)和式(7-22)需联立求解，并采用试凑法，即先假设一个$L(t)$，由式(7-22)求出一个$w(x,t)$，然后再由式(7-21)求出新的$L(t)$，如前后两次$L(t)$值相差不大，则该值就是真实的缝长，然后由式(7-22)求出真实的造缝宽度$w(x,t)$。否则，循环迭代，直至前后两次$L(t)$值的误差满足要求为止。求出$L(t)$和$w(x, t)$后，再由式(7-26)求出相应的井底压力p_{bt}，如p_{bt}和实际的井底压力相同或误差很小，则说明假设的杨氏模量正确，否则需再次假设一个杨氏模量，重复上述步骤，直至误差满足要求为止。

由于每一时间间隔下的井底压力(实际上由井口压力计算出)都对应一个杨氏模量值。按上述步骤可以作出杨氏模量随施工时间变化的曲线。

另外，在上述求解过程中，还需按上述同样的步骤，求出施工结束时的造缝半长L_p。

2) KGD裂缝扩展模型

任一时刻t时的造缝半长$L(t)$的表达式如式(7-30)所示：

$$L(t) = \frac{1}{2\pi} \frac{Q\sqrt{t}}{HC_t} \tag{7-30}$$

任意位置和任意时间的造缝宽度的表达式如式(7-31)所示：

$$w(x, t) = w(0, t)(1 - f_L^2) \tag{7-31}$$

式中，$w(0, t) = 1.91\left[\frac{(1-\nu)\mu Q L^2(t)}{GH}\right]^{\frac{1}{4}}$，$f_L = \frac{L(t)}{L_p}$。

具体求解方法与前面的PKN裂缝模型类似。

按上述方法对两口页岩气井的泊松比和杨氏模量进行了评价，并与岩心实验结果进行了对比，具体结果见表7-5。

表7-5 两口页岩气井岩石力学评价结果

井　　号	本模型计算结果		岩心实验结果	
	泊松比，量纲为1	杨氏模量/MPa	泊松比，量纲为1	杨氏模量/MPa
A	0.21	28 000	0.23	29 800
B	0.23	32 000	0.22	29 300

7.3.3 地层滤失性的评价方法

主要研究了由压裂施工资料及强制排液条件下的压降曲线分析地层滤失的方法。

1. 压裂施工中对地层滤失性的现场评价

在水力压裂中，地层的滤失性评价是极为重要的，它关系到压裂液的配方调整、压裂施工参数的优化设计和压后配套措施的采取等方面。地层滤失性的评估方法主要有理论计算法、压降分析法、经验公式等。但这些方法本身都有其特有的局限性，因此，本文从压裂施工中的常规资料，如排量、泵注时间等方面，研究了地层滤失性的现场评价方法。它对增加压裂设计的针对性和有效性，确保压裂施工成功和提高压后开发效果等方面都具有一定的现实意义。

假设储层为均匀介质，且裂缝模型为PKN和KGD两种。由质量守恒定律可知，某一时刻T时进入地层的压裂液量，等于此时的裂缝体积和滤失体积之和，其表达式如式(7-32)所示：

$$\frac{QT}{2}=\int_0^T\int_0^L\frac{2ch}{\sqrt{t-\tau}}\mathrm{d}x\,\mathrm{d}t+2hLS_{\mathrm{p}}+HLw_{\mathrm{a}} \tag{7-32}$$

对式(7-32)右端第一项进行拉氏变换，并用卷积定理化简，最终得式(7-33)：

$$L\left[\int_0^T\int_0^L\frac{2ch}{\sqrt{t-\tau}}\mathrm{d}x\,\mathrm{d}t\right]=\frac{2chLE\sqrt{\pi}}{T^E}\,\frac{\Gamma(E)}{p^{\left(E+\frac{3}{2}\right)}} \tag{7-33}$$

式中，$\Gamma(E)=\int_0^\infty \mathrm{e}^{-t}t^{E-1}\mathrm{d}t$；$E=\begin{cases}\dfrac{2n'+2}{2n'+3}, & \text{PKN 模型}\\[2ex] \dfrac{n'+1}{n'+2}, & \text{KGD 模型}\end{cases}$，它是反映裂缝延伸速率的量，其值域为[0.5, 1]；p为拉氏变换像函数中的自变量。

对式(7-33)可用Stehfest数值反演方法获得t时间内的滤失量。

在考虑地层滤失的条件下，PKN模型和KGD模型的造缝半长的计算公式如式

(7-34)所示：

$$L=\frac{Q\sqrt{t}}{2\pi Hc} \tag{7-34}$$

平均缝宽的表达式如式(7-35)所示：

$$w_a=\begin{cases}\pi\left[\dfrac{2(1-\nu)\mu Q^2}{6\times10^{10}\pi^3GcH}\right]^{\frac{1}{4}}t^{\frac{1}{8}}, & \text{PKN 模型}\\ 1.91\dfrac{\pi}{4}\left[\dfrac{(1-\nu)\mu QL^2}{6\times10^{10}GH}\right]^{\frac{1}{4}}, & \text{KGD 模型}\end{cases} \tag{7-35}$$

上述式中，G为剪模量，其表达式为：$G=\dfrac{E}{2(1+\nu)}$；Q为压裂平均排量，m^3/min；t为施工总时间，min；L为最终的造缝半长，m；w_a为停泵时的平均造缝宽度，m；c为综合滤失系数，$m/\sqrt{min}$；h为压裂目的层有效厚度，m；H为裂缝高度，m；S_p为初滤失量，m^3/m^2；μ为压裂液黏度，mPa·s；G为剪切模量，MPa。

利用上述公式进行计算时，需采用试凑法。即先假设一个滤失系数c，由式(7-34)求出半缝长L，再由式(7-35)求出缝宽w_a，最后由式(7-32)求出新的滤失系数c^*，如假设值和计算值基本相等，则说明假设的滤失系数c就是真实的滤失系数，否则重新假设c，并重复上述迭代过程，直至结果满足要求为止。

以某气田A井和B井为例，计算结果见表7-6。

表7-6 A井和B井地层滤失计算结果

井号		A	B
滤失系数/($m/\sqrt{min}$)	瞬时停泵压力测试	4.20×10^{-5}	7.3×10^{-5}
	本文模型计算结果	3.90×10^{-5}	5.56×10^{-5}

由表7-6可知，上述模型计算结果与瞬时停泵压力测试结果基本具有一致性。

2. 裂缝强制闭合条件下利用压降曲线分析地应力及滤失性

在水力压裂设计及施工中，为了减少压裂液滤液对储层的伤害，同时增加储层中支撑剂的支撑效率（因页岩气井渗透率一般较低，裂缝自然闭合时间较长；另外缝高不易控制，尤其当缝高向下延伸时，如压后靠裂缝自然闭合，会使大多数支撑剂沉降在缝底而影响压后产量)，往往采用裂缝强制闭合技术。目前，实施裂缝强制闭合技术的压裂井约占70%以上，而以往的压力降落模型无法对这种压裂井进行有效的解释。因此，本文针对裂缝强制闭合后的压力降落模型进行了推导和求解，并用矿场实例进行了验算，结果基本符合预期的设想。本模型的建立对于加深储层和裂缝参数的认识，对于进一步优化压裂设计和提高全气藏的压裂开发效果，都具有重要的理论意义和现实意义。

1）模型的假设条件

（1）裂缝高度恒定；

（2）压裂排量恒定；

（3）压裂液为幂律流体，且压裂液黏度从井底到缝端呈线性变化或压裂液黏度恒定；

（4）压裂后可以自然闭合，也可强制闭合；

（5）裂缝模型为PKN模型或KGD模型；

（6）压裂停泵后，裂缝仍有延伸，且延伸的规律与停泵前相同；

（7）考虑停泵后延伸裂缝的滤失量；

（8）忽略压裂液的压缩性；

（9）由于停泵后裂缝继续延伸的时间较短，可假设该期间的放喷速度恒定。

2）模型的建立和求解

设压裂泵注时间为t_p，停泵后裂缝继续延伸的时间为Δt，刚停泵时的体积为$\frac{\pi}{4}wHL$，停泵后Δt时体积为$\frac{\pi}{4}(L+\Delta L)(w+\Delta w)H$，在$\Delta t$时间内裂缝体积的变化等于裂缝的滤失量(包括新延伸裂缝的初滤失及滤饼滤失量)与压后Δt时间内放喷量之和，其表达式如下：

$$\frac{\pi}{4}HLw-\frac{\pi}{4}H(L+\Delta L)(w+\Delta w)=\Delta V_1+\Delta V_{fc}$$

将上式左边展开，并忽略二阶无穷小量得式(7-36)：

$$\frac{\pi}{4}HL\Delta w-\frac{\pi}{4}Hw\Delta L=\Delta V_1+\Delta V_{fc} \tag{7-36}$$

式中，$\Delta V_1 = \dfrac{2ch(L+\Delta L)}{\sqrt{t_p+\Delta t}}f(t)\Delta t + 2h\Delta L S_p$；$f(t) = \dfrac{\sqrt{t_p+\Delta t}}{L+\Delta L}\int_0^{L+\Delta L}\dfrac{1}{\sqrt{t-\tau(x)}}dx$；

$\Delta V_{fc} = \dfrac{q}{2}\Delta t$。

将上述各式代入式(7-36)并移项得式(7-37)：

$$-\frac{\pi}{4}\Delta w HL = \frac{2ch(L+\Delta L)}{\sqrt{t_p+\Delta t}}f(t)\Delta t + 2h\Delta LS_p + \frac{\pi}{4}wH\Delta L + \frac{q}{2}\Delta t \tag{7-37}$$

由裂缝延伸规律(停泵前后相同)得式(7-38)和式(7-39)：

$$L(t) = L\left(\frac{t}{t_p}\right)^E \tag{7-38}$$

$$\frac{\Delta L}{\Delta t} = E\frac{L}{t_p} \tag{7-39}$$

式中，$E = \begin{cases} \dfrac{2n'+2}{2n'+3}, & \text{PKN 模型} \\ \dfrac{n'+1}{n'+2}, & \text{KGD 模型} \end{cases}$，它是反映裂缝延伸速率的量，其值域为[0.5，1]。

将式(7-38)两端同时除以 Δt，并令 $\Delta t \to 0$，取极限得式(7-40)：

$$\frac{dw}{dt} = -\frac{8ch(L+\Delta L)}{\pi HL\sqrt{t_p+\Delta t}}f(t) - \frac{8hS_pE}{\pi Ht_p} - E\frac{w}{t_p} - \frac{2q}{\pi HL} \tag{7-40}$$

对式(7-40)进行求解得式(7-41)：

$$w = e^{-\int\frac{E}{t_p}dt}\left\{c' - \int\left[\frac{8ch(L+\Delta L)}{\pi HL\sqrt{t_p+\Delta t}}f(t) + \frac{8hS_pE}{\pi Ht_p} + \frac{2q}{\pi HL}\right]e^{\int\frac{E}{t_p}dt}dt\right\} \tag{7-41}$$

式中，c'为积分常数，由初始条件：$t = t_p$时，$w = w_p$得：$c' = w_p$。

将$c' = w_p$代入式(7-41)得式(7-42)：

$$w = \frac{w_p}{e^{\frac{E}{t_p}\Delta t}} - \frac{\int\left[\dfrac{8ch(L+\Delta L)}{\pi HL\sqrt{t_p+\Delta t}}f(t)e^{\frac{E}{t_p}\Delta t}dt\right.}{e^{\frac{E}{t_p}\Delta t}} - \int\frac{8hS_pE}{\pi Ht_p}dt - \int\frac{2q}{\pi HL}dt \tag{7-42}$$

将式(7-42)右端第二项单独提出来积分得式(7-43):

$$\int_{t_p}^{t_p+\Delta t} f(t)\,\mathrm{e}^{\frac{E}{t_p}\Delta t}\,\mathrm{d}t = \int_{t_p}^{t_p+\Delta t} \frac{\sqrt{t_p+\Delta t}}{L+\Delta L}\int_0^{L+\Delta L} \frac{\mathrm{e}^{\frac{E}{t_p}\Delta t}}{\sqrt{t-\tau(x)}}\,\mathrm{d}x\,\mathrm{d}t \tag{7-43}$$

为简便起见,设量纲为1量如下:

$$t_D = \frac{t}{t_p},\ T_D = \frac{t_p+\Delta t}{t_p},\ \tau_D = \frac{\tau(x)}{t_p}$$

则式(7-43)右端 $= \int_1^{T_D} \frac{\sqrt{t_p T_D}}{L+\Delta L}\int_0^{L+\Delta L} \frac{\mathrm{e}^{\frac{E}{t_p}\Delta t}}{\sqrt{t_p t_D - t_p\tau_D}}\,\mathrm{d}x\,t_p\,\mathrm{d}t_D$

$$= \int_1^{T_D} \frac{t_p\sqrt{T_D}}{L+\Delta L}\int_0^{L+\Delta L} \frac{\mathrm{e}^{\frac{E}{t_p}\Delta t}}{\sqrt{t_D-\tau_D}}\,\mathrm{d}x\,\mathrm{d}t_D$$

将 $\mathrm{d}x = LE\tau_D^{E-1}\mathrm{d}\tau_D$,代入上式得式(7-44):

$$\int_1^{T_D} f(t)\,\mathrm{d}t = \int_1^{T_D} \frac{t_p\sqrt{T_D}}{L+\Delta L}\int_0^{T_D} \frac{LE\tau_D^{E-1}\mathrm{e}^{E(t_D-1)}}{\sqrt{t_D-\tau_D}}\,\mathrm{d}\tau_D\,\mathrm{d}t_D \tag{7-44}$$

再结合式(7-42)得式(7-45):

$$w = \frac{w_p}{\mathrm{e}^{\frac{E}{t_p}\Delta t}} - \frac{\frac{8ch\sqrt{t_p}}{\pi H}F_1(T_D)}{\mathrm{e}^{\frac{E}{t_p}\Delta t}} - \frac{8hS_pE\Delta t}{\pi H t_p} - \frac{2q}{\pi HL}\Delta t \tag{7-45}$$

式中,$F_1(T_D) = \int_1^{T_D}\int_0^{T_D} \frac{E\tau_D^{E-1}\mathrm{e}^{(t_D-1)}}{\sqrt{t_D-\tau_D}}\,\mathrm{d}\tau_D\,\mathrm{d}t_D$

由裂缝的平均宽度公式得式(7-46)和式(7-47):

$$w_a = \frac{\pi\beta_s(p-p_c)}{2E'}\begin{cases} H, & \text{PKN 模型} \\ L, & \text{KGD 模型} \end{cases} \tag{7-46}$$

$$p - p_c = \frac{p_{isp}-p_c}{\mathrm{e}^{\frac{E}{t_p}\Delta t}} - \frac{p^* F_1(T_D)}{\mathrm{e}^{\frac{E}{t_p}\Delta t}} - \frac{16hS_pE}{\pi H t_p}\Delta t\alpha^* - \frac{4q}{\pi HL}\Delta t\alpha^* \tag{7-47}$$

式中，

$$p^{*}=\begin{cases}\dfrac{16chE'\sqrt{t_{p}}}{\pi^{2}H^{2}\beta_{s}}, & \text{PKN 模型}\\ \dfrac{16chE'\sqrt{t_{p}}}{\pi^{2}HL\beta_{s}}, & \text{KGD 模型}\end{cases},\ \alpha^{*}=\begin{cases}\dfrac{E'}{\pi\beta_{s}H}, & \text{PKN 模型}\\ \dfrac{E'}{\pi\beta_{s}L}, & \text{KGD 模型}\end{cases},$$

$$\beta_{s}=\begin{cases}\dfrac{2n'+2}{3n'+3+a}, & \text{PKN 模型}\\ 0.9, & \text{KGD 模型}\end{cases}。$$

在β_s的表达式中，$a=1$表示压裂液黏度从井底到缝端呈线性变化，$a=0$表示压裂液黏度恒定。

式（7−47）中共有四个未知数，即闭合压力p_s，拟合压力p^*，停泵时的缝长L和停泵后裂缝的延伸时间Δt，因此，还需再建立三个方程：即根据停泵后裂缝无延伸的压降方程、裂缝的延伸准则方程及施工期间的连续性方程进行辅助求解。

（1）停泵后裂缝无延伸情况下的压降方程

根据上述类似的步骤，得出在区间$[t_p, t_p+\Delta t]$内任意两个时间点的压力差表达式如式（7−48）所示：

$$p_1-p_2=p^{*}F_2(t_{D1},t_{D2})+\frac{4q(t_2-t_1)E'}{\pi^{2}HL\beta_{s}b^{*}} \tag{7-48}$$

式中，$b^{*}=\begin{cases}H, & \text{PKN 模型}\\ L, & \text{KGD 模型}\end{cases}$；$F_2(t_{D1},t_{D2})=\int_{t_{D1}}^{t_{D2}}\int_0^1\dfrac{E\tau_D^{E-1}}{\sqrt{t_D-\tau_D}}\mathrm{d}\tau_D\mathrm{d}t_D$。

（2）裂缝的延伸方程

根据Perkins理论，裂缝延伸的准则如式（7−49）所示：

$$(p-p_c)\beta_s\geqslant\sigma_T \tag{7-49}$$

（3）施工期间的连续性方程

根据总体积平衡关系，即：总注入体积 = 滤失量 + 初滤失量 + 裂缝体积，得式（7−50）：

$$\frac{Q}{2}t_{\mathrm{p}}=\int_{0}^{t_{\mathrm{p}}}\int_{0}^{L}\frac{2ch}{\sqrt{t-\tau(x)}}\mathrm{d}x\,\mathrm{d}t+2hLS_{\mathrm{p}}+w_{\mathrm{a}}HL \tag{7-50}$$

将式(7–50)化简得式(7–51):

$$L=\frac{\dfrac{Q}{2}t_{\mathrm{p}}}{2chF_{3}\sqrt{t_{\mathrm{p}}}+2hS_{\mathrm{p}}+w_{\mathrm{a}}H} \tag{7-51}$$

式中,$F_3=\int_0^1\int_0^1\frac{E\tau_D^{E-1}}{\sqrt{t_D-\tau_D}}\mathrm{d}\tau_D\mathrm{d}t_D$。

在进行计算时,先假设一个p_c,由式(7–47)求出裂缝停止延伸时的压力和对应的时间Δt,然后假设一个L,再由式(7–48)求出拟合压力p^*和滤失系数c,然后由式(7–46)求出停泵时的平均缝宽w_a,再由式(7–51)求出另一个L^*,如计算的L^*与假设的L基本相等,则说明假设的L正确,否则需重新假设L,重复上述步骤,并迭代计算至误差满足要求为止。

求出L后,可由式(7–47)求出闭合压力p_c,并与先前假设的闭合压力进行对比,如计算值与假设值误差较大,则重新假设闭合压力p_c,重复上述步骤,并迭代计算至误差满足要求为止。这样,式(7–47)中的四个未知数均已全部求出。

3) 裂缝参数的求解

(1) 滤失系数

求出了拟合压力p^*后,得式(7–52)和式(7–53):

$$c=\frac{p^*\pi^2H^2\beta_s}{16hE'\sqrt{t_p}},\text{PKN 模型} \tag{7-52}$$

$$c=\frac{p^*\pi^2HL\beta_s}{16hE'\sqrt{t_p}},\text{KGD 模型} \tag{7-53}$$

(2) 停泵时的裂缝宽度

由式(7–46)得平均缝宽的表达式,如式(7–54)所示:

$$w_a=\frac{\pi\beta_s(p_{isp}-p_c)}{2E'}\begin{cases}H, & \text{PKN模型}\\ L, & \text{KGD模型}\end{cases} \tag{7-54}$$

还可得到最大缝宽的表达式，如式（7-55）所示：

$$w_{max}=\begin{cases}\dfrac{4w_a}{\pi\beta_s}, & \text{PKN 模型}\\ \dfrac{w_a}{\beta_s}, & \text{KGD 模型}\end{cases} \tag{7-55}$$

（3）停泵时的缝长

不管是PKN模型还是KGD模型，都可按上述步骤得到结果。

（4）停泵后的裂缝延伸长度 ΔL

先求出停泵后的裂缝延伸时间 Δt，再得裂缝延伸长度 ΔL，其表达式如式（7-56）所示：

$$\Delta L=L\left(\frac{t_p+\Delta t}{t_p}\right)^E-L \tag{7-56}$$

最终缝长L_f的表达式如式（7-57）所示：

$$L_f=L+\Delta L \tag{7-57}$$

（5）闭合缝宽w_c

设支撑剂体积为V_{pro}，则裂缝闭合的缝宽的表达式如式（7-58）所示：

$$w_c=\begin{cases}\dfrac{2V_{pro}}{\pi HL_f}, & \text{PKN 模型}\\ \dfrac{V_{pro}}{2HL_f}, & \text{KGD 模型}\end{cases} \tag{7-58}$$

（6）裂缝闭合时间

由式（7-48）得式（7-59）：

$$p_1-p_c=p^*F_2(t_{D1},t_c)+\frac{4q(t_c-t_1)E'}{\pi^2HL\beta_sb^*} \tag{7-59}$$

先由式（7-59）求出闭合压力p_c，并任选一压力p_1和t_1，利用试凑法求出闭合时间t_c。当然，如测压降时间足够长，可直接由闭合压力值p_c确定闭合时间t_c（通过压降曲线得出数值)。

(7) 压裂液效率

由停泵时的裂缝体积与总注入体积得压裂液效率的表达式,如式(7-60)所示:

$$\eta = \frac{2w_a HL}{Qt_p} \tag{7-60}$$

上述推导公式中的符号说明如下:t_p为压裂泵注时间,min;Δt为停泵后裂缝延伸的时间,min;ΔV_l为Δt时间内压裂液的滤失量,m^3;ΔV_{fc}为压裂停泵后Δt时间内井口放喷的压裂液量,m^3;q为压裂停泵后,单位时间内从井口放喷的压裂液量,m^3/min;c为综合滤失系数,$m/\sqrt{min}$;h为储层的滤失高度(有效厚度),m;H为裂缝的高度,m;L为压裂停泵时的造缝半长,m;ΔL为压裂停泵后延伸的缝长,m;w为裂缝的宽度,m;w_p为停泵时的裂缝宽度,m;E为裂缝延伸指数,其值域为[0.5, 1];E'为平面应变模量,MPa;p_c为闭合压力,MPa;p_{isp}为瞬时停泵压力,MPa;σ_T为储层岩石抗张强度,MPa;S_p为压裂液初滤失量,m^3/m^2;V_{pro}为压裂加砂量,m^3。

某页岩气A井在不同放喷条件下的解释结果见表7-7。

表7-7 A井强制闭合条件下的压降模型解释结果

放喷速度/(m^3/h)	0	12.4	14.8
停泵后延伸时间/min	6.45	4.46	3.47
停泵后延伸半缝长/m	11.61	7.76	5.90
停泵时的造缝半长/m	252.0	258.3	260.4
停泵时平均造缝宽度/mm	6.23	5.81	4.80
停泵时最大造缝宽度/mm	13.05	12.1	12.0
闭合时的平均支撑缝宽/mm	1.17	1.13	1.09
闭合时间/min	225.0	206.9	185.6
综合滤失系数/($m/\sqrt{min}$)	1.07×10^{-4}	8×10^{-5}	6×10^{-5}
压裂液效率/%	80.9	86.2	90.2

由表7-7可知,压后放喷的油嘴不同,其压降数据的解释结果与自然闭合时的解释结果有很大不同,尤其是综合滤失系数的解释结果差别较大。

3. 前置液阶段两次瞬时停泵压力测试法求取滤失的方法

应用前置液阶段两次瞬时停泵压力测试，可判断地层的滤失情况或地应力的变化情况。

一般情况下第二次瞬时停泵压力比第一次要高，原因是压裂液的滤失会使储层流体孔隙压力增加，造成地应力的增加。两次停泵压力差值越大，地层的滤失性也越大。

如裂缝延伸到物性变差且地应力变高的区域，也会造成第二次停泵压力升高。但不管是什么原因造成的第二次停泵压力升高，都应适当增大前置液量或排量。

有时加些细砂或陶粉的措施也是正确的。若是因为滤失大造成的第二次停泵压力增加，肯定需加些细砂或陶粉来降滤；如果是地应力增大造成的，则造缝宽度变窄，容易砂堵。而适当加些陶粉，则可冲刷、打磨窄的裂缝口，使后续加砂更畅通些。现在关于高地应力储层压裂或近井筒摩阻高的储层压裂时，都提倡加细砂或陶粉支撑剂段塞技术。

值得指出的是，第一次停泵时，因地层刚破裂不久，裂缝中充填的可能是井筒中的活性水，而第二次停泵时，则裂缝中充填的大多数是交联的冻胶，故有研究认为两次瞬时停泵压力值没有可对比性，这是一种错误的认识，原因如下：(1) 即使第一次停泵时，裂缝中充填的都是活性水，但活性水比冻胶滤失大，因此裂缝壁附近储层孔隙压力增加的多，而地应力也增加较多，所以第一次停泵压力应较高而不是较低；(2) 因为停泵时间只有半分钟左右，此时的停泵压力与工作压力的落差，实际上是因为井筒摩阻、孔眼摩阻和裂缝摩阻消失的缘故，是真正的井底裂缝延伸压力。如果停泵测压降时间长（如半小时以上），则压力降低快是正确的，但这里对比的是刚停泵时各种阻力消失后的井底压力；(3) 综上所述，由两次停泵压力的差值估算得出的滤失系数实际上被缩小了。

由两次瞬时停泵压力求综合滤失系数的公式如式(7-61)所示：

$$c_t = \frac{1}{3.28\sqrt{t - t_0}}\left[\frac{1}{C'}\left(\frac{p_{\mathrm{isp}}(t) + p_{\mathrm{H}}}{p_{\mathrm{isp}}(t_0) + p_{\mathrm{H}}} - 1\right)\right]^{\frac{1}{C''}} \tag{7-61}$$

式中，c_t为综合滤失系数，m/$\sqrt{\text{min}}$；t为任一施工时间，min；p_H为井筒静液柱压力，MPa；$p_{isp}(t_0)$，$p_{isp}(t)$为分别为前置液某一时刻t_0时的停泵压力，以及压裂施工中任一时刻t时的停泵压力，MPa；C'，C''分别为裂缝几何形状的系数（针对PKN模型，$C' = 0.202\ 33$，$C'' = 0.478\ 50$；而针对KGD模型，则$C' = 0.190\ 3$，$C'' = 0.467\ 67$）。

按式（7-61）计算的滤失系数图如图7-13和图7-14所示。

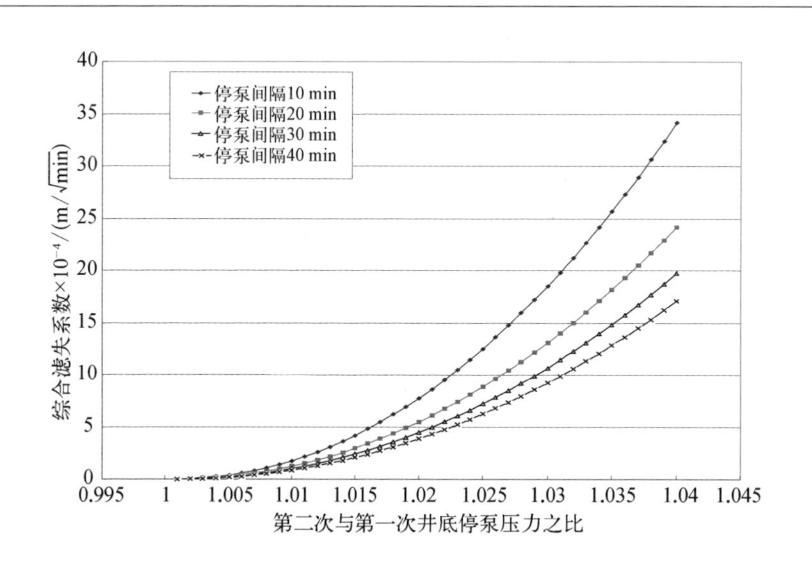

图7-13 两次停泵压力（井底）计算的滤失系数（KGD模型）

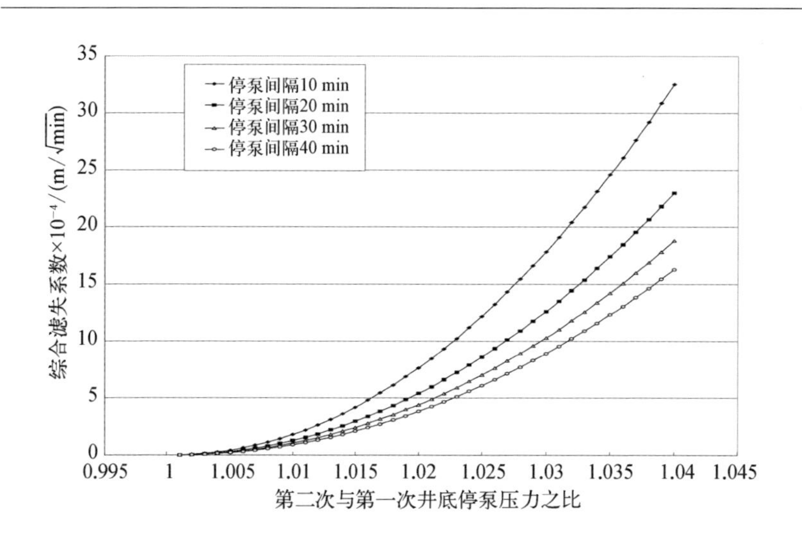

图7-14 两次停泵压力（井底）计算的滤失系数（PKN模型）

如隔层与储层的地应力差值较大或在施工的中后期说明缝高的延伸受到控制，此时宜选PKN模型，否则若预计缝高的延伸较大或在施工的早期则可选KGD模型。

7.3.4 确定地层闭合压力的方法

上述确定地层滤失方法研究中，如压降分析和两次瞬时停泵压力测试等，在求出滤失的同时也可求出地层的闭合压力。下文将对平衡测试确定闭合压力的方法进行探讨。

1. 理论分析

平衡测试法求地层闭合压力是一种注入测试法，类似于常规的注入或关井或压力降测试法。该方法不关井而是以低排量i_2连续注入流体，开始处理时压力下降。由于i_2比主压裂作业时的泵排量i_1小得多，因此注入率i_2小于压裂液滤失率。当压裂液滤失率大于注入率时，裂缝体积和压力随时间增加而降低。当裂缝体积下降到一定程度时裂缝趋于闭合，裂缝长度也随之缩减。压裂液滤失率将随时间增加而减少，直到最后压裂液的滤失率等于注入率。这时裂缝体积保持稳定，井眼压力达到平衡并开始逐步上升，因为从这时起压裂液滤失率随时间增加而下降且注入率保持不变。压裂液注入率与滤失率达到平衡时（t_{eq}）的最小压力即为平衡压力p_{eq}。当压力达到平衡后立即关井，测试结束。

平衡压力是裂缝闭合压力的上限。通过减去最后关井时的瞬时压力变化Δp_{si}，可以消除摩擦和扭曲成分。校正后的平衡压力（$p_{eq}-\Delta p_{si}$）与裂缝的闭合压力只相差裂缝中的净压力，由于注入率i_2较小，净压力相对较小，因此校正后的平衡压力近似等于裂缝闭合压力。如果把校正后的平衡压力再减去净压力，则得到更准确的裂缝闭合压力。

2. 国外现场实例

1）实例1

地层深9 056 ～ 9 191 ft，净厚度115 ft，渗透率0.07 mD。增产措施计划包括：平衡测试、压裂液效率测试（FET）和主支撑压裂作业。在平衡测试期间，i_1 = 15 bbl/min，i_2 = 1.67 bbl/min。基于压裂压力计算的裂缝闭合压力为7 583 psi。在平衡测试关井和FET关井后根据压力降推算的闭合压力分别为7 570 psi和

7 683 psi。仅根据关井后的压力降数据推算的闭合压力具有多解性，只有在用平衡测试法确定了闭合压力之后，才能在压力降曲线上识别出正确的裂缝闭合点。

2）实例2

地层深5 440 ～ 5 487 ft，净厚度38 ft，渗透率0.02 mD。增产措施计划包括：平衡测试、FET、支撑压裂处理。i_1 = 15 bbl/min，i_2 = 1.16 bbl/min。i_1注入时间t_p为3 min。由于压裂液的滤失率低，16 min后才达到压力平衡。根据处理压力计算的裂缝闭合压力为4 710 psi，而根据FET关井后压力降推算的闭合压力约为4 751 psi。推算结果与平衡测试结果具有很好的一致性。

3）实例3

在本次作业中，注入压裂液的目的不是为了确定裂缝闭合压力，而是一次支撑压裂作业前的导流处理，目的是在裂缝底部形成一个人工屏障。导流处理包括大排量泵入前置液，形成一定的裂缝长度，然后以低排量泵入砂浆，沉淀后形成屏障。由于作业过程恰好与平衡测试法类似，因此用平衡法分析导流处理期间记录的压力数据，推算裂缝闭合压力。根据处理压力数据计算的闭合压力为2 901 psi。在第一次注入、第二次注入和导流处理结束后，关井压力降分析推算的裂缝闭合压力分别为2 950 psi、3 105 psi和3 130 psi。

3. 方法应用的分析讨论

1）注入率的选择

由于裂缝净压力在一定程度上对注入率的变化十分敏感，因此i_2/i_1应尽可能小，当比值小于0.2时有利于结果。如果裂缝延伸速度已知，则i_2应大于或等于估算的裂缝延伸率。

2）压裂液的选择

一般情况下平衡测试法选用低黏度压裂液，这样裂缝中的净压力较低，从而能提高闭合压力的估算精度。对于高渗、高滤失性地层，则i_2相对较大，则要使用低滤失性压裂液，而不宜使用延迟交联凝胶。

3）注入时间

注入的压裂液体积必须足够大才能在目的层产生裂缝，但如果注入的压裂液太多则形成的裂缝会过大，那么将延长达到压力平衡的时间。在极致密的地层中，常规小型压裂后裂缝需要较长时间才能闭合。

4）达到平衡的时间

现场观测发现井与井之间达到压力平衡所需的时间有很大差异。达到平衡所需时间是注入率、滤失率和裂缝体积的函数。如果i_2很大而裂缝体积很小，则能很快达到压力平衡，但过快达到压力平衡会使测试分析十分困难。另外，在致密地层中达到压力平衡所需的时间t_{eq}可能较长。

7.3.5 两向水平应力差的评估

水平方向两个水平主应力差值的确定，对是否能形成网络裂缝至关重要。目前常用的做法是测井或岩心实验的方法，虽然利用压裂施工资料求取的方法还不多见，但更为准确可靠。

经简单推导，求取储层水平最大与最小主应力差的公式如式(7–62)和式(7–63)所示：

$$\sigma_{max} = 3\sigma_{min} - p_i - p_f + T \tag{7-62}$$

$$\Delta\sigma_h = 2\sigma_{min} - p_i - p_f + T \tag{7-63}$$

式中，p_i为地层压力，MPa；p_f为地层破裂压力，MPa；T为岩石抗张强度，MPa；σ_{max}为最大水平主应力，MPa；σ_{min}为最小水平主应力，MPa；$\Delta\sigma_h$为储层水平最大与最小主应力差值，MPa。

岩石的抗张强度T不易求取，一般为3～5 MPa。如在地层破裂后就瞬时停泵，则再次起泵时就不需要克服破裂压力那么高的压力，破裂压力与第二次起泵后的最高压力差值即为岩石的抗张强度。

7.3.6 天然裂缝的评估

天然裂缝对页岩气压裂至关重要。这里主要讨论的是与水力裂缝沟通的高角度裂缝(如与水力裂缝平行,也难以判断),对于水平层理或纹理裂缝而言,通过取心分析或FMI成像测井等手段,可以获得其真实信息。

首先是分析高角度天然裂缝的分布密度。通过对压裂施工压力资料的分析,如分析压裂过程中沟通到天然裂缝会发生压力的波动现象(页岩裂缝扩展物模实验结果表明具有普遍性):整个压裂施工过程中出现多少个压力波动,就代表天然裂缝的分布数量。而造缝长度可通过成熟的商业性软件进行模拟分析。因此,天然裂缝的分布密度及其分布规律很容易被分析判断。

其次是计算分析每个天然裂缝的长度及宽度。当水力主缝沟通某个天然裂缝时,可能还在天然裂缝原始尺寸的基础上进行"加长加宽",天然裂缝要张开首先要使水力裂缝的净压力大于其张开的临界压力。天然裂缝张开后,由于其缝宽较主裂缝窄得多,进缝阻力很大,当其延伸一段距离且主裂缝处的压力到达天然裂缝端部后,此时压力可能已大幅递减,并难以达到天然裂缝延伸的临界应力强度因子,那么天然裂缝就会停止延伸。随后水力主缝继续往前延伸,直到沟通第二个天然裂缝,以此类推,直到沟通完所有的天然裂缝。

上述情况是控制不好水力主裂缝净压力的情况,如能很好控制主裂缝净压力,即主裂缝长度达到预期的要求后才扩大净压力,那么可一次就压开所有的天然裂缝,并与限流压裂的情况类似,此时可借用限流压裂的分流模型研究各天然裂缝的最终几何尺寸。

7.4　压后效果综合评价方法

压后效果综合评价是页岩气压裂设计、施工的重要环节。一个优化的压裂设计能否转化为优化的压裂施工,进而实现预期的压裂效果,如果效果达到了是否还有进一步改进的空间。反之,如果未实现预期的压裂效果,是什么原因导致的(如:是地层条件发生变化了?还是裂缝形态及几何尺寸没有达到设计要求?)这些都是压后效果综合评价要回答的问题。

此外，页岩气的压裂设计、压裂施工、压后效果评价是一个动态、循环往复的过程，是一个闭合的技术链条，需要通过不断的优化、完善来加深对页岩地层的认识。在此基础上，进一步优化设计参数及施工方案，从而实现不断的完善、认识和优化，最终实现最佳的压裂效果目标。

7.4.1 压后效果的综合评价内容

压后效果的综合评价主要包括以下几方面。

（1）对储层特性的再认识。如基质有效渗透率、地应力大小及方向，两个水平应力差值、岩石力学及天然裂缝发育情况等。这些认识如与压前设计时差别较大，会极大影响压裂后的效果。目前，已有利用压裂施工资料进行储层再认识的相关模型，这些研究进展对提高远井储层特性的认识，具有十分重要的意义。而之前的储层评价都是基于测录井及岩心等资料，反映的是近井筒的特性，但由于页岩的非均质性和各向异性较强，所以远井的储层特性的认识更为重要。

（2）对裂缝类型及特征的认识。结合前边的裂缝监测结果，辅之以G函数叠加导数分析技术及其他的测试分析资料，对裂缝的类型，如单一缝、复杂裂缝、网络裂缝，及其几何尺寸等进行分析评价，研究其对压后效果的影响程度。

（3）分析压后实际效果与压裂设计时预期效果的差异性，到底是储层的原因还是压裂工艺设计上的原因，需要进行详细的对比分析。

（4）在前述三项研究的基础上，进一步研究提高裂缝复杂性程度的技术方法及可行性，以进一步探索提高压裂效果的可行性。

具体的压后评估方法包括：压裂施工参数与设计参数的对比分析、压裂液的适应性分析、支撑剂的适应性分析、压裂工艺参数的适应性分析、压后返排及求产措施的适应性分析等。在此基础上，应用上述方法和手段，对储层和裂缝的特性进行再认识，以及进行压后效果和下步挖潜空间分析等。

值得指出的是，限于目前模型或方法的局限性，许多压后评估工作还不能完全符合上述要求，但随着该区块压裂井数的增多，压后评估工作会更加丰富和完善。

7.4.2 压后效果评价示例

示例的某井22段压裂施工曲线按形状可分为3类，见表7-8。

表7-8 某井施工曲线分类

曲线形状分类	数量	压裂段	备注
先降后升型	2 (9%)	1、2	滑溜水阶段施工压力下降原因： ① 裂缝延伸过程中沟通天然裂缝或层理缝； ② 缝高在纵向上延伸； ③ 压裂液携砂打磨孔眼，孔眼摩阻、裂缝弯曲摩阻降低
先降后稳型	12 (55%)	3、5、6、8、12、13、14、15、19、20、21、22	
压力平稳型	8 (36%)	4、7、9、10、11、16、17、18	整体施工压力较平稳反映了地层比较均质

某井每段总液量均在1 900 m^3以上(其中15段总液量超过2 000 m^3)；19段加砂量超过90 m^3(其中12段加砂量超过100 m^3)。其中第2段总液量2 671.8 m^3，第16段加砂达到126 m^3，是中石化页岩气井单段中的最高纪录。某井22段压裂施工参数统计见表7-9～表7-11。

表7-9 某井压裂施工参数统计

压裂施工	22段共46簇
总液量/m^3	46 542.26/2 115.56
累计加砂量/%	2 108.1/95.82
平均砂液比范围/%	7.21～12.32/10.54
施工排量/(m^3/min)	10～14

表7-10 某井施工总液量统计

施工总液量/m^3	压裂段	比例/%
1 900～2 000	4、8、9、11、12、14、20	32
2 000～2 300	1、3、6、7、10、13、15、17、19、21、22	50
2 300～2 700	2、5、16、18	18

表7-11 某井22段压裂施工参数统计

段数	100目/m^3	40～70目/m^3	30～50目/m^3	总砂量/m^3	HCl/m^3	滑溜水/m^3	胶液/m^3	总液量/m^3	p_{isp}/MPa	破裂压力/MPa	排量/(m^3/min)	施工压力/MPa
1	12.83	48	4.24	65.07	24.4	1 585.53	471.13	2 081.06	40	85.37	9.5～12	60～80
2	15.98	72.36	6.01	94.35	33	2 189.4	449.38	2 671.78	33.83	85.25	10～12.5	50～75
3	12	77.7	3.48	93.18	15	1 548.43	486.55	2 049.98	21.25	67.43	10～13.5	44～55
4	11.8	79.2	4.2	95.2	15	1 360	600	1 975	19.3	47.12	13～14	43～52
5	14.7	80.9	5.4	101	10	1 700	735	2 445	19.13	46.3	12～14	45～60
6	11.8	85.9	4.5	102.2	11	1 482	597	2 090	18.23	49.8	8.5～14	36～69
7	12.4	87.3	5.4	105	15	1 524	501	2 040	18.9	41.57	13～14	21～58
8	12.7	39.7	0	52.4	12	1 589.8	339.8	1 941.6	25.47	71.67	8.5～14	21～71
9	12.2	84.5	9.4	106.1	12	1 486	500	1 998	30	41.57	12～14	39～69
10	12.4	87.7	7	107.1	10	1 460	680.2	2 150.2	33.37	42.13	12～13	35～65
11	12.2	90.7	5.2	108.1	10	1 432.8	500	1 942.8	34.13	55.47	11.5～14	29～63
12	12.4	77.3	2.4	92.1	8	1 431.8	473.8	1 913.6	35.47	60.97	11.5～13	23～71
13	14.9	91.3	9.9	116.1	15	1 503.3	689	2 207.3	35.57	65.7	12～13.5	31～74
14	13.7	78.6	8.8	101.1	9	1 529	417.6	1 955.6	40.4	80.03	11～13.2	51～80
15	17.7	75.7	8.7	102.1	8	1 705	485.4	2 198.4	38.04	81.32	11～12.5	47～88
16	12.2	105.7	8.1	126	12	1 711.7	578.1	2 301.8	40	56	11～13.5	64～70
17	12.87	83.45	5.89	102.21	15	1 552.7	487.7	2 055.4	38	61.2	10.6～13.5	60～65
18	14.04	71.2	11.3	96.5	15	1 579	731.1	2 325.1	44.2	55.5	10.2～13.5	55～69
19	14.9	76.6	8.9	100.4	12	1 703.77	401.57	2 117.34	46.5	65.59	12.5～13.5	66～72
20	13.2	69.9	11.9	95	12	1 579.7	400.7	1 992.4	46	57.8	9.5～13.5	64～73
21	14.5	66.5	9.5	90.5	12	1 563.2	457.3	2 032.5	40	69.7	12.5～13.5	64～74
22	12.1	44.3	0	56.39	12	1 510.4	535	2 057.4	41.2	59.5	7.8～13.5	56～74

1. 施工曲线分类

从整体上看，某井在趾端100 m附近地应力较高，之后到跟端地应力逐渐增加。按照地层应力高低(瞬时停泵压力梯度)及地层是否渗漏，将22段施工压力分为4种类型，如图7-15所示。

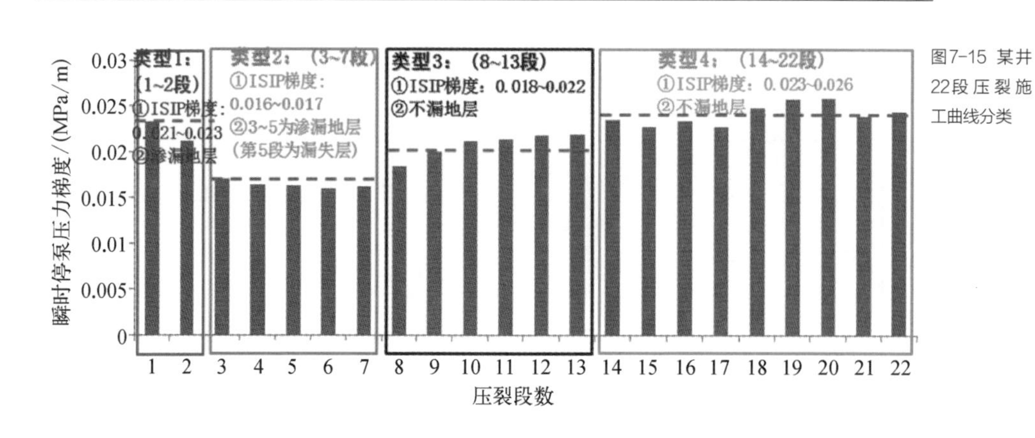

图7-15 某井22段压裂施工曲线分类

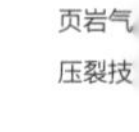

2. 破裂特征分析

统计了某井22段压裂施工在升排量阶段的地层破裂次数、平均压力降幅及降速（表7-12）。其中前6段天然裂缝发育，脆性、压力降幅和降速较大，整个排量过程发生多次明显破裂；7～11段偏塑性，压力降幅和降速小，相对低排量发生2～3次微小破裂；12～22段受地应力较大影响，压力降速有所降低，发生明显破裂的次数减少。

表7-12 某井22段地层破裂特征数据

射孔段	伽马API	破裂次数	施工排量/(m^3/min)	平均压力降幅/MPa	降速/(MPa/min)
1	243	7	5.5～11	3.7	17.4
2	244	2	4～12.2	4.7	34.5
3	259	12	0.9～13.2	4.0	29.5
4	245	7	5.7～13	1.9	8.4
5	210	3	10～14.4	3.3	4.7
6	248	5	4～14.1	3.6	17.4
7	370	3	3.5～6	0.9	15.0
8	431	2	5～9.3	1.8	8.2
9	388	2	7.4～9.5	2.4	6.9
10	413	3	2.7～6.6	2.4	9.1
11	235	7	2.7～13.3	4.3	25.8

（续表）

射孔段	伽马API	破裂次数	施工排量 /(m^3/min)	平均压力降幅 /MPa	降速 /(MPa/min)
12	231	3	2.5～4.8	2.2	8.2
13	389	2	1.4～2.3	2.7	12.5
14	187	4	1.8～2.7	4.0	18.4
15	180	3	0.7～2.8	4.2	6.8
16	200	1	2.7	1.5	10.0
17	240	1	2.3	8.8	7.3
18	228	2	5.7～13.4	3.8	2.4
19	242	2	1.8～3	2.6	8.0
20	242	2	2.8～13.4	4.3	1.2
21	248	4	1～13.6	4.2	15.7
22	156	3	5.8～13.4	4.2	7.4

对于上述4种类型的施工压力曲线，选择典型曲线进行破裂压力及滤失特征分析。

类型1（第2段）是高地应力渗漏层，其破裂压力分析如图7-16所示。3次升排量泵注阶段在提排量及保持最大排量时，均发生2次破裂，破裂后压力降速较快，地层脆性好。停泵后压力下降明显，地层滤失大。

类型2（第5段，漏失层）为低地应力渗漏层，其破裂压力分析如图7-17所示。该地层在升排量过程中及较大排量下地层均发生破裂。其中大排量保持在14.4 m^3/min时，缝内憋压明显，有2处分别达9 MPa和22 MPa，促使裂缝明显转向。破裂后压力降幅较大，降速较快，说明地层脆性好、滤失大，天然裂缝发育较好。

类型3（第8段）破裂压力分析如图7-18所示。该地层无明显破裂点，仅在升排量阶段发生了2次微小破裂，在排量稳定后没有发生明显的破裂，相比类型1和类型2，地层表现出较强的塑性特征。

类型4（第18段）破裂压力分析如图7-19所示。该地层共发生2次明显破裂，分别在初期小排量阶段和最高排量阶段，压力降幅介于类型1和类型3之间，地层偏脆性。

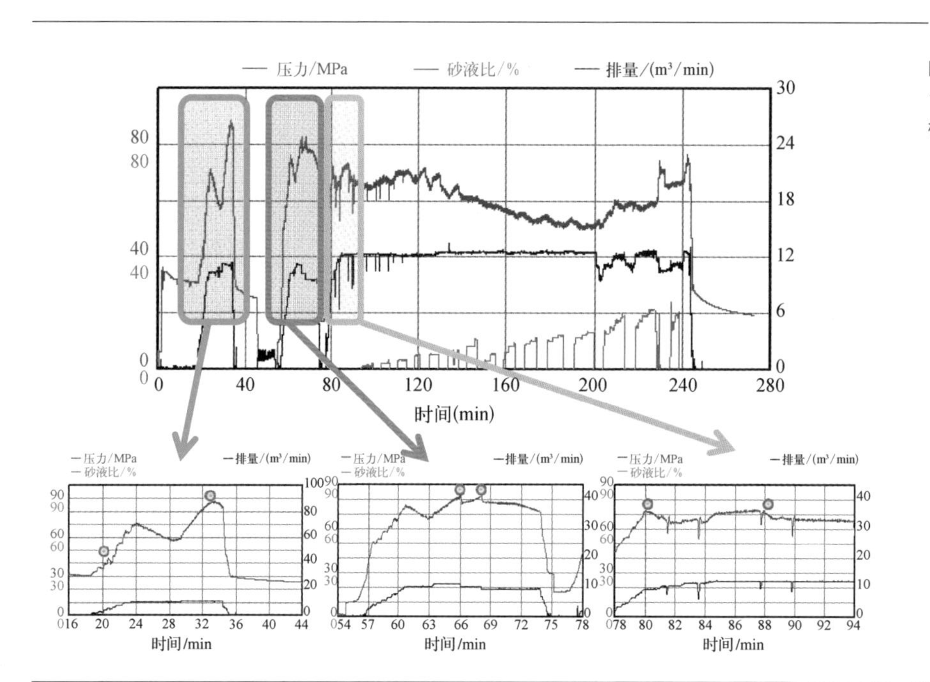

图7-16 类型1破裂压力分析

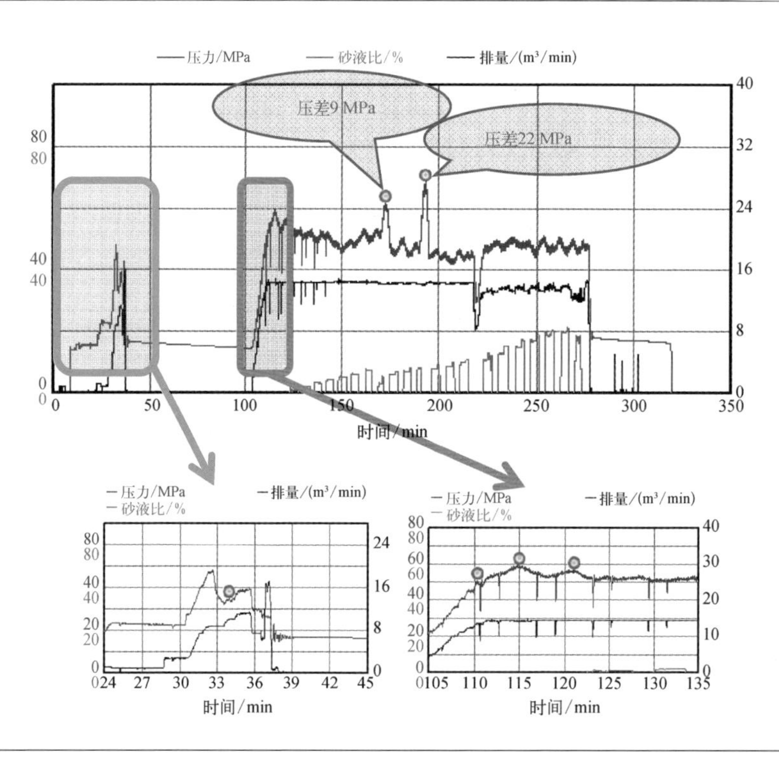

图7-17 类型2破裂压力分析

图7-18 类型3破裂压力分析

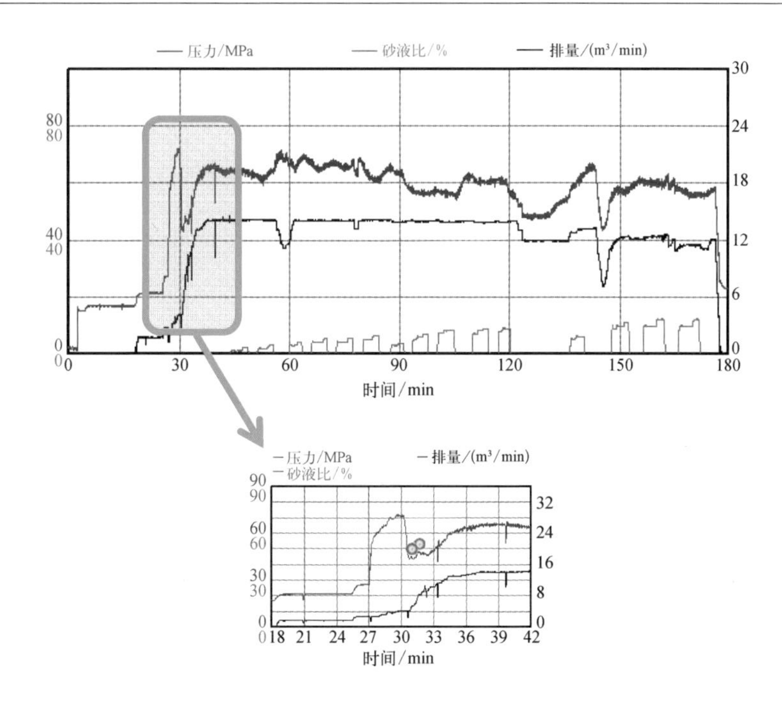

图7-19 类型4破裂压力分析

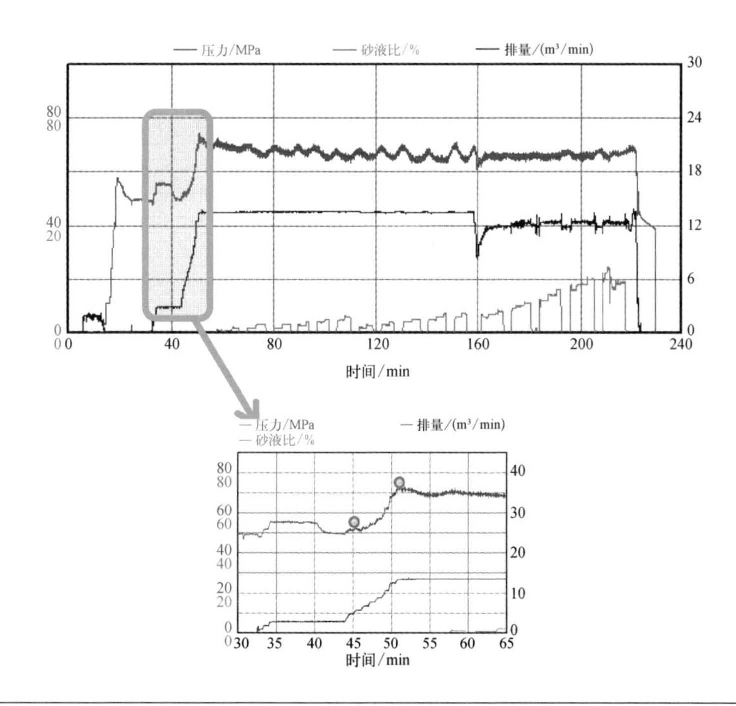

3. 裂缝复杂性分析

1）大型物理模拟试验

由典型页岩压裂结果分析，真三轴压缩条件下水力压裂裂缝以沿天然层理面开裂为主，水力压裂可产生与层理面垂直的裂缝，与天然层理面开裂后形成的裂缝交汇，形成网状裂缝，如图7-20所示。

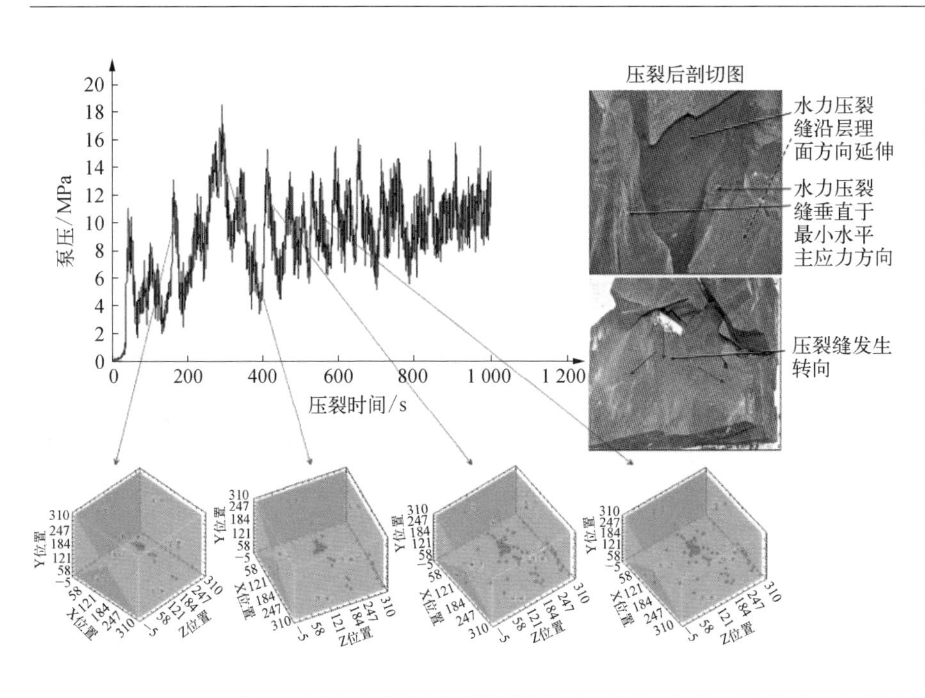

图7-20 岩心泵压曲线与声发射实时监测效果对比分析

2）G函数分析

某井仅有3段停泵后测压降30 min以上，其余测试时间都在5 min以内（分析结果供参考）。4种类型的G函数曲线如图7-21所示，根据G函数叠加导数曲线特征，可知第2段具有剪切网状裂缝特征，第5段具有多裂缝特征，第8段以单一缝为主，第18段具有分支裂缝特征。

3）压力施工曲线分析

选取4种压力类型施工曲线，分别计算了消除携砂液密度差影响的井底压力曲线，并在此基础上进行压力波频率和幅度统计。

图7-21 4种类型的压后G函数曲线分析

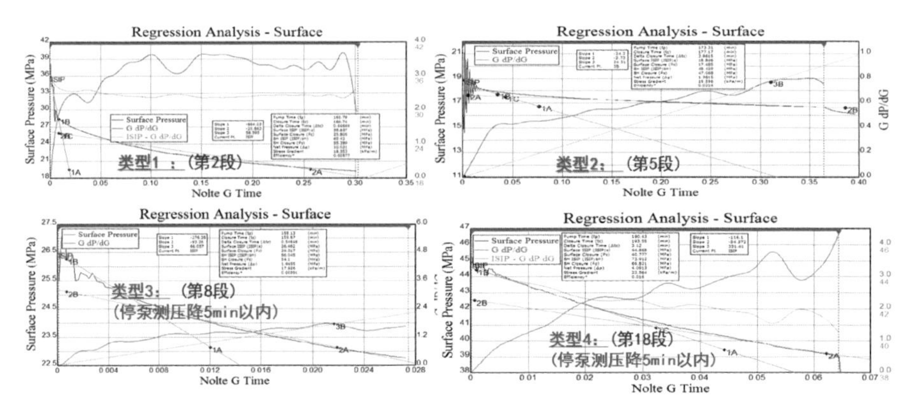

结合典型页岩压裂实验结果，综合考虑压力波频率和平均压力波动幅度等因素（图7-22），类型1和类型2裂缝发育程度较好、分布范围均较大，压裂后易形成天然层理缝与水力裂缝相交的复杂裂缝。类型3塑性强、天然裂缝发育不好，易形成单一缝。类型4整体压力波情况稍差于类型1和类型2，有形成复杂缝的可能。

另外，综合考虑滑溜水阶段压力波频率和平均压力波动幅度等因素，第5、6、18、20段裂缝发育程度较好、分布范围均较大，压裂后易形成复杂裂缝。

图7-22 某井22段施工曲线的压力波动频率和幅度统计

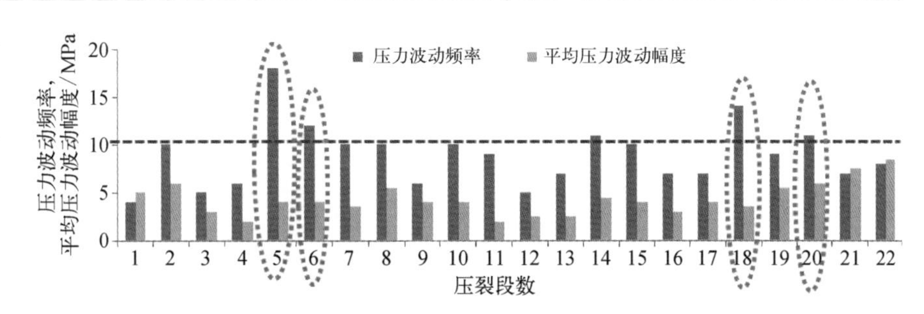

4. 缝间干扰分析

1）停泵压力分析

从停泵压力表征上看，某井的段间距设置较小，段间压裂存在干扰现象，如图7-23所示。

2）数值模拟分析

根据基础地质数据及压裂后对裂缝系统的认识，建立了某井地质模型，如图7-24所示。模型初始渗透率设置为测井解释值9.13×10^{-5} mD。

通过对产气量、产液量和井底流压历史进行拟合，得到某井的拟合渗透率为6.5×10^{-3} mD（为测井解释值的71倍），地层综合渗透性能较好。另外，还计算了不同渗透率对应的日产量曲线，如图7-25所示，由图7-25可知随着地层渗透率的增加，产量增幅明显。

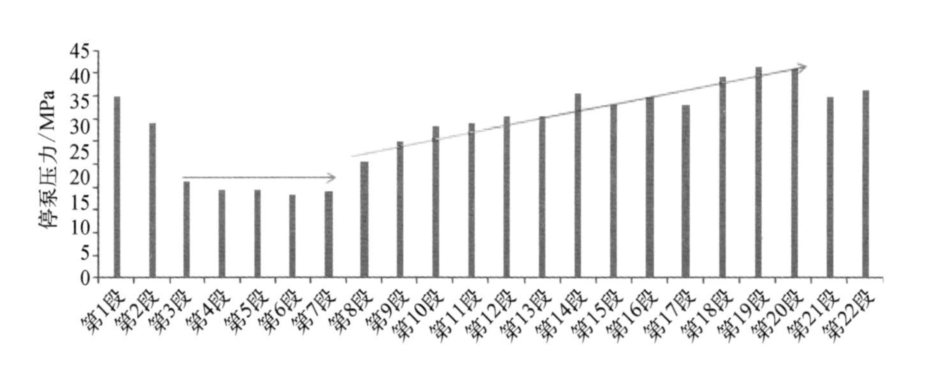

图7-23 某井22段施工停泵压力数据

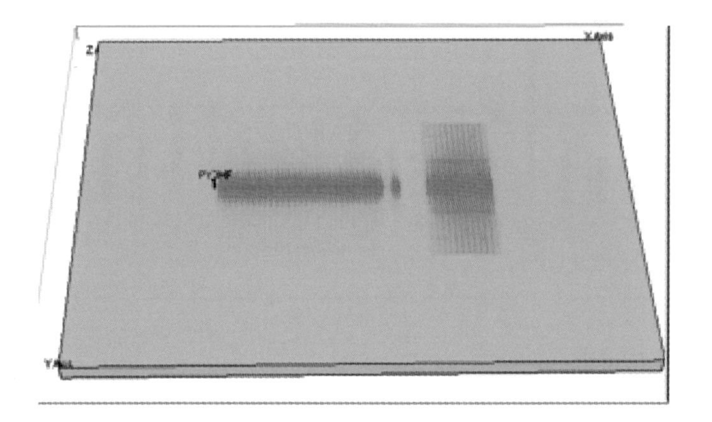

图7-24 某井地质模型（裂缝参数据压后分析得到）

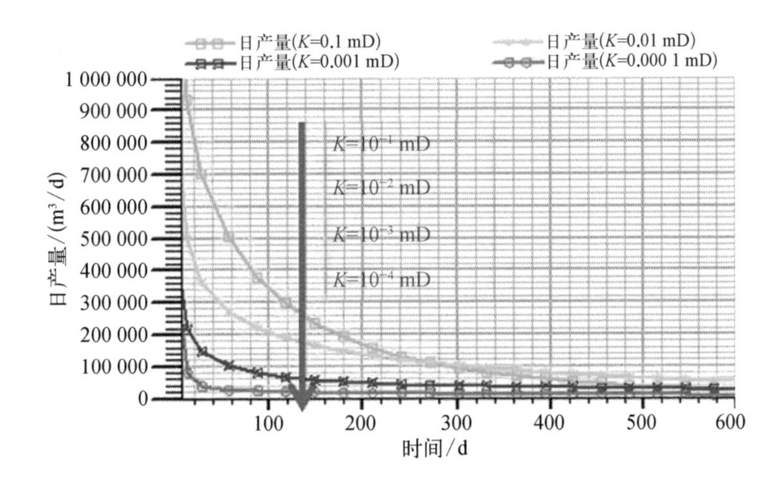

图7-25 不同渗透率对应的日产量曲线

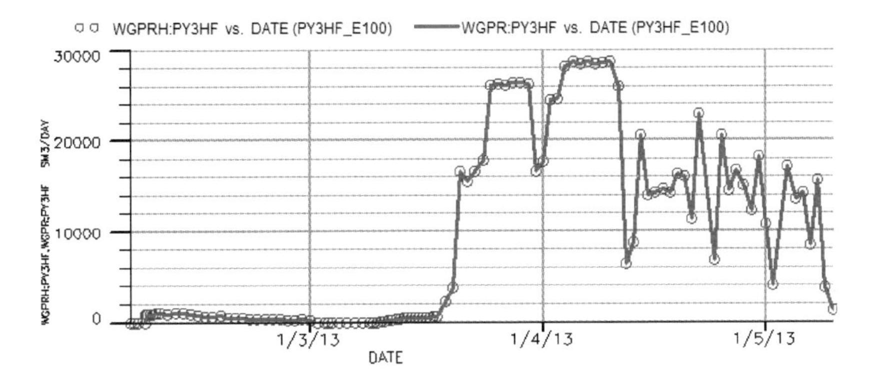

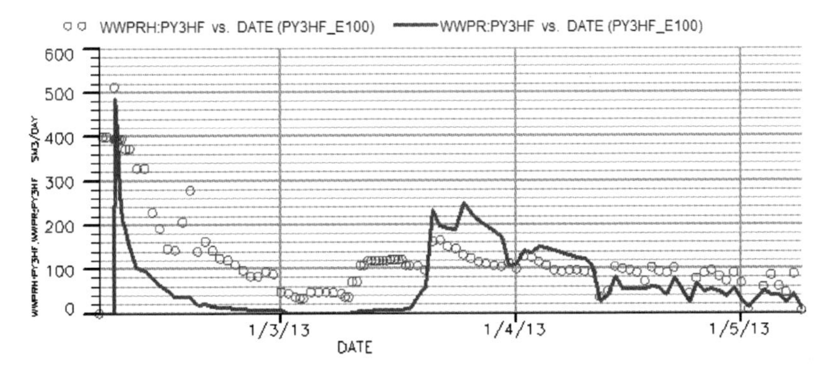

图7-26 生产历史拟合结果（依次为产气量、产液量和井底流压）

续图7-26

3）诱导应力场分析

计算了4种曲线类型代表性曲线的诱导应力场，如图7-27所示。由诱导应力场分析结果可知，对于天然裂缝发育的类型1和类型2，簇间距可扩大至30 ～ 50 m（实际簇间距平均值为25.2 m）。

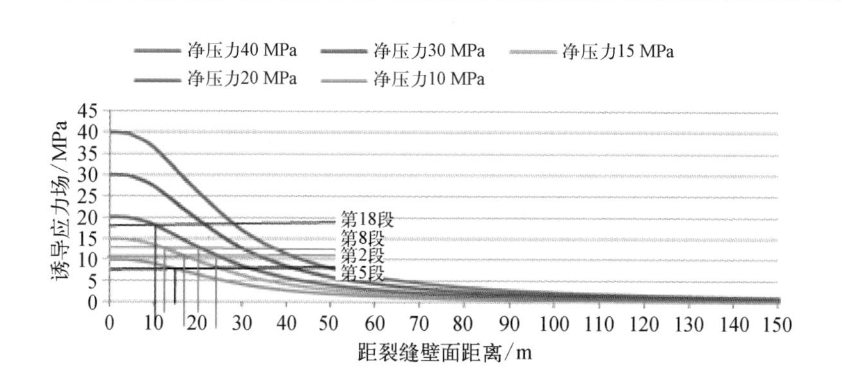

图7-27 诱导应力场分析结果

表7-13 某井推荐缝间距

类　型	代 表 段	弱面缝开启压力/MPa	缝内最大净压力/MPa	推荐缝间距/m
1	2	10.25	15 ～ 20	34 ～ 46
2	5	7.70	10	30
3	8	12.02	15 ～ 20	24 ～ 40
4	18	18.16	20	20

5. 净压力分析

判断类型1和类型2最易形成复杂裂缝，缝内净压力也较高。类型3塑性强，缝内也易憋起净压力。类型4缝内净压力在弱面缝临界开启压力附近，具备形成复杂缝的条件。

6. 滑溜水摩阻分析

类型1（第2段）：11.3 m^3/min清水摩阻为48.57 MPa，井口压力为66.08 MPa，井筒摩阻为12.94 MPa，计算出滑溜水降阻率为：73.3%。

类型2（第5段）：11.24 m^3/min清水摩阻为46.61 MPa，井口压力为41.1 MPa，井筒摩阻为13.13 MPa，计算出滑溜水降阻率为：71.8%。

类型3（第8段）：12.03 m^3/min清水摩阻为48.14 MPa，井口压力为61.35 MPa，井筒摩阻为13.6 MPa，计算出滑溜水降阻率为：71.7%。

类型4（第18段）：13.45 m^3/min清水摩阻为50.62 MPa，井口压力为64.8 MPa，井筒摩阻为15.54 MPa，计算出滑溜水降阻率为：69.3%。

综上所述，施工过程中滑溜水性能良好，降阻率保持在70%左右，保证了施工安全顺利进行。

参考文献

[1] Economides M J, Nolte K G. 油藏增产措施[M]. 张保平，等译. 北京：石油工业出版社，2002.

[2] Nolte K G. A general analysis of fracturing pressure decline with application to three models. SPE 12941, 1986: 571-583.

[3] Lee W S. Pressure decline analysis with the christianovich and zheltov and penny-shaped geometry model of fracturing. SPE 13872, 1985: 1-16.

[4] Simonson E R, Abou-Sayed A S, Clifton R J. et al. Containment of massive hydraulic fractures. SPE 6089, 1978: 27-32.

[5] 郭大立，赵金洲，纪禄军.生产过程中裂缝内压力分布的模拟研究[J].石油钻采工艺，2001，23(5)：54–56.

[6] 王玉普，孙丽.裂缝性地层压降曲线分析方法及其应用[J].石油大学学报，2004，28(1)：21–23.

[7] 郭大立，吴刚，刘先灵，等.确定裂缝参数的压力递减分析方法[J].天然气工业，2003，23(4)：83–85.

[8] Mayerhofer M J, Stutz H L, Davis E J, et al. Optimizing fracture stimulation using treatment-well tiltmeters and integrated fracture modeling. 84490–PA SPE Journal Paper –2006.

[9] 唐梅荣，张矿生，樊凤玲.地面测斜仪在长庆油田裂缝测试中的应用[J].石油钻采工艺，2009(3)：107–110.

[10] 郭大立，赵金洲，纪禄军.生产过程中裂缝内压力分布的模拟研究[J].石油钻采工艺，2001，23(5)：54–57.

[11] 郭大立，赵金洲，郭建春，等.压裂后压降分析的三维模型和数学拟合方法[J].天然气工业，2001，21(5)：49–52.

[12] Eisner Leo, Le Calvez, Joel Herve. New analytical techniques to help improve our understanding of hydraulically induced microseismicity and fracture propagation. 110813–MS, 2007.

[13] Tabatabaei, Mohammad, Zhu, et al. Fracture stimulation diagnostics in horizontal wells using dTS data. 148835–MS, 2011.

[14] Cipolla C L, Mayerhofer M. Understanding fracture performance by integrating well testing and fracture modeling. SPE 49044, 1998.

[15] Cipolla C, Maxwell S, Mack M, et al. A practical guide to interpreting microseismic measurements. SPE 144067, 2011.

[16] Cipolla C L, Maxwell S C, Mack M G, et al. Engineering guide to the application of microseismic interpretations. 152165–MS, 2012.

[17] Cipolla C L, Weng X W, Mack M G, et al. Integrating microseismic mapping and complex fracture modeling to characterize hydraulic fracture complexity. 140185–MS,

2011.

[18] Cipolla C L, Lolon E P, Dzubin B. Evaluating stimu-lation effectiveness in unconventional gas reservoirs. SPE 124843, 2009.

[19] Warpinski N R. Integrating microseismic monitoring with well wellcompletions, reservoir behavior, and rock mechanics. SPE 125239, 2009.

[20] Warpinski N R, Kramm R C. Comparison of single-and dual-array microseismic maping techniques in the Barnett Shale. SPE 95568, 2005.

[21] Warpinski N R. Microseismic monitoring: Inside and out. JPT, Nov.2009: 80–85.

[22] Warpinski N R. Waltman C K, Du J, et al. Anisotropy effects in microseismic monitoring. SPE 124208, 2009.

[23] Sippakorn Apiwathanasorn, Christyine Ehlig-Economides: Evidence of Reopened Microfractures in production data analysis of hydraulically fractures shale gas wells. SPE 162842, 2012.

[24] Mayerhofer M J, Lolon E P, Warpinski N R, et al. What isstimulated rock volume?. SPE 119890, 2008.

[25] Warpinski, Integrating Microseismic Monitoring With Well Completions, Reservoir Behavior, and Rock Mechanics. 125239–MS, 2009.

[26] 段银鹿，李倩，姚韦萍．水力压裂微地震裂缝监测技术及其应用[J].断块油气田，2013，20(5)：644–648.

[27] Maxwell S C, Cipolla C L. What does microseismicity tell us about hydraulic fracturing? 146932–MS SPE Conference Paper, 2011.

[28] 李艳春，刘雄明，徐俊芳．改进Barnett页岩增产效果的综合裂缝监测技术[J].国外油田工程，2009，25(1):20–23.

[29] Maxwell S C, Pope T L, Cipolla C L, et al. Understanding hydraulic fracture variability through integrating microseismicity and seismic reservoir characterization. 144207–MS, 2011.

[30] Cippola C, Warpinski N R, Mayerhofer M J, et al. The relationship between fracture complexity, reservoir treatment and fracture treatment design. SPE 115769.

[31] Hannah R R, Harrington L J, Lance L C. Real time calculation of accurate bottomhole fracturing pressure from surface measurements with measured pressure as a Base. SPE 12062, 1983.

[32] 蒋廷学.压裂施工中井底压力的计算及应用[J].天然气工业,1997,17(5):82-84.

[33] 蒋廷学,汪绪刚,关文龙,等.裂缝强制闭合条件下的压降分析新模型[J].石油学报,2003,24(1):78-81.

[34] 蒋廷学,汪永利,丁云宏,等.地面压裂施工压力资料反求储层岩石力学参数[J].岩石力学与工程学报,2004,23(14):2424-2429.

第 8 章

页岩气压裂案例分析

8.1 直井压裂案例

8.1.1 页岩气A井

以页岩气A井为例，结合其压裂设计来具体阐述网络裂缝参数及方案优化设计方法。该井相关的主要参数情况见表8-1。

表8-1 A井模拟主要参数

参数	A井
层位	//
目的层厚度	18.2 m
目的层	1 839.1 ～ 1 857.3 m
储层温度	53.6℃
有机碳含量	0.58% ～ 3.92%
热演化程度	0.9% ～ 1.34%
总含气量	2.03 m^3/t
页岩力学性质	μ = 0.23，E = 10.88 GPa
页岩物性	来自实验： K = 0.01 × 10^{-3} μm^2，ø = 2.35%
矿物成分	60.84%（石英、长石），25.67%（黏土）
方解石和白云石	13.5%
天然裂缝发育程度	具有一定的斜交砂质条带和高角度缝

储层特点及压裂设计思路介绍如下。

1. 有利条件

（1）储层平面上分布稳定、埋藏不深；

（2）构造应力不强，两向主地应力差异小；

（3）石英和碳酸盐岩矿物相对含量较高，脆性好；

（4）水平层理（砂页岩互层）发育，有天然裂缝；

（5）渗透性较好（$K = 0.01 \times 10^{-3}\ \mu m^2$）；

（6）超压地层（压力系数为±1.3）；

（7）断层不发育、上下无水层；

（8）井筒条件较好（7 in套管、固井质量好）。

2. 不利条件

（1）吸附气含量偏高（>90%）；

（2）可动流体饱和度为11.3%，束缚水饱和度偏高（>75%）；

（3）有机碳含量1.18%、成熟度1.18%，均偏低；

（4）地层杨氏模量偏低，泊松比偏高；

（5）黏土矿物类型复杂；

（6）部分关键数据如地应力方向、裂缝发育等情况不清楚；

（7）岩石力学参数和含气性等数据差异大。

为了确保产生的裂缝净压力大于两向水平应力差，同时产生的天然裂缝与诱导应力高于初始应力差以使裂缝发生转向，以扩大裂缝覆盖面积，采用诱导应力计算模型分别计算了不同净压力条件下，沿缝面不同位置处三个方向产生的诱导应力大小。通过计算发现，裂缝延伸过程中裂缝主要沿x、z方向发生转向，转向半径较短，如图8-1所示。

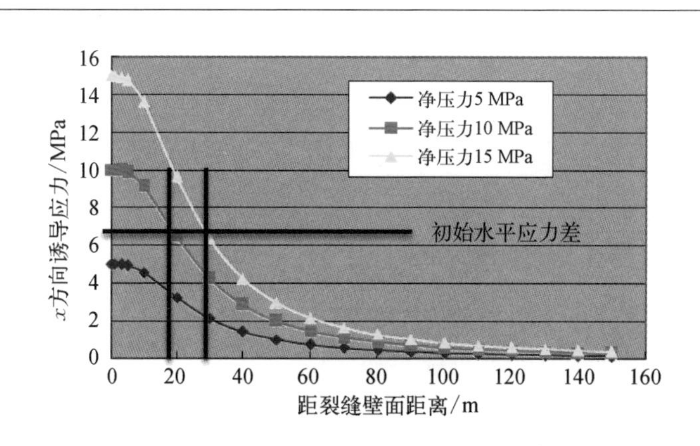

图8-1 x方向诱导应力示意图

由计算结果可知，若要实现裂缝转向，必须满足诱导应力高于初始水平应力差；

净压力越高裂缝转向半径则越大。增加转向半径的工艺方法主要包括快速提升排量、缝内暂堵等。

3. A井总体设计思路

（1）储层渗透率和孔隙度较低，具有较好的脆性，吸附气含量高，设计时可考虑加大施工规模，力争形成复杂裂缝，扩大裂缝有效改造体积。

（2）由于关键数据缺失，建议射孔后，进行新型微注测试压裂，采用低排量注入且长时间关井测压降的方式，准确了解近井地带储层相关参数。

（3）采用大规模高排量诱导小型压裂测试技术，并根据微注测试情况，调整设计和规模，了解远井地带储层参数。

（4）由于该井目的层砂泥岩互层，发育高角度充填裂缝，不利于控制缝高，施工难度大。采用段塞式加砂方式，设计正式方案和两个备用方案，依据测试压裂结果及施工实际情况进行选择和调整，从而降低施工风险。

（5）地层页岩层理发育，尽量提高排量以提高缝内净压力，并加大前置液用量，弥补液体滤失，从而开启更多的天然裂缝。

（6）采用混合压裂液（低阻低伤害滑溜水＋线性胶），由于黏土矿物类型复杂，添加长效防膨剂和黏土稳定剂。

（7）支撑剂主体类型选用低密度陶粒，并采用70～140目石英砂＋40～70目陶粒＋30～50目陶粒的组合加砂模式。其中70～140目石英砂用于堵塞和充填开启的次生微裂缝，40～70目陶粒支撑主裂缝，30～50目陶粒用于封口，从而提高近井裂缝导流能力。

（8）压裂方式采用ø114.3 mm（$4\frac{1}{2}$ in）油管注入。

4. 网络裂缝参数优化

考虑到实际压裂过程中可能产生单一缝和网络裂缝的情况，现将模拟分成两种方案：

1）方案1：单一裂缝模拟

10 mD · m下日产及累产随缝长分别为100 m、200 m、300 m的变化；

50 mD · m下日产及累产随缝长分别为100 m、200 m、300 m的变化；

100 mD · m下日产及累产随缝长分别为100 m、200 m、300 m的变化；

200 mD · m下日产及累产随缝长分别为100 m、200 m、300 m的变化。

预测不同导流能力下日产、累产随不同缝长的变化如图8-2和图8-3所示。

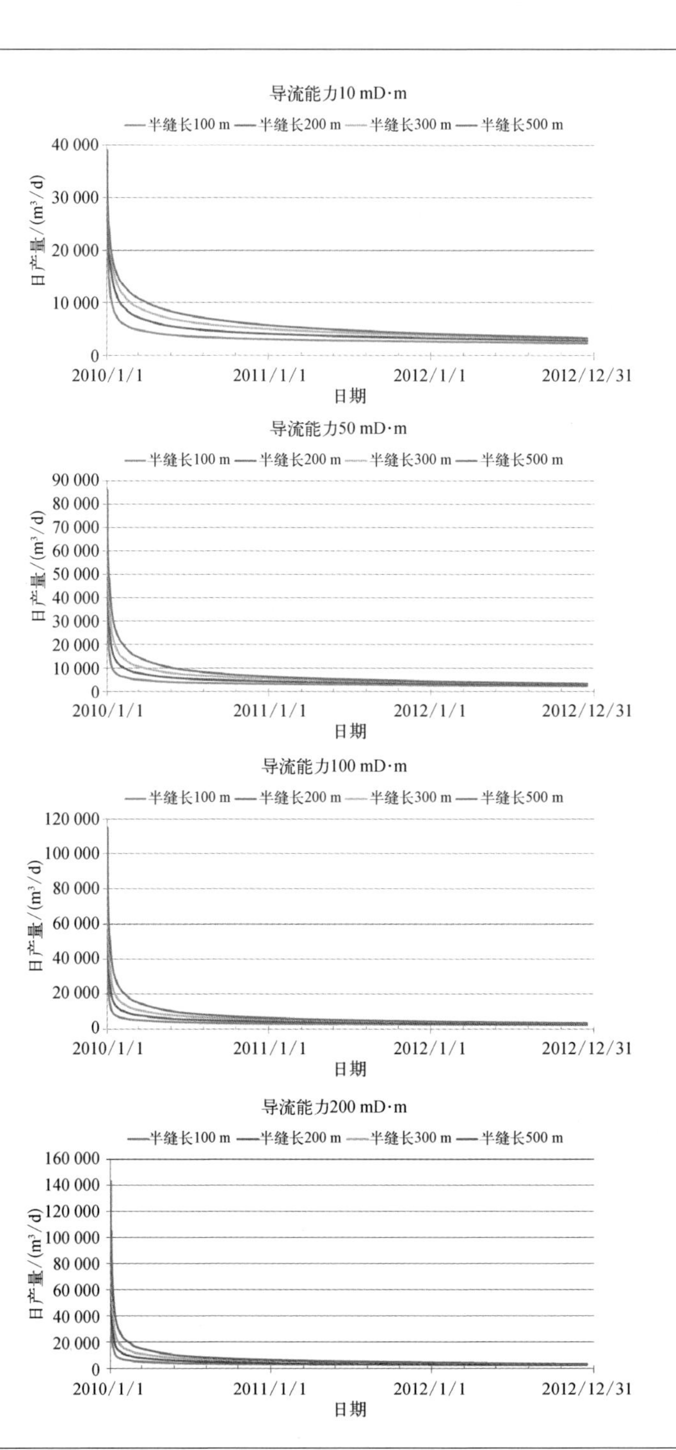

图8-2 单一裂缝不同导流能力下日产随不同缝长的变化示意图

图8-3 单一裂缝不同导流能力下累产随不同缝长的变化示意图

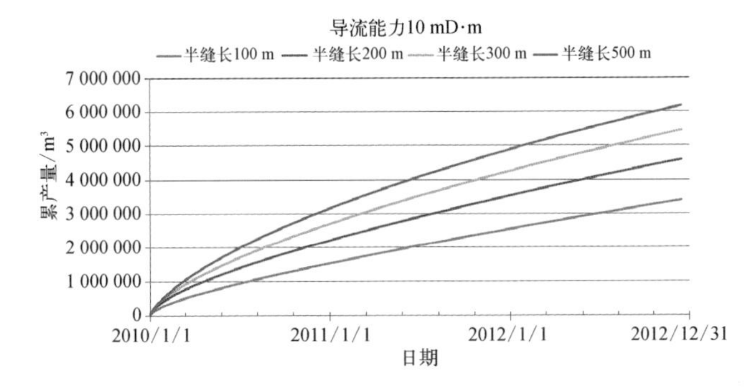

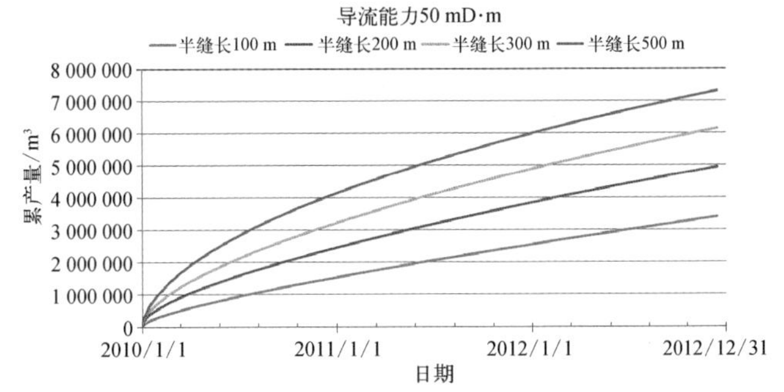

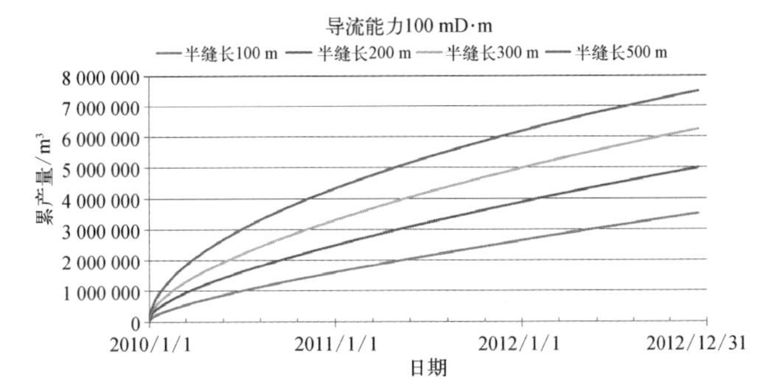

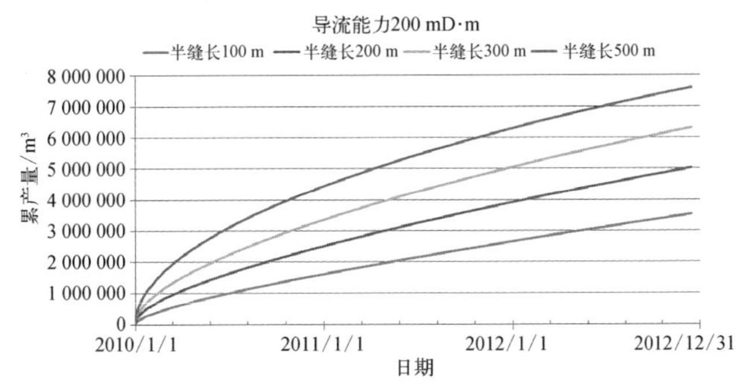

根据上述模拟结果，经优化，裂缝最佳半缝长为250 m左右（图8-4、图8-5）。

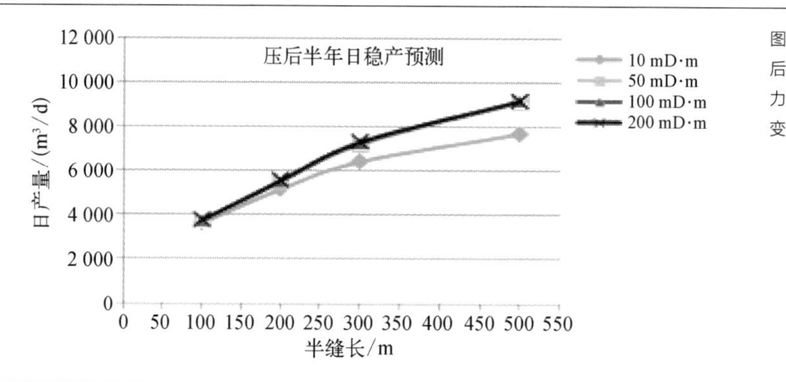

图8-4 单一裂缝压后半年不同导流能力下日产随缝长的变化示意图

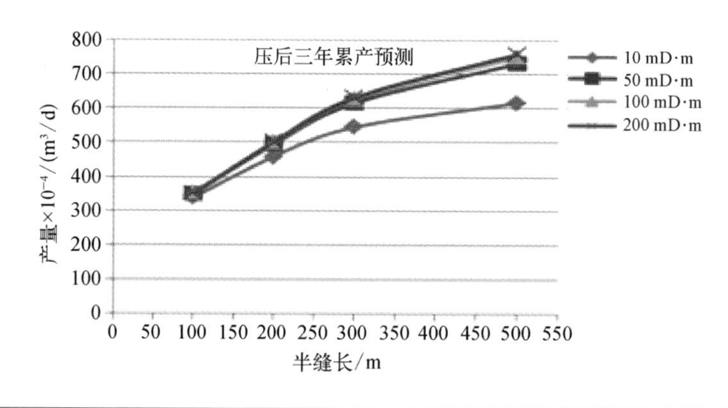

图8-5 单一裂缝压后三年不同导流能力下累产随缝长的变化示意图

经优化，裂缝最佳导流能力为50 mD · m左右（图8-6、图8-7）。

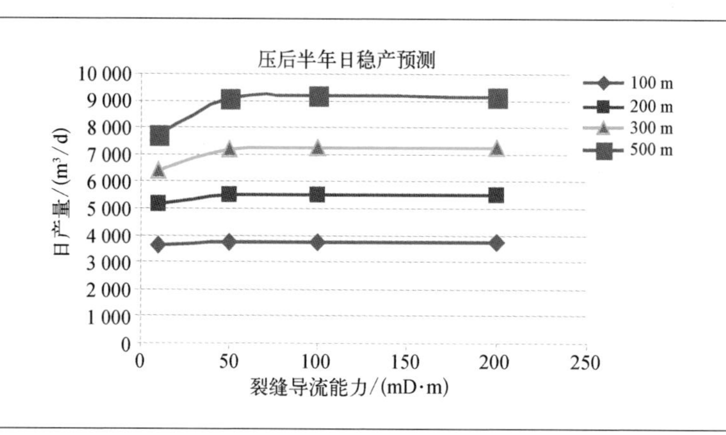

图8-6 单一裂缝压后半年不同缝长下日稳产随导流能力的变化示意图

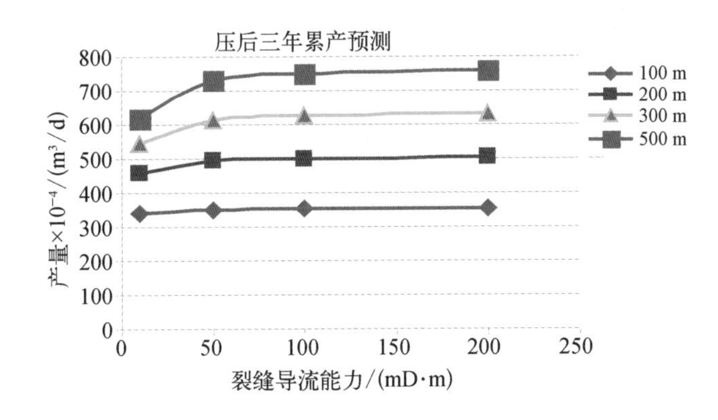

图8-7 单一裂缝压后三年不同缝长下累产随导流能力的变化示意图

半缝长250 m,导流能力50 mD · m的单一裂缝在生产初期和累产三年的地层压力变化情况如图8-8所示。

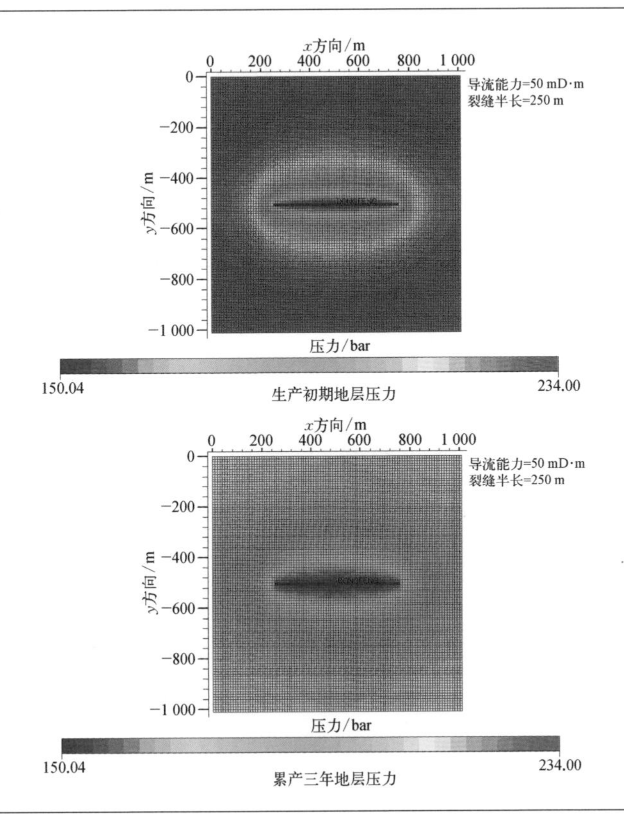

图8-8 单一裂缝生产初期和累产三年的地层压力变化示意图

2）方案2：网络裂缝模拟（图8-9）

做局部裂缝网格加密$Lxf \times Wxf$ = 400 m × 200 m，缝高（z方向）固定为50 m，对应网络裂缝导流能力分别为5 mD · m、20 mD · m、60 mD · m、120 mD · m下，模拟日产及累产的变化。

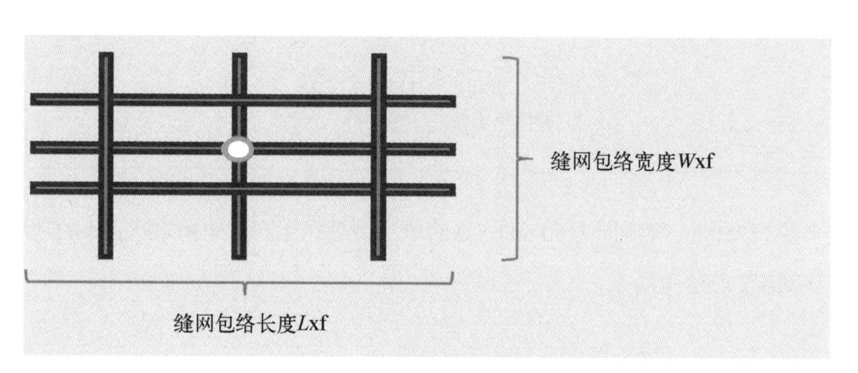

图8-9 网络裂缝示意图

预测不同导流能力下日产、累产的变化情况，如图8-10和图8-11所示。

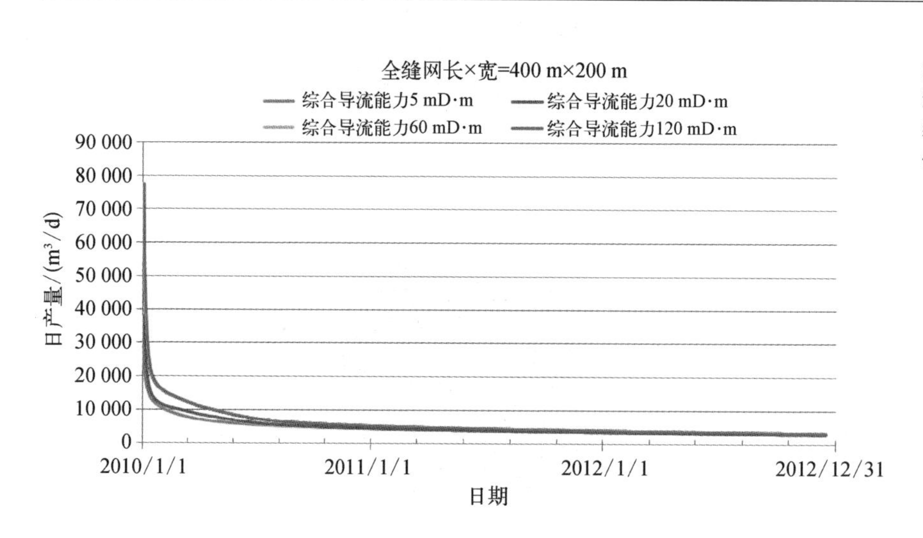

图8-10 不同导流能力下网络裂缝日产的变化示意图

图8-11 不同导流能力网络裂缝累产的变化示意图

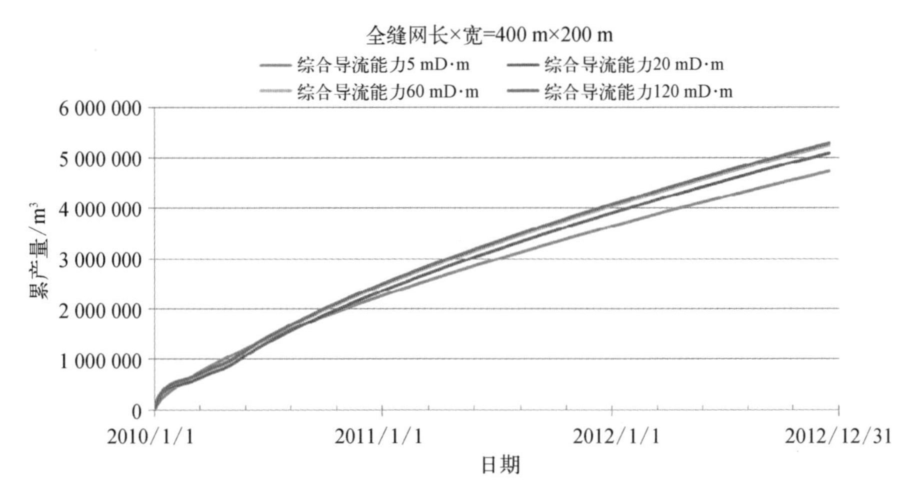

经过优化，缝网的最佳导流能力为20 mD · m左右（图8-12、图8-13）。

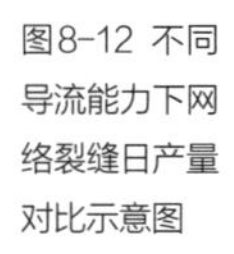
图8-12 不同导流能力下网络裂缝日产量对比示意图

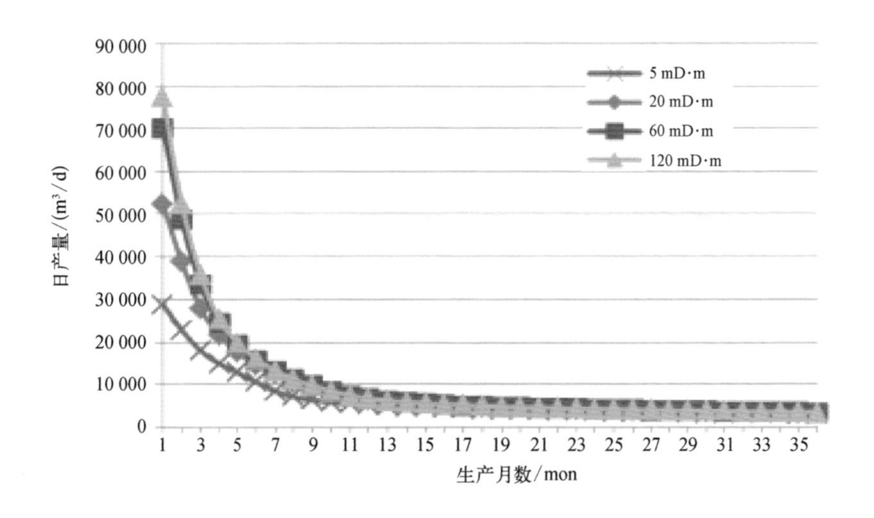

$Lxf \times Wxf$ = 400 m × 200 m，20 mD · m网络裂缝生产三年的地层压力变化情况如图8-14所示，由图8-14可知，网络裂缝与单一裂缝相比，压后生产引起的压力变化波及范围要更大。

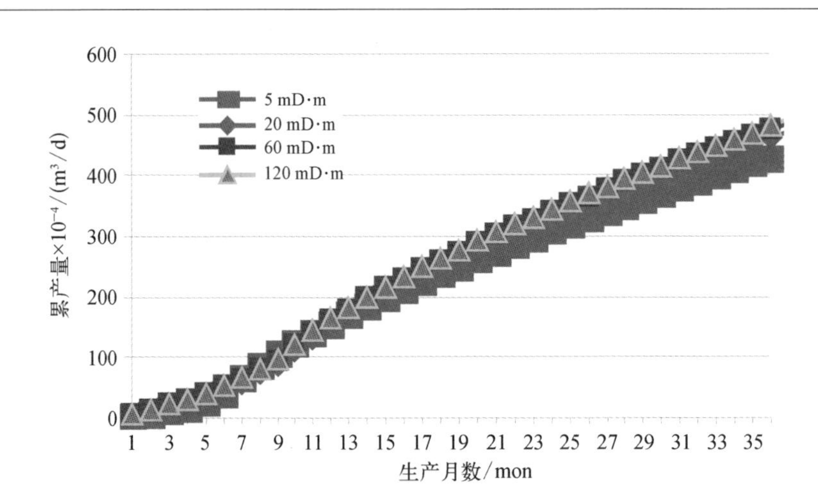

图8-13 不同导流能力下网络裂缝累产量对比示意图

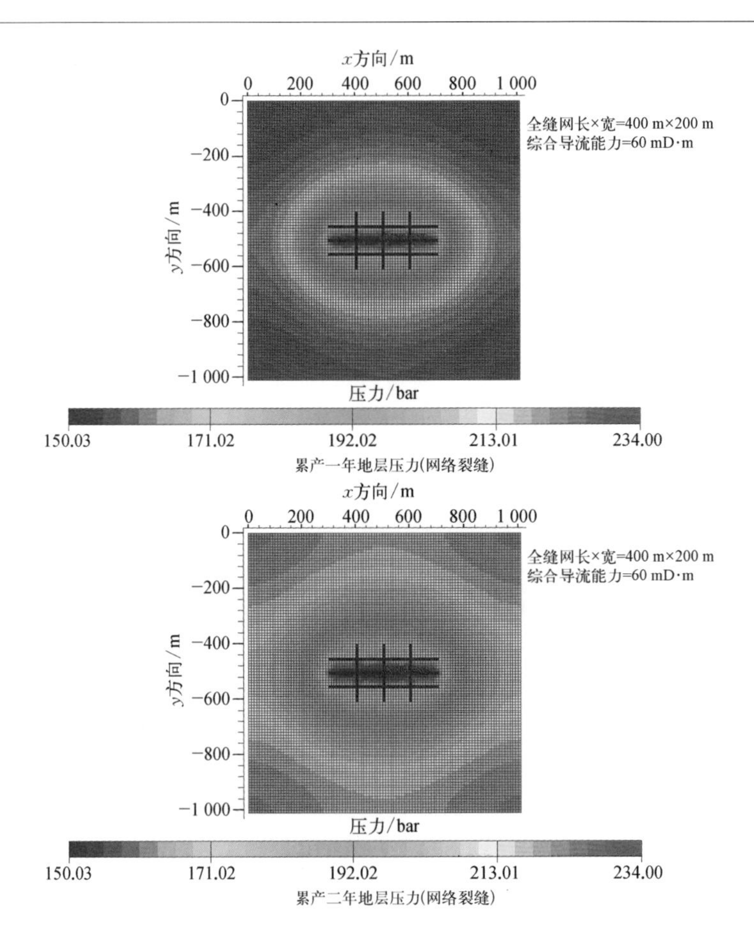

图8-14 不同网络裂缝生产三年的地层压力变化示意图

续图8-14

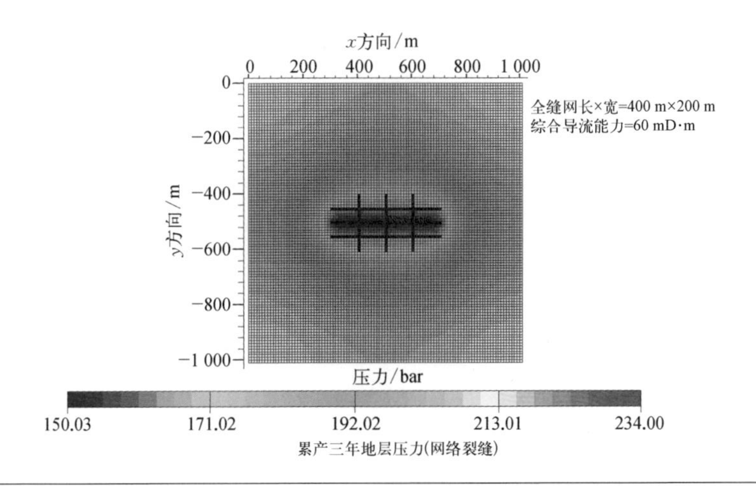

5. 压裂施工参数优化

1）主压裂排量优化

根据井口压力预测，排量设置为8 ～ 14 m^3/min，然后进行上缝高深度、下缝高深度、裂缝总高度、净压力模拟，以此来选择合适的压裂施工排量（图8-15，表8-2）。

表8-2 主压裂排量优化结果对比

排量/(m^3/min)	射孔厚度/m	上缝高深度/m	下缝高深度/m	裂缝总高度/m	净压力/MPa
8	10	1 828.2	1 857.2	29	8.3
10	10	1 826.4	1 858.1	31.7	5.7
12	10	1 823.1	1 859.5	36.4	3.69
14	10	1 819.9	1 861.2	41.3	2.69

从上述模拟结果可知，当排量为10 ～ 12 m^3/min时，裂缝高度覆盖目标层段1 839 ～ 1 847 m，净压力也高于水平应力差，故推荐排量为12 m^3/min。

2）主压裂前置液比优化

前置液主要用于造缝，以及降低高温地层中的近井地层温度，不同前置液比例对

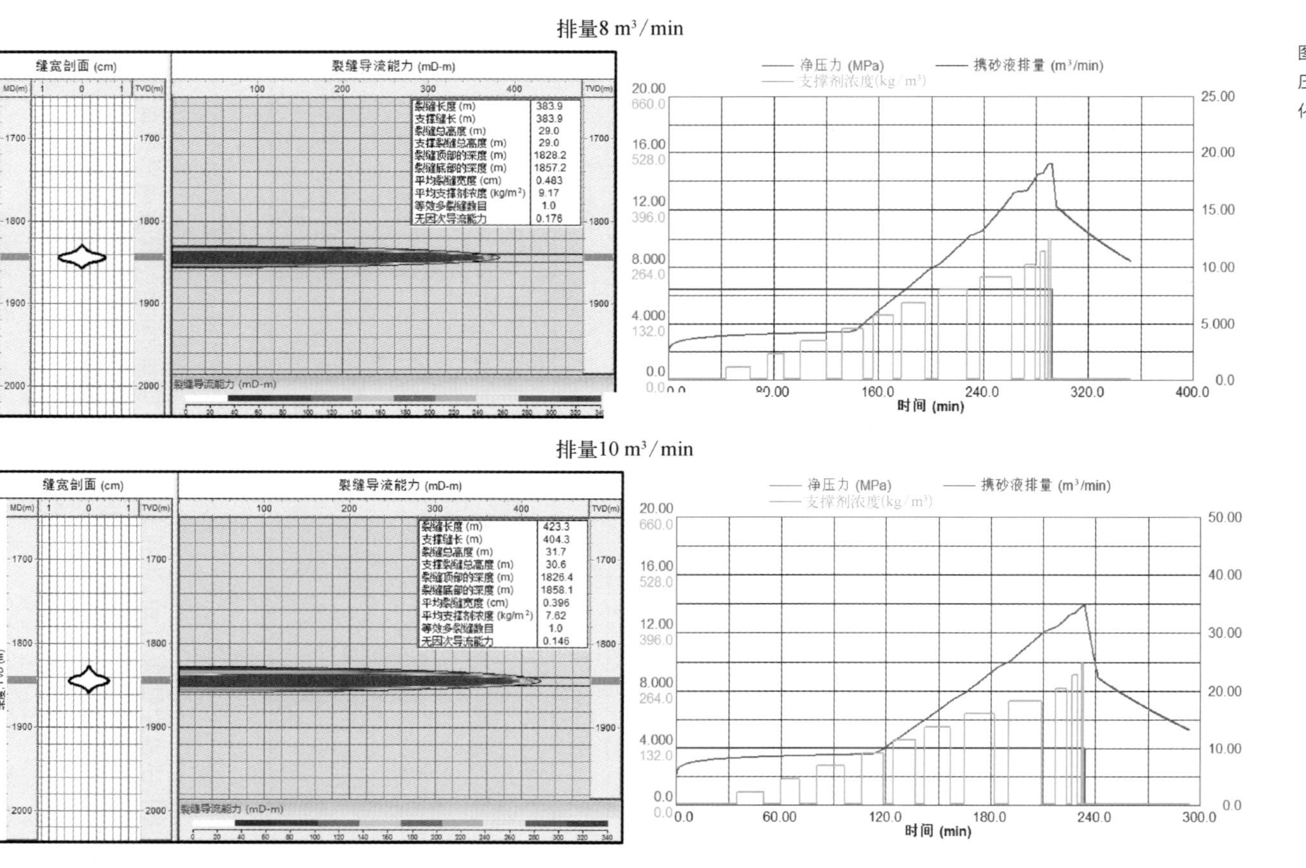

图8-15 主压裂排量优化示意图

排量12 m³/min

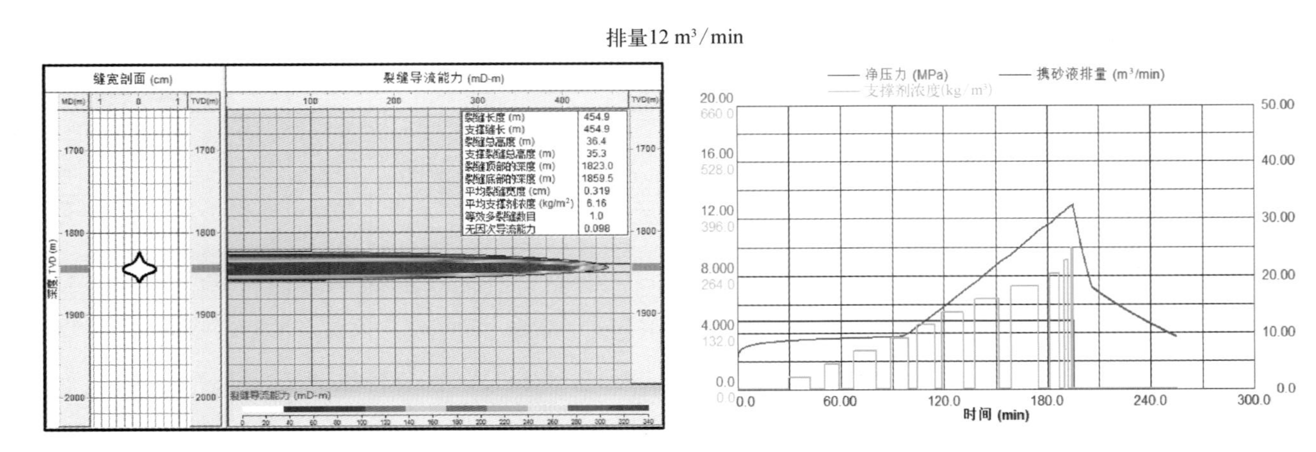

排量14 m³/min

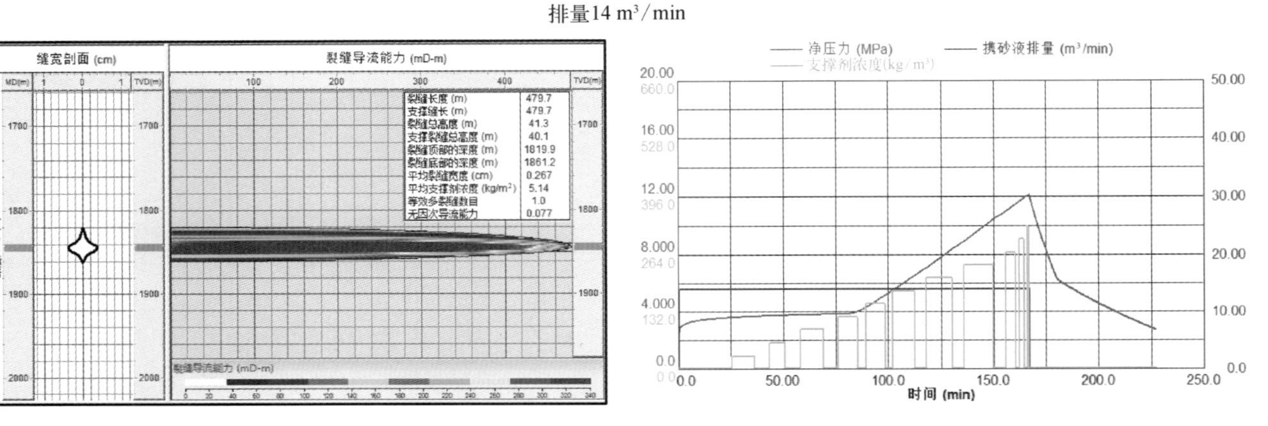

续图8-15

应的缝长和导流能力分布图如图8-16所示，优化结果见表8-3。

表8-3 不同前置液比的缝长对比

前置液百分数/%	裂缝长度/m
41.0	379.0
48.9	454.9
56.4	483.3

从上述模拟结果可知，推荐前置液比为50%左右。

3）主压裂规模的优化

参考国外统计数据，页岩气储层大规模压裂后的产量与用液量有着一定的关系，而加砂规模（平均砂液比 < 10%）的持续增加与压后产量没有明显的关系，因此页岩气储层的规模优化主要以用液量规模的优化为主。不同用液量和支撑剂量下模拟的裂缝结果如图8-17所示，具体参数见表8-4。

表8-4 不同用液量和支撑剂量条件下模拟结果对比

用液量/m^3	裂缝长度/m	裂缝高度/m	导流能力/(d · cm)
1 600	393.7	34.4	28
2 200	454.9	36.4	32
2 800	470	36.9	39

由上述结果可知，当用液量规模增加后，裂缝等效长度明显增加，说明水力裂缝的波及体积持续增大；当用液量规模为2 800 m^3时，裂缝长度增加有限。综合考虑后，推荐用液量施工规模为2 200 ～ 2 800 m^3，支撑剂为115 ～ 140 m^3。

利用上述裂缝参数和施工参数模拟结果，结合考虑压裂施工过程中可能面临的高破压、吸液能力差、地层进砂的难易程度，形成了主压裂方案及优化设计，具体结果见表8-5。

图8-16 不同前置液比的缝长模拟结果示意图

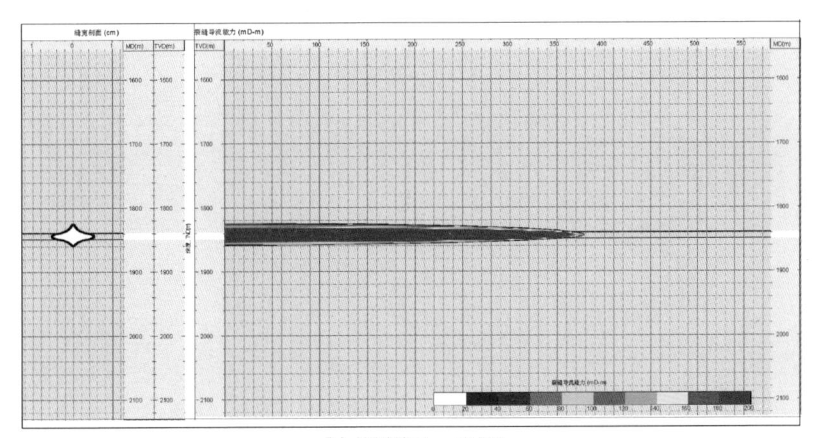

(a) 前置液比：41.0%

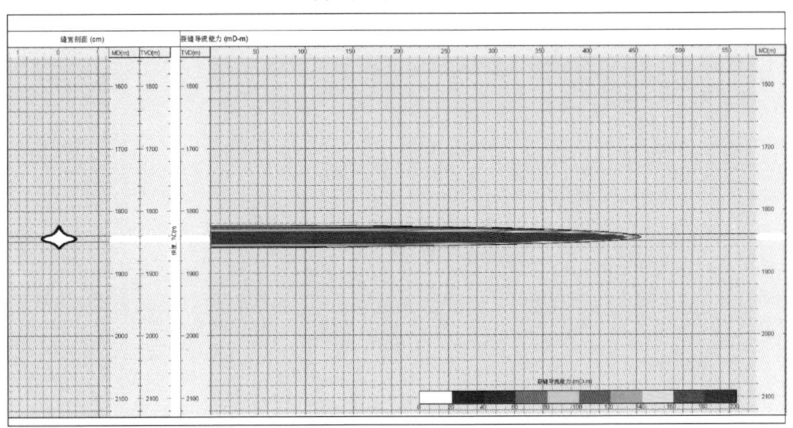

(b) 前置液比：48.9%

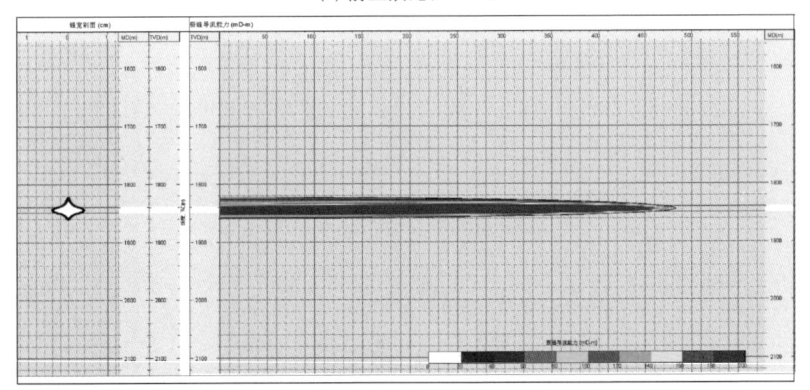

(c) 前置液比：56.4%

图8-17 不同用液量和支撑剂量条件下模拟的裂缝结果示意图

(a) 用液量1 600 m^3, 支撑剂65 m^3

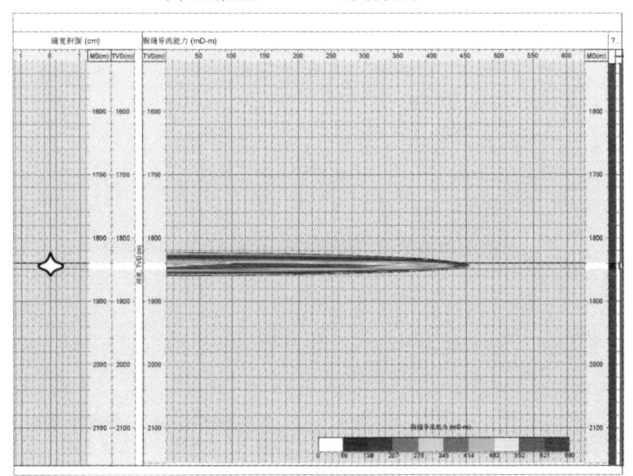

(b) 用液量2 200 m^3, 支撑剂105 m^3

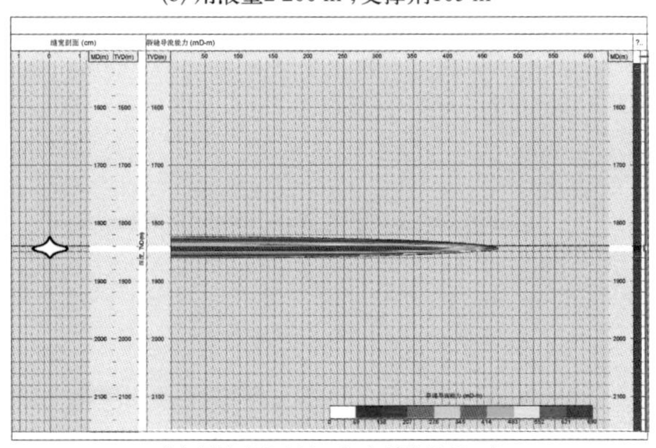

(c) 用液量2 800 m^3, 支撑剂140 m^3

表8-5 主压裂方案优化设计结果

方案	使用条件	加砂方式	砂量与液量
方案1 连续+段塞式注入	① 施工压力低于85 MPa，排量达到12 m^3/min ② 破裂压力正常，延伸压力正常，施工井口压力平稳	① 前置液阶段加100目粉陶段塞，加大粉陶用量，主支撑剂为40～70目，段塞式加砂，尾追30～50陶粒 ② 最高砂液比19.2%，平均砂比8% ③ 高砂液比阶段采用线性胶进行携砂	① 砂量：106.8 m^3 100目粉陶15.4 m^3，40～70目84 m^3，30～50目陶粒7.4 m^3 ② 液量： 主压裂：滑溜水2 347 m^3，线性胶75 m^3 测试压裂：滑溜水200 m^3
方案2 段塞式注入	① 施工压力低于85 MPa，排量达到10 m^3/min ② 破裂压力高，但地层进砂容易，施工压力平稳	① 前置液阶段加入100目粉陶段塞，加大粉陶用量，主支撑剂为40～70目，螺旋式+段塞式加砂，尾追30～50陶粒 ② 最高砂液比12.35%，平均砂液比5.8%	① 砂量：85 m^3 100目粉陶12.8 m^3，40～70目62.83 m^3，30～50目陶粒9.2 m^3 ② 液量： 主压裂：滑溜水2 478.5 m^3 测试压裂：滑溜水200 m^3
方案3 降排量+螺旋式+段塞式注入	① 施工压力低于85 MPa，排量达到10 m^3/min ② 破裂压力高，施工压力波动大，地层对砂液比敏感	① 前置液阶段加入100目粉陶段塞，加大粉陶用量，主支撑剂为40～70目，螺旋式+段塞式加砂，尾追30～50陶粒 ② 最高砂液比8.72%，平均砂液比5.6%	① 砂量：68 m^3 100目粉陶12.8 m^3，40～70目48.28 m^3，30～50目陶粒6.7 m^3 ② 液量： 主压裂：滑溜水2 227.68 m^3 测试压裂：滑溜水200 m^3

8.1.2 页岩气B井

1. 井层基本情况

B井设计井深3 600 m，完钻井深3 510 m。全井自上而下钻遇多套泥页岩，岩性主要为黑色页岩、深灰色泥岩、灰色白云质泥岩等。其中在1 158～3 334 m井段，共发现页岩89层670 m。气测录井在多套泥页岩中见明显的气测异常。其中井段为2 230～2 330 m的岩屑录井描述为黑色页岩夹薄层细砂岩，气测全烃由0.285%上升到10.253%，甲烷由0.119%上升到2.415%；井段为2 440～2 530 m的岩屑录井描述为黑色页岩夹灰色薄层泥岩，气测全烃由2.521%上升到36.214%，甲烷由1.771%上升到17.5%。

在B井页岩见到良好的显示情况下布置139.7 mm的油层套管完井。管壁厚为9.65 mm，直径为339.7 mm的套管下深至395.45 m；油套壁厚为10.54 mm，直径为139.7 mm的套管下深至1 633.42 m；管壁厚为9.17 mm，直径为139.7 mm的套管下深至2 637.48 mm。上述套管所用钢材的钢级为P110。油层套管水泥返至地面，阻流环位置为2 631.22 mm，全井段固井质量合格。

1）岩性特征

岩屑录井表明B井在2 450 ～ 2 540 m的井段，岩性主要为黑色页岩夹深灰色泥岩，页理发育、性脆、质纯、较硬。其上下顶底板岩性较为致密，是良好的隔层。顶板岩性为泥岩、泥质白云岩互层，厚度35 m；底板岩性为白云岩、粉砂质泥岩互层，厚度115 m。

B井在2 450 ～ 2 540 m的井段，通过X衍射分析，结果表明全岩中石英、碳酸岩（白云岩、方解石）、长石（钾长石、斜长石）等脆性矿物含量达73.47%，而黏土矿物含量为20.15%，有利于页岩气的压裂改造（图8-18）。黏土矿物组分主要以伊利石、绿泥石、伊利石和蒙皂石间层为主（表8-6）。

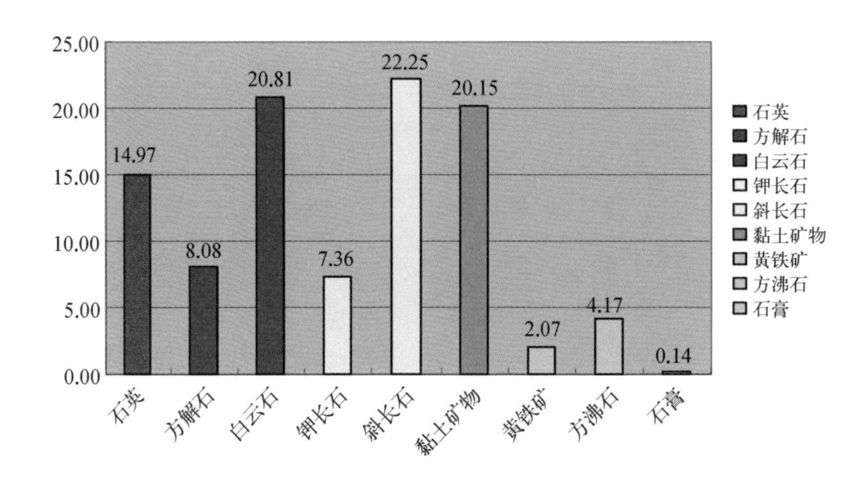

图8-18 岩石矿物成分含量直方图

表8-6 B井黏土矿物X衍射分析结果

井深/m	黏土矿物相对含量/%							
	K	C	I	S	I/S	%S	C/S	%S
1 791.42 ～ 1 791.72		3	58		39	20		
1 793.00 ～ 1 793.30		5	45		50	20		
1 796.00 ～ 1 796.30		15	47		38	20		
2 418.55 ～ 2 418.85		4	56		40	15		
2 420.90 ～ 2 421.20		2	57		41	20		
2 423.10 ～ 2 423.40		2	80		18	15		
2 458.0 ～ 2 458.30	13	8	48	2	29	15		
2 498.0 ～ 2 498.30	8	5	63	3	21	20		

（续表）

井深/m	黏土矿物相对含量/%							
	K	C	I	S	I/S	%S	C/S	%S
2 538.0 ～ 2 538.30		3	79		18	20		
2 566.25 ～ 2 566.55			100					
2 568.20 ～ 2 568.50			100					
2 570.46 ～ 2 570.76			100					

注：K：高岭石　C：绿泥石　I：伊利石　S：蒙皂石　I/S：伊利石和蒙皂石间层　C/S：绿泥石和蒙皂石间层　%S：间层比

ECS测井表明黏土矿物、脆性矿物含量等与化验分析结果基本一致(图8-19)。

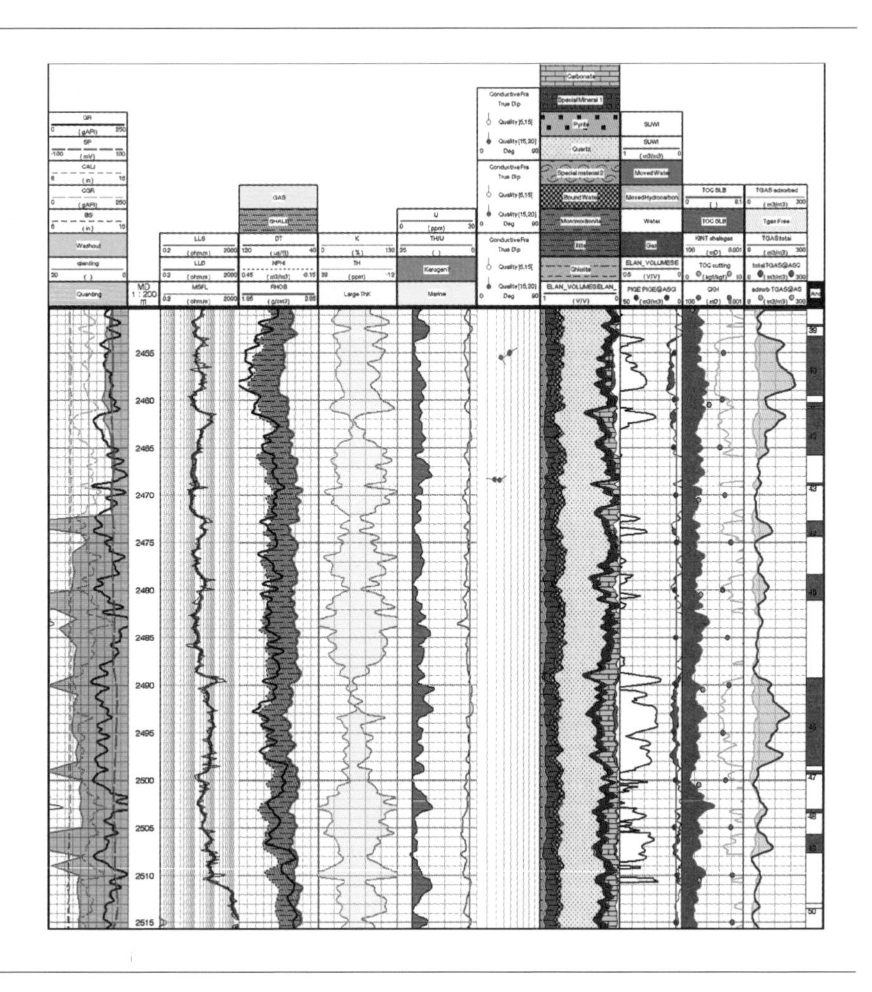

图8-19 ECS测井解释岩石矿物成分

脆性指数的表达式为:脆性指数(脆度)= $\frac{石英含量}{石英含量+黏土矿物+碳酸盐岩矿物}\times 100\%$。

B井脆性指数偏低(脆性指数越高,越容易产生网络裂缝),只有23%。

Barrnett页岩以伊利石和蒙皂石间层为主,含有少量高岭石、伊利石和云母;四川威远县201井龙马溪组和九老洞组以伊蒙混层和伊利石为主,还含有绿泥石; B井黏土矿物组分主要以伊利石(69.4%),以及伊利石和蒙皂石间层(32.7%)为主。

2) 有机地化特征

针对B井在2 450 ~ 2 541 m的井段,将10个样品的有机碳含量进行了分析,最大值4.35%,最小值1.30%,平均值2.54%(表8-7)。将上述分析结果与ECS测井计算的有机碳含量进行对比,结果表明两者比较吻合。再通过ECS测井中的ELANPlus模块,解释计算B井在2 450 ~ 2 540 m的井段,发现其有机碳含量平均为2.5%。

表8-7 B井有机碳含量化验分析结果

井　名	井段/m	有机碳含量/%	岩　性	样　品
B井	2 450 ~ 2 451	1.59	页 岩	岩 屑
B井	2 460 ~ 2 461	4.35	页 岩	岩 屑
B井	2 470 ~ 2 471	2.66	页 岩	岩 屑
B井	2 480 ~ 2 481	3.01	页 岩	岩 屑
B井	2 490 ~ 2 491	3.35	页 岩	岩 屑
B井	2 500 ~ 2 501	2.73	页 岩	岩 屑
B井	2 510 ~ 2 511	2.84	页 岩	岩 屑
B井	2 520 ~ 2 521	2.03	页 岩	岩 屑
B井	2 530 ~ 2 531	1.57	页 岩	岩 屑
B井	2 540 ~ 2 541	1.30	页 岩	岩 屑

通过B井镜质体反射率化验分析,结果表明演化成熟度R_o为0.52% ~ 1.08%,表明页岩热演化程度进入到了生烃高峰阶段(表8-8)。再根据样品显微特征及荧光特性,确定有机质类型为Ⅰ、Ⅱ型(表8-9)。

表8-8 B井镜质组反射率化验分析结果

井段/m	层 位	样 品	R_o/%	测点数	标准离差	备 注
2 450.00 ～ 2 451.00	H33	干酪根	0.518	6	0.06	测点少仅供参考
2 470.00 ～ 2 471.00	H33	干酪根	0.681	3	/	测点少仅供参考
2 480.00 ～ 2 481.00	H33	干酪根	0.643	5	0.062	测点少仅供参考
2 500.00 ～ 2 501.00	H33	干酪根	0.647	10	0.056	
2 510.00 ～ 2 511.00	H33	干酪根	0.693	10	0.059	
2 540.00 ～ 2 541.00	H33	干酪根	0.707	3	0.083	测点少仅供参考
1 791.42 ～ 1 791.72	H23		0.57			
1 793.00 ～ 1 793.30	H23		0.61			
2 418.55 ～ 2 418.85	H33		1.08			
2 420.90 ～ 2 421.20	H33		1.04			
2 566.25 ～ 2 566.55	H33		0.65			
2 568.20 ～ 2 568.50	H33		0.66			

表8-9 有机质类型

井 号	顶深/m	底深/m	反射率	有机质类型	有机质形态显微特征
B井	1 791.42	1 791.72	0.57	Ⅰ	少量灰色，碎块状镜质体
	1 793	1 793.30	0.61	Ⅰ	少量灰色，碎块状镜质体
	1 796	1 796.30	—	Ⅰ	出现极少量疑似碎屑状镜质体，无法测量
	2 418.55	2 418.85	1.08	Ⅰ	出现极少量疑似碎屑状镜质体
	2 420.90	2 421.20	1.04	Ⅰ	出现极少量疑似碎屑状镜质体
	2 423.10	2 423.40	—	Ⅱ	未发现形态有机质
	2 566.25	2 566.55	0.65	Ⅱ	少量灰色，碎块状镜质体
	2 568.20	2 568.50	0.66	Ⅱ	少量灰色，块状镜质体
	2 570.46	2 570.76	—	Ⅱ	出现极少量疑似碎屑状镜质体，无法测量

3）储集性能

页岩孔渗性能具体见表8-10，由表8-10可知，孔隙度平均为6.67%，渗透率平均为$0.000\ 23 \times 10^{-3}\ \mu m^2$，含水饱和度为25.42%，分析样品中部分样品具有裂缝特征。

表8-10 B井在2 450 ～ 2 540 m的井段页岩段核磁实验分析数据

井深/m	孔隙度/%	黏土孔隙度/%	裂缝孔隙度/%	渗透率 $\times 10^{-3}$ / μm^2	可动流体/%	束缚流体/%	含油丰度/%	含油饱和度/%	可动水饱和度/%	束缚水饱和度/%
2 450	8.39	2.02	0	0.000 000 861 2	26.08	73.92	1.88	22.34	24.74	52.92
2 455	8.92	2.31	0.02	0.000 006 305 0	21.39	78.61	1.62	18.15	20.29	61.56
2 460	8.51	2.29	0.01	0.000 000 013 3	25.12	74.88	2.12	24.95	23.88	51.17
2 465	8.75	2.07	0	0.000 000 033 7	27.88	72.12	2.03	23.23	27.33	49.44
2 470	8	2.79	0	0.000 000 559 3	23.09	76.91	2.13	26.67	22.37	50.95
2 475	6.13	1.52	0.01	0.000 001 367 6	22.04	77.96	1.70	27.68	20.39	51.93
2 480	7.59	1.62	0	0.000 535 932 6	28.73	71.27	1.38	18.21	28.38	53.41
2 485	7.19	1.94	0	0.000 025 213 2	21.87	78.13	1.32	18.33	20.63	61.04
2 490	5.97	1.47	0	0.000 535 932 6	26.19	73.81	1.56	26.08	24.12	49.81
2 495	7.77	1.73	0	0.002 470 877 7	26.82	73.18	1.26	16.16	25.16	58.68
2 500	6.62	1.31	0.11	0.000 535 932 6	28.34	71.66	1.36	20.49	27.26	52.25
2 505	7.84	1.73	0.01	0.000 219 203 1	14.35	85.65	1.06	13.53	13.59	72.88
2 510	5.17	1.30	0.02	0.000 000 296 6	25.07	74.93	1.14	22.03	23.38	54.59
2 515	5.55	0.94	0	0.000 010 312 5	21.97	78.03	1.15	20.73	19.88	59.40
2 520	4.29	0.50	0	0.000 010 312 5	38.41	61.59	0.78	18.15	34.02	47.83
2 525	5.11	0.78	0	0.000 000 002 0	28.28	71.72	1.02	19.86	25.88	54.26
2 530	3.91	0.34	0	0.000 012 493 5	40.64	59.36	0.81	20.83	36.75	42.42
2 535	5.98	0.73	0	0.000 000 072 0	35.85	64.15	0.90	14.98	33.87	51.14
2 540	5.07	0.56	0	0.000 000 000 1	35	65	0.98	19.23	31.10	49.67
平均	6.67	1.47	0.01	0.000 229 775	27.22	72.78	1.38	20.61	25.42	53.97

4）油气显示情况

B井在2 472 ～ 2 527 m的井段有浅黄色荧光出现。在2 450 ～ 2 540 m的井段，气测全烃由2.521%上升到36.214%，且组分较全，其中甲烷由1.771%上升到17.5%，如图8-20所示。

5）岩石力学参数及地应力

（1）岩石力学参数

从该区岩心三轴实验结果可知（表8-11），杨氏模量为23 030 ～ 30 900 MPa，泊松比为0.21 ～ 0.24，抗压强度为196 ～ 251 MPa，表明该区杨氏模量比砂岩层大（砂岩层的杨氏模量为20 000 MPa左右)，抗压强度在正常范围内。有关B井岩石力学性质如图8-21所示。

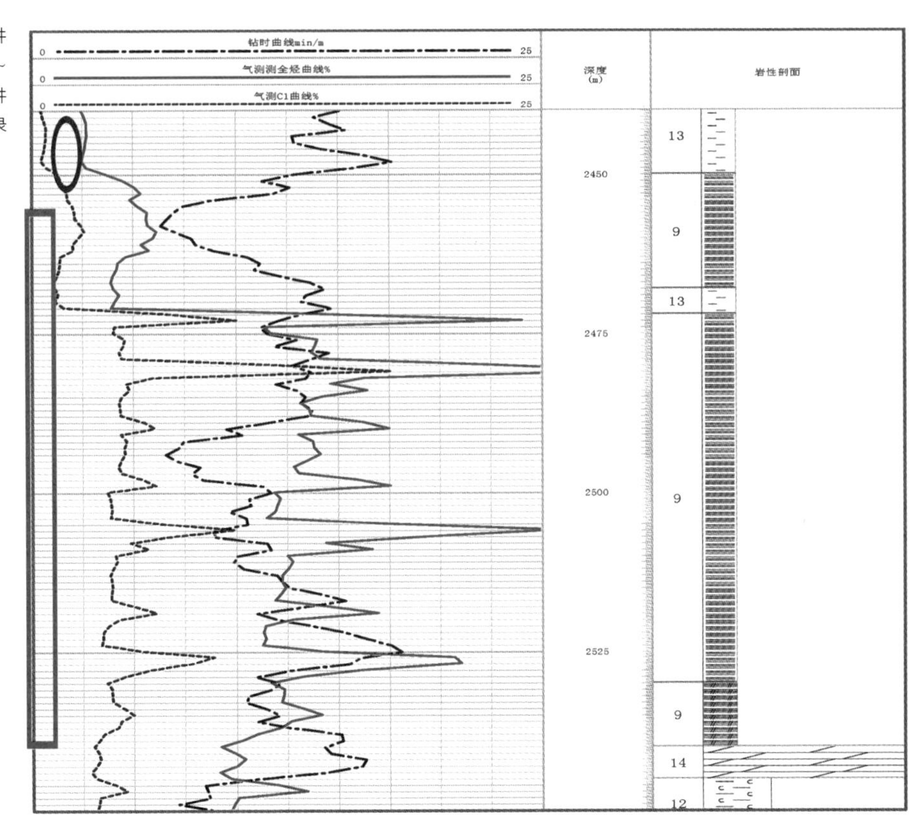

图8-20 B井在2 450 ～ 2 540 m井段的气测录井图

表8-11 B井岩心三轴试验结果

岩性	取芯深度/m	实验条件	实验结果			
		围压/MPa	杨氏模量/MPa	泊松比	体积压缩系数/(1/MPa)	抗压强度/MPa
泥页岩	1 932	31	23 030	0.21	6×10^{-5}	251
	1 934	31	30 900	0.24	3×10^{-5}	196

将B井与其他井层的岩层主要指标进行对比，具体结果见表8-12。由表8-12可

知,B井的有机碳含量与其他井层相当,演化成熟度偏低,泊松比偏高。

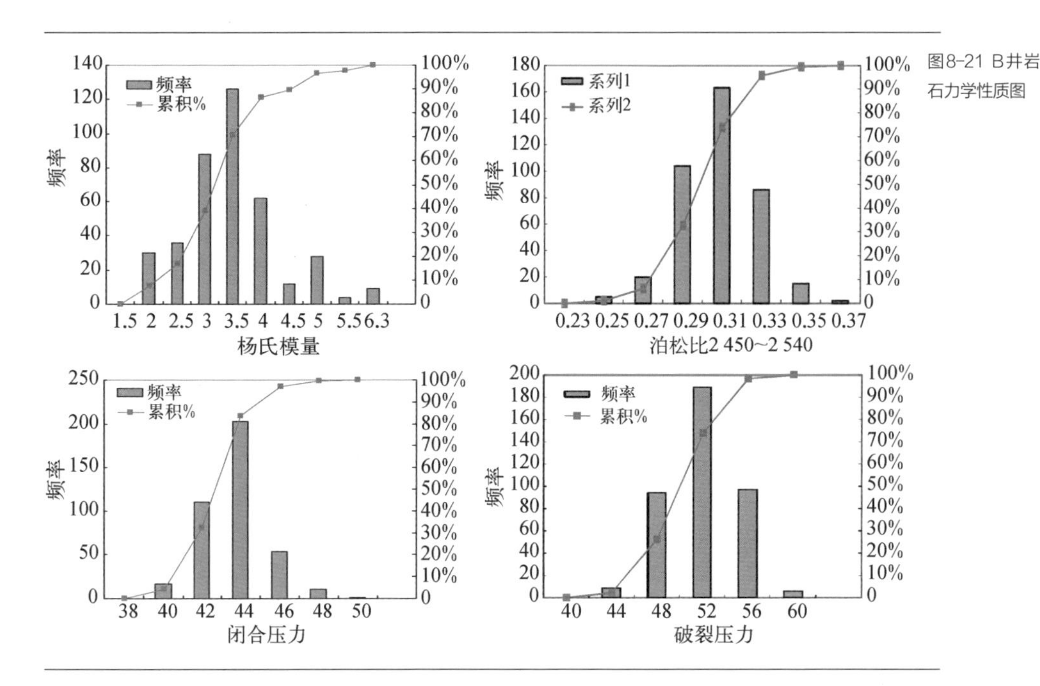

图8-21 B井岩石力学性质图

表8-12 B井页岩层主要指标与其他井层对比

区块/井	层　位	深度/m	厚度/m	有机碳含量 TOC/%	演化成熟度 R_o/%	杨氏模量 × 10^{-4}/MPa	泊松比
Barnett 页岩	—	1 000 ~ 2 590	60 ~ 91	4.0 ~ 8.0	0.7 ~ 3.0	3.4 ~ 4.4	0.2 ~ 0.3
威远 201井	龙马溪	1 000 ~ 1 600	80 ~ 150	1.5 ~ 9.0	1.2 ~ 2.5	—	—
	九老洞	2 000 ~ 2 500	300 ~ 500	3.0 ~ 4.0	2.9 ~ 3.5	—	—
B井	H33	2 450 ~ 2 540	90	1.3 ~ 4.35	0.52 ~ 1.08	2 ~ 6.3	0.25 ~ 0.35

(2) 地应力方位分析

根据B井FMI的图像分析，该井井壁崩落和椭圆井眼方位均为：北北西-南南东，该方位反映了地层现今最小水平主应力的方位。再根据最小水平主应力与最大水平主应力垂直的原理，推测现今最大水平主应力方向为：北东东-南西西。

(3) 纵向地应力剖面分析

从B井在2 450 ~ 2 540 m井段的偶极子声波测井地层各向异性成像图(图8-22)，可知B井在2 510 ~ 2 540 m井段的地层各向异性较强，各向异性幅度成像表现为亮白色特征。

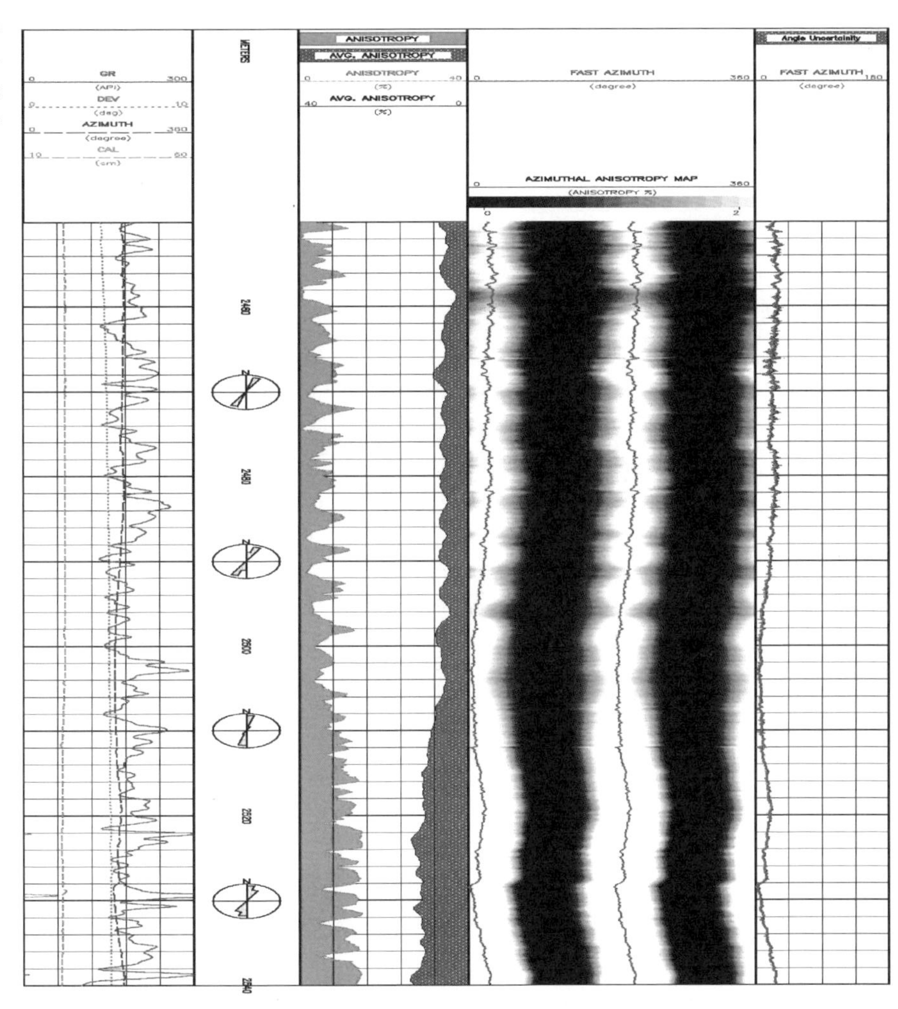

图8-22 B井在2 450 ～ 2 540 m井段的地层各向异性处理成果

通过B井偶极子声波测井解释的岩石力学参数（表8-13），可知B井在2 450 ～ 2 540 m井段的泊松比为0.25 ～ 0.35，杨氏模量为20 000 ～ 63 000 MPa，闭合压力为38.37 ～ 57.49 MPa，地层破裂压力为40.59 ～ 62.46 MPa，地层压力在深度2 510 m左右有变化。初步评价认为，B井页岩可压性较好。

有关B井在2 450 ～ 2 540 m井段的岩石力学参数处理成果图如图8-23所示。

表 8-13 B 井地层压力、压力梯度统计

井段/m	取值方式	闭合压力/MPa	闭合压力梯度/(MPa/m)	破裂压力/MPa	破裂压力梯度/(MPa/m)
2 450 ~ 2 510	最　小	38.37	0.015	40.59	0.016
	最　大	48.41	0.02	60.43	0.025
	平　均	42.69	0.017 2	50.04	0.020 2
2 510 ~ 2 540	最　小	40.35	0.06	41.67	0.016
	最　大	57.49	0.023	62.46	0.025
	平　均	48.24	0.019	50.24	0.02

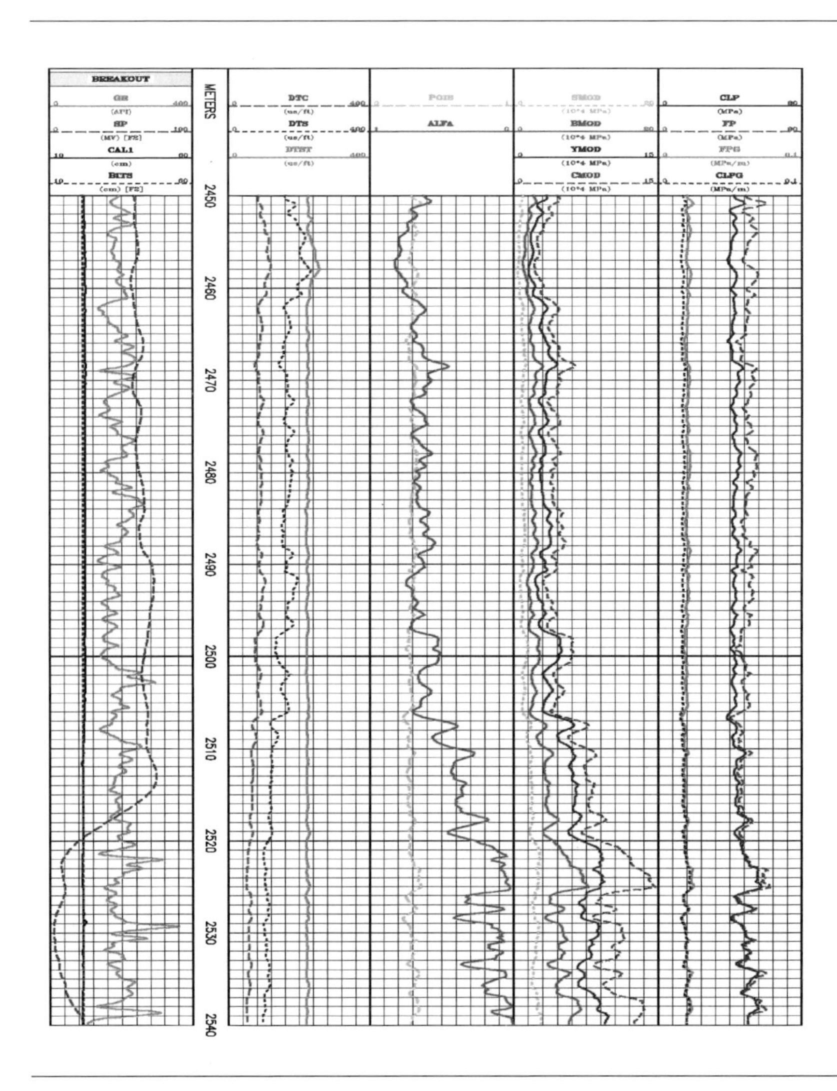

图 8-23 B 井 2 450 ~ 2 540 m 井段的岩石力学参数处理成果

利用页岩地应力解释软件计算可知，B井页岩压裂井段杨氏模量为11 ～ 35 GPa，泊松比为0.12 ～ 0.29，平均破裂压力梯度是0.018 3 MPa/m，平均单轴抗压强度是230.3 MPa，这表明岩石机械性能较差，容易压开压碎。从纵向上连续地应力剖面看，产层平均最大水平主应力为44.4 MPa，平均最小水平主应力为40.8 MPa（图8-24）。

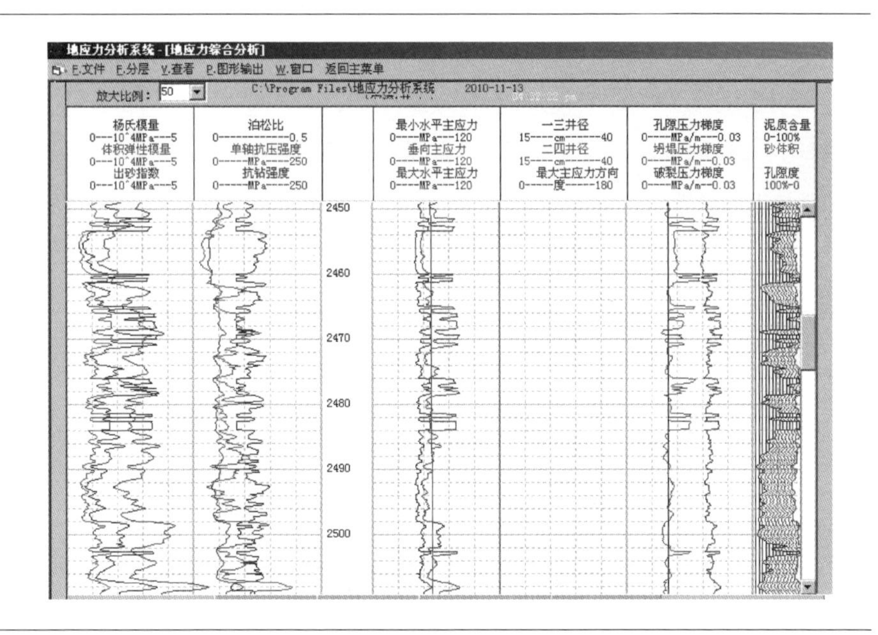

图8-24 B井纵向上地应力剖面

目的层段水平两向应力差变化幅度为3.17 ～ 3.88 MPa（图8-25）。

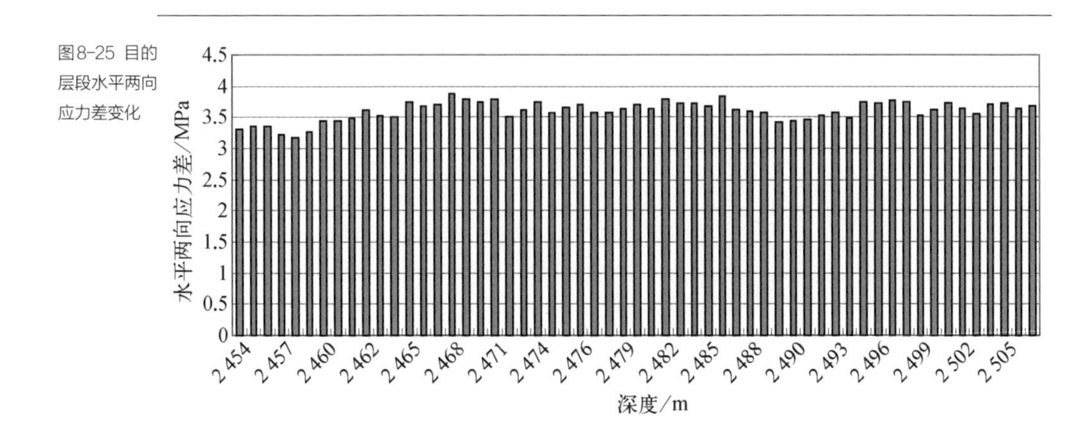

图8-25 目的层段水平两向应力差变化

6）天然裂缝特征

通过对2口井的页岩进行岩心观察、铸体薄片与岩石薄片分析，我们发现该区页岩有层理、裂缝发育，含白云质、灰质、方解质等充填物；图8-26显示了B井在2 566.25 ～ 2 566.55 m井段的岩心裂缝，其类型主要为2条宽度为10 ～ 60 μm的缝合线，缝合线顺层分布，被黄铁矿充填；图8-27为另一口井在2 734.3 m井段的页岩岩心铸体扫描电镜照片，可观察到有页岩裂缝发育。通过扫描电镜照片，可发现页岩出现微孔隙、微裂缝发育，可作为页岩气良好储集空间以及页岩气开采的渗流通道（图8-28、图8-29）。此外，通过B井微电阻率扫描成像测井（FMI）储层评价，可知B井出现高导缝等裂缝发育，裂缝走向为：北东东-南西西，倾向南南东、倾角25° ～ 45°。且高导缝与钻井诱导缝方向（最大主应力方向）一致，易于裂缝的开启，易于后期的页岩气储层压裂改造（图8-30、图8-31）。

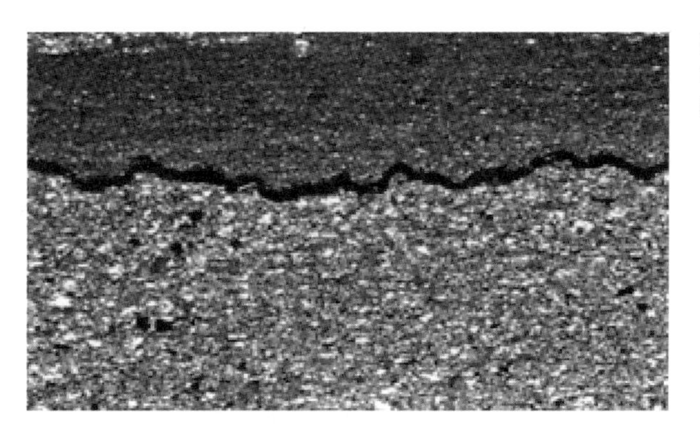

图8-26 B井在2 566.25 m井段的岩石薄片—裂缝缝合线扫描电镜照片

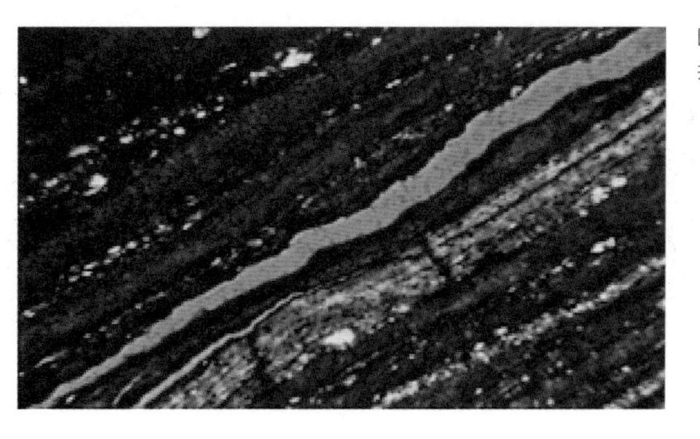

图8-27 B井邻井在2 734.3 m井段的铸体扫描电镜照片

图8-28 B井在2 568.20 m井段的扫描电镜照片

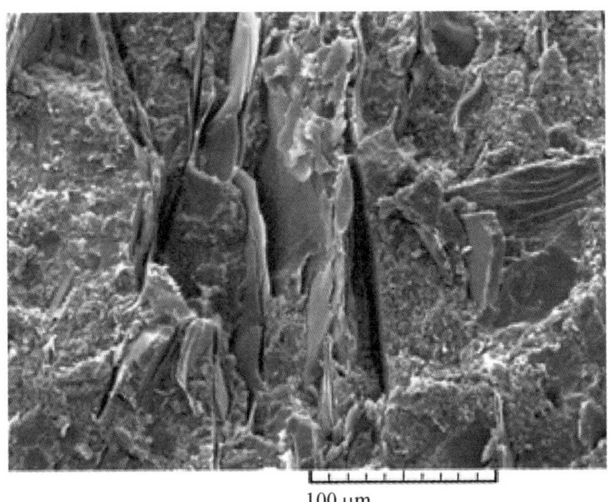

图8-29 B井在2 242.4 m井段的扫描电镜照片

7）压裂层段上下水层分布及井区周围断层落实情况

从B井组合测井图（图8-32）可知，在2 450 ～ 2 540 m井段的压裂层段顶底板附近不存在水层。距离压裂层段顶板的最近水层为2 360.3 ～ 2 365.1 m，且两者距离为84.9 m，压裂层段底板以下至井底没解释水层。

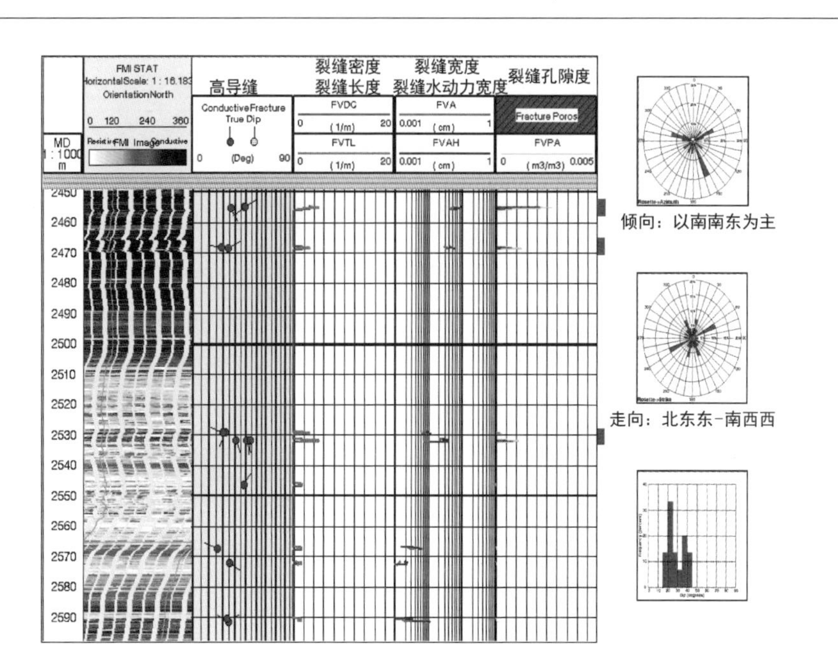

图8-30 B井微电阻率扫描成像测井(FMI)储层评价示意图

	倾　向	走　向	倾　角
2 169 ～ 2 317 m			
2 449 ～ 2 598 m			
3 101 ～ 3 488 m			
钻井诱导缝			

图8-31 B井裂缝倾向、走向与倾角示意图

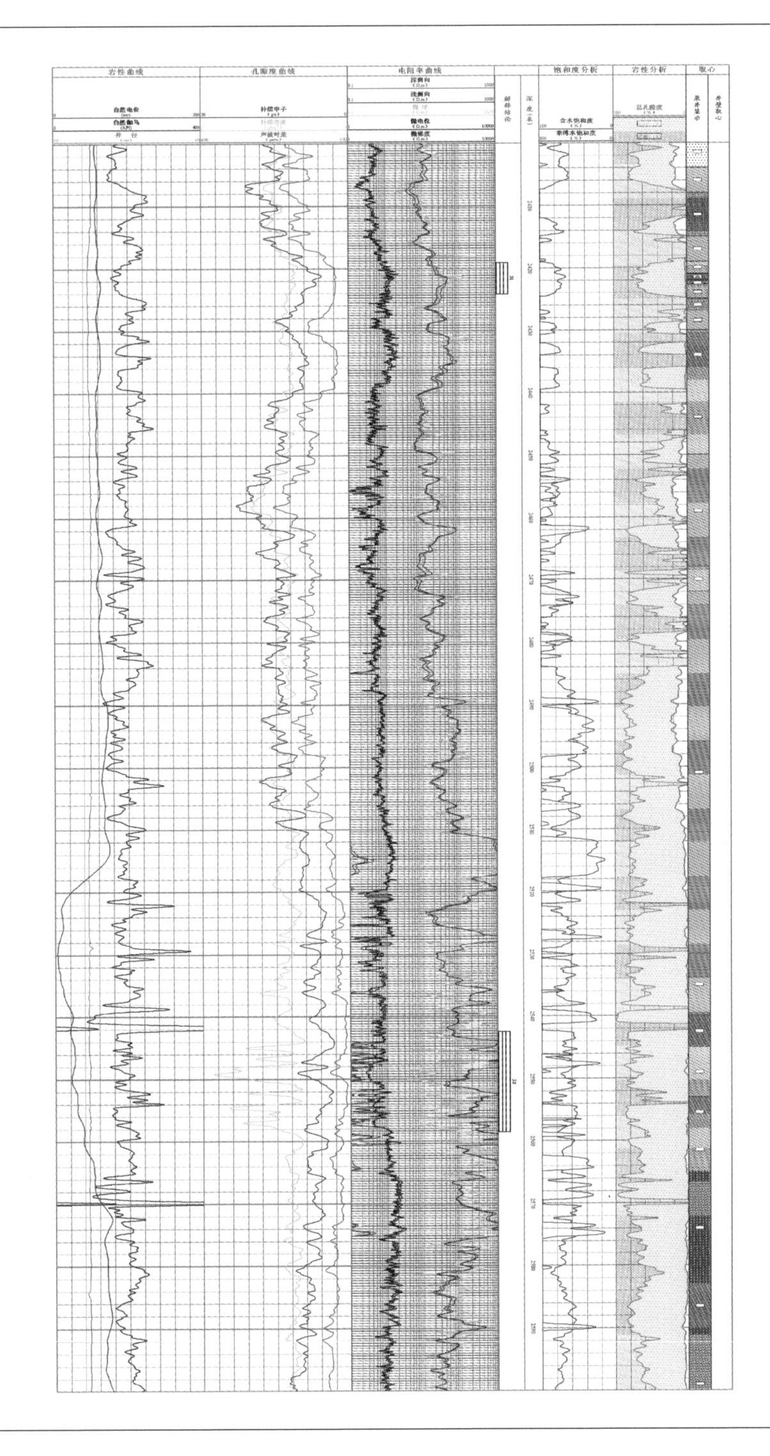

图 8-32 B 井 2 400～2 600 m 井段组合测井解释成果

2. 储层特点及压裂设计思路

1）储层特点

将该区与美国5大页岩气盆地含气量进行对比，可发现其总气量仅次于Barnett页岩（表8-14）。

表8-14 与美国5大页岩气盆地含气量对比

盆地		总气量/(m^3/t)
美国五大盆地	阿巴拉契亚Ohio页岩	1.70 ~ 2.83
	密执安Antrim页岩	1.13 ~ 2.83
	伊利诺伊州New Albany页岩	1.13 ~ 2.64
	圣胡安Lewis页岩	0.37 ~ 1.47
	福特沃斯Barnett页岩	8.49 ~ 9.91
B井所属凹陷		2.0 ~ 5.3

（1）有利条件

① 产层厚度大，水层距离远，周围无断层；

② 地层黏土矿物含量相对较低；

③ 有机质类型好，有机碳含量高，含气量高；

④ 井筒条件较好；

⑤ 最大与最小主地应力差异小。

（2）不利条件

① 黏土矿物以伊利石、伊利石和蒙皂石间层为主；

② 只有部分层位裂缝发育，且与最大主应力方向一致；

③ 石英含量低，脆性指数低。

2）压裂设计思路

（1）充分利用有利条件

① 由于厚度大，水层距离远，周围无断层，故压裂设计中尽量加大施工规模及排量；

② 由于黏土矿物含量相对较低。虽然泊松比处于过渡段，但可全程采用滑溜水压裂液，膨胀伤害不大（实验室长时膨胀结果已验证）；

③ 由于有机质类型好,有机碳含量高,含气量高,因此可尽量扩大改造裂缝体积;

④ 由于井筒条件较好,故考虑尽量利用压裂设备的最大能力;

⑤ 由于最大与最小主地应力差异小,易于实现网络裂缝,为此可采取以下多种措施: 利用射孔相位角优化; 各种提升缝内净压力措施,如提高排量、提高施工规模、提高砂液比等,缝内净压力越大,诱导应力越大,诱导应力影响区域越远; 前期适时加入粉陶以支撑张开的微裂缝; 利用多次压裂实现裂缝转向效果(适当规模的测试压裂会形成较大的诱导应力场,从而增加转向半径; 主压裂分两次进行,中间停泵30 min)。

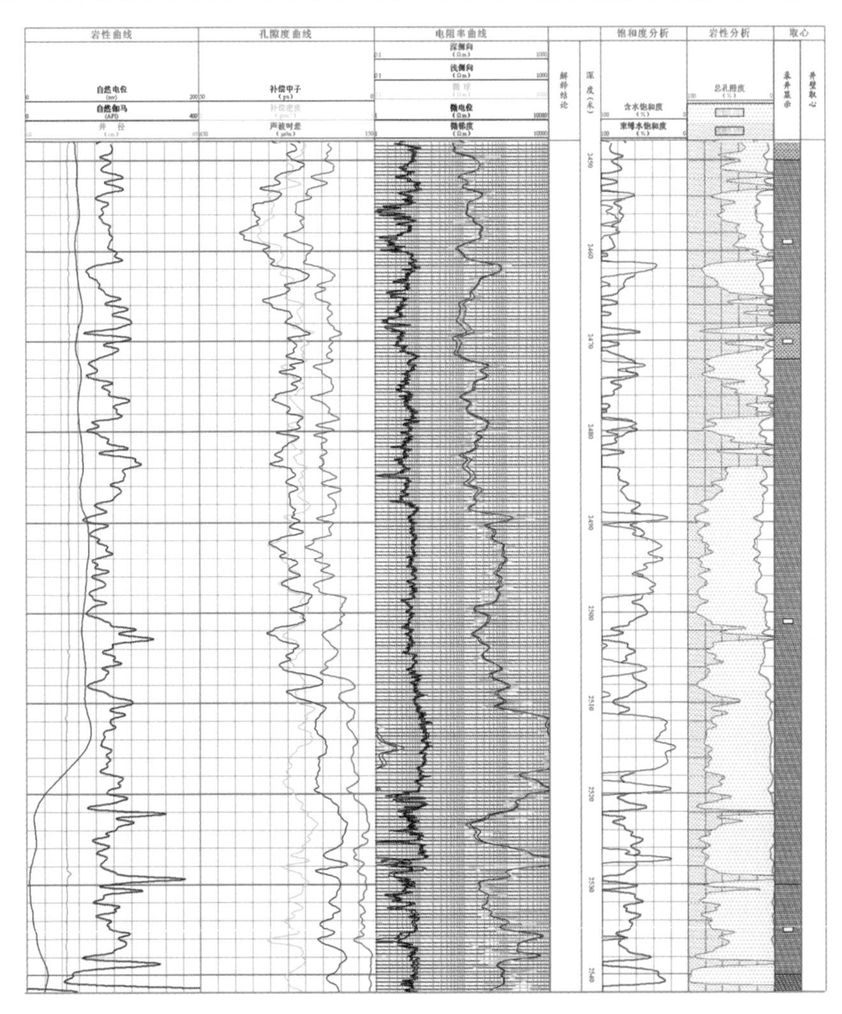

图8-33 B井2 450 ~ 2 540 m井段组合测井解释成果

（2）网络裂缝形成条件

① 天然裂缝与人工裂缝的夹角大于60°（该井段不具备）；

② 水平应力差异系数小于0.25，本层位系数为0.09。不同应力差异系数下的裂缝扩展形态如图8-34所示。

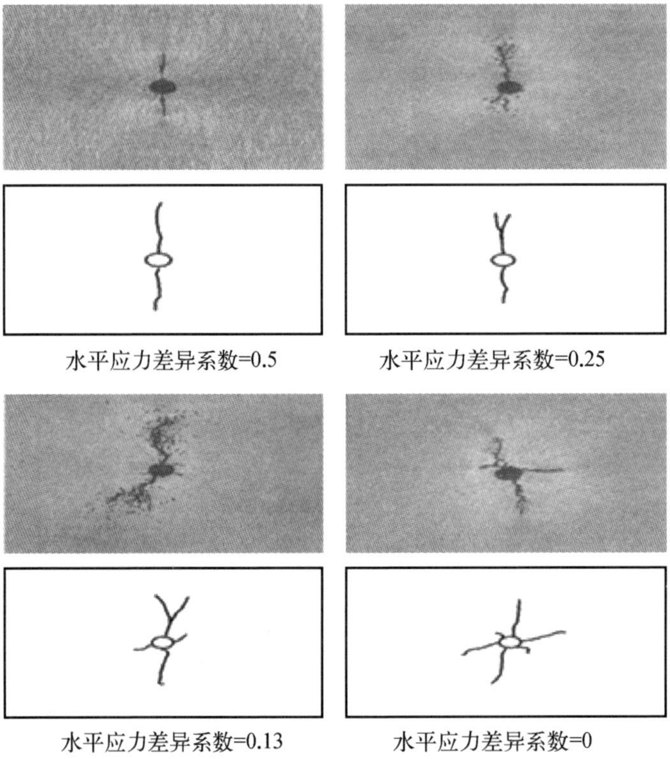

水平应力差异系数=0.5

水平应力差异系数=0.25

水平应力差异系数=0.13

水平应力差异系数=0

图8-34 不同应力差异系数下的裂缝扩展形态示意图

为此，拟采取以下措施：

a. 射孔相位优化，增加夹角，通过快速提升排量、缝内暂堵（可通过适当提高砂液比实现）等措施，以增加转向半径（图8-35）。

b. 100目粉陶充填。

c. 大排量施工，增加裂缝净压力，开启天然裂缝。不同裂缝净压力下的诱导应力传播距离如图8-36所示。

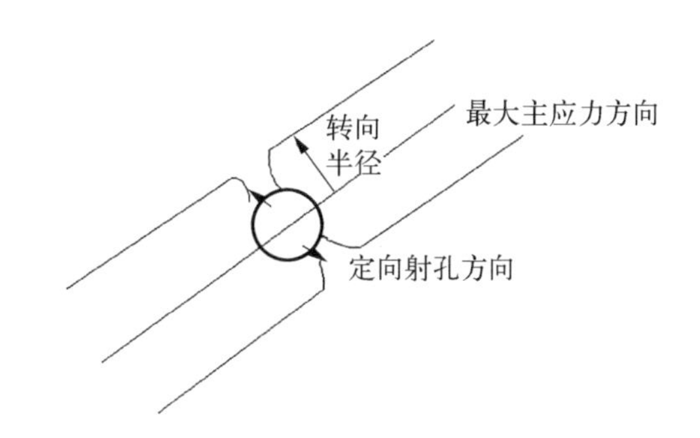

图8-35 裂缝转向示意图

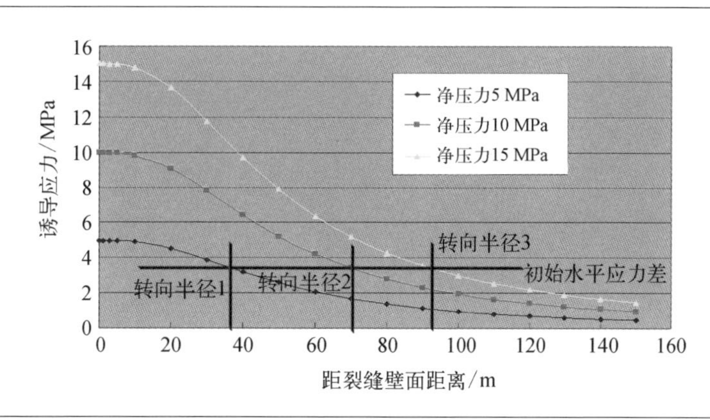

图8-36 B井计算的诱导应力与净压力关系

d. 主压裂进行二次加砂压裂的设想

(a) 如一直进行主压裂，主裂缝会一直延伸，只要砂液比没有达到提升净压力目的，规模增加对裂缝是否转向影响不大；

(b) 但如中间适当停泵一段时间，渗吸作用使净压力降低，部分裂缝闭合，加上缝宽变窄，再次起泵时进缝压力显著增加，加上近井诱导应力增加，水平应力差值显著减少，再次起泵时可能沿不同方位起裂延伸出新的主裂缝；

(c) 即使仍在第一次主裂缝内延伸，由于沉降作用，再次压裂时支撑剂将位于裂缝上部，起到提高纵向裂缝支撑体积的作用。

(3) 尽量避开不利条件

① 由于黏土矿物以伊利石、伊利石和蒙皂石间层为主，故会发生运移膨胀。因此，要加强防膨研究，并采用滑溜水作为压裂液，从而减少缝壁通道堵塞情况。

② 由于只有部分层位裂缝发育，且与最大主应力方向一致。因此，对于天然裂

缝发育段优先射孔和定向射孔；对于天然裂缝不发育段，进行多次压裂从而增加诱导应力实现转向效果，尽量形成缝内转向（砂液比高，进液少，可能率先转向）。

③ 由于石英含量低，脆性指数低，故如何实现缝网难度极大。

（4）其他设计思路

① 以低摩阻和低伤害优选滑溜水配方体系。

② 成熟度（R_o）不高，兼顾页岩气和页岩油选择支撑剂，以40～70目陶粒为主，尾追20～40陶粒。

③ 压前进行小型压裂测试，了解裂缝延伸压力、滤失、近井摩阻等水力裂缝与地层参数，修正加砂压裂设计，测试压裂与加砂压裂分开进行。

④ 压裂过程中进行裂缝监测，认识裂缝扩展形态，为评价压裂效果和后续布置水平井以及水平井分段压裂改造设计提供必要的参数和依据。

⑤ 压后排液及求产管理。

考虑到本井自由气及吸附气各占50%及基岩物性相对较好的实际情况，以及天然裂缝发育程度不高，主缝内砂浓度较高等情况，压后要尽可能排液。

a. 国外大部分不排液，靠液体起支撑作用，本井尽快排液，由于裂缝闭合上下都有支撑，有利于提高裂缝支撑效率。

b. 不需要担心水的排出会导致已张开微裂缝的闭合，设计中前期已考虑使用粉陶来支撑微裂缝系统。

3. 射孔方案设计

1）压裂射孔基本原则

（1）射孔相位有利于形成网络裂缝；

（2）各射孔段破裂压力基本一致，或通过孔眼摩阻调节来达到缝长接近相等的效果；

（3）射孔位置与长度有利于裂缝在产层内起裂与延伸，从而减少裂缝压窜；

（4）射孔密度满足压裂所需的套管强度要求。

2）射孔井段优选多因素分析

（1）常规测井

高伽马、高中子、高声波时差、低电阻率、低密度、全烃及甲烷含量高、有效孔隙度大的井段为2 454～2 460 m，2 472～2 482 m，2 489～2 498 m，2 504～2 510 m。

（2）各向异性成像测井

① 2 450～2 510 m的井段：各向异性小；

② 2 510～2 540 m的井段：2 510 m以下的井段各向异性变化大，裂缝形态复杂，有利于形成网络缝。

（3）FMI成像测井

天然裂缝总体不发育，有裂缝发育的井段为2 454.9～2 455.5 m，2 468.3～2 468.5 m。

（4）ECS测井

富含有机质、黏土含量低、较高孔隙度、TOC含量较高、气含量较高的井段为2 456～2 460 m，2 472～2 475 m，2 489～2 497 m。

（5）TOC实验分析

优选的井段为2 460～2 521 m，然后进行TOC实验分析，具体结果见表8-15。

表8-15 B井TOC实验分析

井　号	井段/m	有机碳/%	岩　性	样　品
B 井	2 450～2 451	1.59	页　岩	岩　屑
	2 460～2 461	4.35	页　岩	岩　屑
	2 470～2 471	2.66	页　岩	岩　屑
	2 480～2 481	3.01	页　岩	岩　屑
	2 490～2 491	3.35	页　岩	岩　屑
	2 500～2 501	2.73	页　岩	岩　屑
	2 510～2 511	2.84	页　岩	岩　屑
	2 520～2 521	2.03	页　岩	岩　屑
	2 530～2 531	1.57	页　岩	岩　屑
	2 540～2 541	1.30	页　岩	岩　屑

（6）地应力剖面

低闭合应力段与低破裂压力的井段为2 455～2 457 m，2 462～2 468 m，2 472～2 477 m，2 482～2 488 m，2 491～2 500 m。

综合各要素分析，优选2 488 ～ 2 498 m的井段进行模拟射孔。

3）射孔参数优化

（1）相位选择（图8-31）

采用180°相位角射孔，改变天然裂缝与主裂缝平行的不利状态，增加两者的夹角。

（2）射孔段地应力及破裂压力分析（图8-37）

选择2 488 ～ 2 498 m的井段进行射孔，该段处于低应力层，且纵向上最小主应力变化较小，易于一次压开（地应力平均为43.5 MPa，破裂压裂为48.2 MPa）。

（3）射孔孔眼摩阻计算［图8-38（a）和图8-38（b）］

通过计算不同有效射孔数量，以及不同泵注排量下的孔眼摩阻，当排量为10 m^3/min时，则有效射孔孔眼数量为80个，总射孔摩阻为1.2 MPa。

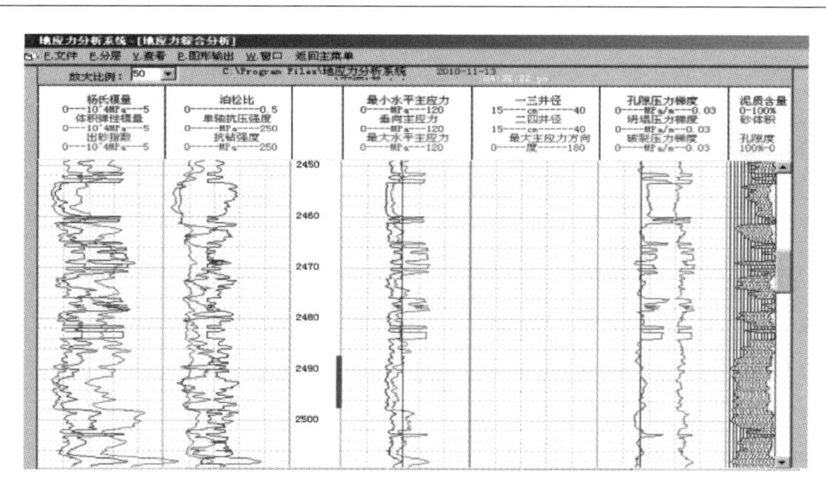

图8-37 射孔段地应力剖面

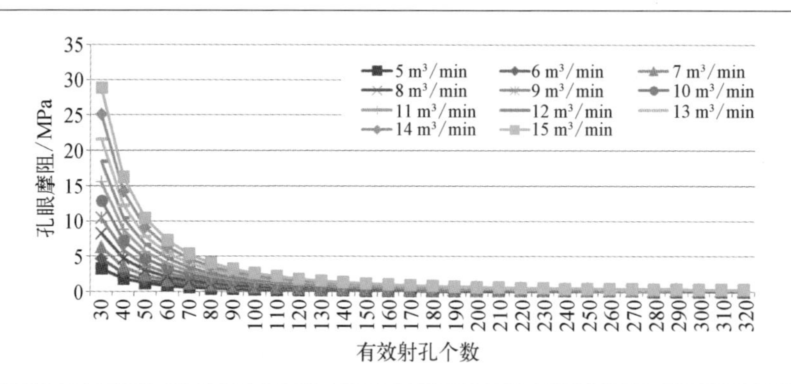

图8-38（a）不同泵注排量下孔眼摩阻与有效个数的关系曲线图

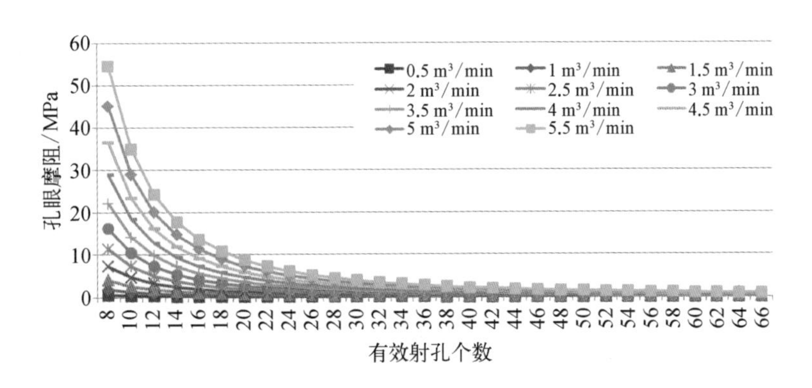

图8-38（b）不同泵注排量下孔眼摩阻与有效个数的关系曲线图

（4）射孔长度和孔数优化（表8-16）

表8-16 拟射孔方案

方　　案	井段/m	射开长度/m	孔密/(孔/m)	孔数/孔	总 孔 数
1	2 488～2 498	10	16	160	160
2	2 488～2 498	10	8	80	80
3	2 488～2 491	3	16	48	96
	2 495～2 498	3	16	48	
4	2 488～2 491	3	8	24	48
	2 495～2 498	3	8	24	
5	2 488～2 490	2	16	32	96
	2 494～2 498	4	16	64	
6	2 488～2 490	2	10	20	60
	2 492～2 494	2	10	20	
	2 496～2 498	2	10	20	
7	2 488～2 490	2	16	32	96
	2 492～2 494	2	16	32	
	2 496～2 498	2	16	32	

（5）拟射孔方案压裂模拟结果

① 方案1：10 m全射孔，16孔/m

模拟条件：施工排量10 m^3/min，加入100目粉陶7.3 m^3，40～70目陶粒97.9 m^3，20～40目陶粒14 m^3，用液（滑溜水）2 059 m^3。模拟结果如图8-39所示。

模拟结果：缝长219.2 m，缝高51.5 m，缝宽0.31 cm，缝网宽85 m。

② 方案2：10 m全射孔，8孔/m

模拟条件：施工排量10 m^3/min，加入100目粉陶7.3 m^3，40～70目陶粒97.9 m^3，20～40目陶粒14 m^3，用液（滑溜水）2 059 m^3。模拟结果如图8-40所示。

模拟结果：缝长217.3 m，缝高52.3 m，缝宽0.3 cm，缝网宽84 m。

③ 方案3：10 m分两簇射孔共6 m，16孔/m

模拟条件：施工排量10 m^3/min，加入100目粉陶7.3 m^3，40～70目陶粒97.9 m^3，20～40目陶粒14 m^3，用液（滑溜水）2 059 m^3。模拟结果如图8-41所示。

模拟结果：射孔Ⅰ缝长153.8 m，缝高50.6 m，缝宽0.31 cm，缝网宽62 m；射孔Ⅱ缝长155.5 m，缝高50.5 m，缝宽0.17 cm，缝网宽60 m。

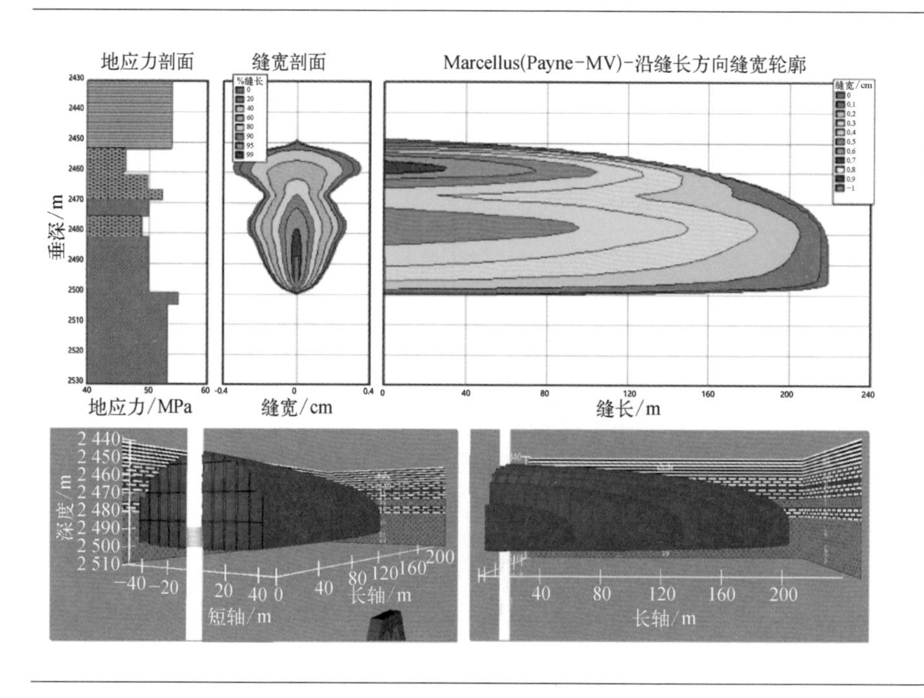

图8-39 B井拟射孔方案1压裂裂缝模拟图

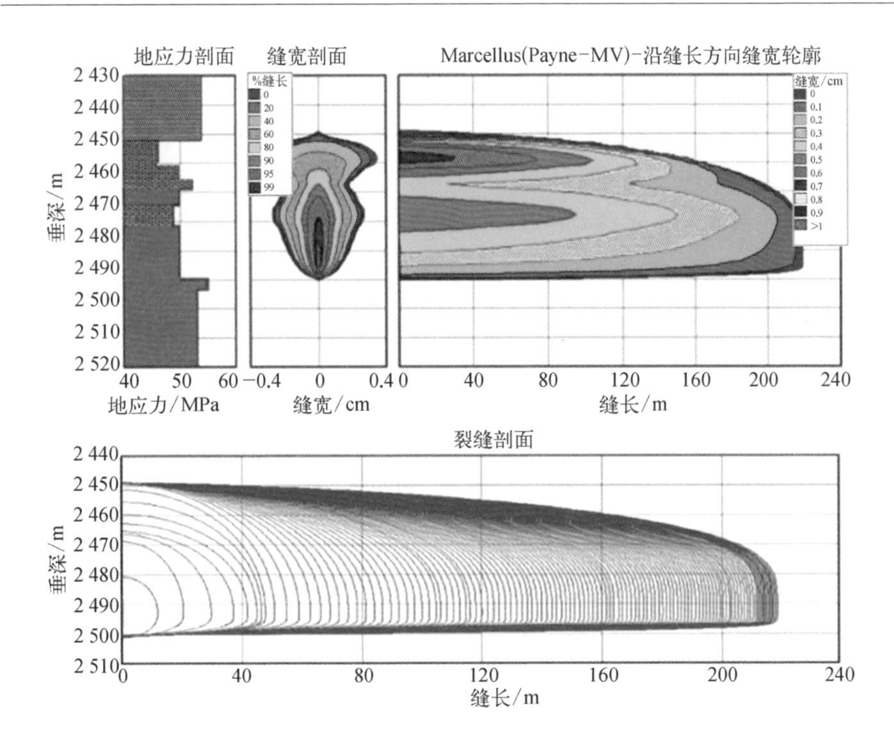

图8-40 B井拟射孔方案2压裂裂缝模拟图

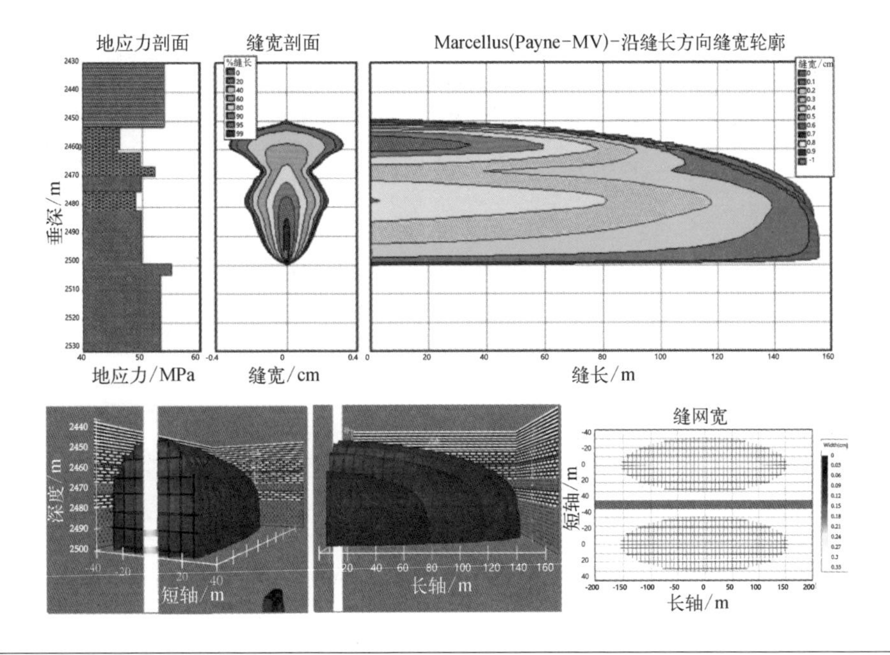

图8-41 B井拟射孔方案3压裂裂缝模拟图

④ 方案4: 10 m分两簇射孔共6 m,8孔/m(平均厚度)

模拟条件: 施工排量10 m^3/min,加入100目粉陶7.3 m^3,40 ~ 70目陶粒97.9 m^3,20 ~ 40目陶粒14 m^3,用液(滑溜水)2 059 m^3。模拟结果如图8-42所示。

模拟结果: 射孔Ⅰ缝长153.8 m,缝高50.6 m,缝宽0.31 cm,缝网宽61 m; 射孔Ⅱ缝长155.5 m,缝高50.5 m,缝宽0.17 cm,缝网宽59 m。

⑤ 方案5: 10 m分两簇射孔共6 m,16孔/m(选择低应力段)

模拟条件: 施工排量10 m^3/min,加入100目粉陶7.3 m^3,40 ~ 70目陶粒97.9 m^3,20 ~ 40目陶粒14 m^3,用液(滑溜水)2 059 m^3。模拟结果如图8-43所示。

模拟结果: 射孔Ⅰ缝长143 m,缝高50.4 m,缝宽0.31 cm,缝网宽55 m; 射孔Ⅱ缝长165.5 m,缝高50.7 m,缝宽0.20 cm,缝网宽65 m。

⑥ 方案6: 10 m分三簇射孔共6 m,10孔/m

模拟条件: 施工排量10 m^3/min,加入100目粉陶7.3 m^3,40 ~ 70目陶粒97.9 m^3,20 ~ 40目陶粒14 m^3,用液(滑溜水)2 059 m^3。模拟结果如图8-44所示。

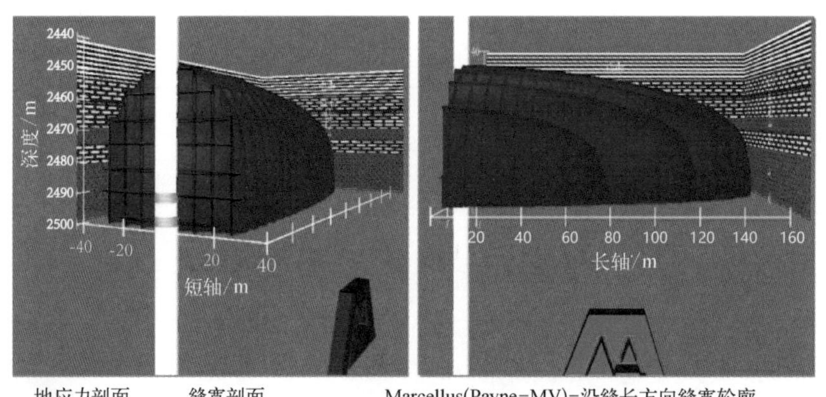

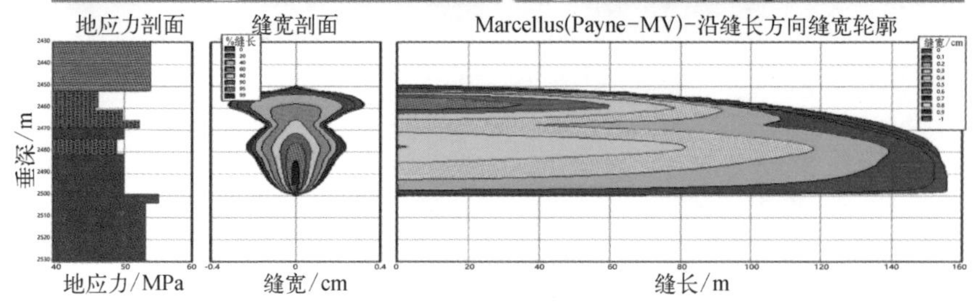

图8-42 B井拟射孔方案4压裂裂缝模拟图

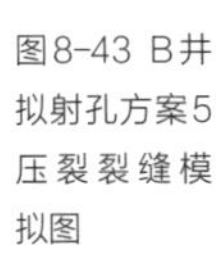

图8-43 B井拟射孔方案5压裂裂缝模拟图

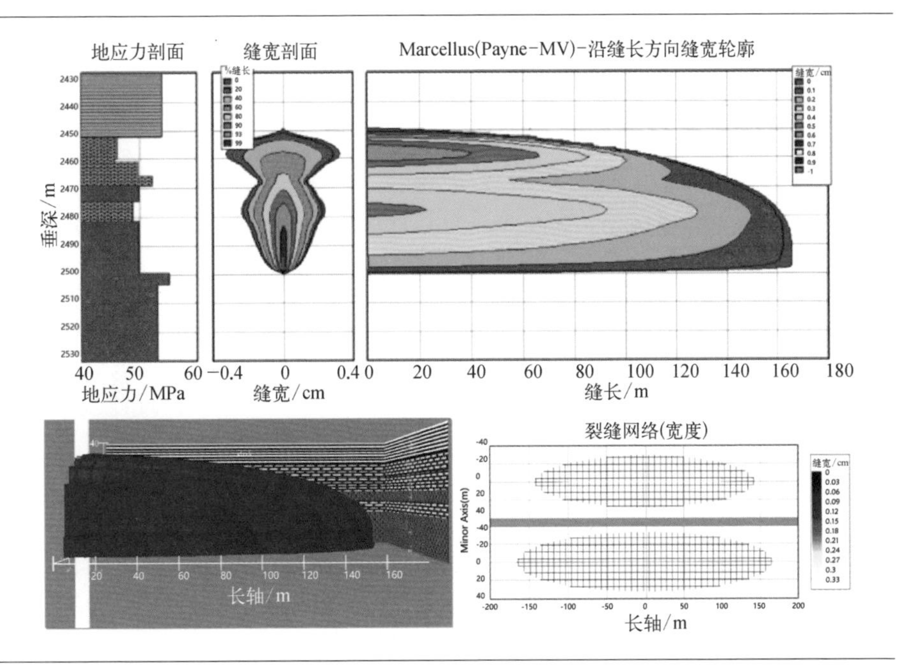

图8-44 B井拟射孔方案6压裂裂缝模拟图

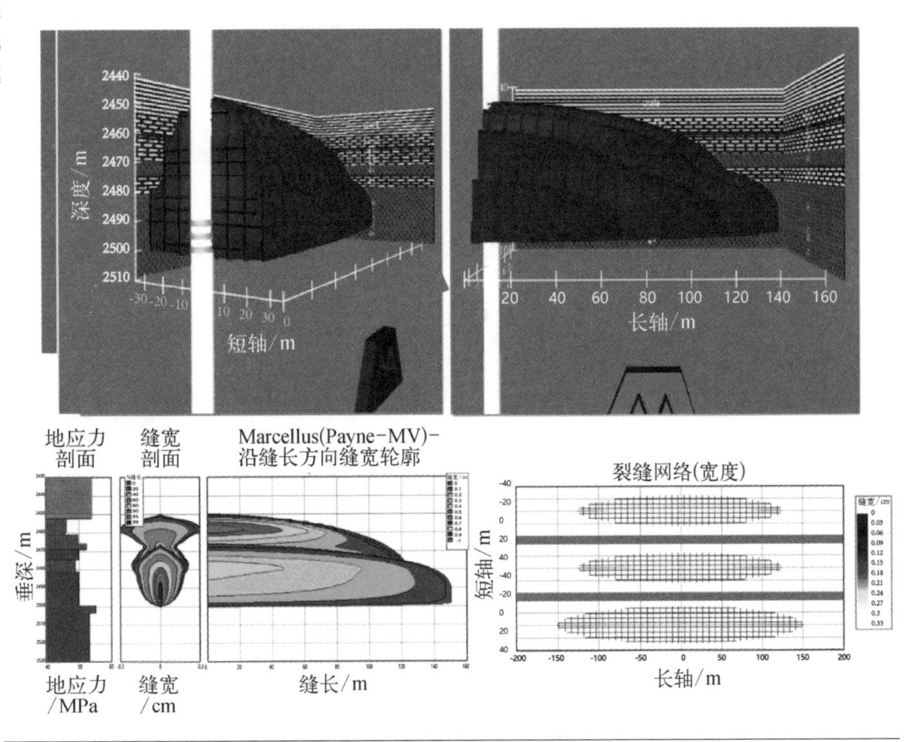

模拟结果：射孔Ⅰ缝长124.7 m，缝高50.1 m，缝宽0.29 cm，缝网宽48 m；射孔Ⅱ缝长124.5 m，缝高50.1 m，缝宽0.22 cm，缝网宽47 m；射孔Ⅲ缝长150.3 m，缝高34.5 m，缝宽0.19 cm，缝网宽60 m。

⑦ 方案7：10 m分三簇射孔共6 m，16孔/m

模拟条件：施工排量10 m^3/min，加入100目粉陶7.3 m^3，40 ～ 70目陶粒97.9 m^3，20 ～ 40目陶粒14 m^3，用液（滑溜水）2 059 m^3。模拟结果如图8-45所示。

模拟结果：射孔Ⅰ缝长125.8 m，缝高50.1 m，缝宽0.29 cm，缝网宽49 m；射孔Ⅱ缝长125.6 m，缝高50.1 m，缝宽0.23 cm，缝网宽51 m；射孔Ⅲ缝长147.7 m，缝高34.5 m，缝宽0.19 cm，缝网宽60 m。

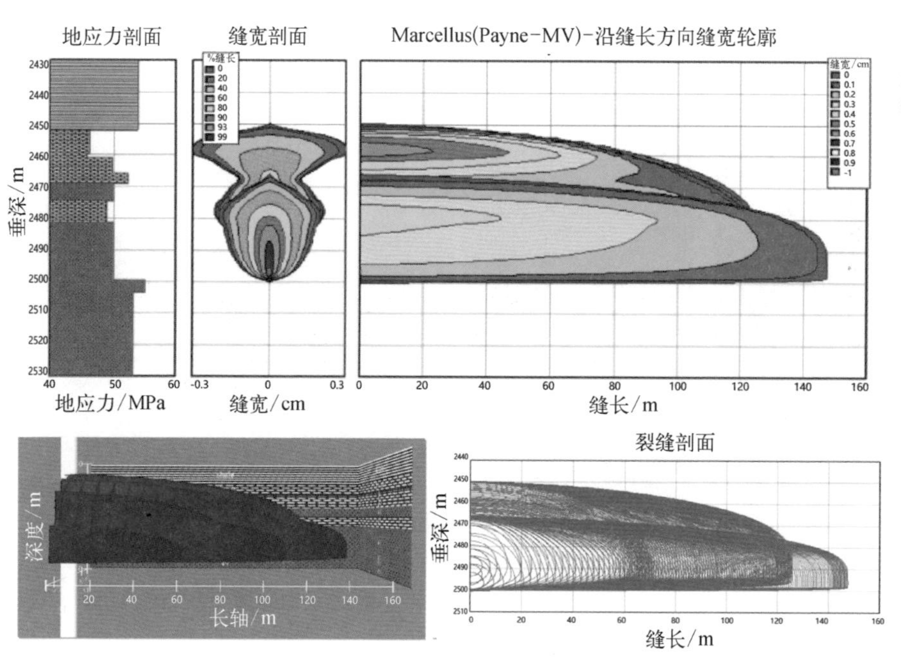

图8-45 B井拟射孔方案7压裂裂缝模拟图

有关上述七种射孔方案压裂模拟结果的对比如图8-46所示及见表8-17。

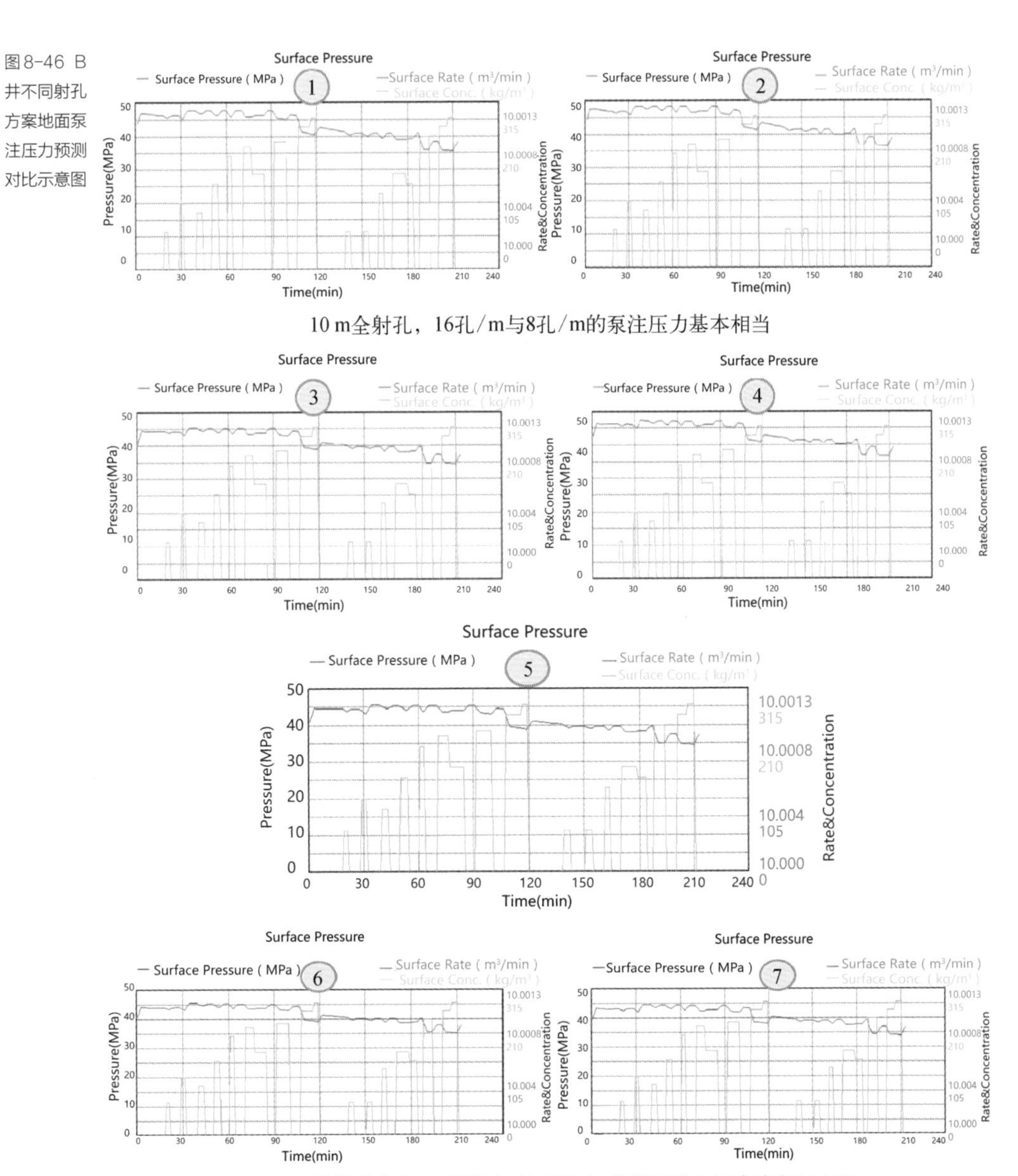

图8-46 B井不同射孔方案地面泵注压力预测对比示意图

表8-17 B井7种射孔方案压裂模拟结果对比

方案	井段/m	缝长/m	缝高/m	缝宽/cm	缝网宽/m	对比
1	2 488～2 498	219.2	51.5	0.31	85	基本一致
2	2 488～2 498	221.4	50.3	0.30	84	
3	2 488～2 491	153.8	50.6	0.31	62	基本一致
	2 495～2 498	155.5	50.5	0.17	60	
4	2 488～2 491	155.1	51.6	0.31	61	
	2 495～2 498	157.2	50.5	0.17	59	
5	2 488～2 490	143.0	50.4	0.31	55	选择应力较小的段
	2 494～2 498	165.7	50.7	0.20	65	
6	2 488～2 490	124.7	50.1	0.29	48	基本一致
	2 492～2 494	124.5	50.1	0.22	47	
	2 496～2 498	150.3	34.5	0.19	60	
7	2 488～2 490	125.8	50.1	0.29	49	
	2 492～2 494	125.6	50.1	0.23	51	
	2 496～2 498	147.7	34.5	0.19	60	

由上述模拟结果可知：10 m分两簇射孔共6 m，8孔/m比16孔/m的施工注入压力略高1 MPa；10 m分三簇射孔共6 m，10孔/m比16孔/m的施工注入压力略高1. 2 MPa；当有效射孔数大于80时，射孔数量对地面泵注压力的影响可以忽略；由于页岩段的下部应力较高，裂缝高度沿上部的低应力层扩展，裂缝高度为50 m。综合考虑分簇射孔能增加网络裂缝的概率，建议选择射孔方案5，具体参数见表8-18。

表8-18 B井推荐射孔方案5的具体参数

井段/m	射开长度/m	相位	孔密度/(孔/m)	孔数/孔
2 488～2 490	2	180°	16	32
2 494～2 498	4	180°	16	64

由于射孔层段总体上位于页岩段的中部，故累计6 m的射孔段不会影响页岩气从裂缝向井底的流动及压后产量；另外，采用102枪1 m弹，深穿透定向射孔。

最终推荐方案的裂缝模拟结果见表8-19。

表8-19 B井最终推荐射孔方案的裂缝尺寸模拟结果表

裂　缝	半缝长/m	缝高/m	缝宽/cm
上部24 92～2 495 m裂缝	143	50.4	0.31
下部2 520～2 525 m裂缝	165.7	50.7	0.20

压裂目的层顶底90 m页岩气覆盖的高度达50.7 m，覆盖率为56.3%，网络裂缝覆盖体积为850 000 m^3，按照含气量3.3 m^3/t计算，得总含气量为701.2×10^4 m^3。

4. 测试压裂方案设计

1）主要目的

（1）通过地层破裂形成主通道；

（2）了解每个排量对应的压力；

（3）了解储层的地应力、滤失及天然裂缝等情况；

（4）利用加粉陶段塞，从而沉降并控缝高；

（5）实现主压裂裂缝转向。

2）设计原则

（1）按正式压裂的10%左右来确定压裂模拟规模；

（2）参考经验进行排量的设计，采取逐步递增及递减模式，只有当设备能力和井口承压允许，才可试验最大的排量；

（3）升降排量时以尽量短时间达到预期值；

（4）裂缝产生的诱导应力以大于水平应力差值为宜。

3）排量优化

B井压裂模拟用基础参数见表8-20。

表8-20 B井测试压裂模拟用基础参数表

岩 性	杨氏模量/GPa	泊松比	闭合应力梯度/(MPa/m)	
上隔层	31.8	0.26	0.022	
产 层	21.4	0.25	0.020	
下隔层	34.0	0.268	0.023	
平均孔隙度/%	平均渗透率 × 10^3/ μm^2	厚度/m	含气饱和度/%	地层压力/MPa
6.67	0.000 23	90	36.0	24.5

(1) 12 m^3/min 排量

该排量下不同滤失系数下的裂缝净压力模拟结果如图8-47所示。

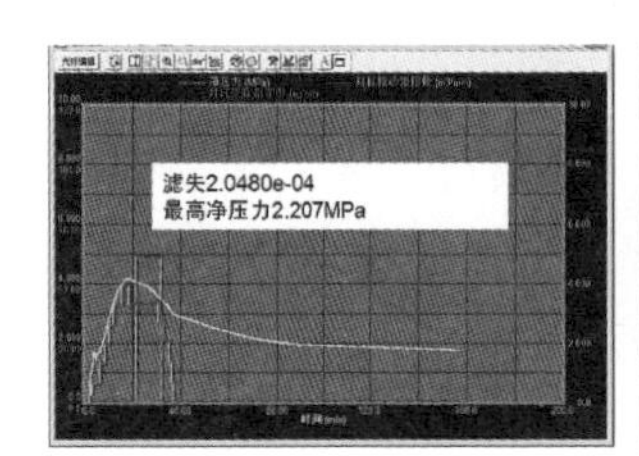

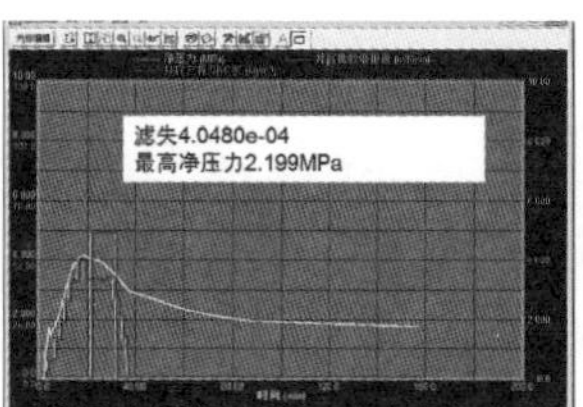

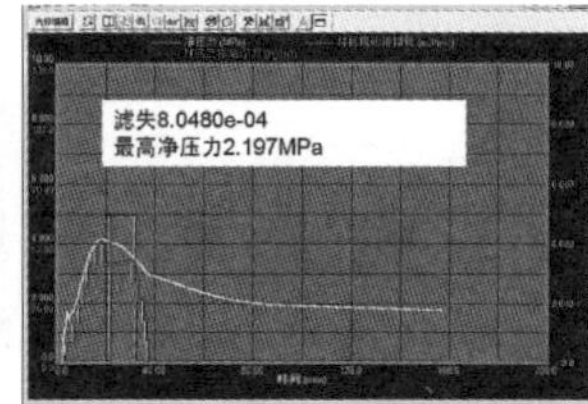

图8-47 B井在不同滤失条件下的最高净压力模拟结果示意图(12 m^3/min)

(2) 10 m^3/min 排量

该排量下不同滤失系数下的裂缝净压力模拟结果如图8-48所示。

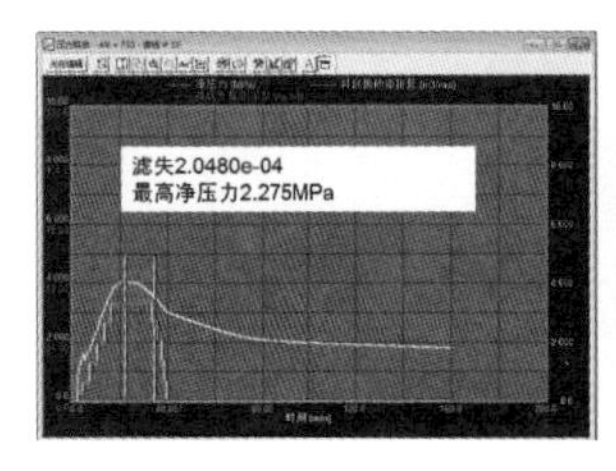

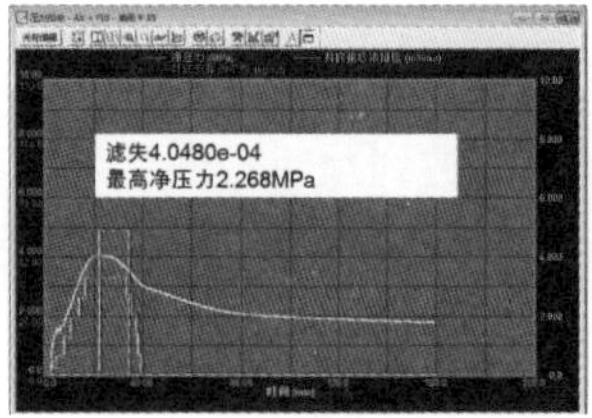

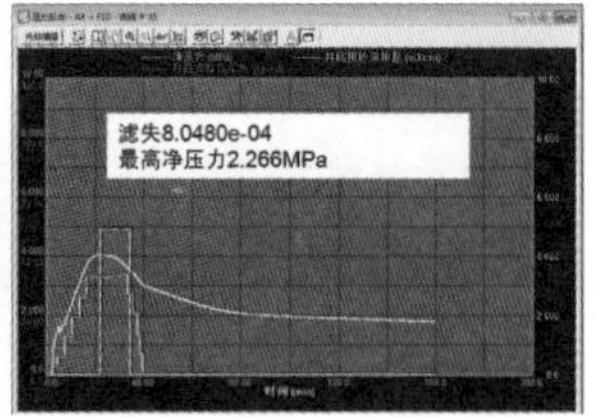

图8-48 B井在不同滤失条件下的最高净压力模拟结果示意图(10 m^3/min)

(3) 8 m^3/min排量

该排量下不同滤失系数下的裂缝净压力模拟结果如图8-49所示。

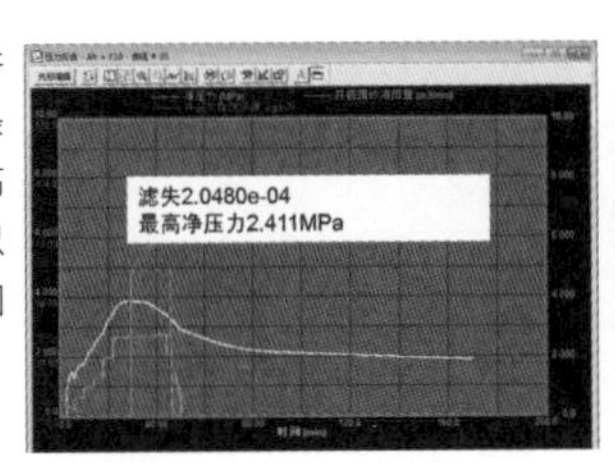

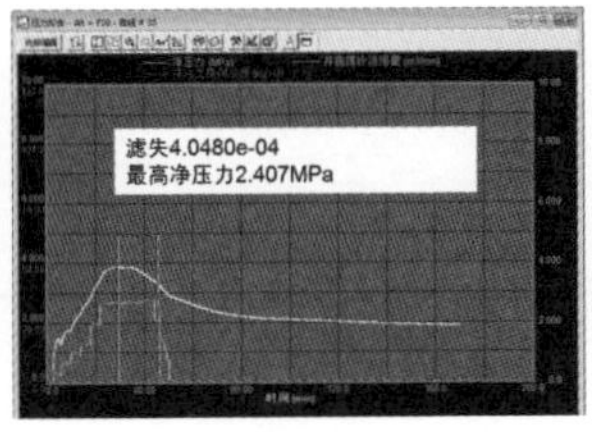

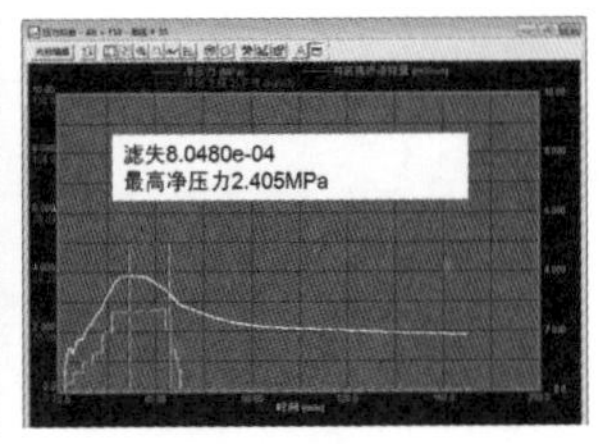

图8-49 B井在不同滤失条件下的最高净压力模拟结果示意图(8 m^3/min)

(4) 7 m^3/min排量

该排量下不同滤失系数下的裂缝净压力模拟结果如图8-50所示。

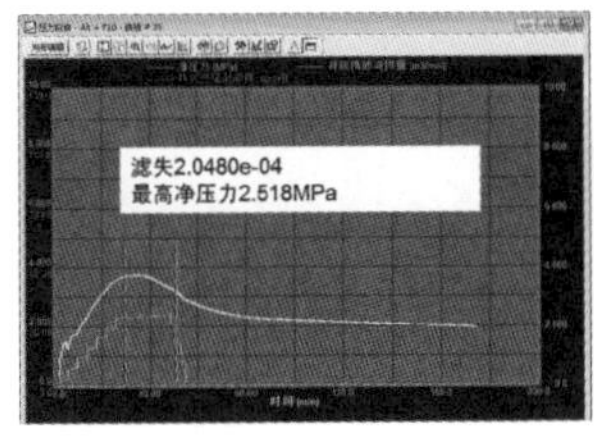

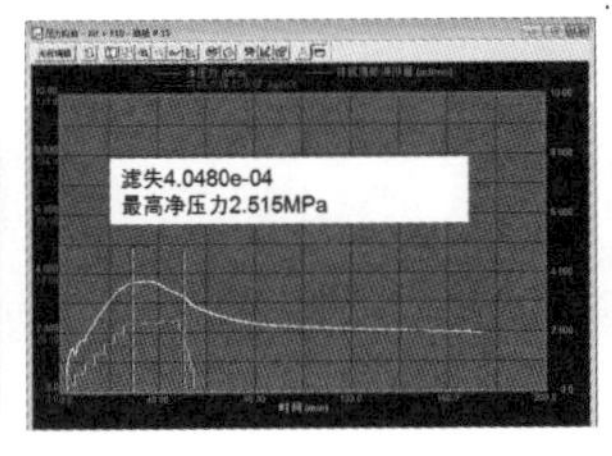

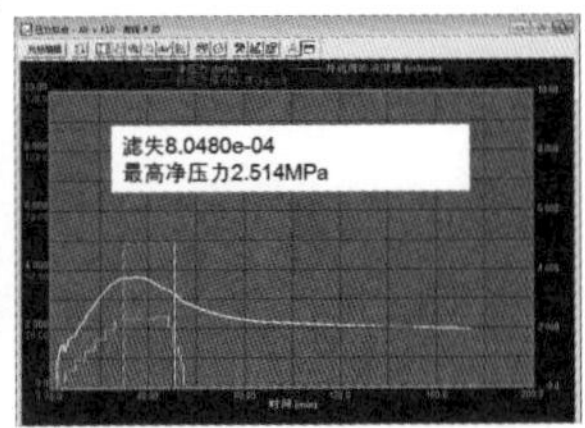

图8-50 B井在不同滤失条件下的最高净压力模拟结果示意图(7 m^3/min)

图8-47～图8-50中:

横坐标—0,40,80,120,160,200;

纵坐标—左(红)0,26,52,78,104,130;

左(黄)0,2,4,6,8,10;

右(粉)0,2,4,6,8,10;

黄色—净压力,MPa;

粉色—井底携砂排量,m^3/min;

红色—井底支撑剂浓度,kg/m^3。

综合上述结果,B井在不同排量下最高净压力随滤失系数的变化如图8-51所示。

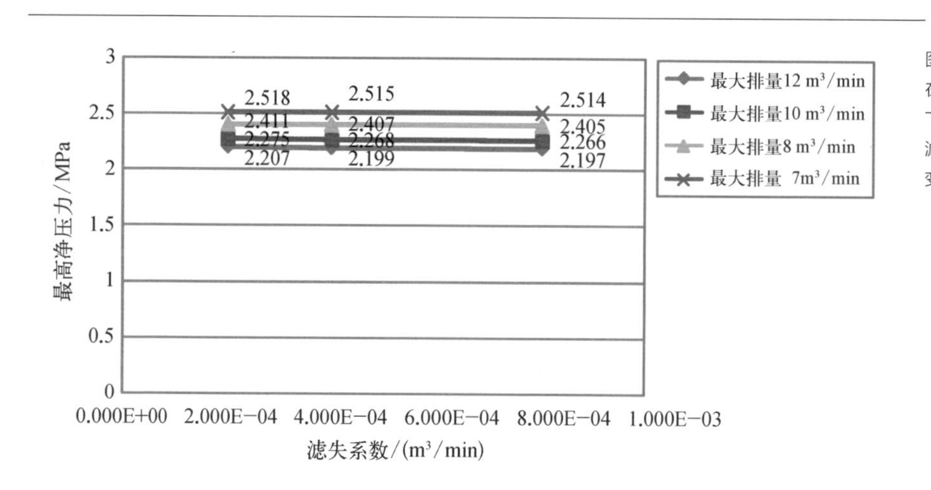

图8-51 B井在不同排量下净压力随滤失系数的变化示意图

结果表明：滤失系数越小，净压力越大；小型测试压裂排量对净压力影响不大。如4.048×10^{-4} m/$\sqrt{\text{min}}$与8.048×10^{-4} m/$\sqrt{\text{min}}$的滤失系数对应净压力影响不大，滑溜水最大排量宜控制在10 m^3/min左右。

4）小型测试压裂粉陶用量优化

取滤失系数为0.000 2 m/$\sqrt{\text{min}}$，进行不同压裂粉陶用量的模拟影响：不加粉陶；1%粉陶；2%粉陶；3%粉陶；4%粉陶；5%粉陶；6%粉陶；7%粉陶；8%粉陶；9%粉陶；10%粉陶。模拟结果如图8-52所示。

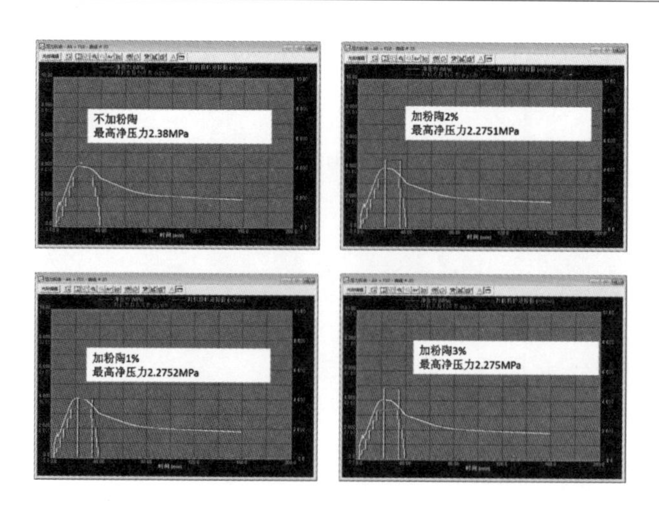

图8-52 B井在不同粉陶用量下净压力的变化示意图

续图8-52

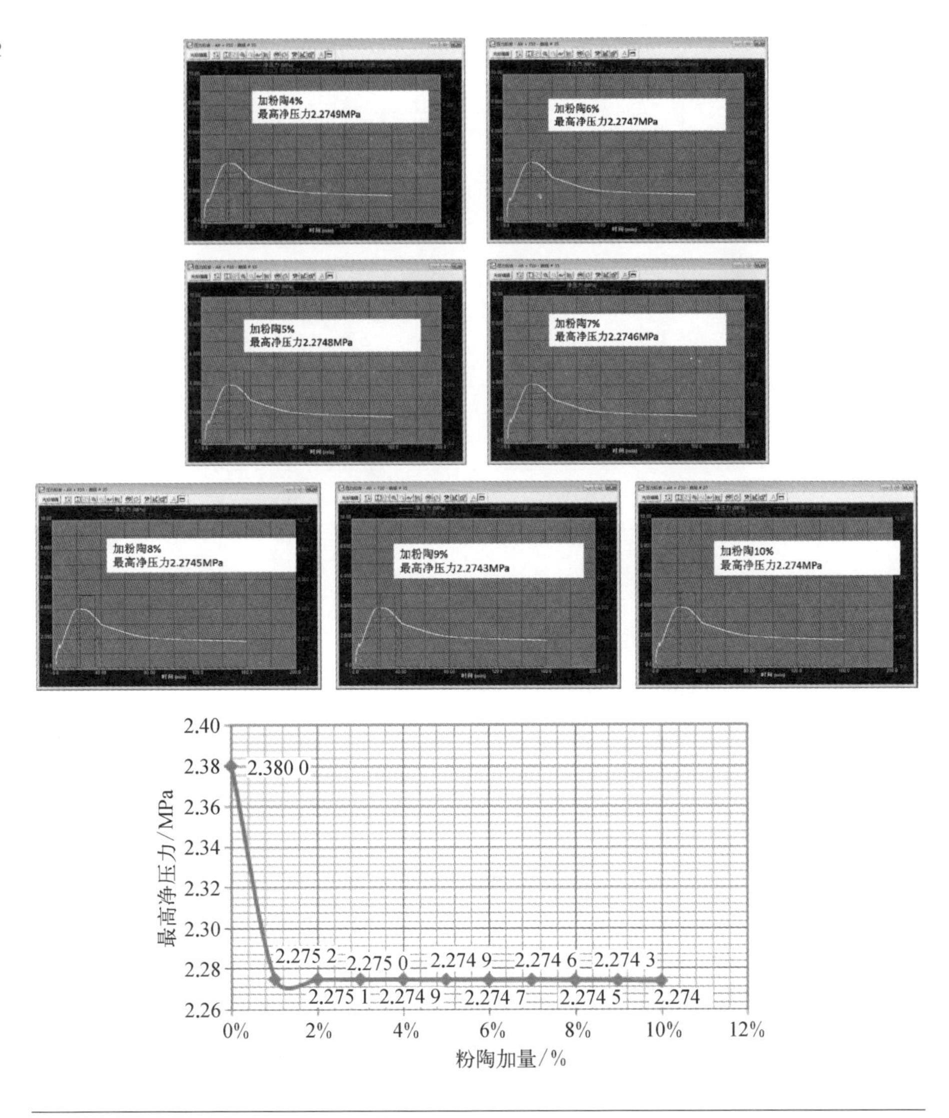

从上述模拟结果可以看出：加入粉陶后测试压裂净压力降低，且随粉陶用量的增加而降低，但降低幅度不明显，因此考虑利用粉陶封堵地层微裂缝，为后续主压裂施工裂缝转向创造条件，设计测试压裂粉陶用量为2%。

5）小型测试压裂用液规模优化

模拟条件：排量取10 m^3/min，滤失系数取0.000 204 8 m/$\sqrt{min}$，粉陶用量取2%，按5 min的增量注入提升规模。模拟结果如图8-53所示。

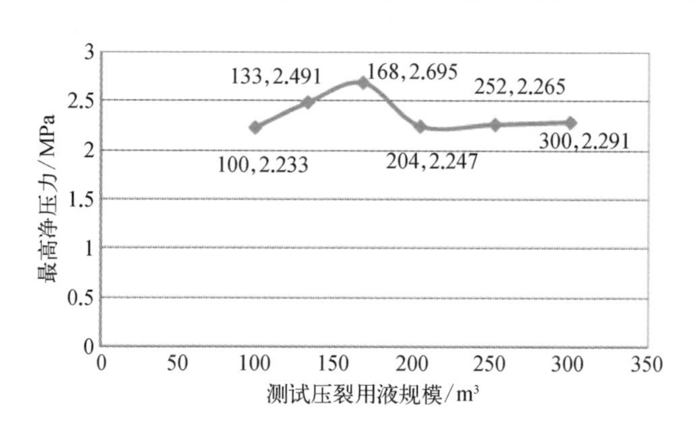

图8-53 B井不同测试压裂用液量下净压力的变化示意图

从上述结果可以看出：小型测试压裂用液规模宜控制在168 m³左右；另外，净压力随着用液规模增加而趋于平缓。

6）小型测试压裂施工泵注程序

小型测试压裂施工泵注程序见表8-21。

表8-21 B井小型测试压裂施工泵注程序

泵注类型	液体类型	排量/(m³/min)	净液体积/m³	砂液比/%	砂量/m³	支撑剂类型	阶段时间/min	累计时间/min	备注
升排量测试	滑溜水	1	1				1	1	
	滑溜水	2	4				2	3	
	滑溜水	4	8				2	5	
	滑溜水	6	12				2	7	
	滑溜水	8	16				2	9	
	滑溜水	10	20				2	11	
段塞	滑溜水	10	80	2	1.6	100目陶粒	8.11	19.11	
降排量测试	滑溜水	10	3				0.3	19.41	根据实际情况可采用逐级降低泵车档位和逐台停车方式
	滑溜水	8	2.4				0.3	19.71	
	滑溜水	6	1.8				0.3	20.01	
	滑溜水	4	1				0.25	20.26	
	滑溜水	2	0.5				0.25	20.51	
停泵		0	0				120	140.51	

（续表）

泵注类型	液体类型	排量/(m^3/min)	净液体积/m^3	砂液比/%	砂量/m^3	支撑剂类型	阶段时间/min	累计时间/min	备　注
注　入	滑溜水	10	110				11	151.51	
合　计			260		1.6			151.51	
Ⅰ. 停泵之前，寻找合适注入排量做平衡测试 Ⅱ. 停泵测压降，直至油压基本无变化（停泵时间可调）；如果压力降落缓慢，无法识别闭合点，则增加停泵时间									

5. B井主压裂方案设计

1）压裂材料的优选

（1）压裂液

页岩气压裂对压裂液配方的要求：低成本，低摩阻，低膨胀，低伤害，易返排。参考国外经验，如页岩的脆性好，可选择低黏度的滑溜水体系，如图8-54所示。

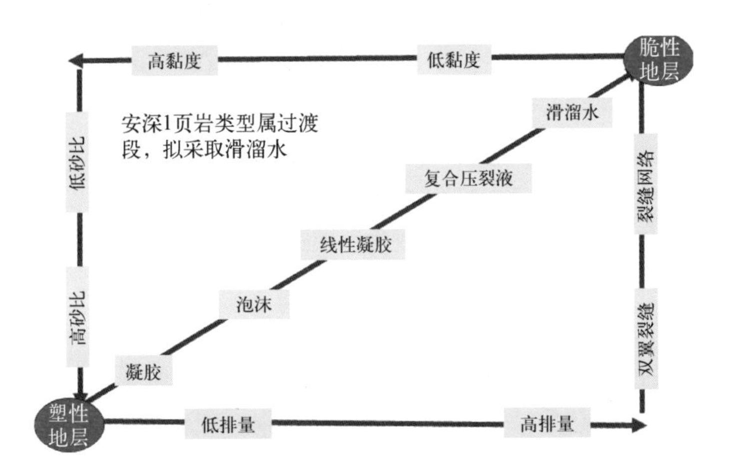

图8-54 选择页岩地层压裂液的示意图

（2）支撑剂

① 支撑剂类型

该压裂井段裂缝闭合压力42.7 MPa，考虑到存在井底流压，故取有效闭合压力40.0 MPa，综合考虑国外经验，选择40～70目和20～40目低密度陶粒为主支撑剂。40～70目陶粒和20～40目陶粒在40 MPa闭合压力和2 kg/m^2铺置浓度下，能提供

$25 \sim 86\ \mu m^2 \cdot cm$的导流能力；另外需要考虑的是，根据部分天然裂缝张开情况，前期用100目粉陶。

② 加入方式

以40～70目陶粒为主，100目粉陶先用，尾追20～40目陶粒。

2）网络裂缝参数优化

（1）B井模拟用基础参数

B井模拟用基础参数具体见前面的表8-20。

（2）不同类型裂缝示意图

不同类型的裂缝如图8-55所示。

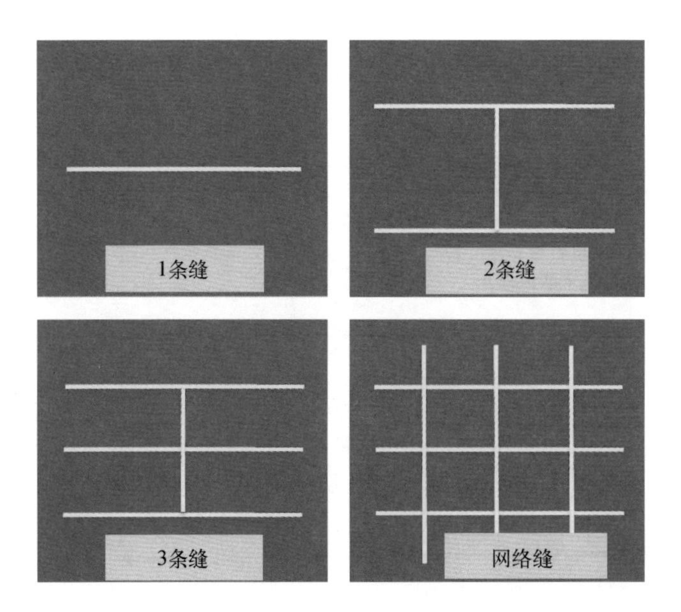

图8-55 不同类型裂缝示意图

（3）模拟上述不同类型裂缝于20年后的压力分布

上述不同类型裂缝于20年后的压力分布模拟结果如图8-56所示。

（4）网络裂缝单个缝长优化

图8-57所示为当渗透率为0.000 23 mD时网络缝长度和产量的关系，此时网络缝缝长的拐点为160 m。

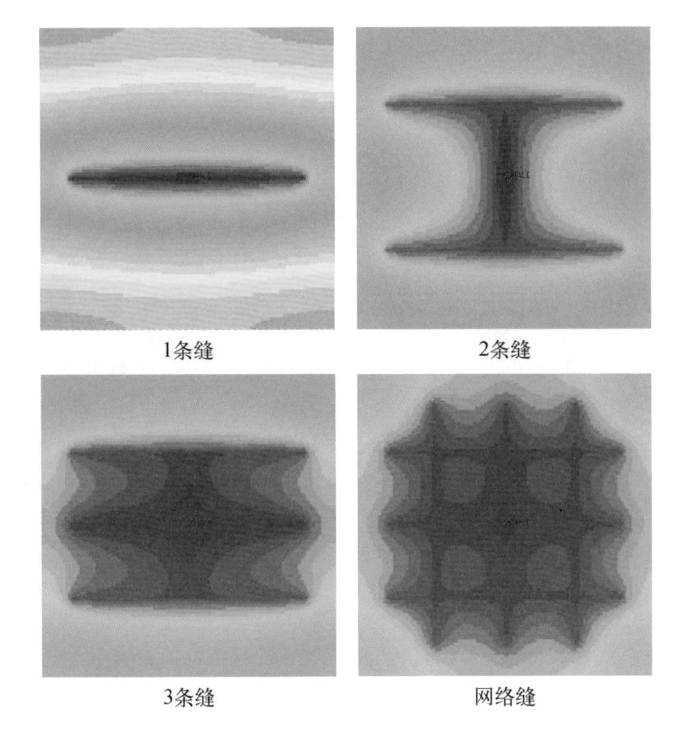

图8-56 不同裂缝数对应的压力分布模拟结果示意图

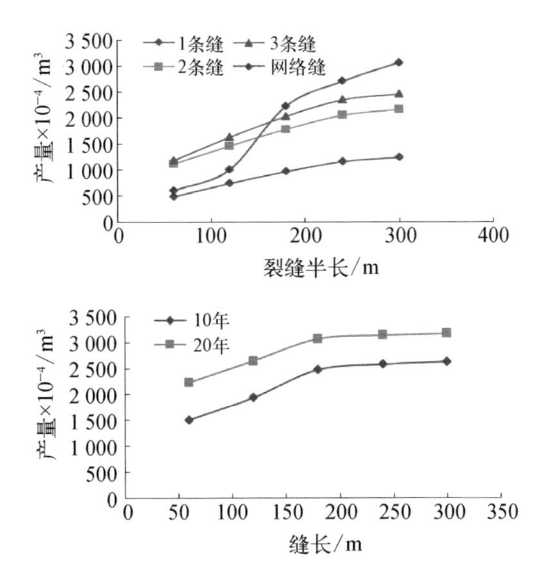

图8-57 网络缝长度和产量的关系示意图

（5）网络裂缝导流能力优化

如图8-58所示，是不同导流能力下网络裂缝长度和产量的关系。

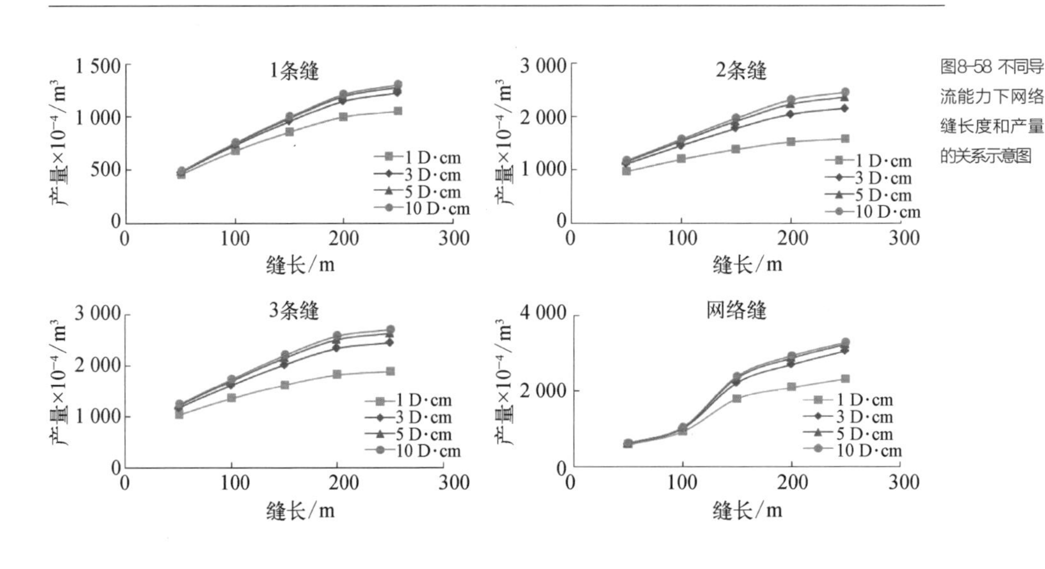

图8-58 不同导流能力下网络缝长度和产量的关系示意图

由图8-58可知，无论形成何种类型的压裂缝，不同裂缝条件下的导流能力对产量影响的变化规律均一致。另外，通过计算可知，优化的导流能力为5 $\mu m^2 \cdot cm$。

3）压裂施工参数优化

（1）压裂施工管柱与最大排量选择

考虑常用的$5\frac{1}{2}$ in套管注入方式，最大允许的施工排量为10 m^3/min。具体模拟结果如图8-59和图8-60所示。

结果表明，排量10 m^3/min下最高井口压力128 MPa，需要压裂设备功率为21 380 kW，故需2000型压裂车19台，再加上备用2台，共计21台。排量10 m^3/min下最高井口压力为65 MPa，则需要压裂设备功率为11 000 kW，故需2000型压裂车12台，再加上备用2台，共计14台。

（2）影响裂缝净压力的因素模拟

首先计算B井天然裂缝最大开启临界净压力，则由3.88/（1−2×0.25）=7.76 MPa，得最大开启临界净压力是7.76 MPa。

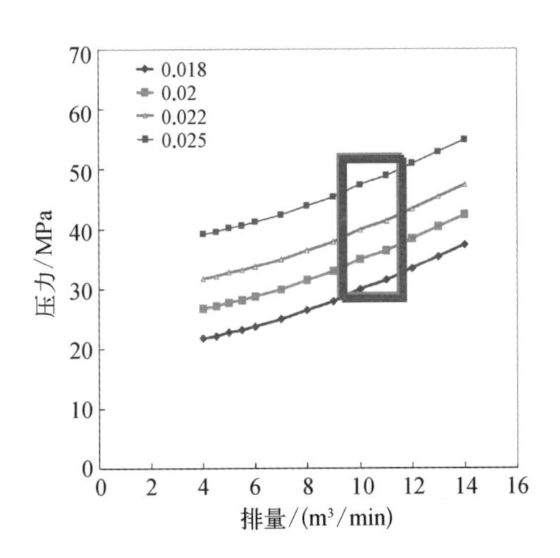

图8-59 $5\frac{1}{2}$in油管压裂压力预测示意图

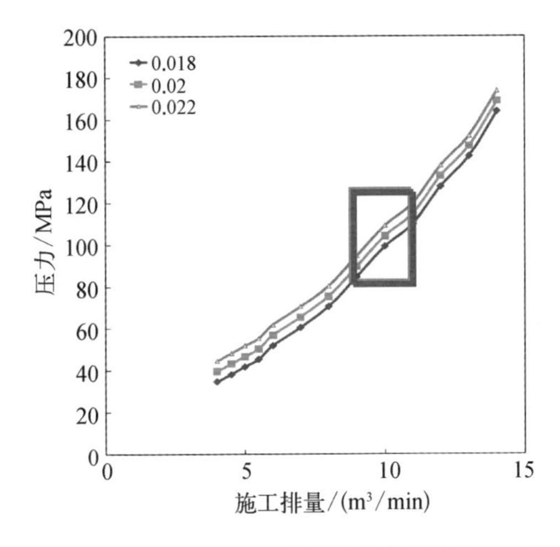

图8-60 $3\frac{1}{2}$in油管压裂压力预测示意图

① 粉陶粒径及体积优化

粉陶粒径的选择主要考虑张开地层微裂隙的宽度。根据国外经验，一般取70～140目，主要考虑不同的地层微裂隙都有对应粒径的粉陶充填。考虑到B井施工排量高，70～140目粉陶也能充填，故选用70～140目粉陶。

粉陶体积的确定，主要取决于地层微裂隙的发育程度，要根据测试压裂的结果进行调整。根据国外经验，即使天然裂缝不太发育，混合的粉陶体积比在5%～10%，对主裂缝的导流能力影响也不大。

② 粉陶平均砂液比优化

由相关模拟结果可知，滤失对裂缝净压力的影响为1 ~ 2 MPa，为简便起见，取滤失系数为0.000 4 m/$\sqrt{\text{min}}$进行模拟。不同方案计算参数如下：

Ⅰ. 滤失系数0.000 4 m/$\sqrt{\text{min}}$，五段70 ~ 140目段塞，最大砂液比5%，平均砂液比4%，净压力5.10 ~ 6.81 MPa。

Ⅱ. 滤失系数0.000 4 m/$\sqrt{\text{min}}$，三段70 ~ 140目段塞，最大砂液比5.63%，平均砂液比4.97%，净压力6.35 ~ 7.84 MPa。

Ⅲ. 滤失系数0.000 4 m/$\sqrt{\text{min}}$，五段70 ~ 140目段塞，最大砂液比7.5%，平均砂液比5.98%，净压力5.82 ~ 7.39 MPa。

Ⅳ. 70 ~ 140目段塞最大砂液比7.5%，平均砂液比6.23%，净压力5.32 ~ 7.00 MPa。

Ⅴ. 70 ~ 140目段塞最大砂液比10%，平均砂液比7.23%，净压力4.90 ~ 6.76 MPa。

具体模拟结果如图8-61所示。

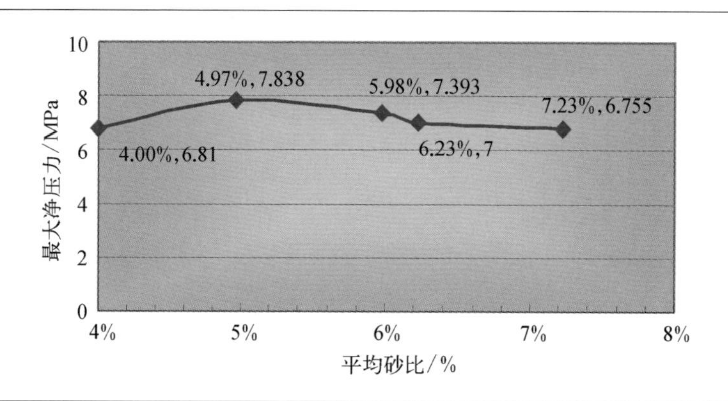

图8-61 最大净压力随粉陶平均砂液比的变化示意图

模拟结果表明，70 ~ 140目段塞平均砂液比超过5%后，最高净压力随着砂液比的增加而减小。因此，可充分利用70 ~ 140目小陶粒段塞提升净压力实现裂缝转向，砂液比宜控制在5%左右。

（3）主支撑剂平均砂液比优化

平均砂液比优化模拟结果如图8-62所示。

由于突破地层天然裂隙的最大开启临界净压力为7.76 MPa，故将主支撑剂平均砂液比控制在15%。

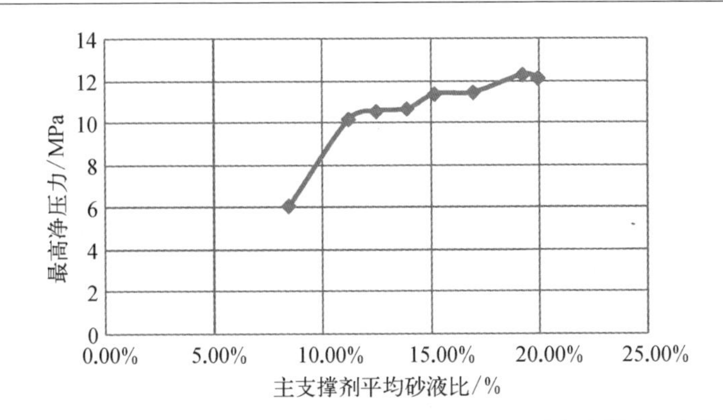

图8-62 最大净压力随主支撑剂平均砂液比的变化示意图

（4）主压裂二次加砂期间停泵时间优化

停泵时间的优化主要基于裂缝内的支撑剖面不中断为原则，模拟结果如图8-63所示。

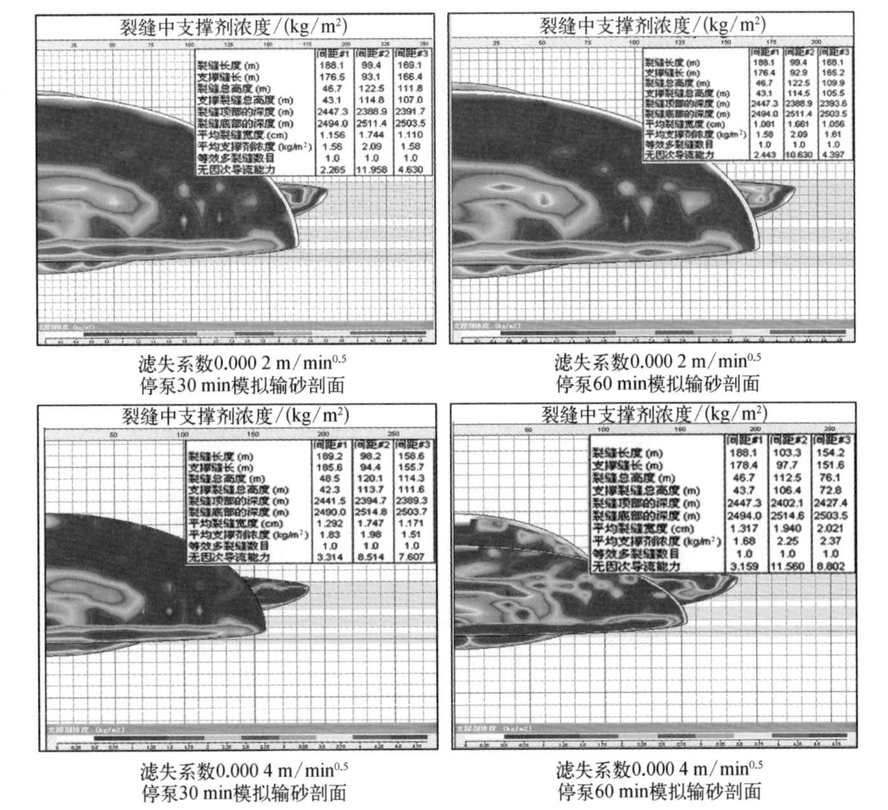

图8-63 不同阶段不同停泵时间对应的输砂剖面示意图

续图8-63

裂缝中支撑剂浓度/(kg/m²)

	间距#1	间距#2	间距#3
裂缝长度(m)	166.5	100.0	163.4
支撑缝长(m)	155.3	96.2	160.5
裂缝总高度(m)	44.8	122.6	91.6
支撑裂缝总高度(m)	41.8	117.9	90.0
裂缝顶部的深度(m)	2447.3	2390.7	2412.0
裂缝底部的深度(m)	2492.2	2513.3	2503.6
平均裂缝宽度(cm)	1.406	1.930	1.672
平均支撑剂浓度(kg/m²)	1.58	2.15	2.00
等效多裂缝数目	1.0	1.0	1.0
无因次导流能力	3.487	12.339	6.563

滤失系数0.000 8 m/min$^{0.5}$
停泵30 min模拟输砂剖面

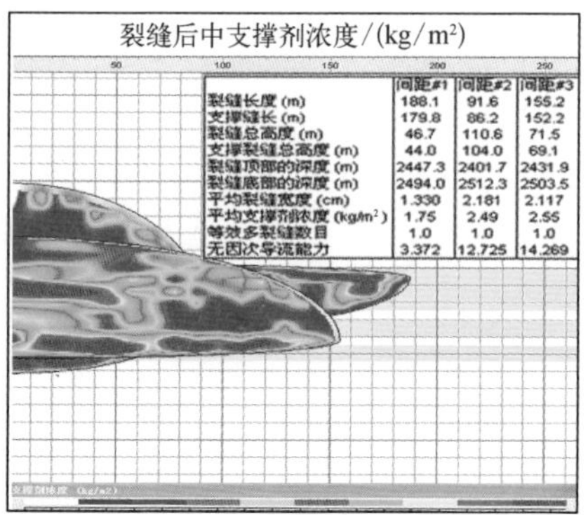

裂缝后中支撑剂浓度/(kg/m²)

	间距#1	间距#2	间距#3
裂缝长度(m)	188.1	91.6	155.2
支撑缝长(m)	179.8	86.2	152.2
裂缝总高度(m)	46.7	110.6	71.5
支撑裂缝总高度(m)	44.0	104.0	69.1
裂缝顶部的深度(m)	2447.3	2401.7	2431.9
裂缝底部的深度(m)	2494.0	2512.3	2503.5
平均裂缝宽度(cm)	1.330	2.181	2.117
平均支撑剂浓度(kg/m²)	1.75	2.49	2.55
等效多裂缝数目	1.0	1.0	1.0
无因次导流能力	3.372	12.725	14.269

滤失系数0.000 8 m/min$^{0.5}$
停泵60 min模拟输砂剖面

利用泵注中间停泵，裂缝内部流体压力、闭合应力和地层孔隙压力重新建立平衡，从而提升裂缝净压力，有利于实现裂缝转向。滤失系数小时，停泵时间对导流改善有限，在纵向会发生支撑剂沉降；滤失系数大时，停泵时间对导流能力改善较好，但时间延长后裂缝几近闭合，导流几乎不变。因此，停泵时间取30 min较为理想。

(5) 支撑剂量的优化

为了获得前述优化的缝长和导流能力，支撑剂量的模拟优化如图8-64所示。

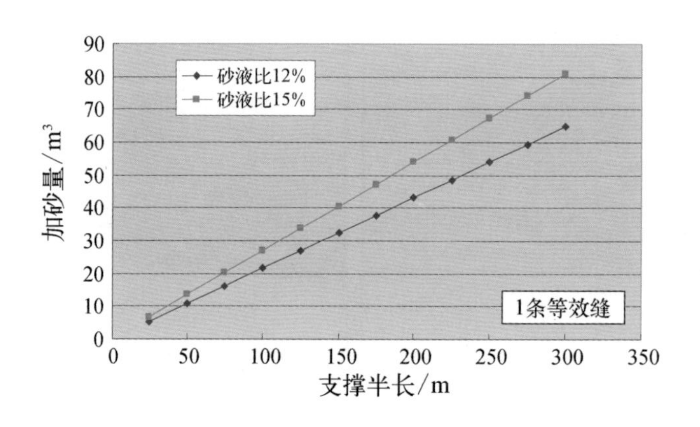

图8-64 不同支撑缝长与加砂量的关系示意图

续图8-64

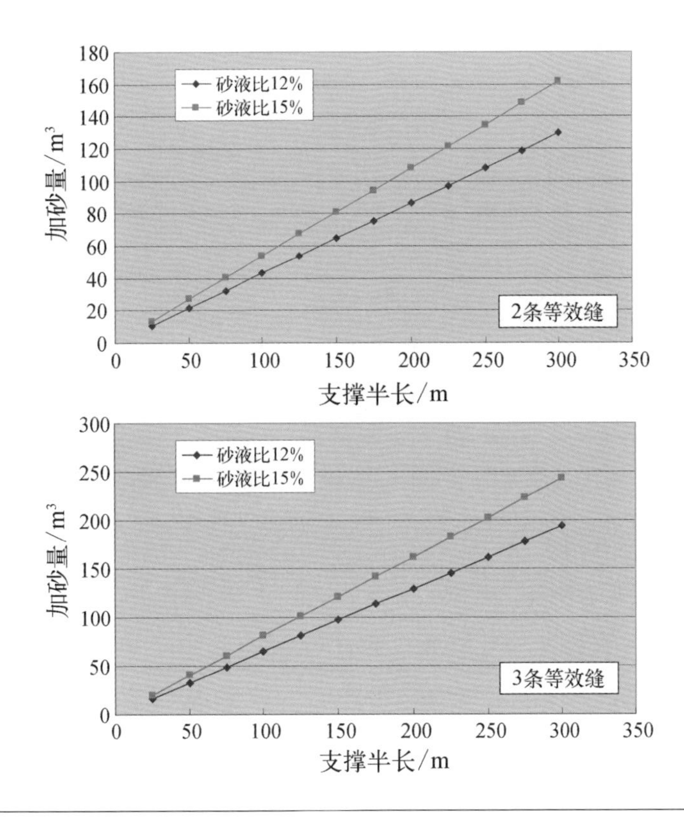

先按单一裂缝计算砂量，考虑到要形成3条等效网络缝，按优化缝长要求，总加砂量为100～120 m^3。

(6) 压裂泵注程序优化

① 主压裂方案设计

主压裂考虑三种方案，详细参数见表8-22。

表8-22 B井主压裂方案设计

方　案	使用条件	加砂方式	加砂与液量
主方案	① 施工压力55.0 MPa下排量达到10 m^3/min ② 地层进砂容易，施工压力平稳	① 前置液阶段加入70～140目粉陶，以40～70目为主，段塞式加砂模式，尾追20～40目 ② 中间停泵30 min ③ 最高砂液比20% ④ 平均砂液比15%	① 加砂113.5 m^3 ② 用液2 059 m^3

（续表）

方　案	使用条件	加砂方式	加砂与液量
备用方案①	① 施工压力55.0 MPa下排量达到8 m³/min ② 地层对砂液比敏感，施工压力逐步爬升	① 前置液阶段加入70～140目粉陶，以40～70目为主，段塞式加砂模式，尾追20～40目 ② 中间停泵30 min ③ 最高砂液比17% ④ 平均砂液比12%	① 加砂88.7 m³ ② 用液2 029 m³
备用方案②	① 施工压力55.0 MPa下排量达到7 m³/min ② 地层对砂液比敏感，施工压力逐步爬升	① 前置液阶段加入70～140目粉陶，以40～70目为主，段塞式加砂模式，尾追20～40目 ② 中间停泵30 min ③ 最高砂液比15% ④ 平均砂液比10%	① 加砂73.9 m³ ② 用液2 019 m³

② 主方案泵注程序

主泵注程序见表8-23。

表8-23 主方案泵注程序

序号	施工步骤	排量/(m³/min)	净液量/m³	累计净液量/m³	携砂液量/m³	砂浓度		阶段砂量	累计砂量		泵注时间/min	累计时间/min	压裂液类型	支撑剂类型
						%	kg/m³	t	m³	t				
1	前置液	10	180.0	180.0	180.0						18.0	18.0	滑溜水	
2	段　塞	10	30.0	210.0	30.8	5.0	80	2.4	1.3	2.4	3.1	21.1	滑溜水	70～140目陶粒
3	前置液	10	70.0	280.0	70.0				1.3	2.4	7.0	28.1	滑溜水	
4	段　塞	10	30.0	310.0	31.5	8.8	140	4.2	3.7	6.6	3.1	31.2	滑溜水	70～140目陶粒
5	前置液	10	80.0	390.0	80.0				3.7	6.6	8.0	39.2	滑溜水	
6	携砂液	10	40.0	430.0	41.7	7.5	120	4.8	6.7	11.4	4.2	43.4	滑溜水	40～70目陶粒
7	液体段塞	10	60.0	490.0	60.0				6.7	11.4	6.0	49.4	滑溜水	
8	携砂液	10	40.0	530.0	42.5	11.3	180	7.2	11.2	18.6	4.3	53.7	滑溜水	40～70目陶粒
9	液体段塞	12	60.0	590.0	60.0				11.2	18.6	5.0	58.7	滑溜水	
10	携砂液	10	30.0	620.0	32.5	15.0	240	7.2	15.7	25.8	3.3	61.9	滑溜水	40～70目陶粒
11	液体段塞	10	70.0	690.0	70.0				15.7	25.8	7.0	68.9	滑溜水	
12	携砂液	10	55.0	745.0	60.0	16.3	260	14.3	24.6	40.1	6.0	74.9	滑溜水	40～70目陶粒

（续表）

序号	施工步骤	排量/（m^3/min）	净液量/m^3	累计净液量/m^3	携砂液量/m^3	砂浓度		阶段砂量	累计砂量		泵注时间/min	累计时间/min	压裂液类型	支撑剂类型
						%	kg/m^3	t	m^3	t				
13	携砂液	10	80.0	825.0	85.6	12.5	200	16.0	34.6	56.1	8.6	83.5	滑溜水	40～70目陶粒
14	液体段塞	12	60.0	885.0	60.0			0.0	34.6	56.1	5.0	88.5	滑溜水	
15	携砂液	10	80.0	965.0	87.6	16.9	270	21.6	48.1	77.7	8.8	97.2	滑溜水	40～70目陶粒
16	液体段塞	10	70.0	1 035.0	70.0				48.1		7.0	104.2	滑溜水	
17	携砂液	10	80.0	1 115.0	88.4	18.8	300	24.0	63.1	101.7	8.8	113.1	滑溜水	40～70目陶粒
18	携砂液	10	30.0	1 145.0	33.4	20.0	320	9.6	69.1	111.3	3.3	116.4	滑溜水	20～40目陶粒
19	顶替液	10	32.0	1 177.0	32.0				69.1		3.2	119.6	滑溜水	
20	停　泵								69.1		30.0	149.6		
21	前置液	10	160.0	1 337.0	160.0				69.1	111.3	16.0	165.6	滑溜水	
22	段　塞	10	40.0	1 377.0	40.8	3.8	60	2.4	70.5	113.7	4.1	169.7	滑溜水	70～140目陶粒
23	前置液	10	80.0	1 457.0	80.0				70.5	113.7	8.0	177.7	滑溜水	
24	段　塞	10	40.0	1 497.0	41.1	50	80	3.2	72.3	116.9	4.1	181.8	滑溜水	70～140目陶粒
25	前置液	10	60.0	1 557.0	60.0				72.3	116.9	6.0	187.8	滑溜水	
26	携砂液	10	30.0	1 587.0	31.4	8.1	130	3.9	74.7	120.8	3.1	190.9	滑溜水	40～70目陶粒
27	液体段塞	10	60.0	1 647.0	60.0				74.7	120.8	6.0	196.9	滑溜水	
28	携砂液	10	80.0	1 727.0	84.8	10.6	170	13.6	83.2	134.4	8.5	205.4	滑溜水	40～70目陶粒
29	携砂液	10	50.0	1 777.0	52.6	9.4	150	7.5	87.9	141.9	5.3	210.7	滑溜水	40～70目陶粒
30	液体段塞	12	40.0	1 817.0	40.0				87.9	141.9	3.3	214.0	滑溜水	
31	携砂液	10	60.0	1 877.0	65.2	15.6	250	15.0	97.3	156.9	6.5	220.5	滑溜水	40～70目陶粒
32	液体段塞	12	60.0	1 937.0	60.0				97.3		5.0	225.5	滑溜水	
33	携砂液	10	50.0	1 987.0	54.9	17.5	280	14.0	106.0	170.9	5.5	231.0	滑溜水	40～70目陶粒
34	携砂液	10	40.0	2 027.0	44.2	18.8	300	12.0	113.5	182.9	4.4	235.4	滑溜水	20～40目陶粒
35	顶替液	10	32.0	2 059.0	32.0						3.2	238.6	滑溜水	
36	停泵记压降60 min，同时进行示踪剂和井温测试													

该加砂程序对应的施工压力预测曲线如图 8-65 所示。

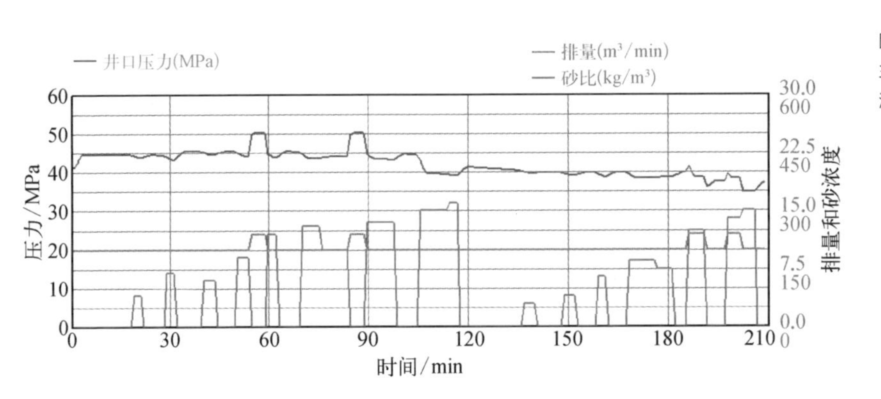

图8-65 B井主方案压裂泵注压力曲线

对应的压后产量预测结果如图 8-66 所示。

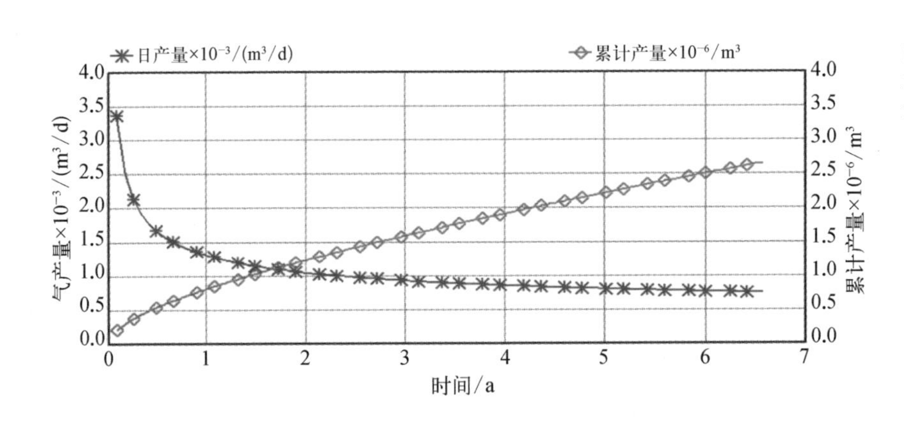

图8-66 B井主方案压裂产量预测

③ 备用方案泵注程序

备用方案的具体泵注程序分别见表 8-24 和表 8-25。

表8-24 备用方案泵注程序1

序号	施工步骤	排量/(m^3/min)	净液量/m^3	累计净液量/m^3	携砂液量/m^3	砂浓度		阶段砂量	累计砂量		泵注时间/min	累计时间/min	压裂液类型	支撑剂类型
						%	kg/m^3	t	m^3	t				
1	前置液	8	180.0	180.0	180.0						22.5	22.5	滑溜水	
2	段　塞	8	30.0	210.0	30.8	5.0	80	2.4	1.3	2.4	3.9	26.4	滑溜水	70～140目陶粒
3	前置液	8	70.0	280.0	70.0				1.3	2.4	8.8	35.1	滑溜水	
4	段　塞	8	30.0	310.0	31.3	7.5	120	3.6	3.4	6.0	3.9	39.0	滑溜水	70～140目陶粒
5	前置液	8	80.0	390.0	80.0				3.4	6.0	10.0	49.0	滑溜水	
6	携砂液	8	40.0	430.0	41.4	6.3	100	4.0	5.9	10.0	5.2	54.2	滑溜水	40～70目陶粒
7	液体段塞	8	60.0	490.0	60.0				5.9	10.0	7.5	61.7	滑溜水	
8	携砂液	8	40.0	530.0	42.0	8.8	140	5.6	9.4	15.6	5.2	66.9	滑溜水	40～70目陶粒
9	液体段塞	8	60.0	590.0	60.0				9.4	15.6	7.5	74.4	滑溜水	
10	携砂液	8	30.0	620.0	31.9	11.3	180	5.4	12.7	21.0	4.0	78.4	滑溜水	40～70目陶粒
11	液体段塞	10	70.0	690.0	70.0				12.7	21.0	7.0	85.4	滑溜水	
12	携砂液	8	55.0	745.0	58.8	12.5	200	11.0	19.6	32.0	7.4	92.8	滑溜水	40～70目陶粒
13	携砂液	8	80.0	825.0	84.8	10.6	170	13.6	28.1	45.6	10.6	103.4	滑溜水	40～70目陶粒
14	液体段塞	8	60.0	885.0	60.0			0.0	28.1	45.6	7.5	110.9	滑溜水	
15	携砂液	8	80.0	965.0	86.2	13.8	220	17.6	39.1	63.2	10.8	121.6	滑溜水	40～70目陶粒
16	液体段塞	10	70.0	1 035.0	70.0				39.1		7.0	128.6	滑溜水	
17	携砂液	8	60.0	1 095.0	65.0	15.0	240	14.4	48.1	77.6	8.1	136.8	滑溜水	40～70目陶粒
18	携砂液	8	30.0	1 125.0	32.9	17.0	272	8.2	53.2	85.8	4.1	140.9	滑溜水	20～40目陶粒
19	顶替液	8	32.0	1 157.0	32.0				53.2		4.0	144.9	滑溜水	
20	停　泵								53.2		30.0	174.9		
21	前置液	8	160.0	1 317.0	160.0				53.2	85.8	20.0	194.9	滑溜水	
22	段　塞	8	40.0	1 357.0	40.8	3.8	60	2.4	54.6	88.2	5.1	200.0	滑溜水	70～140目陶粒
23	前置液	8	80.0	1 437.0	80.0				54.6	88.2	10.0	210.0	滑溜水	
24	段　塞	8	40.0	1 477.0	41.1	5.0	80	3.2	56.4	91.4	5.1	215.1	滑溜水	70～140目陶粒
25	前置液	8	60.0	1 537.0	60.0				56.4	91.4	7.5	222.6	滑溜水	

（续表）

序号	施工步骤	排量/（m^3/min）	净液量/m^3	累计净液量/m^3	携砂液量/m^3	砂浓度		阶段砂量	累计砂量		泵注时间/min	累计时间/min	压裂液类型	支撑剂类型
						%	kg/m^3	t	m^3	t				
26	携砂液	8	30.0	1 567.0	30.8	5.0	80	2.4	57.9	93.8	3.9	226.5	滑溜水	40～70目陶粒
27	液体段塞	8	60.0	1 627.0	60.0				57.9	93.8	7.5	234.0	滑溜水	
28	携砂液	8	80.0	1 707.0	84.5	10.0	160	12.8	65.9	106.6	10.6	244.5	滑溜水	40～70目陶粒
29	携砂液	8	50.0	1 757.0	52.1	7.5	120	6.0	69.6	112.6	6.5	251.0	滑溜水	40～70目陶粒
30	液体段塞	10	40.0	1 797.0	40.0				69.6	112.6	4.0	255.0	滑溜水	
31	携砂液	8	60.0	1 857.0	64.2	12.5	200	12.0	77.1	124.6	8.0	263.1	滑溜水	40～70目陶粒
32	液体段塞	10	60.0	1 917.0	60.0				77.1		6.0	269.1	滑溜水	
33	携砂液	8	50.0	1 967.0	53.8	13.8	220	11.0	84.0	135.6	6.7	275.8	滑溜水	40～70目陶粒
34	携砂液	8	30.0	1 997.0	32.6	15.6	250	7.5	88.7	143.1	4.1	279.9	滑溜水	20～40目陶粒
35	顶替液	8	32.0	2 029.0	32.0						4.0	283.9	滑溜水	
36	停泵记压降60 min，同时进行示踪剂和井温测试													

表8-25 备用方案泵注程序2

序号	施工步骤	排量/（m^3/min）	净液量/m^3	累计净液量/m^3	携砂液量/m^3	砂浓度		阶段砂量	累计砂量		泵注时间/min	累计时间/min	压裂液类型	支撑剂类型
						%	kg/m^3	t	m^3	t				
1	前置液	7	180.0	180.0	180.0						25.7	25.7	滑溜水	
2	段　塞	7	30.0	210.0	30.8	5.0	80	2.4	1.3	2.4	4.4	30.1	滑溜水	70～140目陶粒
3	前置液	7	70.0	280.0	70.0				1.3	2.4	10.0	40.1	滑溜水	
4	段　塞	7	30.0	310.0	31.5	8.8	140	4.2	3.7	6.6	4.5	44.6	滑溜水	70～140目陶粒
5	前置液	7	80.0	390.0	80.0				3.7	6.6	11.4	56.0	滑溜水	
6	携砂液	7	40.0	430.0	41.4	6.3	100	4.0	6.2	10.6	5.9	62.0	滑溜水	40～70目陶粒
7	液体段塞	7	60.0	490.0	60.0				6.2	10.6	8.6	70.5	滑溜水	
8	携砂液	7	40.0	530.0	41.8	8.1	130	5.2	9.5	15.8	6.0	76.5	滑溜水	40～70目陶粒
9	液体段塞	7	60.0	590.0	60.0				9.5	15.8	8.6	85.1	滑溜水	
10	携砂液	7	30.0	620.0	31.7	10.0	160	4.8	12.5	20.6	4.5	89.6	滑溜水	40～70目陶粒
11	液体段塞	9	70.0	690.0	70.0				12.5	20.6	7.8	97.4	滑溜水	
12	携砂液	7	55.0	745.0	58.5	11.3	180	9.9	18.6	30.5	8.4	105.7	滑溜水	40～70目陶粒

（续表）

序号	施工步骤	排量/(m³/min)	净液量/m³	累计净液量/m³	携砂液量/m³	砂浓度		阶段砂量	累计砂量		泵注时间/min	累计时间/min	压裂液类型	支撑剂类型
						%	kg/m³	t	m³	t				
13	携砂液	7	80.0	825.0	83.9	8.8	140	11.2	25.6	41.7	12.0	117.7	滑溜水	40～70目陶粒
14	液体段塞	7	60.0	885.0	60.0			0.0	25.6	41.7	8.6	126.3	滑溜水	
15	携砂液	7	80.0	965.0	84.5	10.0	160	12.8	33.6	54.5	12.1	138.4	滑溜水	40～70目陶粒
16	液体段塞	9	70.0	1 035.0	70.0				33.6		7.8	146.1	滑溜水	
17	携砂液	7	50.0	1 085.0	53.5	12.5	200	10.0	39.9	64.5	7.6	153.8	滑溜水	40～70目陶粒
18	携砂液	7	30.0	1 115.0	32.5	15.0	240	7.2	44.4	71.7	4.6	158.4	滑溜水	20～40目陶粒
19	顶替液	7	32.0	1 147.0	32.0				44.4		4.6	163.0	滑溜水	
20	停　泵								44.4		30.0	193.0		
21	前置液	7	160.0	1 307.0	160.0				44.4	71.7	22.9	215.9	滑溜水	
22	段　塞	7	40.0	1 347.0	40.8	3.8	60	2.4	45.7	74.1	5.8	221.7	滑溜水	70～140目陶粒
23	前置液	7	80.0	1 427.0	80.0				45.7	74.1	11.4	233.1	滑溜水	
24	段　塞	7	40.0	1 467.0	41.1	5.0	80	3.2	47.5	77.3	5.9	239.0	滑溜水	70～140目陶粒
25	前置液	7	60.0	1 527.0	60.0				47.5	77.3	8.6	247.6	滑溜水	
26	携砂液	7	30.0	1 557.0	31.0	6.3	100	3.0	49.4	80.3	4.4	252.0	滑溜水	40～70目陶粒
27	液体段塞	7	60.0	1 617.0	60.0				49.4	80.3	8.6	260.6	滑溜水	
28	携砂液	7	80.0	1 697.0	83.9	8.8	140	11.2	56.4	91.5	12.0	272.6	滑溜水	40～70目陶粒
29	携砂液	7	50.0	1 747.0	51.7	6.3	100	5.0	59.5	96.5	7.4	279.9	滑溜水	40～70目陶粒
30	液体段塞	9	40.0	1 787.0	40.0				59.5	96.5	4.4	284.4	滑溜水	
31	携砂液	7	60.0	1 847.0	62.9	8.8	140	8.4	64.8	104.9	9.0	293.4	滑溜水	40～70目陶粒
32	液体段塞	9	60.0	1 907.0	60.0				64.8		6.7	300.0	滑溜水	
33	携砂液	7	50.0	1 957.0	52.8	10.0	160	8.0	69.8	112.9	7.5	307.6	滑溜水	40～70目陶粒
34	携砂液	7	30.0	1 987.0	32.3	13.8	220	6.6	73.9	119.5	4.6	312.2	滑溜水	20～40目陶粒
35	顶替液	7	32.0	2 019.0	32.0						4.6	316.8	滑溜水	
36	停泵记压降60 min，同时进行示踪剂和井温测试													

4）压后返排设计

（1）自喷设计

不同油嘴尺寸井口压力与放喷时间的关系如图8-67所示，不同油嘴尺寸与支撑剂沉降的关系，以及不同井口压力下选择的油嘴尺寸如图8-68和图8-69所示。如果自喷返排率达30%，则停止排液，并观察一段时间。

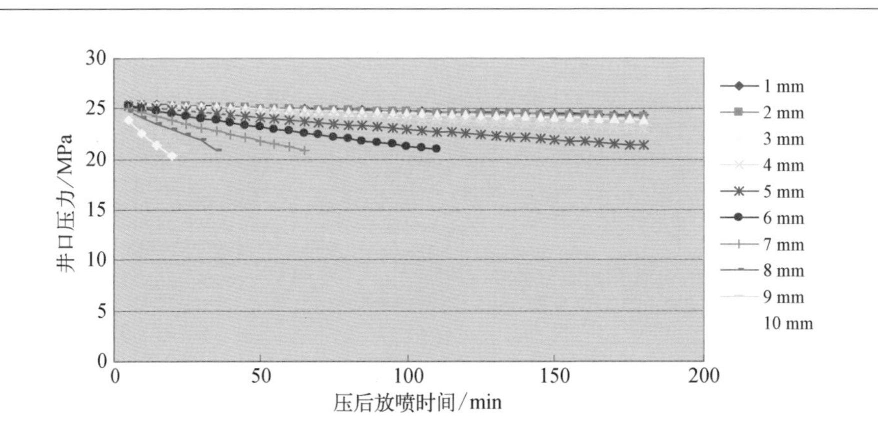

图8-67 不同油嘴尺寸井口压力与放喷时间的关系示意图

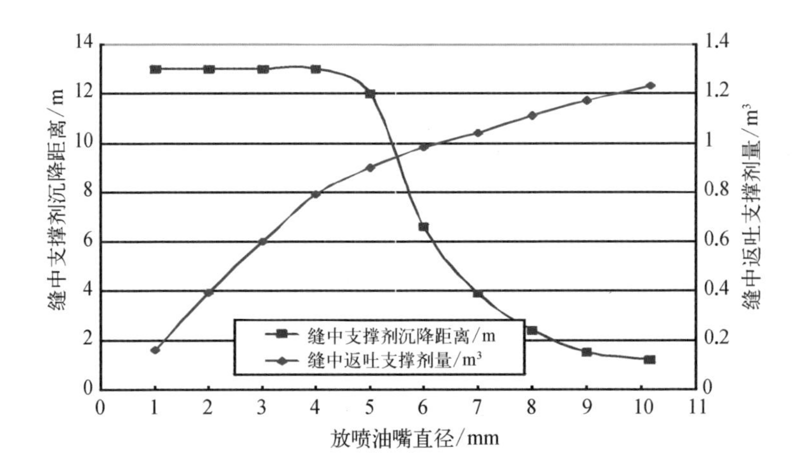

图8-68 不同油嘴尺寸与支撑剂沉降关系示意图

图8-69 不同井口压力下选择的油嘴尺寸示意图

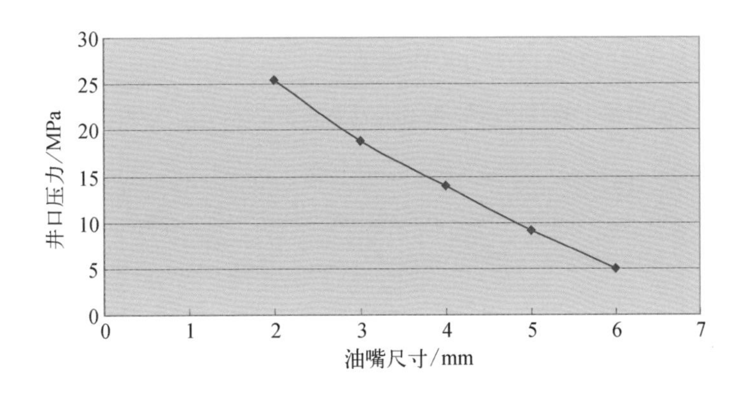

（2）助排设计

考虑到地层微裂隙的应力敏感性及页岩气基岩的应力敏感性，前期的助排应较慢，每天动液面下深150 ～ 200 m；后期可适当加快，每天动液面下深250 ～ 300 m。但在快排时，如动液面恢复较慢，则应减缓节奏，防止因动液面降低太快，导致裂缝支撑剂承受较大的循环应力载荷影响，使得导流能力急剧下降。

当返排率达到30%时，应停排观察。

5）经济分析

压裂各项费用构成见表8-26。

表8-26 B井压裂经济分析表

项　目	单价/万元	数　量	费用小计/万元
压裂车组	70	2套	140
作业费	50		50
罐车租赁	30	1套	30
支撑剂	0.3	209 t	62.7
滑溜水	0.07	2 800 m^3	196
微地震监测	10	2（测试压裂及主压裂各1次）	20
优化设计及技术服务费	120	1次	120
井温测试（2次）	3	2次	6
费用合计/万元			624.7

6. 现场实施要求

1）施工压力、压裂井口与施工限压要求

计算的不同排量下的井口压裂施工压力见表8–27。

表8–27 B井压裂施工井口压力与摩阻参数

排量/(m^3/min)	套管摩阻/MPa	近井摩阻/MPa	裂缝延伸压力/MPa	静液柱压力/MPa	井口压力/MPa
4	1.8	5	62.3	24.9	44.2
4.5	2.2	5	62.3	24.9	44.6
5	2.8	5	62.3	24.9	45.2
5.5	3.2	5	62.3	24.9	45.6
6	3.8	5	62.3	24.9	46.2
7	5.0	5	62.3	24.9	47.4
8	6.5	5	62.3	24.9	48.8
9	8.0	5	62.3	24.9	50.3
10	10.0	5	62.3	24.9	52.3
11	11.5	5	62.3	24.9	53.8
12	13.4	5	62.3	24.9	55.8
13	15.4	5	62.3	24.9	57.8
14	17.4	5	62.3	24.9	59.8

由表8–27可知，施工压力为48.8 ～ 52.3 MPa。压裂井口需耐压105 MPa，井口施工限压70 MPa，套管抗内压为87.2 ～ 90.7 MPa。

2）压裂材料准备

（1）压裂液准备

压裂液各项参数具体见表8–28。

表8–28 B井压裂液准备

编　号	液体名称	使用量/m^3	准备量/m^3	液　罐	
				名　称	数　量/个
测试压裂	滑溜水	260	480	40 m^3液罐	12
主压裂	滑溜水	2 059	2 300	40 m^3液罐	60
➢ 0.2%APV + 0.5%CT5–8B + 1%KCl + 0.3%CT5–13 + 清水 ➢ 如井场面积不具备，建议挖3 000 m^3的池子，剩余的再备罐					

(2) 支撑剂准备

支撑剂准备具体参数见表8-29。

表8-29 B井压裂支撑剂准备

粒　径	类　型	准备量/(m^3/t)	40 MPa有效闭合压力下导流要求/($\mu m^2 \cdot cm$)
70～140目	70～140目陶粒	14(25 t)	3
40～70目	40～70目陶粒	100(160 t)	>20
20～40目	20～40目陶粒	15(24 t)	>80

3) 压裂施工车辆及工具准备

压裂施工车辆及工具参数见表8-30。

表8-30 B井压裂施工车辆与工具准备

名　称	数　量	提供单位
车辆设备		
2000型压裂车	14台	井下作业公司
仪表车	1台	井下作业公司
管汇车	2台	井下作业公司
混砂车	1台	井下作业公司
运砂车	14台	井下作业公司
40 m^3液罐	60个(根据现场调整)	井下作业公司
工　具		
105 MPa井口	1套	井下作业公司
35 MPa防喷器组合,E级	1套	井下作业公司

4) 现场各系统的质量控制要求

(1) 各添加剂的数量、性能现场检测;

(2) 配液罐清洁度及水质检查;

(3) 配液加料顺序及过程跟踪控制;

(4) 支撑剂数量、性能检查;

（5）各压裂添加剂的现场取样；

（6）测试压裂的结果解释；

（7）施工参数的调节；

（8）压后返排的跟踪与现场取样化验。

5）现场实施要求小结

（1）落实套管头耐压指标；

（2）对下部水泥塞进行试压，不满足80 MPa限压条件则重新打水泥塞；

（3）小型测试压裂与正压裂分开进行，以便充分分析测试资料，调整正式压裂设计；

（4）准备井口多路进液装置；

（5）由于施工时间长，需按照最大施工功率计算，并多备压裂车组2台；

（6）施工排量、砂液比、停泵时间视施工压力变化实时调整；

（7）压裂过程中进行微地震波监测；

（8）根据排液情况调整相应措施。

7. 压裂施工准备

1）井场、井筒准备

（1）井场公路应保证压裂施工设备安全出入井场。

（2）清理平整井场，要求能容纳并承载所必需的压裂设备，使之能正常施工。

（3）按《试油修井作业地面流程安装规范》和《井下作业井控规定实施细则》要求，准备好排液、测试地面管线流程，连接好管线。

（4）准备好排污系统和相关人工助排设施。排污池容积必须足够容纳全部返排液体。

（5）摆放液罐地面或基础应能承受液罐及装满液体后的重量，保证液罐不发生左右倾斜和向后倾斜。

（6）油管入井前必须用内径规准确丈量且逐根检查质量。若发现穿孔、裂纹或其他影响质量的问题必须更换。

（7）油管扣必须上紧，丝扣油一律涂公扣，保证井下管串不刺不漏。

（8）可参考现场排液管汇布置建议图安装排液流程，排液管线连接符合《试油修井作业地面流程安装规范》和《井下作业井控规定实施细则》。现场具体布置如图

8-70所示。

(9) 排液管线尽量平直引出,如因地形限制需转弯时,转弯处使用铸(锻)钢弯头,其转弯夹角不应小于90°,严禁采用油管短节代替铸(锻)钢弯头。

(10) 井场准备380 V和220 V两种电源,功率大于100 kW。

(11) 施工前检查井口安装连接质量,若采用采油树施工,则必须用绷绳固定好井口。

(12) 现场准备4 mm、6 mm、7 mm、8 mm、10 mm、12 mm、14 mm油嘴各4套,且有2 ~ 4套备用油嘴套、4 ~ 6套备用堵头,以确保不影响后期连续排液。

2) 压裂设备准备

(1) 压裂液罐摆放整齐,不能左右倾斜和向后倾斜。装水之前清洁储液罐,要求无铁锈、无压裂液残渣、无油污、无机械杂质。液罐闸门开关灵活,闸门密封性能好,无渗漏。

(2) 所有压裂设备在上井前必须进行保养及检查,确保施工安全顺利进行。

图8-70 现场排液管汇布置建议图

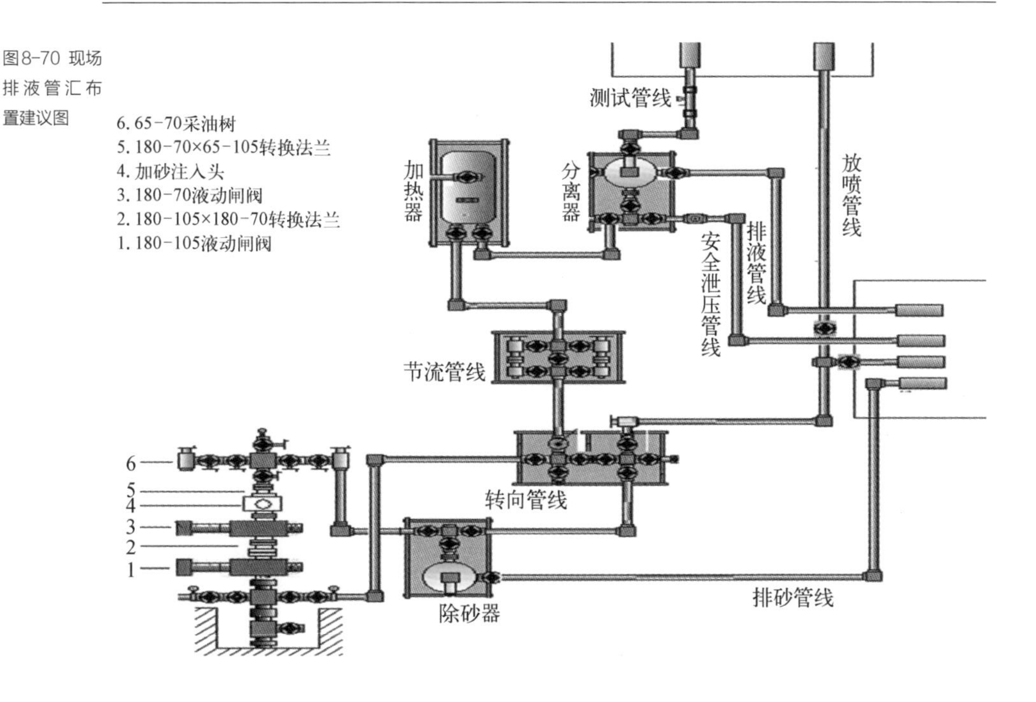

（3）油、套管压力计必须安装备用压力计。正式施工前，需对压力计、流量计和密度计进行校对，保证计量准确。

（4）压裂高压管汇无裂纹、无变形、无腐蚀，壁厚符合要求。高压管汇中对应的压裂车出口管线都应配有单流（向）阀。

（5）压裂泵头和泵头内腔外表不应有裂纹。阀、阀座不应有沟、槽、点蚀、坑蚀及变形缺陷，若有应及时更换。

（6）进行循环试运转，检查管线是否畅通，仪表是否正常。另外，要按设计要求对井口、管汇、活动接头等部位进行试压。

（7）正式施工前应对压裂车的超压装置进行检测，若有失灵必须整改后方能进行作业。

（8）各施工岗位的通讯必须保持畅通，并有备用的无线对讲机。

（9）压裂管线必须贴地面布置，从地面到井口用双弯头过渡，从地面到管汇同样用双弯头过渡。

（10）高、低压管汇在施工前按以下要求试压，若稳压30 min压降不超过0.5 MPa则为合格：

① 井口及高压管汇试压：70 MPa；

② 地面放喷流程试压：35 MPa；

③ 低压管汇试压：0.5 MPa。

（11）建议按照现场压裂设备布置图摆放压裂设备。具体设备最终摆放位置以现场连接为准。现场具体布置如图8-71所示。

8. 压裂施工质量要求

1）压裂液质量要求

（1）配液所用清水水质清澈透明，pH值为7 ～ 8，机械杂质含量 $< 0.2\%$。

（2）配液用水、化学添加剂和室内试验用水、化学添加剂相一致。

（3）配液采用低排量高压力喷射溶解工艺，并单罐配制。配制好后需搅拌半小时，配制出的压裂液不能有结块、鱼鲕、豆眼。

（4）对压裂液取样并对其基液的黏度、pH值等进行测试；若测试结果不符合设计要求，必须整改后才能施工。

图8-71 现场压裂设备摆放建议图

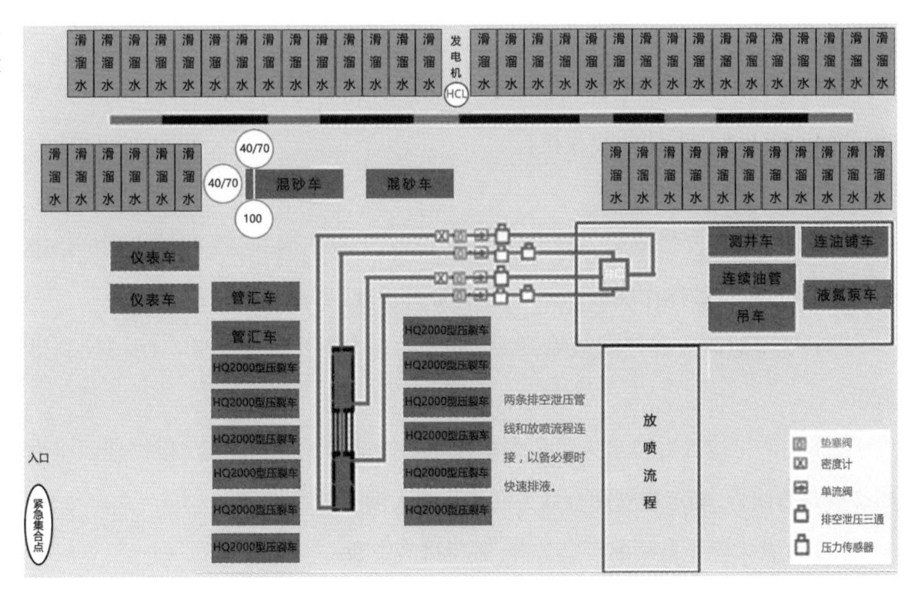

（5）在正式施工前要取样进行测试，确认压裂液性能符合设计要求后才能施工。

2）支撑剂质量要求

（1）运砂装砂前，运砂车和砂罐必须清洁干净，无异物、无铁锈。装砂入罐时应用晒网进行过滤，以防止编织袋碎物等入罐。

（2）严格核实支撑剂数量、清洁程度，现场提取支撑剂样品进行支撑剂表观检测，表观检测结果必须达到相关标准的要求。

3）施工质量要求

（1）正式开始施工前必须逐一清点各岗位人员。各岗位人员必须严守岗位，服从统一指挥。

（2）施工时，在低压管汇处取样。前置液段与混砂液段分别多次取样，检测液体性能。另外，要严格控制添加剂泵注的加入量和加入速度。

（3）施工排量保持平稳，不允许出现剧烈波动。

（4）排量提升迅速，砂浓度提升迅速而平稳，当达到设计砂浓度后保持砂浓度稳定。

（5）施工过程中保证持续、平稳供电，不允许停电，尤其是应保证仪表车有稳定的电源。

（6）施工严格按照设计进行，若现场出现意外和变化需更改设计时，必须经现场施工领导小组同意后，方能更改执行。

9. 施工后排液管理

（1）施工记压降结束后，立即拆除压裂设备，尽快开井排液；排液管理严格遵照《试油修井放喷排液操作规程》及《井下作业井控规定实施细则》执行。

（2）使用地面流程控制放喷排液，排液过程中不允许使用井口闸门控制排液流量。

（3）由施工设计方技术人员负责根据压力情况确定最初油嘴；根据地面压力判断裂缝是否闭合，确定裂缝闭合后方能逐步放大油嘴放喷。

（4）气井未停止自喷前严禁关井，避免排液中断。

（5）自喷出现困难立即进行人工助排，所有助排措施实施过程中必须满足《试油修井放喷排液操作规程》及《井下作业井控规定实施细则》要求。

10. 压裂施工安全及环保要求

1）井控安全技术要求

井控工作严格按照《石油与天然气钻井井控技术规定》《石油与天然气井下作业井控技术规定》《钻井井控规定实施细则》《钻井井控技术规程》《井下作业井控规定实施细则》《试油工程技术规程》《钻井作业安全规程》及《高压油气井测试工艺技术规程》中有关规定执行。

2）施工作业前的安全要求

（1）施工现场划分一级警戒区、二级警戒区，设立警戒线并设置风向标，确立逃生路线和集合点。

（2）由井下作业公司、试油队、测井公司等所有参加施工的单位，分别制订压裂施工、试油作业、同位素测井，以及各参加单位自身范围内的安全预案、HSE作业计划书、HSE作业指导书等。

（3）压裂施工队应制定施工组织方案和应急预案，以及人员的救护和撤离措施。施工前，现场召开所有施工作业人员参加的安全会，进行安全教育；各参加施工单位要对具体施工人员进行技术交底,在各方面处理措施达成一致后才能开始施工。

(4) 施工作业车辆、液罐应摆放在井口上风方向,各种车辆设备摆放合理、整齐,保持间距,并留出安全撤离通道。现场的其他车辆应停放在上风方向距井口20 m以外。

(5) 井口放喷管线用硬管线连接,分段用地锚固定牢固,两固定点间距不大于10 m,管线末端处弯头角度应不小于120°,且不得产生变形。

(6) 放喷管线与井口出气流程管线应分开,避开车辆设备摆放位置和通过区域。

(7) 天然气出口点火位置应在下风方向,距井口50 m以外。

(8) 井口必须进行硬支撑且固定牢固。

(9) 井场区内严禁烟火,备齐各种消防器材,及时清除易燃及易爆品。

(10) 以施工井井口为中心,其周围10 m为半径,沿泵车出口至施工井井口地面流程两侧10 m为界,设定为高压危险区。高压危险区使用专用安全警示线(带)进行围栏,高压危险区应设立醒目的安全标志和警句。

(11) 加强安全检查,施工前应对地面流程、受压容器、消防设备、提升设备和电力系统等进行严格的全方位检查,发现问题及时整改。

3) 施工作业中的安全要求

(1) 严格按照加砂压裂的设计要求来控制压力施工,严禁超压操作。

(2) 施工中,禁止无关人员进入井场,非工作需要的施工作业人员严禁进入高压区,应由井下作业公司派专人负责高压区安全警戒。

(3) 施工现场设立安全警戒区,并由试油队派专人负责施工区安全警戒。

(4) 各工序严格按其操作规程,技术标准及设计要求进行施工。关键工序及岗位有专人负责,确保施工质量,严禁违章作业。各岗人员必须严守岗位,注意力集中,服从统一指挥。

(5) 现场有关人员应佩戴对讲机,及时传递信息,保证现场施工指令顺畅下达。

(6) 操作人员应密切注意设备运行情况,发现问题及时向现场施工负责人汇报。

(7) 若高压管汇、管线、井口装置等部位发生泄漏,则应在停泵、关井、泄压后处理,严禁带压作业。

(8) 若混砂车、液罐供液低压管线发生泄漏,则应采取措施,并做好安全防护。

(9) 施工作业人员进入施工作业现场前应穿戴相应的劳动安全防护用品,严禁违章作业。

（10）现场施工人员身体出现异常或有病情况下不能进行施工，施工期间现场应配备值班医生，并配备相应的药品及医疗器具。

4）施工作业后的安全要求

（1）装好油嘴，观察油管、套管压力，采用油嘴控制放喷。

（2）查看出口喷势和喷出物时，施工人员应位于上风处；通风条件较差或无风时，应选择地势较高的位置。

（3）排液时，采取预先在放喷管线出口放置火种的方式进行点火。

5）环保要求

（1）必须严格执行环保法规，废液达标后才能排放，严禁对环境造成污染。

（2）杜绝使用任何对环境有重大影响的有害物质。

（3）井场内严禁洒、滴、渗漏液体。配制液体时，严禁因液体外溢、滴漏等现象对井场造成的污染；在倒换液体管线时，用容器盛接，避免管线内液体洒、滴至井场地面；添加药品后，不能将盛装药品的桶倒放，以免残余药品外流。

（4）严禁废液对环境造成污染。现场应将返出井筒的液体装入废液池或污水罐。

（5）放喷点火口应避开农作物和建筑物（包括电缆、光缆）较集中的地带，并在放喷口加装燃烧筒，以减少污染。

（6）施工结束后对井场（作业区域）进行全面清理，将生活垃圾、药品包装袋、废旧胶皮、桶、塑料袋等进行分类收集和登记，并按要求统一堆放处理；做到现场整洁、无杂物，地表土无污染。

（7）其他事宜参见第十九节《设计执行的标准、规定和规程》执行。

11. 施工组织

（1）现场施工领导小组

由所有参加施工单位的现场负责人组成，组长由甲方现场负责人担任。全面负责现场安全、组织协调、进度安排和重大问题的决策。

（2）现场施工技术负责人

由施工设计单位人员担任。全面负责施工按照设计执行，负责施工过程控制、方案实施和调整，并且向施工执行指挥发出作业指令。

（3）现场施工执行指挥

由井下作业公司人员担任。负责按照施工技术负责人发出的指令组织实施压裂作业，向所有操作岗位发出操作指令。

（4）安全监督

由作业队和井下作业公司安全监督共同担任。负责检查安全设施、安全预案、高压区人员监控、劳保穿戴、查处“三违”现象。

（5）施工保障小组

以试油队人员为主，井下作业公司人员也同时参加，组长由试油队负责人和井下作业公司现场负责人共同担任。负责整个施工过程中的电力供应、井场外围隔离、施工人员生活保障、道路疏通、受伤人员抢救、紧急疏散等。

12. 风险识别及应急预案

具体风险识别及预案见表8-31。

表8-31 B井压裂主要风险识别与应急预案

序号	风险名称	削减风险措施	应急预案
1	人员机械伤害	规范操作，加强巡视，远离高压区，禁止人员正对管线或闸阀出口	（1）指定专车值班，作为应急车辆，试油队专人负责出入井场的道路畅通； （2）立即现场施救，送医院抢救
2	高空滑落、坠落	高空作业必须佩戴安全带	（1）指定专车值班，作为应急车辆，试油队专人负责出入井场的道路畅通； （2）立即现场施救，送医院抢救
3	用电安全	专业电工操作，井队供电协助	（1）指定专车值班，作为应急车辆，试油队专人负责出入井场的道路畅通； （2）出现触电事故立即首先切断电源； （3）立即现场施救，送医院抢救
4	添加剂、液体伤害	防护用品齐全并严格佩戴、劳保穿戴整齐、严格按标准及液体设计要求操作	（1）指定专车值班，作为应急车辆，试油队专人负责出入井场的道路畅通； （2）脱离现场至空气新鲜处，用大量清水冲洗受伤部位；严重者立即现场施救，送医院抢救
5	人员疾病	准备随队医生、备齐急救药品	立即现场施救，严重者送医院治疗
6	高压管线 高压阀件泄漏、爆裂	设备保养准备必须到位，接管线时检查更换端面盘根，弯头等阀件必须在基地完成换盘根和注密封脂的工作，高压区非岗人员禁止入内	（1）立即停止施工； （2）切断压力源、关闭井口、地面管线卸压后立即整改； （3）整改完成后重新试压，合格后方能继续施工

（续表）

序号	风险名称	削减风险措施	应 急 预 案
7	压裂车故障	配备备用压裂车、动修人员现场待令	关闭车后流程，切断压力源，卸压后组织抢修；视情况而定是否暂停施工
8	仪表采集、资料录取故障	保证稳定供电，采集系统提前检测，准备备用传感器及电缆	（1）立即抢修； （2）采用人工记录方式报告施工参数
9	砂堵	充分论证施工参数，保证压裂车工作正常，降低砂浓度，提前顶替	（1）立即停止供砂，用滑溜水顶替； （2）用8～10 mm油嘴控制，开套管闸门放喷带砂； （3）如果自喷停止，且未排尽井筒沉砂，则下入连续油管冲砂
10	环境污染	技术交底明确排污点，准备排污管线，作业时尽量减少工作液外溢量	充分做好处理污水的准备；若发生轻微污染应立即掩埋或倾倒；若发生重大污染应立即按相关程序上报

13. 设计执行的标准、规定和规范

具体设计标准、规定和规范见表8-32。

表8-32 B井压裂参照的设计标准、规定与规范

序号	名 称	文号/标准号
1	石油天然气工业健康、安全与环境管理体系	SY/T 6276
2	石油天然气钻井健康、安全与环境管理体系指南	SY/T 6283
3	油田企业安全、环境与健康（SHE）管理规范	Q/SHS 0001.2—2001
4	井下作业井控实施细则	Q/CNPC-CY816—2006
5	天然气井工程安全技术规范 第1部分：钻井与井下作业	Q/SHS 0003.1—2004
6	石油与天然气钻井、开发、储运防火防爆安全生产技术规程	SY/T 5225—2005
7	水力压裂安全技术要求	SY/T 6566—2003
8	含硫油气田硫化氢监测与人身安全防护规程	SY/T 6277—2005
9	压裂酸化作业安全规定	SY 6443—2000
10	含硫气井安全生产技术规定	SY 6137—1996
11	井下作业井场用电安全要求	SY 5727—1995
12	石油企业标准配备规范 第9部分：井下作业	Q/CNPC 8.9—2004
13	含硫化氢油气井井下作业推荐作法	SY/T 6610—2005
14	油水井压裂设计规范	Q/CNPC 25—1999
15	中深井压裂设计施工方法	SY/T 5836—1993
16	油、水井酸化设计与施工验收规范	SY/T 6334—1997
17	深井压裂工艺作法	SY/T 6088—1994

（续表）

序号	名　称	文号/标准号
18	油气水井井下作业资料录取项目规范	SY/T 6127—1995
19	试修井试前工程技术规范	Q/CNPC-CY 847
20	起下管柱作业操作规程	Q/CNPC-CY 851
21	替喷排液技术规范	Q/CNPC-CY 832
22	试压作业操作规程	Q/CNPC-CY 854
23	试修井生产准备技术规范	Q/CNPC-CY 848
24	试油修井作业地面流程安装规范	Q/SYCQZ 004—2008
25	试油修井压井作业技术规范	Q/SYCQZ 003—2008
26	试油修井放喷排液操作规程	Q/SYCQZ 023—2008

8.2 水平井压裂案例

水平井分段大型压裂是实现页岩气商业性开发的关键技术，在北美页岩气开发中取得巨大成功，其页岩气压裂技术先进，工艺成熟配套[1-5]，可实现“体积压裂”[6-7]，而中国页岩气井的压裂技术处在探索阶段[8-14]，尤其是页岩气水平井大型分段压裂技术尚需深入研究。

与直井压裂不同，水平井一般采用分段压裂技术，目前国内的页岩气一般采用 $5\cdot\frac{1}{2}$ in套管完井方式，压裂方式一般采用可钻桥塞与射孔联作技术。

C井完钻层位上奥陶统五峰组-下志留统龙马溪组，完钻井水平段长1 007.9 m。为了获得高产量的工业气流，实现商业价值，对该井实施分段大型压裂技术试验。压裂的关键因素有页岩储层地质条件、施工参数、压裂段间距和工艺技术水平等[15-22]。通过对涪陵海相页岩气水平井分段压裂的可压性进行了评价研究，提出了压裂设计方案，优选了压裂施工工艺，现场实施效果表明：该井的压裂技术能适应下志留统龙马溪组海相页岩气井的需要，压裂取得显著成果。

8.2.1 页岩储层可压性评价

1. 气藏基本特征

C井目的层为龙马溪组及五峰组，岩性为灰黑色粉砂质页岩及灰黑色碳质页岩，页岩页理发育。孔隙度范围为1.17% ～ 7.72%，渗透率为0.002 ～ 0.004 mD；通过岩心分析，C1井在龙马溪组2 326 ～ 2 415 m的井段共计89 m地层有气显示，在其底部2 377 ～ 2 415 m的井段共计38 m地层为优质气层，下部平均含气量为总气丰度4.63 m^3/t，吸附气占54%；有机质类型为Ⅰ～Ⅱ型，R_o值在1.85% ～ 2.23%，TOC值为1.625%，地层温度为64℃。

2. 页岩脆性矿物特征

C井龙马溪组下部－五峰组主要含气页岩段共进行了87个样品岩石学组分分析，结果表明脆性矿物含量为33.9% ～ 80.3%，平均值为56.5%，以石英为主（约占37.3%），其次是斜长石和白云石（分别约占7.15%和6.16%）。自上而下脆性矿物含量呈增高趋势，其中下部水平井段穿行富有机质泥页岩目的层（2 377.5 ～ 2 415.5 m/38 m）石英质等脆性矿物含量明显较高，含量一般为50.9% ～ 80.3%，平均值为61.3%，石英含量最大值达到70.6%，平均值为44.42%（表8-33）。

表8-33 C井龙马溪组岩石学组分数据

井段/m	数　值	石　英	钾长石	斜长石	方解石	白云石	黄铁矿	赤铁矿	黏土总量
2 377.5 ～ 2 414.5	最小值/%	31.00	0.00	1.90	0.00	0.00	0.00	0.00	16.60
	最大值/%	70.60	3.50	11.90	7.50	31.50	4.80	7.50	49.10
	平均值/%	44.42	1.92	6.38	3.85	5.87	0.50	2.44	34.63

3. 页岩黏土矿物特征

C井五峰组-龙马溪组下部取心井段全岩分析表明，黏土矿物含量从上至下具有黏土矿物含量递减的特点，下部水平井段穿行富有机质泥页岩段，黏土矿物含量16.6% ～ 49.1%，平均值为34.63%。下部水平井段穿行目的层井段伊利石含量低，伊蒙间层含量高，伊石利含量平均值为31.36%，伊蒙混层含量平均值为63.55%，绿泥石含量平均值为4.79%（表8-34）。

表8-34 C井龙马溪组黏土含量

井段/m	黏土类型	伊利石	高岭石	绿泥石	伊蒙混层
2 377.5 ~ 2 415.5	最大值/%	67.00	13.00	12.00	85.00
	最小值/%	12.00	0.00	0.00	25.00
	平均值/%	31.36	0.31	4.79	63.55

Barnett页岩能够通过压裂造缝获得高产的关键因素是富含大量脆性矿物。其石英含量占35% ~ 50%，黏土矿物小于35%，焦石坝地区五峰组-龙马溪组页岩与Barnett页岩同样具有较高的石英脆性矿物含量，以及较低的黏土矿物含量，为页岩气储层的有效改造奠定了良好基础。

4. 地应力场特征

C井FMI结果指示出最小水平主应力的方向为南-北向（图8-72）；部分层段在图像上可以看到清晰的井壁崩落特征，井壁崩落方位为南-北向。钻井诱导缝在一些层段发育，钻井诱导缝走向为东-西向。综合分析认为，最大水平主应力的方向为东-西向。

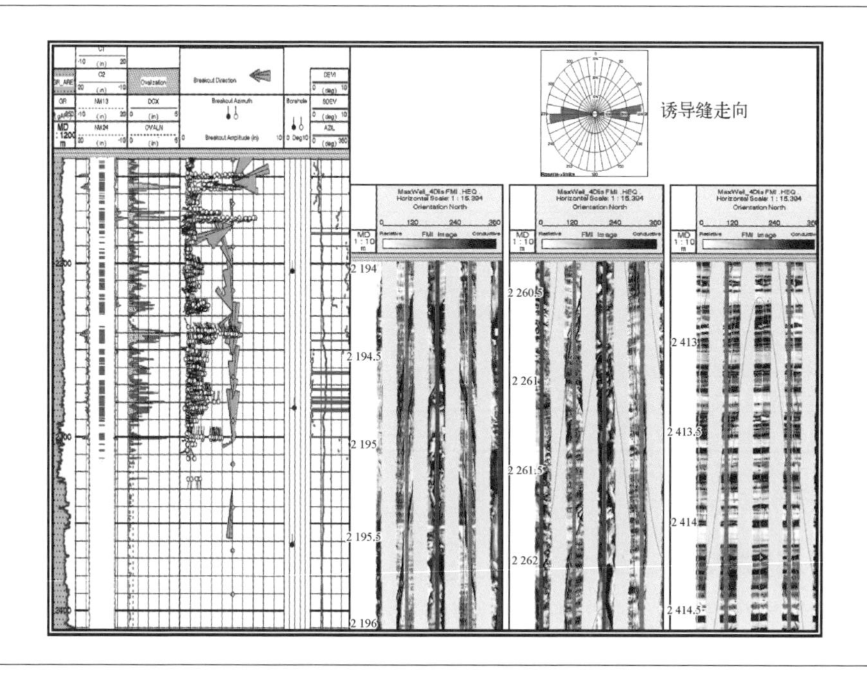

图8-72 C井地应力分析

5. 岩石力学特征

根据三轴应力实验，可获得杨氏模量、泊松比和单轴抗压强度等参数，是衡量岩石脆性的关键参数，岩石力学实验结果（表8-35）表明，该井页岩储层的杨氏模量为25.153 ～ 48.599 GPa，平均为38.374 GPa。泊松比为0.192 ～ 0. 247，平均为0.218。通常认为[23]，有利于体积压裂的页岩杨氏模量应大于24 GPa，泊松比应小于0.25，可见该井页岩的两项指标都基本满足要求。根据实验测试结果计算得出脆性指数为52% ～ 60%，脆性较好，对压裂有利。

根据实验测试结果，地应力大小测定最大主应力为63.50 MPa，最小主应力为47.39 MPa，水平应力差异系数K_h见式（8-1）：

$$K_h = (\sigma_H - \sigma_h)/\sigma_h \tag{8-1}$$

式中，σ_H为水平最大主应力；σ_h为水平最小主应力。

通常认为，K_h为0 ～ 0.3时，能够形成充分的网络裂缝；K_h为0.3 ～ 0.5时，在高的净压力时能够形成较为充分的网络裂缝；K_h大于0.5时，不能形成网络裂缝。计算得出该井龙马溪页岩层水平地应力差异系数为0.34，压裂裂缝易沿最大主应力方向扩展，需要较高的净压力才能形成较为充分的网络裂缝。

表8-35 C井龙马溪组岩石力学参数试验结果

序 号	井深/m	抗压强度/MPa	杨氏模量/GPa	泊 松 比	脆 性 指 数/%
1	2 380.56 ～ 2 380.66	32.28	34.786	0.218	54.1
2	2 380.66 ～ 2 380.79	66.78	39.676	0.226	56.0
3		41.78	25.153	0.192	52.4
4	2 380.79 ～ 2 380.95	57.54	36.130	0.200	58.7
5	2 406.95 ～ 2 407.00	30.57	37.963	0.198	60.4
6		146.17	46.312	0.245	56.9
7	2 407.12 ～ 2 407.22	154.52	48.599	0.247	58.2

6. 裂缝发育特征

裂缝发育程度对页岩气的生产具有重要影响。C井五峰组-龙马溪组页岩段富有机质泥页岩段的岩性主要为灰黑色碳质、硅质泥页岩，水平层理发育较成熟

（图8–73），常见页岩微层理面、层间缝发育，有较好的渗透性。在岩心浸水试验过程中，常见小米粒–针尖状气泡从岩心层理面持续溢出，呈水幕状，表明页岩水平层理缝为页岩气提供了良好的储集空间。

7. 可压性综合分析

综合选择代表气藏品质和压裂品质的8个参数，进行C井可压性评价。采用层次分析法确定不同参数的权重系数，参数及权重选择如下：热成熟度（0.1）、含气性（0.11）、石英含量（0.1）、黏土含量（0.12）、岩石脆度（0.12）、水平应力差异系数（0.15）、天然裂缝发育情况（0.15）、地层压力系数（0.15）。可压性指数由式（8–2）计算得出。

$$F_I = (S_1, S_2, \cdots, S_n)(W_1, W_2, \cdots, W_n)^T = \sum_{i=1}^{n} S_i W_i, \ (i = 1, 2, \cdots, n) \quad (8\text{–}2)$$

类比国外已开发页岩气藏的可压性指数，用此方法计算得到C井可压性指数为0.72，Barnett、Haynesville、Faynesville区块的可压性指数依次为0.89、0.75、0.52。由此可见，焦石坝区块页岩可压性较好。

图8–73 C井富有机质泥页岩段成像测井图

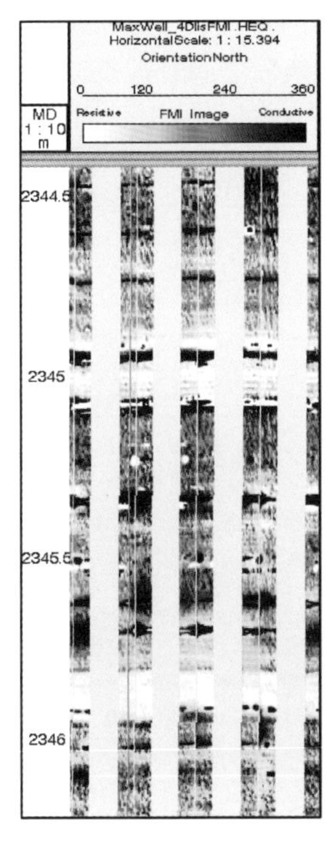

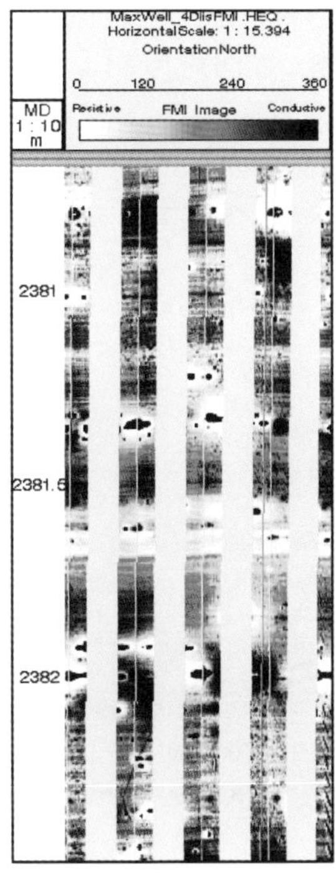

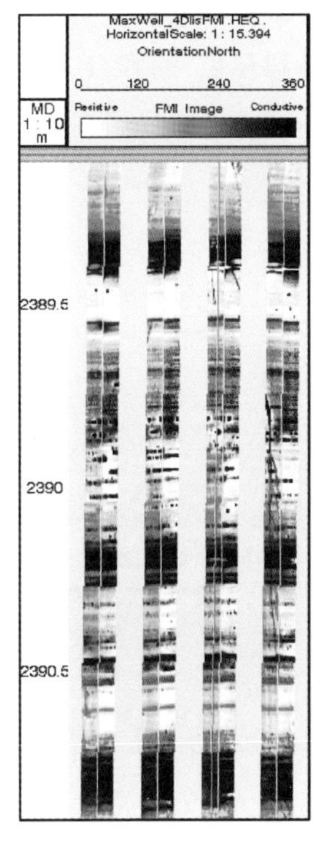

8.2.2 分段压裂工艺设计

1. 压裂设计思路

（1）水平应力差异系数大，主要以双翼裂缝为主，因此增加压裂分段数、增加射孔簇数、增加裂缝长度（W形布缝模式）、提高导流能力。

（2）增加主裂缝长度，提高裂缝导流能力，选用组合支撑剂和活性胶液（低伤害、易返排、长悬砂、易破胶）。

（3）平衡顶替设计，以防过多顶替导致缝口导流能力降低。

2. 水平井分段设计

C井岩石力学参数实验结果分析表明，应力差异系数为0.034，形成单一长缝可能性较大，且储层裂缝不发育，要通过增加水平段分段数、射孔簇数、裂缝长度及导流能力。根据C井最大、最小水平主应力、泊松比，计算天然裂缝开启压力为16.18 MPa，裂缝间距为20 m时，诱导应力可以达到天然裂缝张开压力，即产生干扰作用的极限距离为20 m（图8-74）。计算得出1 007 m水平段宜分为15段压裂，每段分3簇射孔，簇间距为20 m，相邻两段之间最近裂缝距离为28 m。

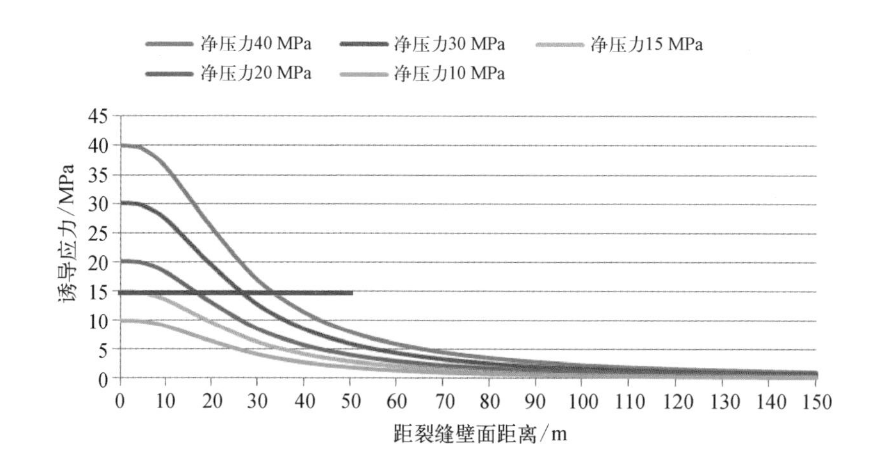

图8-74 C井压裂诱导应力与裂缝距离关系

3. 裂缝长度设计

压裂段数为15段，每段压裂3簇裂缝；支撑裂缝半长取值范围在150～450 m，以50 m为间隔取值，计算不同半缝长对应的累产量变化（图8-75）。从图8-75可以看出，产量随裂缝半长增加而增大。当支撑裂缝半长大于350 m时累产量递增减缓，综合考虑推荐最优支撑裂缝半长为350 m。

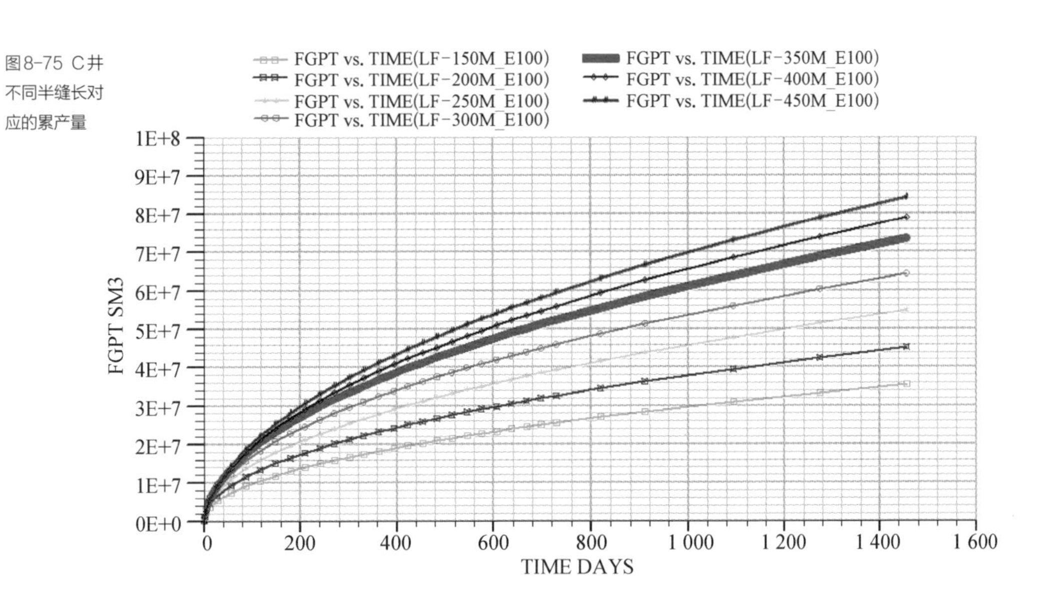

图8-75 C井不同半缝长对应的累产量

4. 压裂规模设计

设计压裂规模为1 000 m^3、1 200 m^3、1 400 m^3、1 600 m^3压裂液，模拟得到的支撑裂缝半长依次为320 m、340 m、360 m及410 m（图8-76）。因此优选压裂液量为1 200～1 400 m^3，支撑剂量为70 m^3。

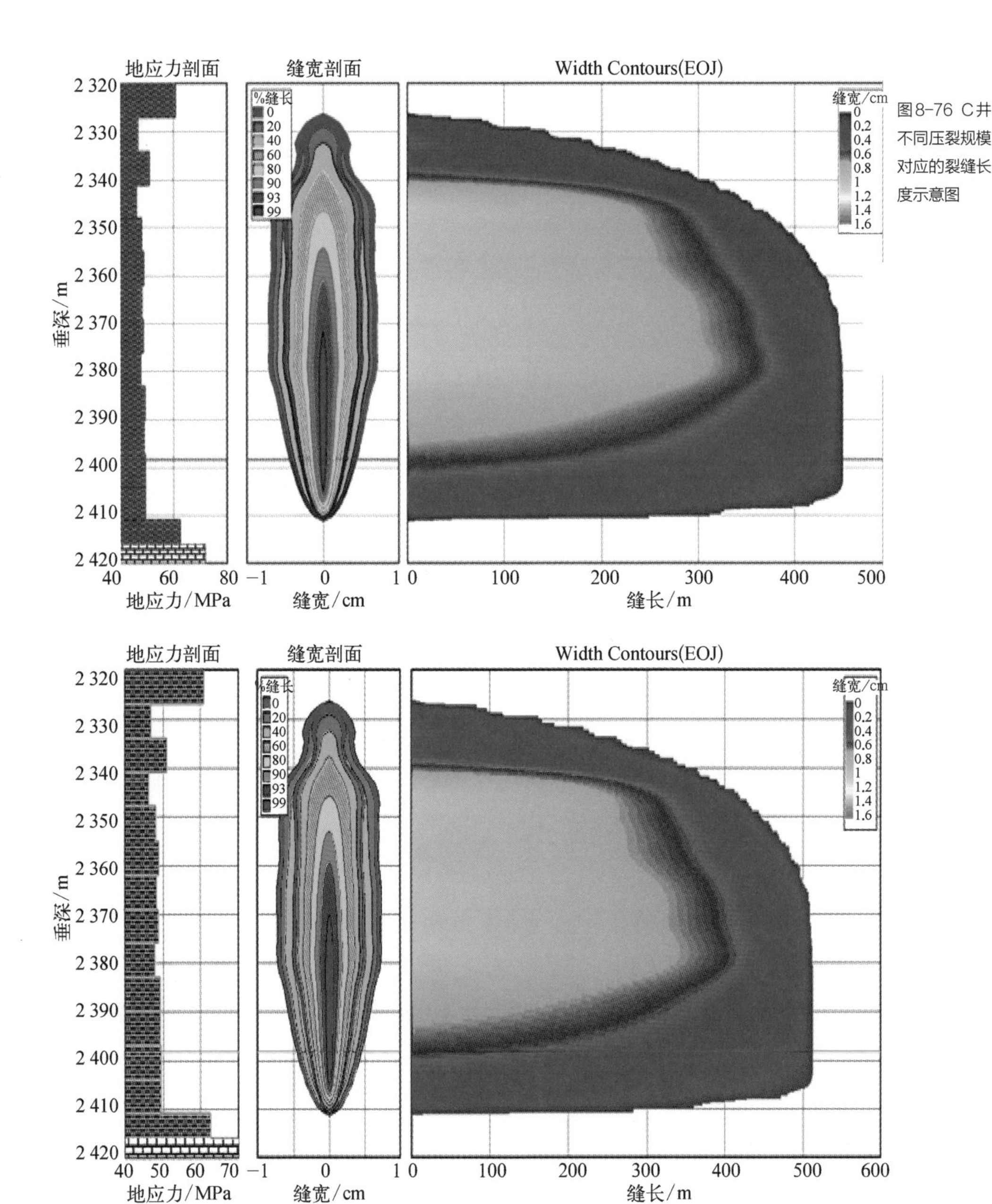

图8-76 C井不同压裂规模对应的裂缝长度示意图

续图8-76

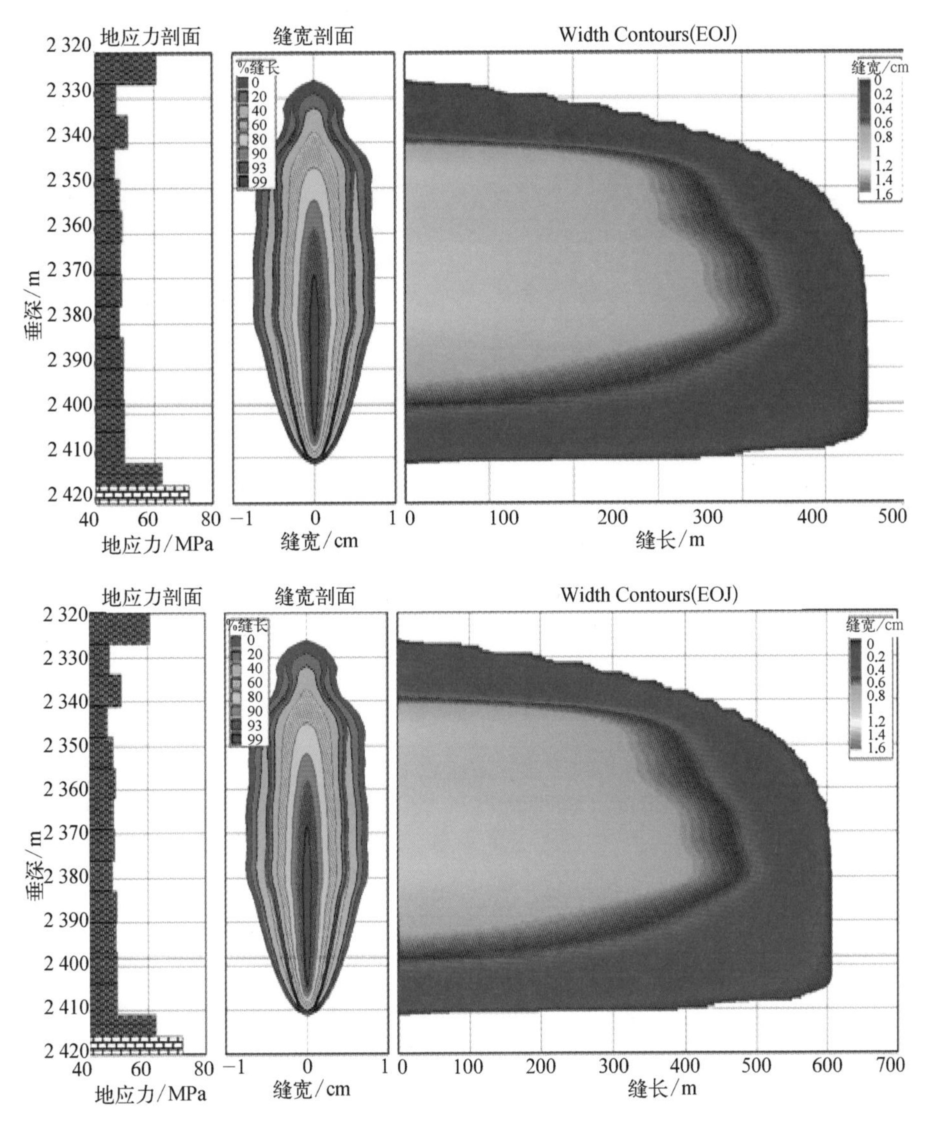

5. 射孔参数设计

该井的具体射孔位置根据测录井资料进行选择，射孔部位应为：① TOC较高；② 天然裂缝发育；③ 孔隙度、渗透率高；④ 地应力差异较小；⑤ 气测显好较高；⑥ 固井质量好。采用多簇射孔 + 桥塞压裂联作工艺，射孔参数见表8-36。

表8-36 C井水平段射孔参数

射 孔 项 目	参　数
射孔段数	15级
两簇之间间距	20 m
射孔密度	16孔/米
每簇射孔数	16孔
射孔簇数	3簇
相位角	60°
每簇长度	1 m
每段总孔数	48孔

6. 施工参数设计

经计算,该井破裂压力梯度为0.023 1 MPa/m,预测破裂压力55 MPa。在97 MPa限压条件下,施工排量为14 ～ 16 m^3/min可满足现场施工的要求。由于套管在长时间高压施工条件下,易出现变形等现象,故现场施工时,在满足排量要求的情况下应尽量降低泵压。本次压裂设计要求保留20 MPa的安全压力窗口,12 m^3/min以上的施工排量能够满足长时间安全施工的需求,此时泵注压力在80 MPa以下。具体结果见表8-37。

表8-37 C井龙马溪组加砂压裂施工压力与排量预测

延伸压力梯度/(MPa/m)	裂缝延伸压力/MPa	(滑溜水压裂液)不同排量(m^3/min)下的井口施工压力/MPa								
		6	7	8	9	10	11	12	13	14
0.022	55	42	44	46	48	51	56	61	66	72
0.023	58	45	47	49	51	54	59	64	69	75
0.024	61	48	50	52	54	57	62	67	72	78
0.025	64	51	53	55	57	61	66	70	75	81
0.026	67	54	56	58	60	64	69	73	78	84
0.027	70	57	59	61	64	67	72	76	81	87
压裂液摩阻/MPa		6	8	10	12	15	20	25	30	36
计算基础:采用139.7 mm × 3 662 m套管压裂; 滑溜水、胶液均按降阻率60%计算。										

8.2.3 压裂材料选择

1. 压裂液体系选择

C井龙马溪组页岩脆性矿物含量高，岩石可压性好。经岩心化验分析，可知黏土矿物含量平均值为30%。黏土矿物以伊蒙混层为主（约占72.8%），其次为伊利石（约占23.5%）；脆性矿物含量平均值为67.3%，以石英为主（约占49.2%），其次是长石（约占7.6%）、方解石（约占3.6%）。借鉴北美页岩储层选择压裂液体系的经验，C井压裂液体系为滑溜水＋线性胶体系。SRFR-1滑溜水体系配方：0.1%～0.2%的高效降阻剂SRFR-1，0.3%～0.4%的复合防膨剂SRCS-2，0.1%～0.2%的高效助排剂SRSR-2。性能要求：降阻率50%～78%，伤害率＜10%，黏度在2～30 mPa·s范围内可调；可满足连续混配要求；可连续稳定自喷返排。

2. 支撑剂选择

北美页岩储层压裂通常选择70～140目粉陶在前置液阶段做段塞，封堵天然裂缝，减少滤失，中期携砂液选择40～70目陶粒，降低砂堵风险，后期为了增加裂缝导流能力，通常采用30～50目陶粒阶梯加砂。

小型测试压裂井底闭合压力为52 MPa，同时为防止支撑剂嵌入，提高闭合后裂缝导流能力，支撑剂优选树脂覆膜砂，其破碎率相对石英砂低，嵌入程度较低，有较高的导流能力。压裂支撑剂选用“70～140目砂＋40～70目覆膜砂＋30～50目覆膜砂”的组合。

8.2.4 现场实施与效果

第一段采用油管输送射孔，然后进行小型压裂测试、套管加砂压裂改造。后续施工全部采用“电缆射孔枪＋易钻式桥塞”联作技术逐段进行射孔、压裂和封堵作业，具体参数见表8-38。完成15段改造后，先放喷排液，再采用连续油管一次性将桥塞全部磨铣掉。最后，进行一次性返排、求产测试。

表8-38 C井15段压裂施工参数

施工井段	总液量/m^3	加砂量/m^3	平均砂液比/%	破裂泵压/MPa	停泵泵压/MPa	最高套压/MPa	最高排量/(m^3/min)
小型压裂	204.6				46.7	89.5	11.1
第1段	616	9.42	2.8	75.7	90.4	91.4	12.5
第2段	1 510	15.56	4.03	72.8	57.2	85.3	12.3
第3段	1 418	21.86	4.7	77.1	53.9	81.9	11.2
第4段	1 427	44.35	7.9	86.3	43.9	86.3	9.6
第5段	1 414	65.36	9.4	62.4	30.0	77.3	10.8
第6段	1 288	77.9	12.9	67.9	26.2	67.6	11.2
第7段	1 228	78.66	13.8	64.7	23.4	59.1	12.3
第8段	1 280	86.31	16.68	63.2	24.9	63.2	12.4
第9段	1 188	82.87	14.5	64.2	25.4	64.2	12.0
第10段	1 174	81.07	15.2	64.4	28.2	64.4	12.4
第11段	1 167	77.46	14.3	65.2	27.1	65.2	11.8
第12段	1 315	87.26	14.0	57.3	28.2	57.3	12.1
第13段	1 363	113.3	18.3	57.2	28.2	57.2	12.1
第14段	1 257	81.05	16.2	59.2	27.8	62.4	11.0
第15段	867	43.27	14.2	79.7	31.2	53.2	10.4

C井龙马溪组水平段长1 007.9 m，2012年11月4～26日分15段进行大型水力压裂，施工排量8～12 m^3/min，施工压力40～90 MPa，累计注入液量19 972.3 m^3、砂量968.82 m^3，平均砂液比11.8%。

C井前几段施工压力较高，主要原因是该水平段轨迹进入龙马溪组上部区域，黏土含量较高，塑性较强，且离天然裂缝发育部位较近，导致施工压力较高，压裂难度较大，后半部分水平段进入脆性较好位置，施工压力相应较低，因此针对焦石坝龙马溪组，水平段易在龙马溪组下部穿行，关于黏土含量异常较高的层段可选择放弃。

该井压裂后进行了6个工作制度求产，最后采用4 mm油嘴、36 mm孔板临界速度流量计稳定测气求产7天，获得气产量11.07×10^4 m^3/d的高产工业气流。最终，气井稳定生产1 180天，单井产量6.0×10^4 m^3/d，压力稳定，实现了单井产量的突破，达到了页岩气井压裂改造的目的。

8.2.5 小结

1. C井分段压裂技术集成了页岩气储层压前综合评价技术、压裂材料优选、压裂工艺优化设计、压后评价等自主关键技术；同时，也实现了国内海相页岩气勘探及页岩气单井产量的重大突破，也为中国海相页岩气压裂改造起到了积极的示范作用。

2. 基于海相页岩地层物性特征、岩石矿物组分、岩石力学参数、地应力场分布特征等基础参数，成功试验了大规模“滑溜水＋活性胶液”混合压裂工艺；并且按照“体积改造”的设计理念，在细分层系进行多簇射孔的同时，结合前置酸预处理、高排量注入、“组合式”加砂和铺砂程序设计，有效地实现了提高储层改造体积的目的，初步探索了适于焦石坝海相页岩储层改造的压裂模式。

3. 建议在C井成功经验基础上，进一步开展分段压裂优化设计方法研究，择井进行裂缝监测和产气剖面测试，对比不同水平井方位及水平井长度与压裂规模、压裂分段数、施工参数、压裂材料等匹配关系，以确保最优化产能的同时，实现降低单井压裂成本的目的，最终确定适于焦石坝海相页岩储层大规模压裂改造主导工艺技术。

8.3 多支井压裂案例

由于页岩层理缝或纹理缝相对发育，缝高可能相对有限，而页岩的厚度一般在100 m左右，很有必要应用分支井压裂来改造纵向上的所有页岩厚度。下面将以国外的成功案例为例，希望可以通过学习加以借鉴应用。

8.3.1 分支井设计

选用叠层双分支井设计，具有不同垂直深度下两条平行的井眼轨迹分别进入Granite Wash储层的A，B两层，如图8-77所示。

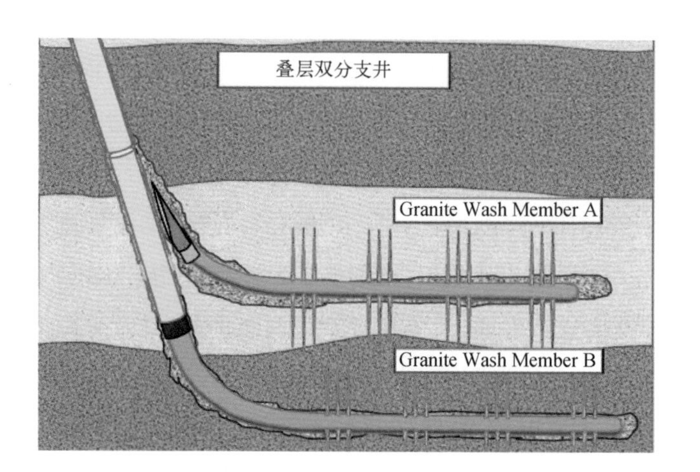

图8-77 分支井压裂示意图

8.3.2 分支井施工流程

1. 钻井

1）钻一个8.75 in的主井眼到垂直井深位置。

2）主井眼使用7 in，29 lb/ft P-110套管，6.125 in内径，LTC螺纹，配套3个卡锁接箍，斜深12 780 ft，但是只有最低的一个卡锁接箍用来给套管开窗，另外两个卡锁接箍可以在需要的情况下用来升级为三分支井或四分支井。

3）当主井眼确定后，卡锁定向工具随所钻测井陀螺仪运行，并锁住最低的卡锁接箍获得工具数据，这将被用于计算铣具与钻井以及修井造斜器之间的偏移量。

4）主井眼使用4.5 in,13.5 lb/ft P110尾管及尾管悬挂器/座圈装置,下入深度12 457 ft。

5）轨道引导铣具预先在车间校直,然后安置在最低的卡锁接箍开始磨铣操作,打开一个5.20 in的套管天窗,消除传统磨铣开窗中的“滚降”和狗腿强度问题,第一遍开窗完成后取出铣具。然后,将预先校直的具有螺纹固定磨铣装置的造斜器放入最低的卡锁接箍,铣具从造斜器上释放,套管天窗打开至全尺寸(6.125 in)。

6）继续钻6.125 in的上部水平段到储层A,放入4.5 in, 13.5 lb/ft P110尾管和过渡接头TBR装置。

7）收回造斜器并进行下一个操作,建立一个TAML2级的接合点。

2. 完井

压裂时接合处的压力是非常重要的,接合处压力常高于10 000 psi,所以使用接口隔离系统(JI系统),使每个单独的水平段在没有起下封隔器时也能在高压下进行压裂。

JI系统分为底部JI和上部JI系统且分别与主井眼和上部井眼相关(图8-78和图8-79)。

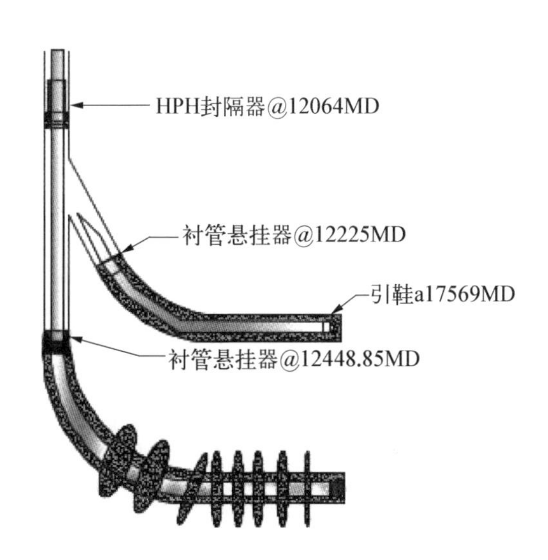

图8-78 底部JI安装系统示意图

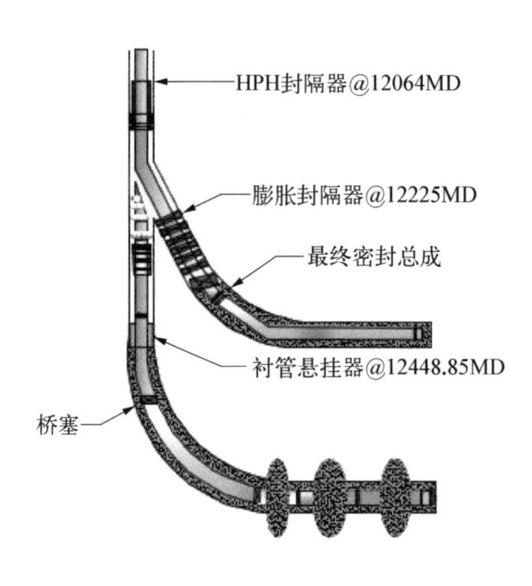

图8-79 上部JI安装系统示意图

1）底部JI系统安装

（1）使用底部JI系统，封闭装置置入尾管悬挂器内，4.5 in，13.5 lb/ft P110油管通过4 in钻杆柱穿过天窗（使上部水平段和下部水平段隔离）及送入工具的液压封隔器（开通钻机前），液压封隔器置于套管接合处以上40 ft处。

（2）调动修井装置来运送4.5in，13.5 lb/ft P110的底部带有棘齿卡锁封闭装置的压裂管柱放置在液压封隔器顶部。

2）底部水平段压裂

主井眼水平段压裂计划段数为11段。总共泵入2.2 MM lb支撑剂及155 000 bbl液体，平均每段200 000 lb支撑剂及14 000 bbl液体。采用滑溜水压裂，泵送桥塞方式完井。平均施工排量为72 bpm，施工压力为7 200 psi，最高排量为76 bpm，最高施工压力为9 200 psi（图8-80）。支撑剂浓度起始位0.25 lb/gal，逐渐提升至最大1.5 lb/gal，每段平均泵注时间为3.75 h（包括多次洗井）。所有11段都不使用胶液，用时5天完成施工。

3）收回底部JI系统

（1）取回修井装置，用2%的KCl溶液压井。

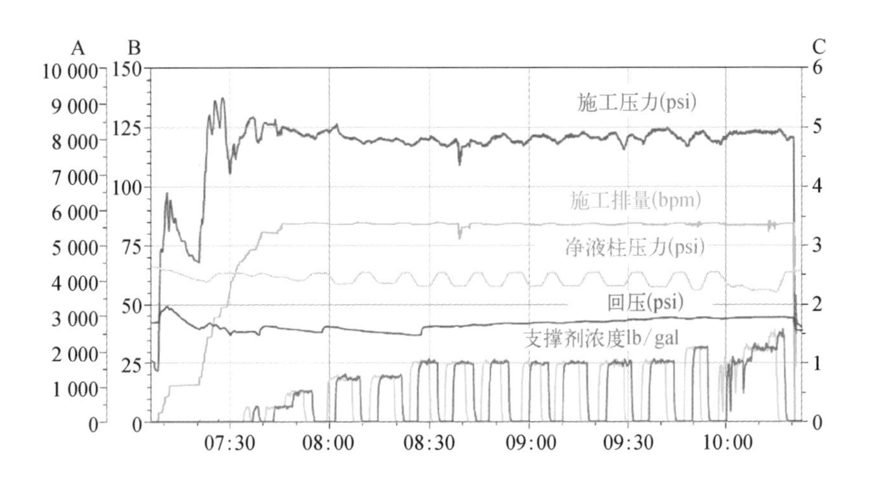

图8-80 典型的施工曲线图

（2）在可扩展的悬挂器下放置一个桥塞。

（3）松开棘齿卡锁封闭装置，拉出4 in，13.5 lb/ft P110压裂管柱。

（4）在2.875 in油管上使用封隔器回收工具收回液压封隔器。

4）上部JI系统安装

由于4.5 in水平尾管不完全的固井操作以及过渡接头PBR装置落入裸眼部分14 ft，所以上部JI系统不得不进行改进。经讨论后决定将可膨胀材料黏结在密封装置上，并使用滑套膨胀封隔器，使4.5 in尾管穿过套管窗支撑窗外的裸眼段。

（1）调动修井工具在卡锁接箍上安装造斜器，以允许重新进入上部水平段。

（2）运行上部JI系统，密封装置永久置入过度接头PBR，带有膨胀封隔器的尾管穿过天窗和造斜器，以及2.875 in油管送入工具上的液压封隔器。将封隔器置于套管窗以上40 ft处，释放坐封工具并从井中取出。

（3）将底部带有棘齿卡锁密封装置的4.5 in，13.5 lb/ft P110压裂管柱放置于液压封隔器顶部。

5）上部水平段压裂

上部水平段计划段数为10段，其中9段成功完成。总计使用2.15 MM lb支撑剂，132 000 bbl液体，平均每段使用215 000 lb支撑剂及13 000 bbl液体。依然使用滑溜水压裂，泵送桥塞方式完井，压裂管柱尺寸为4.5 in。平均施工排量为71.5 bpm，平均地面压力为8 500 psi。最大排量为86 bpm，最高施工压力为9 500 psi。与底部水平段不同，上部水平段需要线性胶来输送支撑剂。支撑剂浓度从0.25 lb/gal逐渐提升至最大浓度1.5 lb/gal，包括洗井平均每段泵注时间为3.85 h。其中有一段几次尝试都没有成功，所以多花了些时间，用时7天完成所有施工。

6）收回上部JI系统

（1）收回修井工具，使用2%KCl溶液压井，取出棘齿卡锁密封装置并拉出4.5 in，13.5 lb/ft P110压裂管柱。

（2）运行2.875 in油管柱上的水力割刀切割套管窗底部以上的4.5 in，15.1 lb/ft Q–125尾管（使密封装置进入抛光座圈）。

（3）运行2.875 in油管上的封隔器回收工具，收回部分截断的尾管以及液压封隔器。封隔器卡瓦断裂，弹性材料在回收过程中被吸走。

（4）运行造斜器回收工具切割剩余尾管，穿过套管窗底部，滑套封隔器以及造斜器装置。

（5）运行钢绳端悬重铣具清理套管窗区域。

（6）缓慢取出尾管悬挂器下部的桥塞。

（7）运行2.875 in油管柱，两个水平段同时生产。

8.3.3 基于JI系统的挑战

1. 装备设计

为了达到10 000 psi的承压限度，需要升级JI系统的封隔器及密封装置。滑套液压封隔器需用大内径及高额定压力的装备。底部JI系统的密封装置需要使用更稳固的螺纹设计，上部JI系统需要卷曲密封装置。还需要可回收的送入工具系统，用以取出封隔器。

2. 装备评估

JI系统用于评估和模拟以确保材料可以满足压裂压力为10 000 psi的要求。模拟底部JI系统的4.5 in，13.5 lb/ft尾管装置在压裂段破裂阶段可能面临破坏限度。根据评估，设备需要更高的抗压能力。对于过渡接头及抛光座圈和转换接头的分析，同样需要升级材料以确保上部JI系统安装后的密封能力。

3. 经验教训

1）固井工作准备不充分会导致水泥位置不当。结合过渡接头的位置比计划的更低的情况，决定使用TAML2级完井。工作人员需要密切关注固井程序、泵注程序以及泥浆成分，以确保接合处有适当的水泥。

2）管柱丈量不正确会导致过渡接头位置不当，但可在施工后期得到纠正。上部4.5 in水平尾管丈量的偏差导致过渡接头位置比预计深度低了13 ft。结果安装在4.5 in，15.1 lb/ft Q-125尾管上的膨胀封隔器穿过套管窗，密封装置（上部JI系统组件）不得不置入抛光座圈内。

8.4 井工厂压裂案例

8.4.1 实例1：Horn River高密度井工厂压裂

优化设计高密度井组平台是希望更有效地使用土地、道路、管线，以及更有效地利用钻完井工艺。多段压裂水平井组的平台设计主要考虑减轻地表的影响。在Horn River地区，由于之前的钻井和完井成本高，故改进重点是提高效率以提高项目经济性（图8-81）。效率的提高有两个目标：一是改善生产能力，二是降低投资成本。完井作业对增加产量时的单位成本有深远影响。Horn River盆地过去几年关于井组平台设计上的变化，呈现了从可靠性不高的“反应式”设计到更高效可靠的工艺设计的演变。

图8-81 早期 Horn River 拥挤的井场示意图

1. 平台设计

在早期的勘探阶段，平台设计包括钻井装置和辅助设备的设计。当设备到达现场时，现场监督要迅速制定完井设计，设计的重点必须基于安全和间距要求。如平台继续发展改进，则当井数增加时，完井工作需要被纳入每个平台的计划制订中。这就需要充分考虑推动气体的合理利用（避免燃烧和排空），水和砂的输送以及测试到生产的快速周转，因此生产部门和设备部门也需要考虑介入到各个阶段的平台设计和设备布置中。另外，还需要考虑进行现场操作的工作区。

2. 钻井

Horn River地区早前的井设计中，300 ～ 500 m的井段采用244.5 mm表层套管，1 000 m的井段采用177.8 mm中间套管，以及2 800 m的$4\cdot\frac{1}{2}$in生产套管。这些早期的井常常在500 ～ 1 000 m范围内的低压环境下遇到一个高渗层，所有的井段都用水基泥浆系统（图8-82）。

当时的想法是，用再造水基泥浆来适应其漏失是很便宜的。缺点是当水敏性地层遇水后会加速井筒条件恶化。因此，要用中间套管保持井眼稳定，还能在钻进更低地层后，当钻井液密度上升时保护低压层。

油包水钻井液的优点有：更快的钻速，更好的井眼稳定性，减少钻井液的漏失成本。另外，在钻井设计中可以去掉中间套管。由于大部分漏失都发生在使用水基泥浆的表层套管段，故使用油包水乳状液的井段漏失也较少。

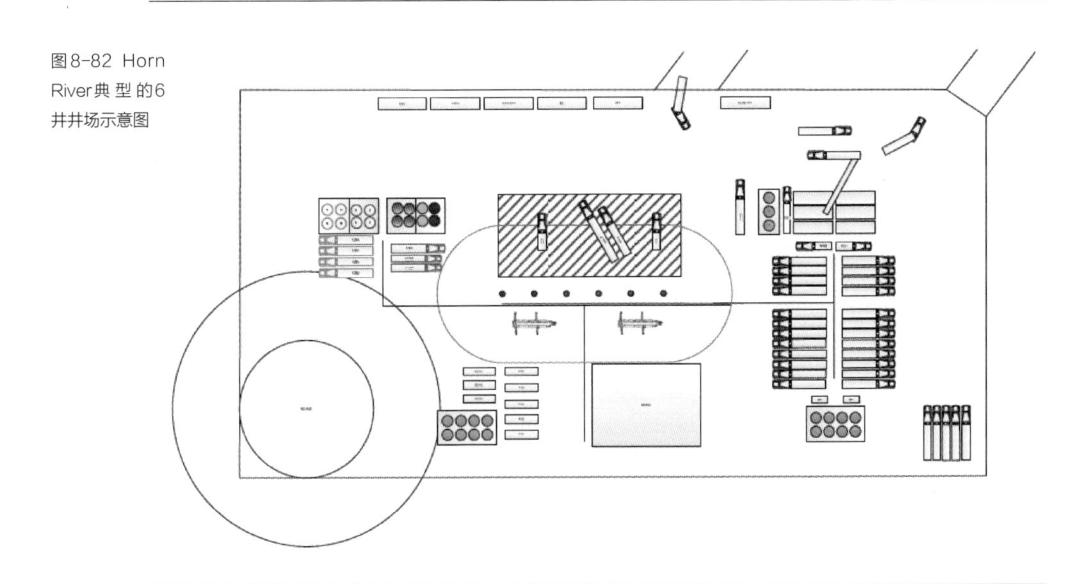

图8-82 Horn River典型的6井井场示意图

目前，下表层套管的井段采用水基钻井液，244.5 mm表层套管下放到600～1 000 m的井段。油包水乳化钻井液用于钻进更低的层段（包括水平段）。将钻井液进行加重便能钻进更高压力的层段。

现在的平台设计要考虑油包水钻井液管理设备。因为井眼尺寸变化会带来流体流变参数的变化，也会对工作流程造成影响，可能出现批量钻井。

在Horn River地区钻井时第一批钻机一般用于地层中部3 900 m的深度。更轻小的钻机易于搬运，有利于Horn River地区的开发。这些井分散在各处，分为一到两个井组。在冬天不能移动钻机的时最多只能打2～3口井。随着丛式井组平台的出现，在任何季节或天气条件下运送钻机设备都变得经济了。由于现在每年只用运送、装配一次钻井设备，故保证了钻井工作的效率以及平台操作的便利性。批量钻井已成为钻机设计及井组平台设计的重点。在单井中的表层套管和主井眼间，水基钻井液改为油包水钻井液，钻杆柱和下部钻具总成也发生了改变。工具和管材的变化以及泥浆罐的水蒸气清洗在多井平台上经常发生。

解决方案是设计能够在两个井组平台间快速移动的钻井设备，而并不用清空泥浆罐，也不用从井架铺设管道。用于Horn River的特殊钻井设备是能用于5 000 m以上的大型独立移动平台，能够以0.9 m/min的速度移动并携带两个1 900 bbl泥浆罐和5 000 m的钻柱。顶驱钻井设备有提升钻机的设计以及综合管线装卸设备。

自行移动钻井设备的出现允许操作人员改变现场工作流程，充分利用批量钻井。当移动导管转向系统时，所有带转向设备的钻铤和重型钻杆都搁置在井架上。高数据传输速度的定向设备用于钻进地层，而不需要内部电池，也不需要井筒间铺设定向设备。连续多次在同一井段进行钻井，并通过钻井效率曲线图（图8-83），可知批量钻井相对常规钻井，其效率明显提高，故钻井设备可以迅速应用到下一口井的钻井中，从而能够降低成本。

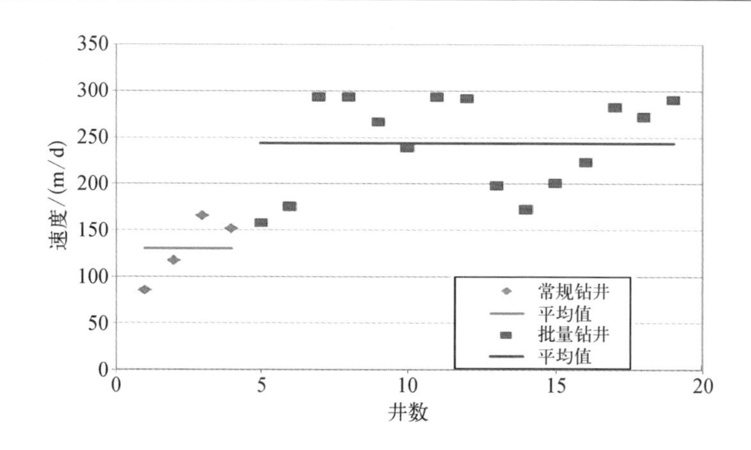

图8-83 批量钻井与常规钻井的效率对比示意图

早期的三层套管井都用的是高密度泥浆以及常规井控技术。主要原因是水泥封固的中间套管掩盖了发生循环漏失的低压区。如果钻遇气体，可以提高泥浆密度。因为中间套管很深，地面设备的关井能力并不受限于套管深度或天然漏失梯度，有足够的时间来关井，并重新建立泥浆系统的泥浆密度或者当注入量很小的时候调整泥浆内的气体量。

这些井的钻井工作是非常有挑战性的。当遇到张开的裂缝，起下钻和停泵时，气体快速进入井筒。然而过高的泥浆密度会导致明显的漏失。因此，需控制钻井压力，最大限度地减少气体流入，当气体安全分流时便能更好地控制井筒环空压力。

往往仅通过减小泥浆密度并不能达到预期经济效益，这主要是井下复杂情况产生的影响。如底部钻具组合故障，以及频繁起下钻会引起钻井液和压井液之间频繁切换。解决上述问题不仅花费时间并且降低了井眼稳定性。另外，频繁的操作错误会导致循环系统的破坏而对裸眼段造成超压伤害，这样就增加了渗漏损失和泥浆维护成本。

很多关于平台钻井的决策会直接影响到现场的工作流程如井间距。Horn River地区的丛式井在同一井场的井一般相距3 ~ 25 m。早期的技术革新认为井距应该尽可能小，这样在平台建设中的压裂返排以及配套研究方面都节约了成本。另外，井口相隔较近还有利于冬季在同一井口加热。当然，过小的井间距也有缺点。

3. 完井

开发Horn River页岩储层的关键技术就是水平井滑溜水压裂技术。使用滑溜水进行水平井多段压裂可以提供足够的经济效益。目前最成功的完井技术就是在水泥固井的生产套管应用泵送桥塞射孔完成滑溜水水平段压裂。

自从2005 ~ 2006年钻了第一口井到现在的丛式井组，每个平台的井数，井的水平段长度，每口井的压裂段数，施工规模都有很大的提高（表8-39）。因此，控制成本并提高效率成为非常关键的问题。

表8-39 Horn River典型的压裂设计参数

参　数	低　值	均　值	高　值
注入排量/(m^3/min)	7	16	20
注入体积/m^3	1 250	3 000	5 000
支撑剂重量/t	100	200	450
压裂段数	10	25	30

尽管水力压裂泵的数量和6年前一样，但是安装和维修的费用显著增加了。这是因为泵的数量还包含了50%的余量，这些多余的泵在有需要时能确保在不中断操作的情况下维持应有的功率，以实现安全高效工作。

操作中必须要避免超压事故的发生。大多数情况下，泵送设备和井口装置的安装，包括压裂管汇，都有利于同时操作。考虑到井口装置和压裂管汇的成本，在现场完成更多的工作量是不可能的，并且超压事故必然导致工作停止。可采用如下三种方法来避免超压事故：建立一个安全系数，所有的泵都设有电子开关，泄压阀并行布置。

提高压裂效率的关键在于提供足够的日常所需的支撑剂，流体和化学试剂（图8-84）。现场必须有足够的库存以避免因为原料运输而导致停工。早期用气动方法处理砂，过程缓慢且嘈杂，还会损坏设备，并有可能增加工作人员的尖肺病风险。现在采用输送机和螺旋钻进方法，不仅能提高效率，还能降低成本。

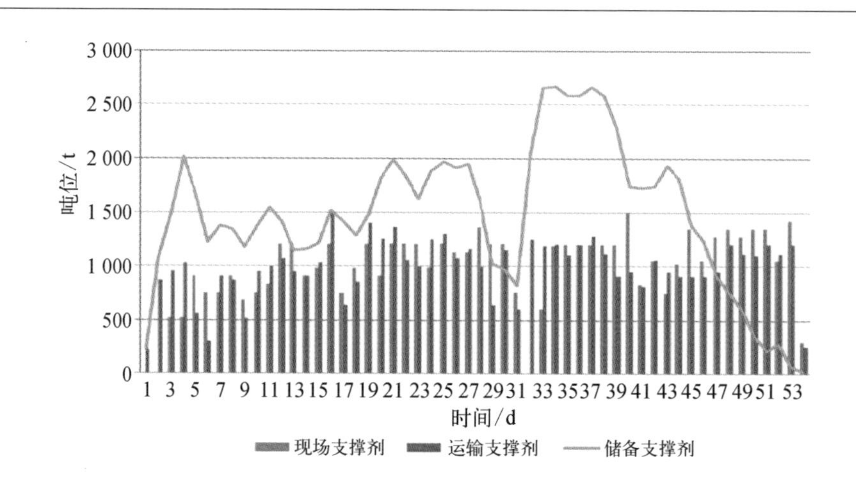

图8-84 运输支撑剂与使用支撑剂的对比示意图

由于现场的输送距离都比较远，砂的运输时间很长，故需要在现场建立储砂设备，当出现道路拥堵而导致供应链中断时，可以作为备用。当然，储砂设备还需要防止砂的结冰、凝集。

为了提高施工效率，减少泵注时间也很关键。加酸可以有效地减少近井地带的流动阻力，得到更高的泵入速度。因为压力限制，酸液流入地层的速率一般小于25 bbl/min。加酸后的地层，流体流动速率可以达到设定的速率，但这个过程中一般要增加额外的45 ～ 60 min的泵注时间。

保证压裂施工的成功还在于避免过早脱砂，从而确保压裂施工的有效泵注。同时，所有施工程序和压力变化趋势都要被即时监控。因此，防止提前脱砂，改变泵注速率、支撑剂浓度、化学试剂用量等方法都能有效提高压裂施工的成功率。图8-85反映的是压裂施工的效率提高量随时间的变化。

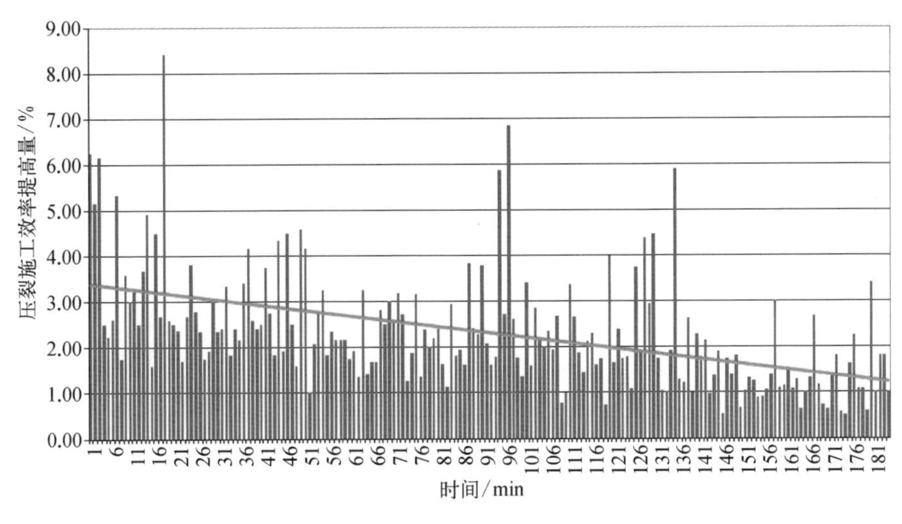

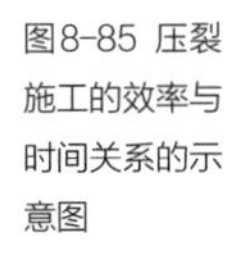
图8-85 压裂施工的效率与时间关系的示意图

4. 未来的页岩开发丛式井组平台设计

以往大多数技术都是逐渐减小投球尺寸，但往往因最终球座太小而不能达到设计泵注排量。在$5\frac{1}{2}$ in套管中可能在跟部用$4\frac{3}{8}$ in的球座，向趾端方向每段减少$\frac{1}{8}$ in。于是，有15段，趾端球座尺寸为$2\frac{5}{8}$ in，有25段，趾端球座尺寸为$1\frac{3}{8}$ in。我们的目标是压裂30～40段，每段3～5簇。

目前已经研发了不同的系统可以满足更多段，更大球座尺寸的要求。完美的解决方案是不需要中间套管，直接封固生产尾管，这样任何时候都不需用电缆和连续油管了。如果上述方案能得到实际应用，将对井组平台设计和工作流程产生革命性的影响。

未来的井组平台设计图反映了其具有高可靠性和高效率的特征（图8-86）。现场能够完全依靠自身的资源完成钻井完井工作。只有少量供水和气体燃料运输的管道，还有少量储砂设备和化学剂混合设备。安装的固定生产设施，不仅能够用于压裂返排及内部测试，还能包含冷却设施以保证压缩机入口维持在正常温度。

由于通过现有设备和技术而得到的实际结果比过去几年的历史经验更重要。因此，设计、监测、评价、重新设计及持续改进的方法对测定假设的正确性非常重要，而对于页岩开发中高密度井组平台设计及工作流程的优化也在不断发展。

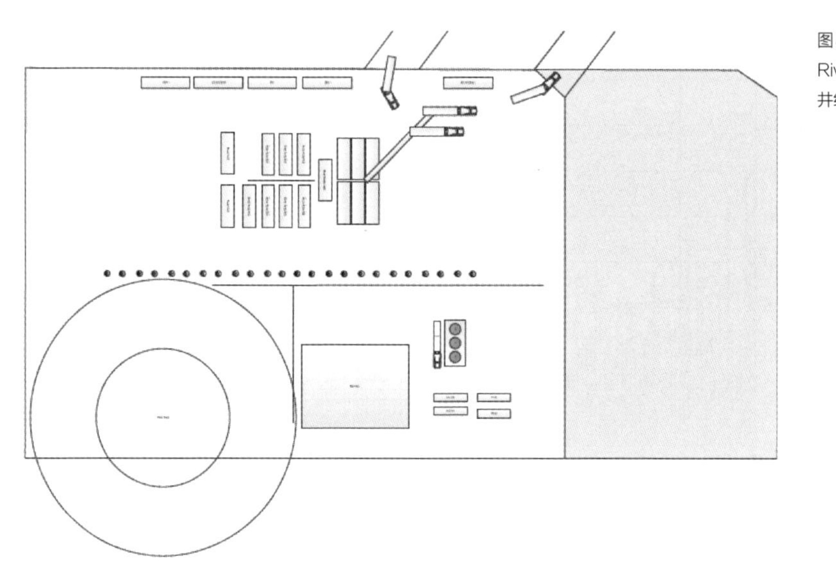

图8-86 Horn River页岩未来的井组平台设计图

8.4.2 实例2：Barnett非常规气藏多口水平井多级压裂优化

准确布置同一平台钻井的多水平井对于非常规气藏的经济开采十分重要。但是，还存在着高成本、储层渗透率、孔隙度、裂缝间距、裂缝半长、裂缝导流能力及天然裂缝所造成的不确定性等问题。因此，深入研究这些不确定参数的范围以及它们对生产动态的影响，对于改进压裂设计和完井方法是十分重要的。我们将利用Response Surface Methodology（RSM）来优化水平井的布置并利用数值模拟方法，并结合经济分析实现最大化净现值。另外，还要考虑在不同气体解吸附下分段压裂模拟方法对于Barnett Shale生产的影响，设定了渗透率、孔隙度、裂缝间距、裂缝半长、裂缝导流能力以及邻井间距这六个不确定性参数影响范围，并用来拟合响应值函数NPV，最终确定最优设计方案。

这种方法有助于优化井的布置和压裂设计，从而获得最优泄气区，并且有助于理解邻井间的裂缝干扰。另外，还可以用来确定是否需要调整井的布置，从而在实际施工之前修改压裂方案，并确定特定区域的最优水平井数。

1. 页岩气藏模拟

利用局部网格加密来精确模拟页岩到裂缝的流动(适当地植入基质到裂缝的不稳定流);对水力裂缝进行显示模拟;用一些次网格来描述,随着裂缝距离的增加,网格大小呈对数增加,以精确的模拟基质与裂缝间的较大压降;用双重渗透率网格来描述基质-基质和裂缝-裂缝的流动;假设气藏均质,裂缝间距相同;假设没有水的流动;孔隙度及渗透率具有应力敏感性;模拟中气体仅仅通过压裂缝进入井筒(没有基质-井筒的流动)。

用非达西流来模拟裂缝中由于气体高流速产生的紊流;Forchheimer数中的β由式(8-3)确定:

$$\beta_{(f)} = 1.485E^{9}/K^{1.021} \tag{8-3}$$

式中,K单位为mD;β单位为ft^{-1}。图8-87为典型的页岩气分段压裂设计图,其中包含了一些重要的裂缝几何参数:外部裂缝、内部裂缝、裂缝间距以及裂缝半长。

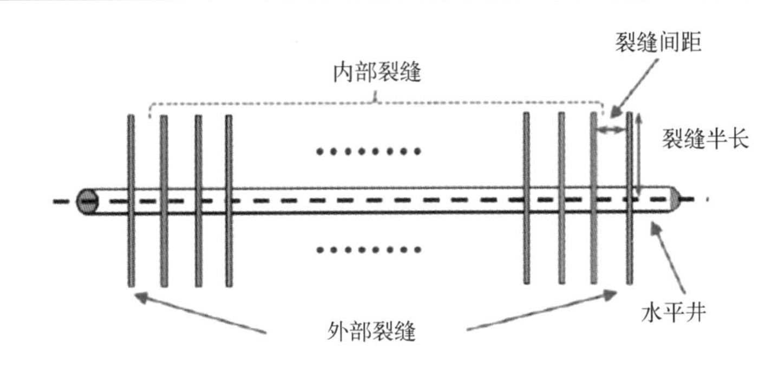

图8-87 典型的页岩气分段压裂设计图

2. 经济模型

使用式(8-4)来计算NPV:

$$\mathrm{NPV} = \sum_{j=1}^{n} \frac{(V_F)_j}{(1+i)^j} - \sum_{j=1}^{n} \frac{(V_o)_j}{(1+i)^j} - \left[C_F + \sum_{k=1}^{n}(C_{\mathrm{well}} + C_{\mathrm{fracture}})\right] \tag{8-4}$$

式中,V_F为压裂气藏生产收益的未来值;V_o为未压裂气藏生产收益的未来值;C_F为总固定成本;C_{well}为一口水平井的成本;C_{fracture}为水平井压裂成本;N为水平井数。经济分析中使用的数据见表8-40。

表8-40 NPV经济分析中的数据

水平段长度/m	成本/百万美元	裂缝半长/m	成本/万美元	参　数	数　值
304.8	200	76.2	10.0	气价,美元/28.32 m^3	3,4,5
609.6	210	152.4	12.5	利率/%	10.0
914.4	220	228.6	15.0	税率/%	12.5
1 219.2	230	304.8	17.5		

储层在页岩中的气体含量常用朗格缪尔吸附方程(又称朗格缪尔等温式)来描述:

$$G_s = \frac{V_L p}{p + p_L} \tag{8-5}$$

式中,G_s为气体含量,scf/t; V_L为朗格缪尔体积,scf/t; p_L为朗格缪尔压力,psi; p为压力,psi。

将气体含量单位scf/ft^{3}转换成scf/t时需要页岩地层的密度。朗格缪尔压力p_L和体积V_L是两个重要的参数。朗格缪尔体积指在无限大压力下气体的体积,它反映了气体的最大储存能力。朗格缪尔压力是指当体积为朗格缪尔体积值的一半时对应的压力。图8-88为Barnett Shale 使用的吸附气量和总气量随压力变化的关系图。图8-89为使用朗格缪尔等温式反映页岩中气体含量的示意图。

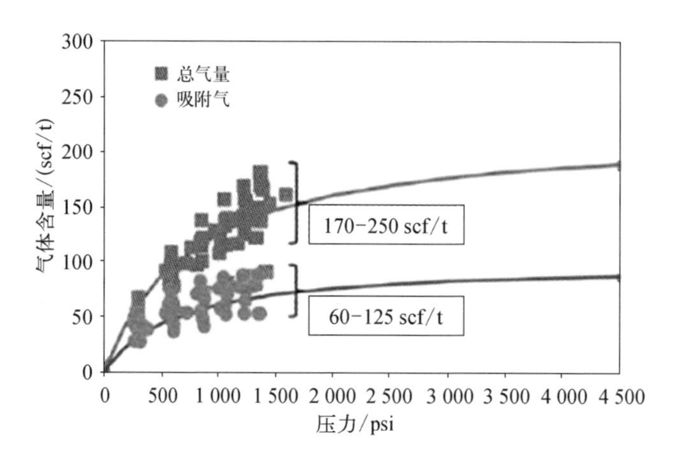

图8-88 Barnett页岩岩心吸附气量和总气量随压力变化的关系图

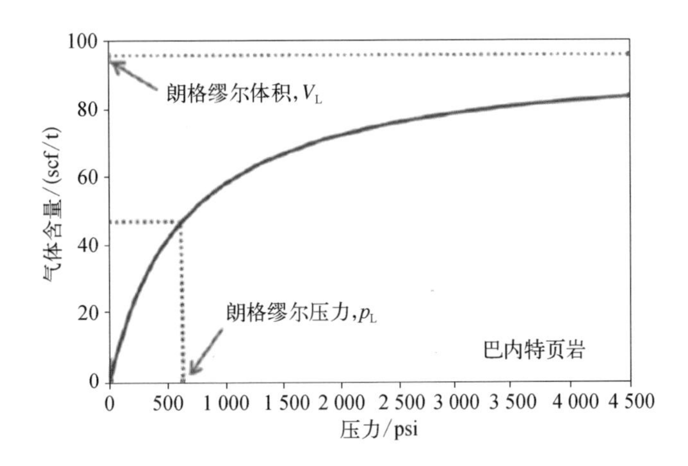

图8-89 利用朗格缪尔等温式反映页岩中气体含量的示意图

3. Barnett页岩历史拟合

历史拟合所使用的气藏信息见表8-41。

图8-90(a)表明当考虑解吸附效应时,数值模拟结果与实际生产数据拟合更好。当生产时间为4.5年时,解吸附对气体产量的贡献为15.6%。

表8-41 历史拟合所使用的气藏信息

参　　数	数　　值
模型尺寸/m	914.4(长度)457.2(宽度)91.4(高度)
初始气藏压力/MPa	20.3
井底压力(BHP)/MPa	3.4
生产时间/年	30
气藏温度/℃	65.6
气体黏度/(mPa·s)	0.020 1
初始气体饱和度/%	70
总压缩系数/MPa^{-1}	0.000 44
基质渗透率/mD	0.000 15
基质孔隙度/%	6
裂缝导流能力/(D·cm)	0.03
裂缝半长/m	47.2
裂缝间距/m	30.5
裂缝高度/m	91.4

（续表）

参　　数	数　　值
水平井段长度/m	904.6
压裂段数/段	28

图8-90（b）为考虑气体解吸附和不考虑解吸附情况下，对生产30年后产量的预测。从图8-90（b）可知，生产30年后，由于较大的压力衰竭和更大的泄气面积，气体解吸附对气体产量的贡献率为20.7%，故在进行历史拟合和评估Barnett页岩产量预测的时候，气体解吸附的影响是不可忽略的。因此，在后续优化多井布置时还要考虑解吸附影响。

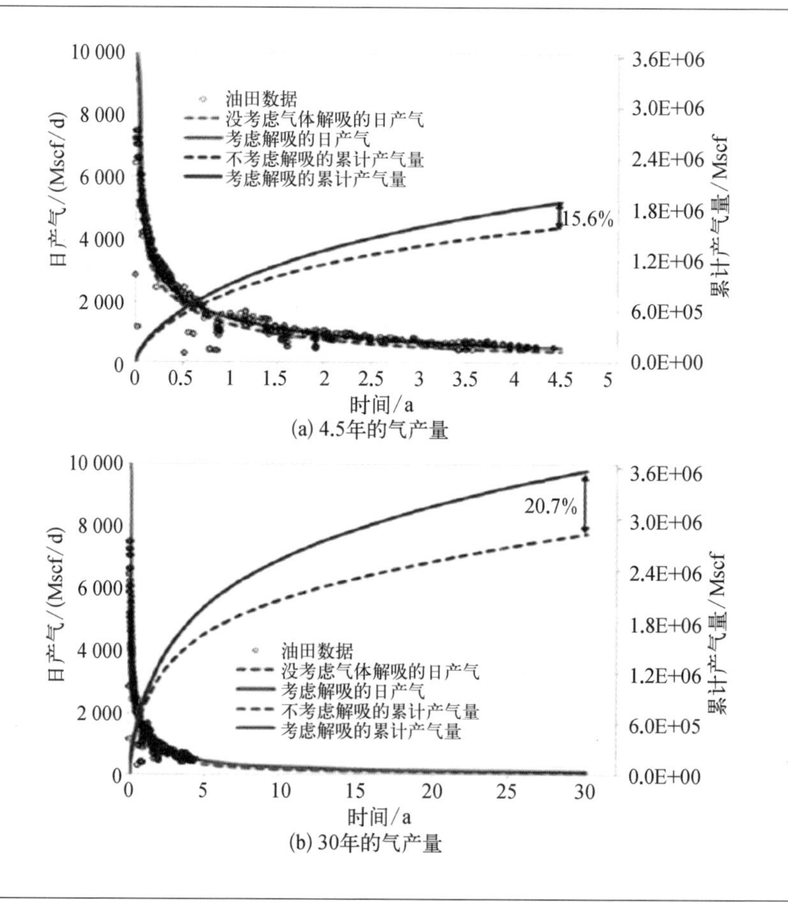

图8-90 考虑气体解吸附和不考虑解吸附效果

4. 多井模拟

我们研究了两种多井裂缝布置。如图8–91所示,第一种是相对布缝,第二种是交错布缝。我们还研究了裂缝间距对这两种方案产量影响的差别。我们建立了一个页岩气藏模型,有关模拟的气藏信息见表8–42。由图8–92可知,当裂缝间距小于400 ft时,这两种方案的产量几乎没有差别。裂缝间距为400 ft或以上时,方案2的产量比方案1要高。由图8–93可知,当裂缝间距为600 ft时,方案2的平均储层压力降更大,从而累积产量更高。两种方案在生产30年后的压力分布如图8–94所示,由图8–94可知,方案2的有效泄气面积更大。另外,方案2能够增加裂缝之间的应力干扰,产生更大的有效改造体积,从而提高产气量。因此,方案2可用于后续多井布置的优化。

表8–42 气藏模拟参数

参　　数	数　　值
模型尺寸/m	1 524(长度)487.7(宽度)60.9(高度)
初始气藏压力/MPa	26.2
井底压力(BHP)/MPa	3.4
生产时间/年	30
气藏温度/℃	82.2
气体黏度/(mPa·s)	0.020 1
初始气体饱和度/%	70
总压缩系数/MPa^{-1}	0.000 44
基质渗透率/mD	0.000 1
基质孔隙度/%	6
裂缝导流能力/(D·cm)	9.1
裂缝半长/m	91.4
裂缝间距/m	61,122,182.9
裂缝高度/m	61
每口井水平段长度/m	1 097
每口井压裂段数/段	9
井数	2
井距/m	189

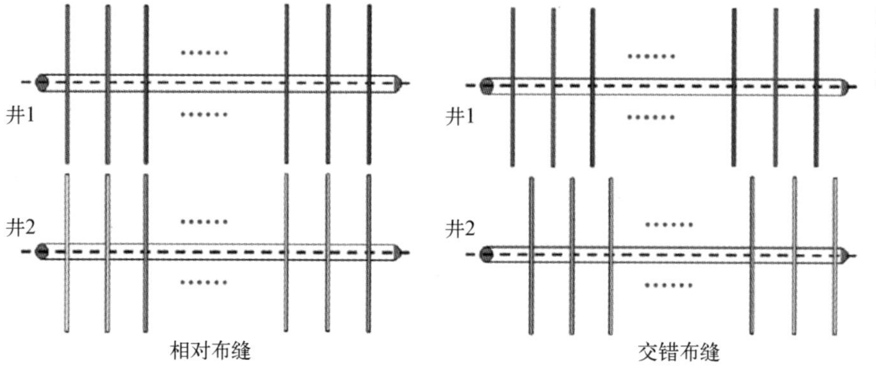

图8-91 两种多水平井布井方案示意图

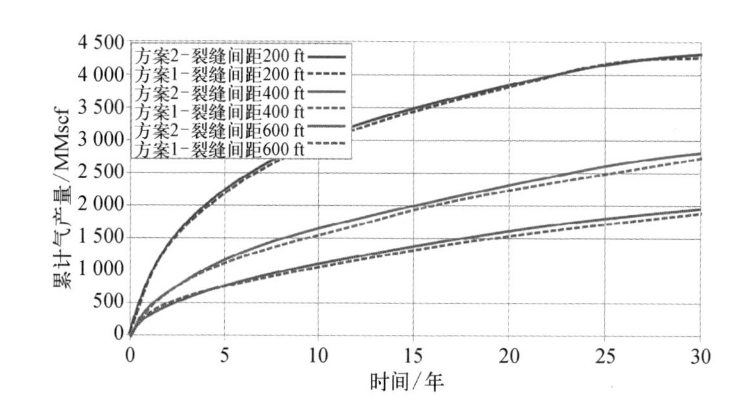

图8-92 两种布井方案产量对比

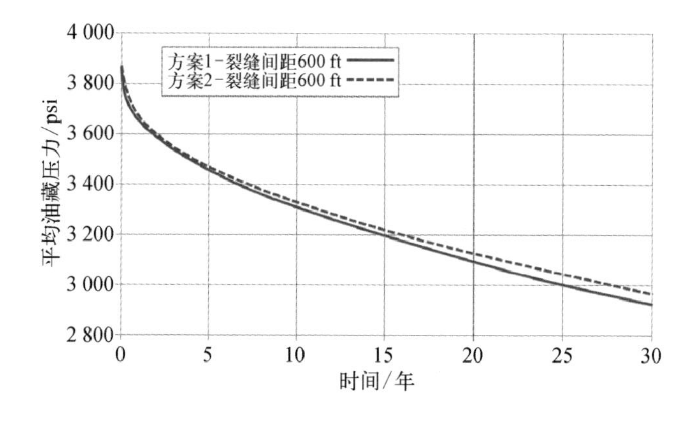

图8-93 两种布井方案平均储层压力对比

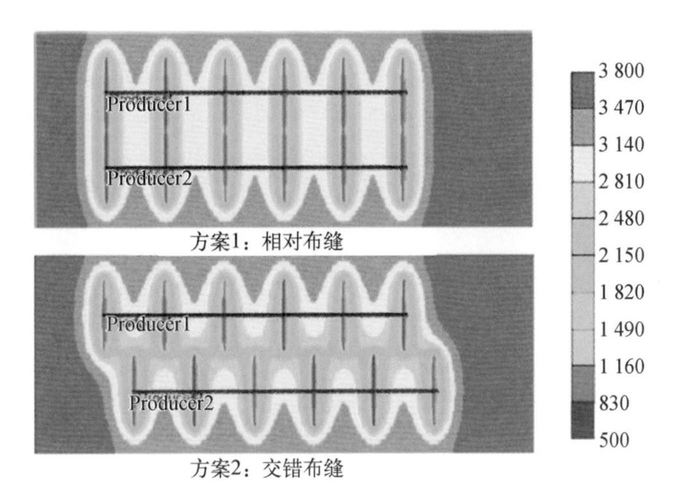

图8-94 两种布井方案生产30年后的压力分布

5. 多井优化

基于Barnett Shale储层资料，利用RSM方法来优化两口水平井的布置。根据最小二乘法，输入变量的变化范围，利用RSM来模拟NPV最大化响应。RSM模型可能是线性或完全二阶的，它能提供一种经济有效和便捷的方式，从而来处理页岩气藏开发中的不确定性。我们建立了一个页岩气藏模型，有关该模型详细的储层参数见表8-43。根据实际最大值和最小值，设定了六个不确定参数的范围（表8-44）。水力压裂缝的数量分别为87和35，相应的裂缝间距分别为40 ft和100 ft。这些不确定参数范围来源于Barnett Shale储层的现场数据以及模拟数据。基于最优设计，6个变量需要38个方案，根据最优设计方案产生了38个不确定参数组合（表8-45）。不同裂缝间距和裂缝半长条件下，其30年累积产气量和日产气量的对比图如图8-95[(a)(b)]所示。很显然，30年后的累积产气量范围为3 934 ～ 6 529 MMscf，而气体产量具有很大不确定性，这说明需要进一步优化。

表8-43 气藏模拟的参数

参　　数	数　　值
模型尺寸/m	1 524（长度）610（宽度）61（高度）
初始气藏压力/MPa	26.2

（续表）

参　　数	数　　值
井底压力(BHP)/MPa	3.4
生产时间/年	30
气藏温度/℃	82.2
气体黏度/(mPa·s)	0.020 1
初始气体饱和度/%	70
总压缩系数/MPa^{-1}	0.000 44
裂缝高度/m	61
每口井水平段长度/m	1 067
井数	2

表8-44 不确定参数

参　　数	代　　号	最　低　值	最　大　值
基质孔隙度/%	A	0.04	8
基质渗透率/mD	B	0.000 05	0.000 5
裂缝半长/m	C	61.0	122.0
裂缝导流能力/(D·cm)	D	0.03	1.5
裂缝间距/m	E	12.2	30.5
井距/m	F	152.4	304.8

表8-45 最优D设计方案38个不确定参数组合

方案	A-孔隙度	B-渗透率/mD	C-裂缝半长/m	D-裂缝导流能力/(D·cm)	E-裂缝间距/m	F-井距/m
1	0.05	0.000 05	61.0	0.03	12.2	274.3
2	0.04	0.000 5	122.0	1.23	30.5	274.3
3	0.06	0.000 252	91.4	0.03	18.3	152.4
4	0.08	0.000 338	91.4	0.81	12.2	213.4
5	0.06	0.000 5	91.4	0.75	24.4	243.8
6	0.05	0.000 237	61.0	1.5	12.2	243.8
7	0.08	0.000 05	122.0	0.03	12.2	213.4
8	0.08	0.000 338	91.4	0.81	12.2	213.4
9	0.05	0.000 5	61.0	0.09	30.5	152.4
10	0.05	0.000 072 5	122.0	0.36	30.5	213.4
11	0.04	0.000 471	61.0	0.84	12.2	304.8
12	0.04	0.000 455	122.0	1.22	24.4	152.4

（续表）

方案	A-孔隙度	B-渗透率/mD	C-裂缝半长/m	D-裂缝导流能力/（D·cm）	E-裂缝间距/m	F-井距/m
13	0.08	0.000 05	122.0	1.5	18.3	182.9
14	0.08	0.000 5	61.0	1.5	18.3	152.4
15	0.04	0.000 376	91.4	0.03	30.5	304.8
16	0.08	0.000 32	122.0	1.5	30.5	304.8
17	0.06	0.000 5	91.4	0.75	24.4	213.4
18	0.04	0.000 05	91.4	1.5	18.3	274.3
19	0.04	0.000 5	61.0	1.5	30.5	274.3
20	0.08	0.000 271	61.0	0.45	24.4	243.8
21	0.06	0.000 05	61.0	0.99	30.5	304.8
22	0.04	0.000 05	122.0	0.78	12.2	152.4
23	0.04	0.000 5	91.4	0.27	18.3	304.8
24	0.08	0.000 5	61.0	0.03	12.2	304.8
25	0.06	0.000 05	122.0	1.29	12.2	274.3
26	0.07	0.000 192	91.4	1.35	30.5	152.4
27	0.06	0.000 252	91.4	0.03	18.3	152.4
28	0.08	0.000 271	61.0	0.45	24.4	243.8
29	0.04	0.000 05	61.0	0.51	24.4	152.4
30	0.08	0.000 05	61.0	0.42	12.2	152.4
31	0.08	0.000 05	91.4	0.03	30.5	304.8
32	0.04	0.000 5	122.0	0.03	12.2	213.4
33	0.08	0.000 5	122.0	0.03	30.5	152.4
34	0.06	0.000 5	91.4	0.75	24.4	243.8
35	0.08	0.000 05	61.0	1.5	12.2	304.8
36	0.08	0.000 5	122.0	1.5	24.4	182.9
37	0.06	0.000 5	122.0	1.5	12.2	304.8
38	0.07	0.000 198	122.0	0.42	18.3	304.8

一旦获得38个方案的累积产气量之后，便可计算得到相应的NPV值（图8-96）。天然气价对于页岩气藏成功经济开采十分关键，故当计算NPV值和多井压裂优化设计时需考虑气价的影响，从而来确定最优的压裂设计方案。若NPV值为负，表明这是一个非优化方案，不仅会导致没有收入，而且会损失资金。当气价为＄3/Mscf，＄4/Mscf，＄5/Mscf时，对应的NPV范围为＄0.36～13.39 million，＄2.10～18.88 million和＄3.42～24.38 million。

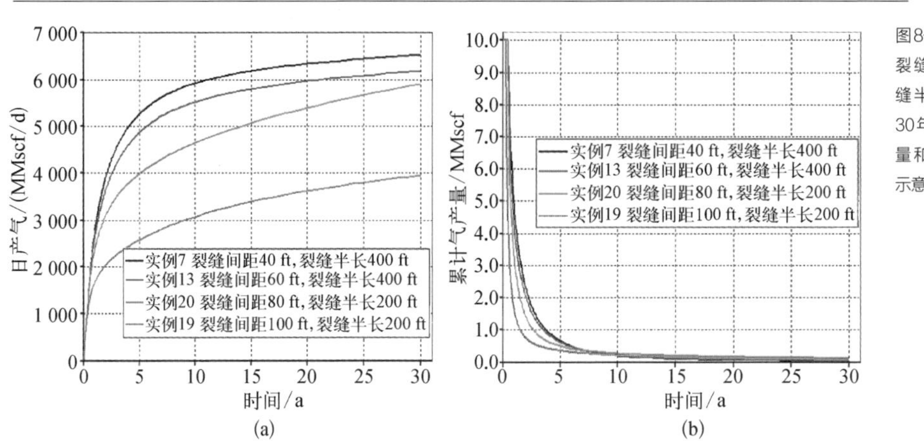

图8-95　不同裂缝间距和裂缝半长条件下30年累积产气量和日产气量示意图

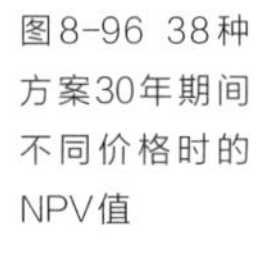

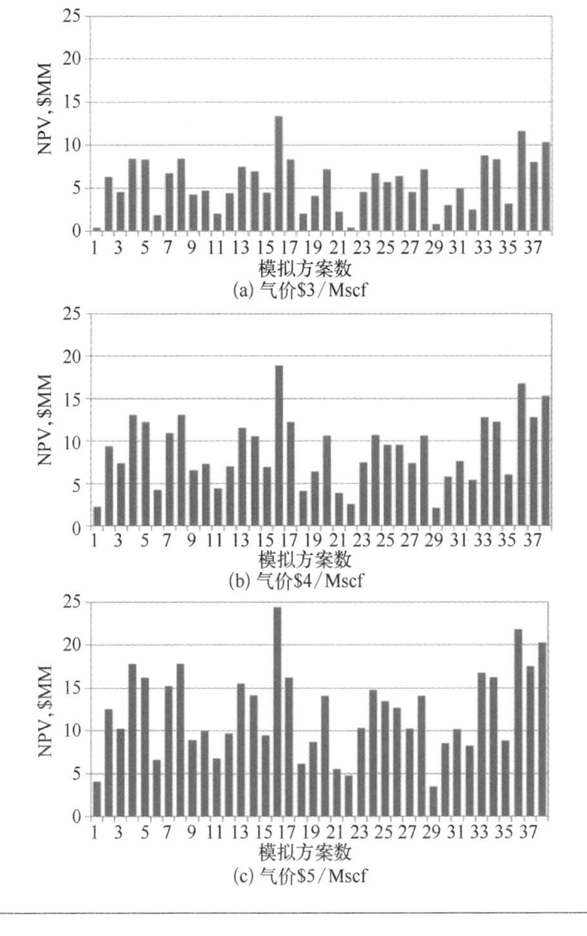

图8-96　38种方案30年期间不同价格时的NPV值

当获得38个方案的NPV之后，利用实验设计软件来建立NPV响应曲面模型。利用统计方法在线性模型、两因子交互影响模型、平方模型、立方模型等模型中选择不同气价下的合适RSM模型。选择模型的标准是最高次多项式模型，并且附加项显著。虽然立方模型是最高次多项式模型，但由于其模型结果离奇所以没有选择。另外，选择合适模型的其他标准还包括具有最大的Adjusted R-Squared以及Predicted R-Squared。因此在后续的压裂优化过程中使用完全平方模型来建立NPV反应曲面。

图8-97为不同气价下的残差正态分布图，图中所有点均落在直线上，这表明残差属于正态分布。

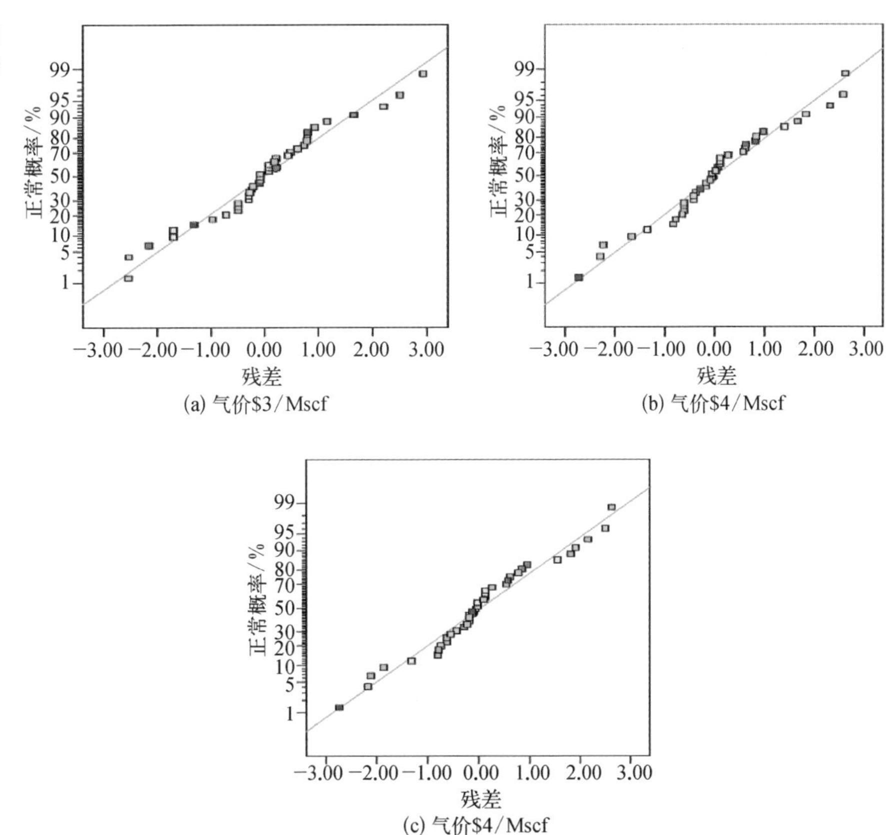

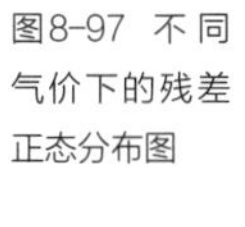
图8-97 不同气价下的残差正态分布图

图8-98为不同气价下预测结果和实际结果对比图，从图8-98可知建立的NPV反映曲面方程是否能够预测实际的NPV值。另外，还可以看出建立的NPV反映曲面模型能否提供可靠的NPV预测值。通过进行对比，表明建立的NPV反映曲面模型是可靠的。

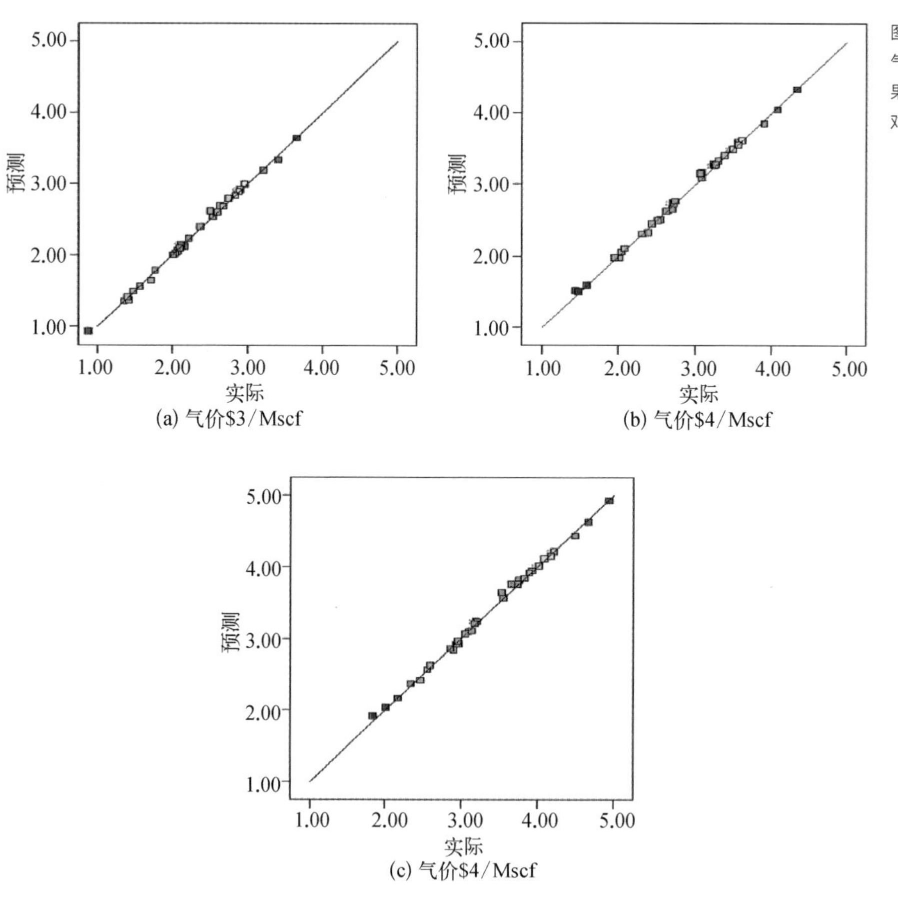

图8-98 不同气价下预测结果和实际结果对比图

图8-99是气价为＄4/Mscf下的井距和裂缝间距的3D曲面，从图8-99可知井距和裂缝间距存在一个最优结合点。当裂缝间距为400 ft时，若井距在研究范围内增加时，NPV值也随之增加。而随着裂缝间距的增加，最优结合点对应的井距也更大。

图8-100反映的是天然气价为＄4/Mscf时井距和裂缝半长的3D曲面，从图8-100可知井距和裂缝半长越大，NPV值也越高。

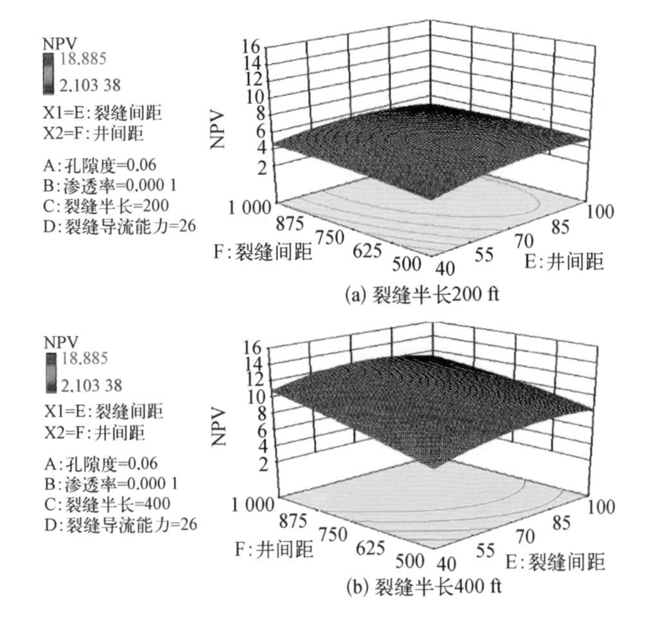

图8-99 气价为$4/Mscf时半缝长分别为200 ft和400 ft的NPV 3D曲面图

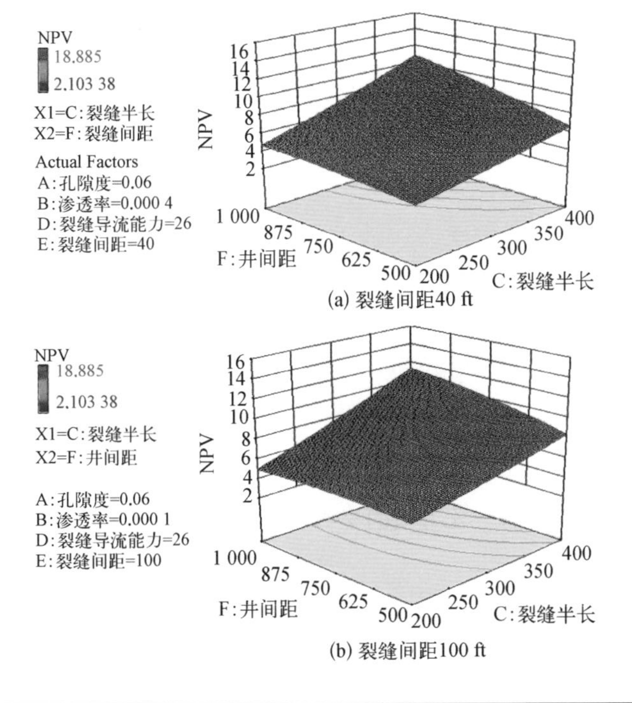

图8-100 气价为$4/Mscf时半缝长分别为40 ft和100 ft的NPV 3D曲面图

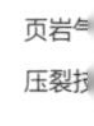

图8-101反映的是气价为＄4/Mscf时裂缝间距和裂缝半长的3D曲面，从图8-101可知也存在着一个最优结合点（裂缝间距值）。随着井距的增加，最优点对应的裂缝半长变大，裂缝间距变小。因此，这有助于压裂和完井设计的优化，从而获得页岩气田的最大经济存活期。

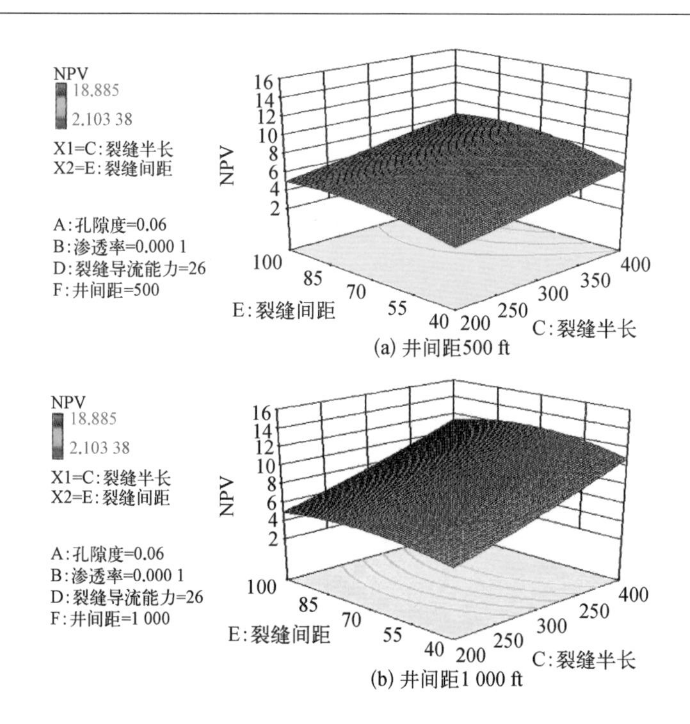

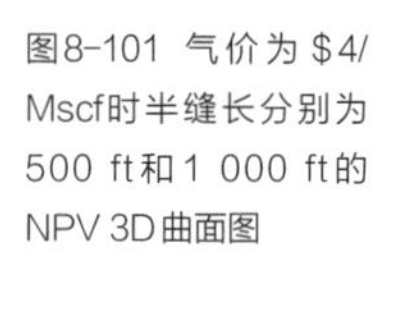

图8-101 气价为＄4/Mscf时半缝长分别为500 ft和1 000 ft的NPV 3D曲面图

表8-46列出了孔隙度为0.06，渗透率为0.000 1 mD时，不同气价下的优化设计结果。如图8-102所示，气价为＄3/Mscf、＄4/Mscf、＄5/Mscf时的最优NPV值分别为8.70 ＄MM、＄12.40 ＄MM和16.34 ＄MM，对应的最优裂缝间距分别为80 ft、70 ft和60 ft。验证最优化方案是极其重要的，可通过在最优化设计条件下运行模拟来进行验证。不同气价下的3种优化方案的累积产气量和日产气量如图8-103所示。NPV的计算值分别为7.91 MM ＄、11.81 MM ＄和15.75 MM ＄。因此，实际NPV值与反映曲面法求得的NPV值差值很小，这表明计算NPV值和真实NPV值之间有较好的吻合。

表8-46 不同裂缝间距及气价下的优化结果

孔隙度	渗透率/mD	裂缝半长/ft	裂缝导流能力/(mD·ft)	裂缝间距/ft	井距/ft	气价,美元/千立方英尺	优化的NPV/百万美元	核实的NPV/百万美元	相对误差/%
0.06	0.000 1	400	26	80	1 000	3	8.70	7.91	0.091
0.06	0.000 1	400	26	70	1 000	4	12.40	11.81	0.047
0.06	0.000 1	400	26	60	1 000	5	16.34	15.75	0.036

图8-102 不同气价下的最优裂缝间距示意图

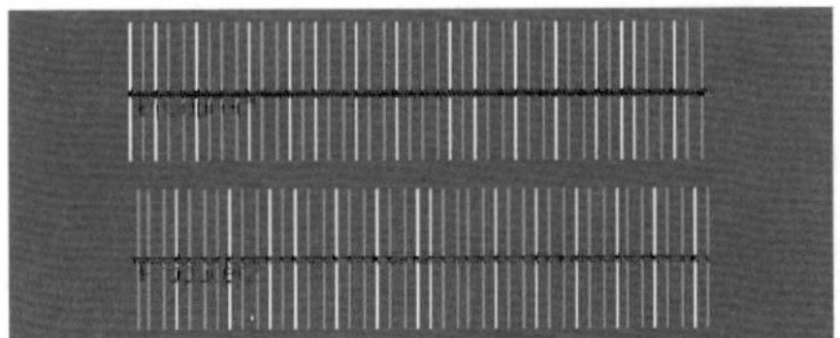

气价3$/Mscf裂缝间距80 ft

气价4$/Mscf裂缝间距70 ft

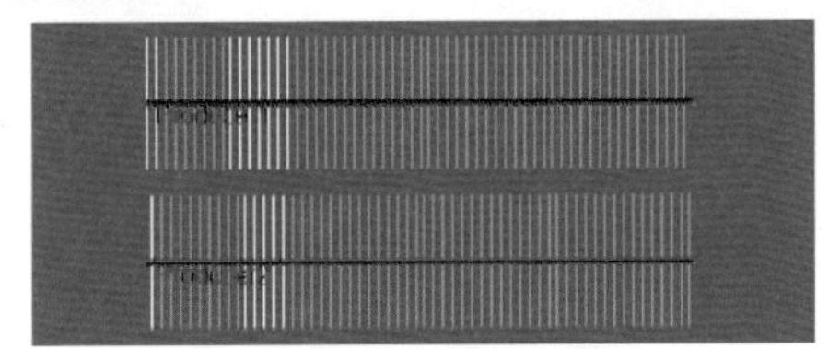

气价5$/Mscf裂缝间距60 ft

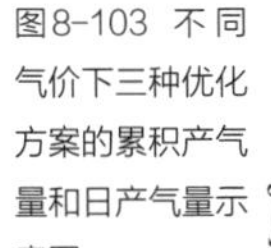

图8-103 不同气价下三种优化方案的累积产气量和日产气量示意图

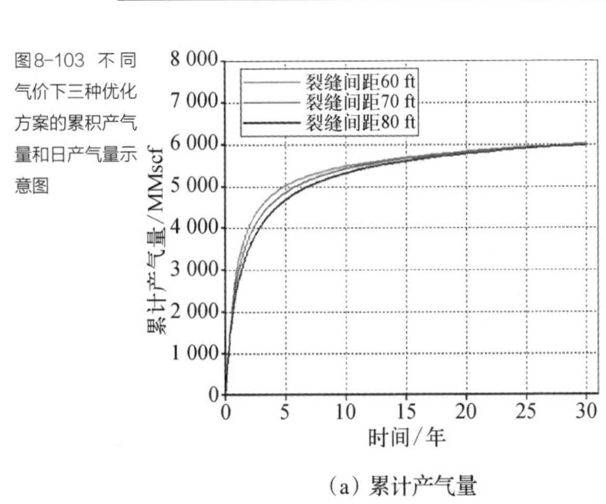

(a) 累计产气量

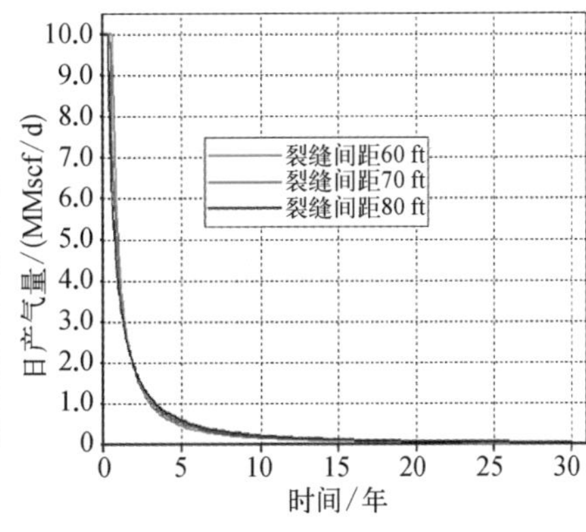

(b) 日产气量

6. 小结

页岩气藏是否具备经济开采性取决于压裂段数、裂缝数以及水平井的优化。可应用反应曲面法：即通过优化气藏和2口井裂缝的不确定性参数获得最优设计方案。应用这一方法来优化Barnett页岩开发中6个不确定参数，即渗透率、孔隙度、裂缝间距、裂缝半长、裂缝导流能力以及井距。另外，由于解吸附作用对于Barnett页岩估算采收率的贡献很大，因此在模拟页岩气藏生产时候需考虑吸附效应。最后，在优化过程中还要考虑气价波动的影响。

当孔隙度为0.06，渗透率为0.000 1 mD，裂缝导流能力为26 mD · ft时，且气价分别为 $ 3/Mscf、 $ 4/Mscf和 $ 5/Mscf时，Barnett页岩最优设计结合点对应的裂缝半长为400 ft，井距为1 000 ft，裂缝间距分别为80 ft、70 ft和60 ft。在Barnett页岩的开发过程中，气体解吸附对其30年累计产气量的贡献率为20.7%。

8.5 页岩气其他压裂技术应用实例

目前，页岩气压裂中的其他技术还包括同时射孔多层压裂（JITP）、同步压裂及拉链式压裂等，下文将分别进行阐述。

8.5.1 JITP实例

我们已经知道全球的油气资源大部分分布在低渗储层中，这些油气的分布特点是多储层和有厚隔层。若要有效开采出油气资源就需要对基质和裂缝进行改造。但由于这类储层在地质上和油藏上具有非均质性，这将为增产措施的有效实施带来巨大的挑战。

在过去的几年里，很多国家投入大量的资金和力量来研发针对致密气储层的钻完井新技术，而美国地下存在大量的致密气资源，且这一数量相当于除美国外的其他国家致密气资源量的总和。美国的致密气主要分布在美国西部，包括格林河、皮申斯、温德河和尤因塔盆地。

埃克森美孚公司致力于开发一种新的多层改造技术，包括硬件设备和工艺流程，努力提高厚储层中增产措施的有效性。多层改造技术允许压穿隔层（通常情况下是不压穿），这样可以增加单井产量和全区的采收率。除此之外，其他一些只有通过增产改造措施才能取得经济产量的资源通过多层改造技术变成可采资源。皮申斯盆地将近300 000英亩的面积上潜在的天然气储量约为45万亿立方英尺，埃克森美孚公司已在该气田应用了多层改造技术，以达到采收率和单井产量的最大化，同时不仅降低了开发成本，也减少对环境的污染。目前，针对致密气资源，需要对其实施的压裂增产技术仍然有很多困难。皮申斯盆地的地理位置，砂体的露头以及一个典型的截面层理如图8-104所示。图8-105为多层改造技术的示意图。

图8-104 皮申斯盆地的地理位置，砂体的露头及一个典型的截面层理示意图

Piceance盆地

砂岩

模拟井筒

Lenticular砂体露头

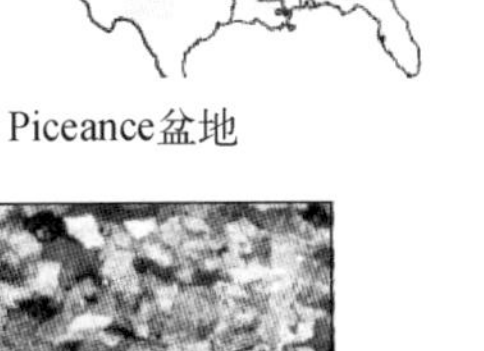

颗粒横截面积

多层改造技术主要包括："即时射孔"（JITP）和"连续油管环空压裂"（ACT-Frac）这两种方法。这两种方法可以实现单井一次快速运送多个（40个以上）压裂井下工具至储层层段；井下多个层段各级工具的有效放置；达到很高的泵注排量以确保压裂作业的有效性和高效性。

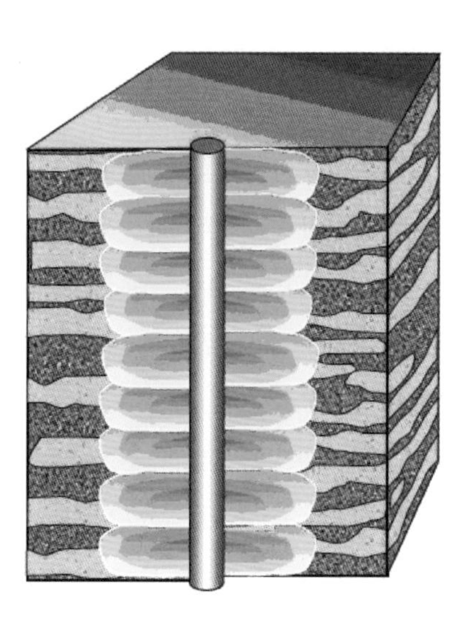

图8-105 多层改造技术的示意图

为了深化协同作用，埃克森美孚公司还开发了一项可以在相同井组和不同井组操作的多口井同步压裂技术，且同步压裂可以在钻机运行的同时进行操作。该技术可以使地面设备的移动范围最小化，既节约了时间也节约了成本，并能更早投入生产。该技术已经在一些油田现场得到成功运用，当然，保证这一技术成功运行的要素还包括：高水平的培训、严格的完井和操作规程、健全的执行流程、完善的安全健康环保管理体系。

1. 即时射孔（JITP）技术原理

JITP技术已在一口井上成功实现各小层顺序压裂，通过封堵球实现选择性单层射孔和各层间的有效封隔。连续的泵注工序可以实现不间断作业，如作用在封堵球上的正压保证了液流的方向。

随着JITP技术的不断发展以及在油田的推广应用，配套设施和相关技术也需要不断的完善，如：在泵注过程中封堵球必须安全可靠的通过井底部管柱结构；井底部管柱结构不能堵塞泵注的压裂设备；封堵球必须牢固的封堵住射孔孔眼以减轻漏失和延缓封堵球的腐蚀；如果泵注程序出现中断，封堵球应该有重启泵时重新坐封的性能；射孔程序必须准时完成以确保在下一段射孔枪点火前封堵球已通过底部管柱结构。另外，如果压裂液是分级注入的（如不同的液体和支撑剂浓度分级注入），那么封堵球适时到位也是十分关键的。

图8-106为JITP的井内结构示意图，偏心设计时需要考虑封堵球顺利通过井身结构，偏心设计可以保证井眼截面的最大化，从而使封堵球畅通无阻的通过。枪管直径也应考虑截面的最大化设计，需要有充分的射孔空间来保证孔眼的有效连通。

图8-106 JITP井内结构示意图

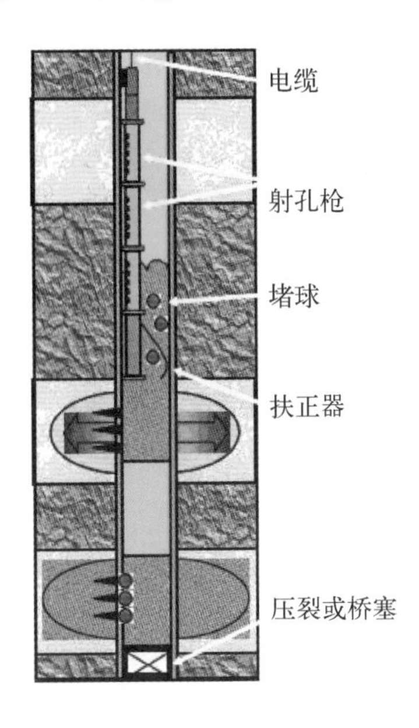

支座（stand-off）是JITP井内结构的一部分，其主要作用是减轻零相位射孔枪的差压卡钻问题，这一问题有可能发生在过平衡射孔点火时和连续的泵注过程中。零相位射孔无需偏心环（皮申斯盆地实践表明），这是由于支座留出的径向间隙可以防止射孔枪遮盖射孔孔眼，并且为液体进入孔眼提供流动通道，从而防止射孔枪发生卡堵，并保证射孔枪能顺利地从井口提出。当然，这一支座以及相关的井筒液流通道处的限流装置，必须在保证封堵球通过的前提下取得合适的尺寸。

JITP的工艺流程如图8-107所示，射孔枪连同桥塞和坐封工具一起放入井内，桥塞被安放在储层下部，在桥塞完成坐封后，射孔枪定位到第一段储层，然后点火发射。完成第一段射孔后，射孔枪上提到下一层位，之后泵送液体，在泵送的末期向液体内加封堵球，封堵球的数量不能少于射孔孔眼数。当井口压力急剧上升时，则说明封堵球到达井底且堵住孔眼，此时射孔枪再次点火发射，然后无须关泵直接泵送第二段液体。依次重复上述步骤到完成所有层段的作业，之后取出射孔枪装置。

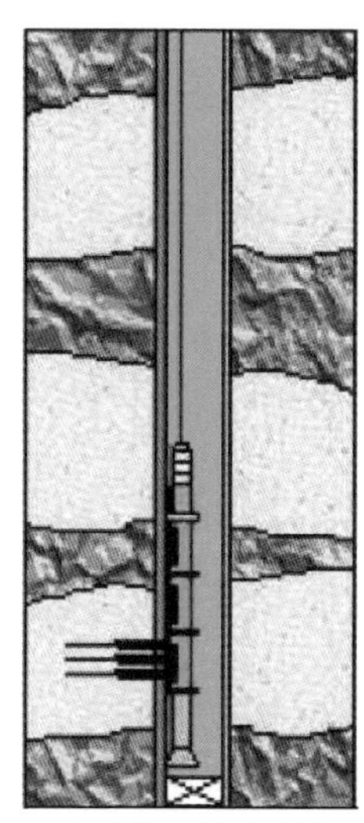

完成第一段射孔后射孔枪上提到下一层位

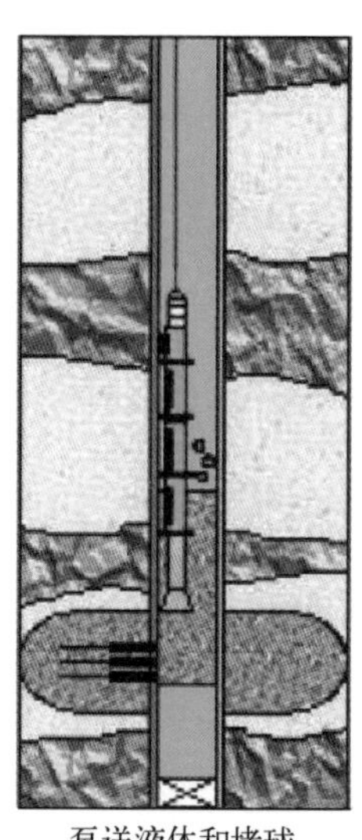

泵送液体和堵球

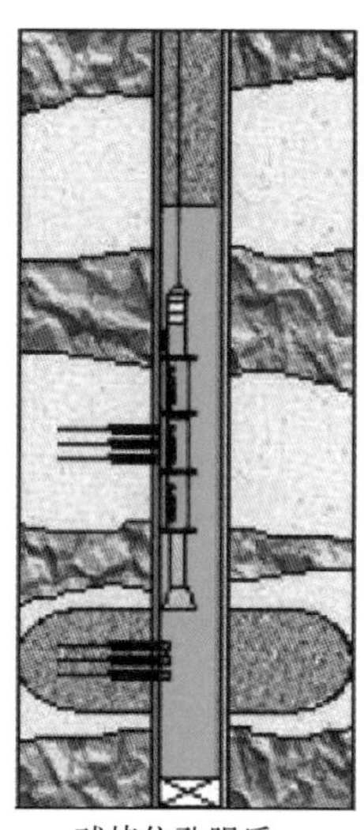

球堵住孔眼后，射下一层并重复上一过程

图8-107 JITP工艺流程示意图

为保证有效的液体导流并防止出现异常情况，在JITP工艺流程中需用由橡胶涂层复合塑料制成的封堵球，并且经特殊处理使其在高温高压下保持浮力。保持浮力是为了保证封堵球在泵出现异常时能够沿井筒上移，待泵修好重启后再重新密封孔眼。

一般情况下一次完成5个层段的作业，也有一些一次完成12个层段作业的例子。桥塞放置在每两段之间，当所有层段作业完成后，钻穿所有桥塞并开始多层合采。

埃克森美孚公司通过高效的JITP同步作业取得了很好的经济效益。关于皮申斯盆地的井平台及单个平台井型分布如图8-108、图8-109所示。以皮申斯盆地为例，地面井位间距15 ft的9口井从一个平台钻出，其优点是钻机和压裂设备井间移动方便，无须长距离运移和调整。更重要的是该技术可以保证多口井的连续泵注作业，无须因等待除泵注作业外的其他作业（如钢丝或电缆起下作业、放置桥塞等）而中断压裂作业。这样可以大幅减少完井作业时间，还可以减少地面设备的占地面积，以及因设备多次运移而对环境产生的影响。

图8-108 皮申斯盆地的井平台示意图

图8-109 单个平台井型分布示意图

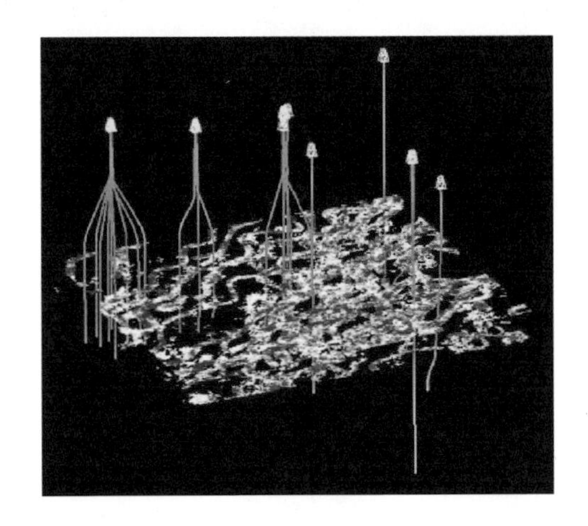

这种同步作业的重要组成部分是液体储存设备、压裂液泵送系统和管汇系统，从而保证流体能够直接进入同一平台的多口井，上述系统包括：流程管汇、两台吊车、两台钢丝绞车、JITP工具和一个连续油管作业机。一个典型的同步作业井口装置和地面管道布置如图8-110所示。多口井的井口相互连通，并通过单一管汇与高压泵连接，在泵前安装阀门用来控制压裂液进入哪口井，从而防止发生事故。同步作业的

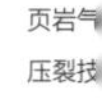

流程要求包括：每口井配备钢丝绞车和相关配套设备以完成压裂作业（下桥塞、射孔等），每口井安装油嘴来控制液体返排。

图8-110 典型的同步作业井口装置和地面管道布置示意图

该技术从最初开始应用至今，已经证明了其在压裂领域中的优势，如节约成本、节省时间。例如最初使用交联冻胶压裂液，随着经验的积累逐渐过渡到使用滑溜水。对于井深12 000 ft的5级JITP水力压裂作业，平均泵注排量为30 bpm，总的泵送时间约为2 h。电缆下入速度为150 ft/min，把JITP工具下入到井内指定位置并完成桥塞坐封需要的时间也约为2 h。

一套同步作业的次序见表8-47，假设在作业开始前各井已钻完，且已下套管测井为完井做好准备，JITP机组包括连接电缆的JITP射孔枪和桥塞坐封系统。从表8-47我们可以清楚地看到3口井的连续压裂可以在一天内完成，这样作业队停泵等待的时间将很少，可以保持高效的工作。压完的井不仅可以进行返排作业，而且排出的液体可以循环利用。最后一口井压完后，用一个连续油管钻机钻穿桥塞，然后用完井钻机下入油管便可开始生产。另外，同步作业还可以快速完成从一口井到另一口井的作业，如一口井的返排液可以很快地应用在另一口井的压裂作业中。

表8-47 JITP同步作业次序

序　列	1　井	2　井	3　井
初始条件	JITP管串下入井筒并准备5段压裂(起重机1)	5段压裂完成并返排。JITP在地面并准备下井(起重机2)	5段压裂完成，JITP提出井筒。准备返排
1	第一次5段压裂完成。JITP提出井筒(起重机1)。3小时	JITP下入井筒，设置5段压裂施工的压裂桥塞。3小时	5段压裂返排
2	5段压裂返排	第二次5段压裂完成。JITP提出井筒(起重机2)。3小时	JITP下入井筒，设置5段压裂施工的压裂桥塞。3小时
3	JITP下入井筒，设置5段压裂施工的压裂桥塞。3小时	5段压裂返排	第三次5段压裂完成。JITP提出井筒(起重机2)。3小时

从表8-47还可以看出在1井进行压裂作业的同时，可在2井进行JITP设备作业，这样一种连续的工作方式已得到成功应用。如果1井的泵注作业中出现任何故障，2井的泵可以在15 min内启动，并为1井所用。1井在进行上提电缆作业的同时2井可以进行泵注作业，电缆从1井中取出后就可以连接其他设备再用于1井，也可以用于3井的作业，具体作业顺序取决于现场施工顺序设计。

采用同步压裂技术后的成本减少情况如图8-111所示，成本的减少主要是由于同步作业技术的实施，此外压裂液也由原来的交联冻胶改进成现在的滑溜水，支撑剂方面也有所改进，原来一般用浓度为(5 ～ 6) × 0.119 8 kg/m^{3}的陶粒支撑剂，现在改用成本更低的石英砂，且一般在滑溜水中的浓度为(2 ～ 3) × 0.119 8 kg/m^3，因此采用同步压裂技术后的压裂成本相比最初下降了50%。

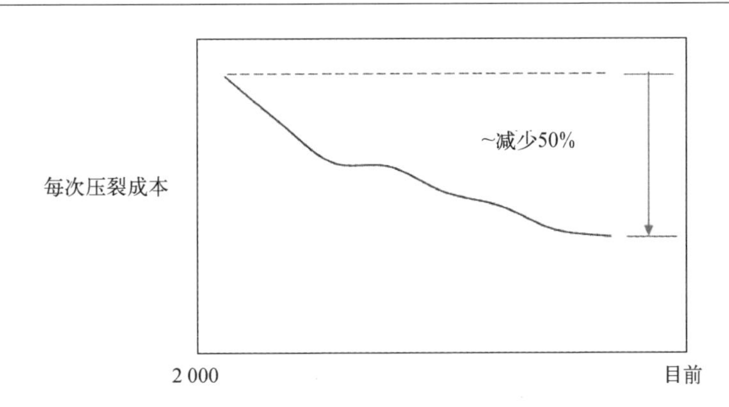

图8-111 同步压裂技术成本减少图

2. 钻井作业

现在的钻机一般都有可以在x、y方向移动的机架装置，这就使得一台钻机可以连续钻一个平台上的22口井，而无须移动支撑设备（如信号发生器、泥浆罐和搅拌装置等）。在钻下一口井的同时，前一口井可以进行完井作业，这样可以通过节省时间来节约成本，又可以减少固定资产的投入。

我们通过下套管井测井作业获得的储层信息，还可以得到水泥返高数据，为下步的完井作业提供依据。在同一平台多口井实施钻完井作业之前，可以通过以上信息评估从排水设计到固井设计的所有工艺。另外，还可以通过实时的数据反馈，把实际数据与理论值进行比对以便于管理。

3. 一体化作业

众所周知，多井同时作业比单井作业的风险和事故率都要高，因此要有严密的组织管理结构。特别是在多井同时进行完井作业时需要建立安全领导小组，该小组负责、健康、安全、环保、工艺和技术。各作业间需要建立通畅的联络系统，要求责任到人并保证各作业间的协调运行。安全领导小组的职责还包括早晨安全例会上与承包商人员协调需要做的工作，需要在一天工作结束后检查作业执行情况，并总结进展情况及改进措施。

确保一体化作业顺利进行的关键因素是“同步作业事故识别”和“控制矩阵”。这种矩阵可以识别潜在的事故，以及防止多种事故同时发生，例如一口井出现异常高压或JITP封堵球密封压力问题，立即控制管汇阀组和另一口井的采油树阀门以停止联动。当一口井的泵压过高时，要求第二口作业井上的作业，如为射孔枪装弹、下入或取出射孔工具等具有灯光和声音的提示信号。

保证作业的安全、质量和作业流程的正常进行需要对压裂液进行隔离，为了保证充分的隔离需要至少关闭两个阀门从而切断与其他井的连通。目前应用最多的三个阀门，包括一个地面阀门和两个注入端的闸阀，作业进行中的阀门一般显示为打开状态，上游井口的阀门一般默认为关闭状态。

在同步作业中，多井间作业人员的实时联络是保证作业安全的必要条件，一般压裂作业时作业人员通常都配有无线耳机，当射孔枪装药完毕并放置在井口或从井口提出时，所有的无线电信号都存储在远离绳索作业的井场中心位置，且必须确认处于关闭状态。绳索装置上提或下放过程中，泵为持续工作状态，这时就需要用到有线传输设备，并将无线电传输设备作为备用。当已装入弹药的射孔枪下放到至少1 000 ft以下时，才可以使用无线电设备，并在吊车顶端设有带频闪警示信号的灯。具体使用何种方式由现场负责人和承包商进行协调。

严格检查每口井的地面返排管道及所有液体混合的节点，因为在压裂作业和钻桥塞的作业中，上述管道中始终有作业流体，需要返排作业监督人员、相关责任人和施工队长各一名，来共同协商地面流程的可行性。返排测试人员必须配备移动式爆炸下限检测仪，在返排作业过程中，作业监督人员需一直监督排出液是否含有有害气体，一旦监测到有害气体，立即暂停返排作业并做适当处理，同时要在不同地点及不同高度安装风向标来监测风向。

4. 皮申斯盆地应用JITP技术的经验

美国西部的皮申斯盆地应用JITP技术已超过八年，埃克森美孚公司在一个约为6 acre大的平台上钻9口水平井，这些气井的控制面积大约是20 acre，井深为12 000 ～ 15 000 ft，水平投影1 400 ～ 2 000 ft。每口井都穿过40个以上的小层，应用同步作业和JITP技术，每个工作日可以至少完成20段的泵注作业，压裂40段总共需要2 ～ 3个工作日。另外，每口井都可以节省出1 ～ 2天的停泵等待时间，这样对于9口井而言，所能节省出来的总时间便相当令人满意。

埃克森美孚公司已在70口直井和S井上一共完成2 500次压裂作业，生产套管直径$4\frac{1}{2}$ in或$5\frac{1}{2}$ in。大部分的完井作业由于应用了同步作业，故取得了很好的经济效益。压裂层段深度为14 700 ft，地层温度高达320°F，3口井同时作业的最大作业压力为9 500 psi。

另外，应用此项技术还可以快速地完成多口井的压裂作业，优于其他常规的工艺方法，有关皮申斯盆地应用JITP技术所取得的累计产量，以及与应用其他常规工艺方法的累计产量的对比情况如图8-112所示。从图8-112可知，皮申斯盆地Mesa Verde区块应用多层改造技术（MZST）改造的55口井，在快速产生多条高质量裂缝方面有着明显的优势。

5. 小结

若将MZST技术与埃克森美孚的同步作业技术相结合，可以大幅提高设备和人

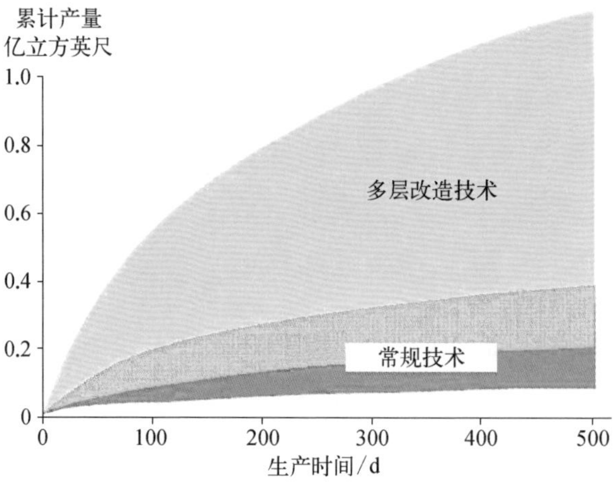

图8-112 皮申斯盆地应用JITP技术的累计产量与应用常规工艺的累计产量对比

员的利用率，从而制定出最优化的投资方案，而且采用此项技术可以保证油田的安全生产，以及加强组织结构方面的一体化管理。

8.5.2 同步压裂实例分析

1. Woodford 油田页岩气井同步压裂实例分析

1）Woodford 地质概况

储层埋深为6 000 ～ 7 700 ft，储层厚度为160 ～ 180 ft；Woodford Shale为富含有机质的硅质页岩。测井资料及岩心分析数据为：石英48% ～ 74%、长石3% ～ 10%、伊利石7% ～ 25%、黄铁矿0 ～ 10%、碳酸岩0 ～ 5%、干酪根7% ～ 16%。

Woodford分为上Woodford，Woodford A，Woodford B，Woodford C。上Woodford黏土含量最高；Woodford A、C硅质含量最高，有效孔隙度最大。Woodford B 的视孔隙度比Woodford A、C低。

裂缝网络主方向为东西向，次生裂缝网络方向沿东北向至西南向。水平井的目标段为Woodford A，钻进方向从北至南，接近最小水平主应力方向。

2）钻完井条件

所有井在8.5 in井眼中使用5.5 in，17 lb/ft，P110套管固井。压裂井进行多段压裂，每段长400 ～ 500 ft，每段射4 ～ 6簇，簇间距为70 ～ 125 ft，射孔簇长度为1.5 ～ 2.5 ft，射孔参数为每英尺6孔，相位角为60°，孔径为0.32 ～ 0.42 in（入口直径）。

3）压裂后连续油管钻过桥塞后开井。压裂结束后的24 ～ 36 h内，将所有井一起进行返排。之后大多数井同时投产，所有井使用$2\frac{3}{8}$ in油管。

4）案例1

（1）井型分布

我们选择在两口现有井之间钻4口新井，这6口井大致呈平行分布，水平段间距约为1 320 ft。这6口水平井的分布如图8-113所示：

图8-113 6口水平井分布示意图

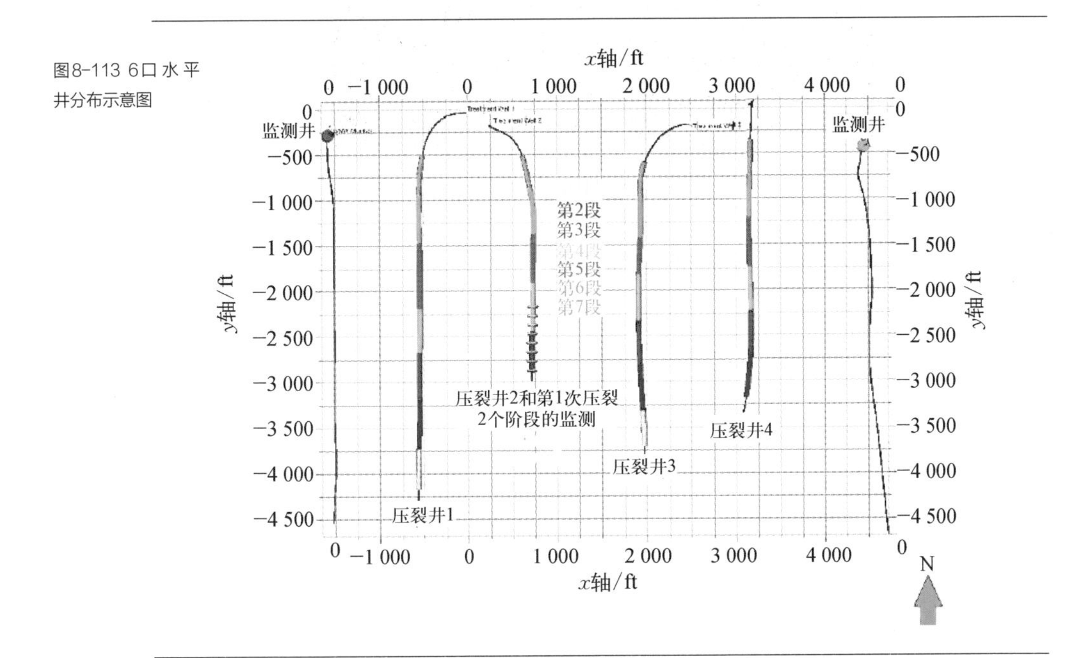

然后，将地震检波器安置在周边井的垂直段，以检测所有的压裂措施；另外，地震检波器还要安置在最短的水平段中，以检测其他3口井最初两段的改造措施。

（2）射孔及压裂方案

每口井5 ～ 7段裂缝，每段裂缝间距500 ft；每段裂缝有4段射孔簇，每段射孔簇间距约为125 ft；每段压裂用滑溜水的体积为10 000 bbls（1 636.592 m^3）；每段压裂用75 000 lbs（34 t）的70 ～ 140目砂，200 000 lbs（90.7 t）的30 ～ 50目砂，注入速度为13 m^3/min。25段中一共泵注完成22段压裂。

（3）实时微地震监测与处理确定裂缝扩展

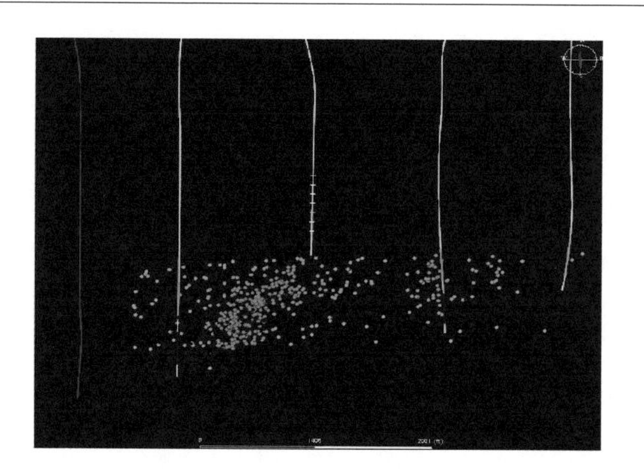

图8-114 1、3、4井初始压裂微地震数据示意图

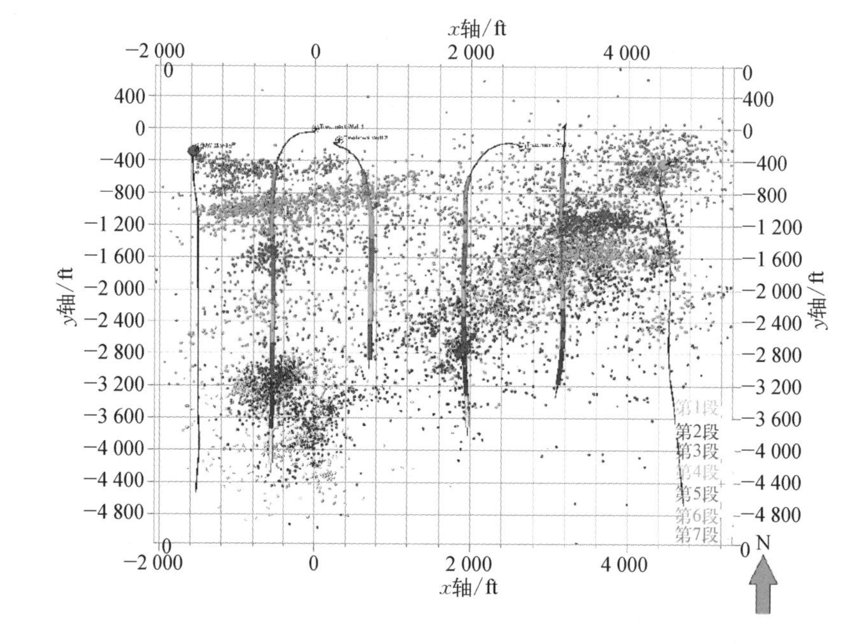

图8-115 微地震监测示意图

水平段地震检波器记录的1、2、3井前两段的微地震数据如图8-114所示。这3口井的诱导裂缝主方位为东西向，在次方位即东北向也观测到大量的微地震事件。这些微地震事件虽然不能表明水平应力的变化，但可以判断其主要集中在断层附近，这表明断层对压裂裂缝几何尺寸具有一定影响。

微地震检测结果如图8-115所示，从图8-115可知趾端复杂网络裂缝形态明显，跟端单一缝明显。因此，如果井间干扰发生，裂缝则向远井井筒方向延伸。

裂缝干扰对井1和井2裂缝的影响（第6段）如图8-116～8-119所示。在井1和井2的微地震事件相互叠合（相互干扰）后，井1产生的裂缝网络表现出向水平段西侧移动，离开干扰区域后向西北向监测井延伸。在整个压裂过程中，井1的裂缝网络产生微地震事件的速度几乎保持不变。当裂缝网络相遇后，从井2产生的裂缝网络中检测到微地震的区域范围几乎保持不变。从井1和井3延伸的裂缝的围压阻止了裂缝系统向东或向西的进一步扩展。在这一期间裂缝高度没有发生变化，这表明由于压力分散的作用，使得应力差足够大从而阻止了裂缝高度增长。当上述两种模式的微地震相互叠合后，与井2压裂相关的微地震事件无论是密度还是数量均发生了增加。

图8-116 1井和2井第6段在压裂早期微地震数据示意图

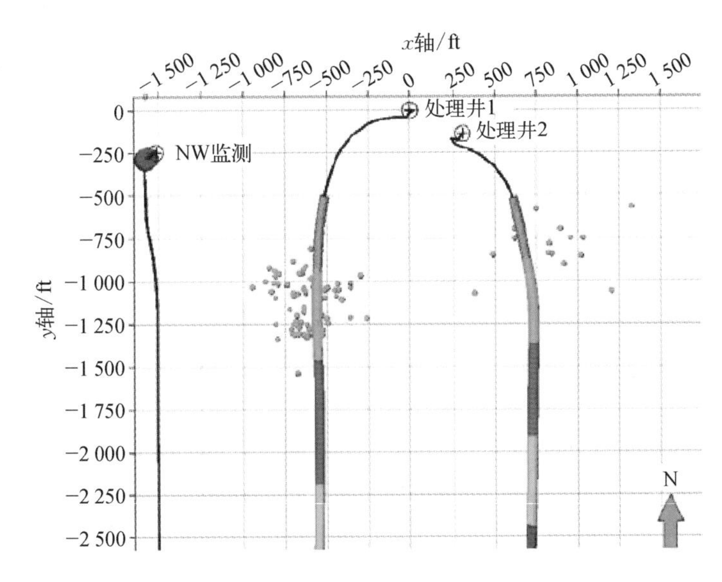

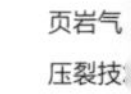

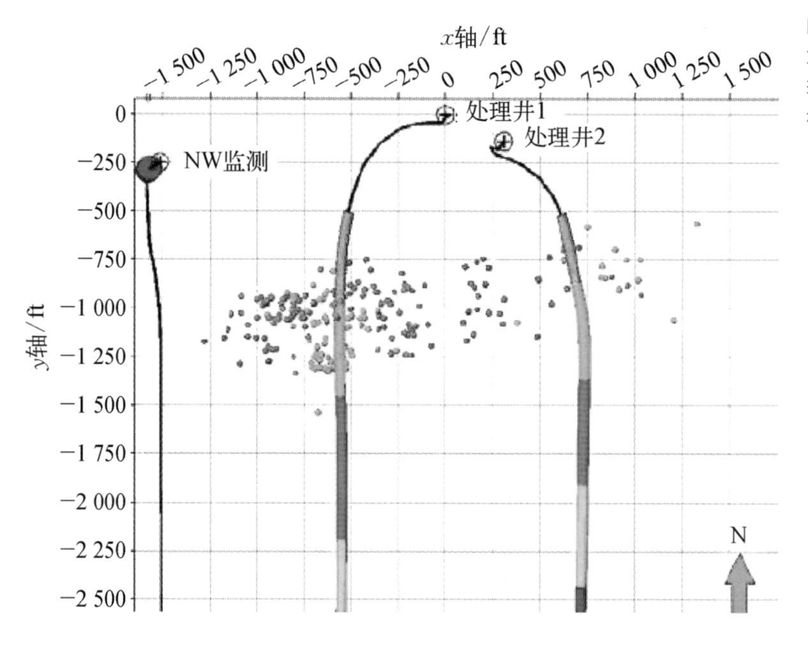

图8-117 1井和2井第6段在压裂裂缝干扰初期的微地震数据示意图

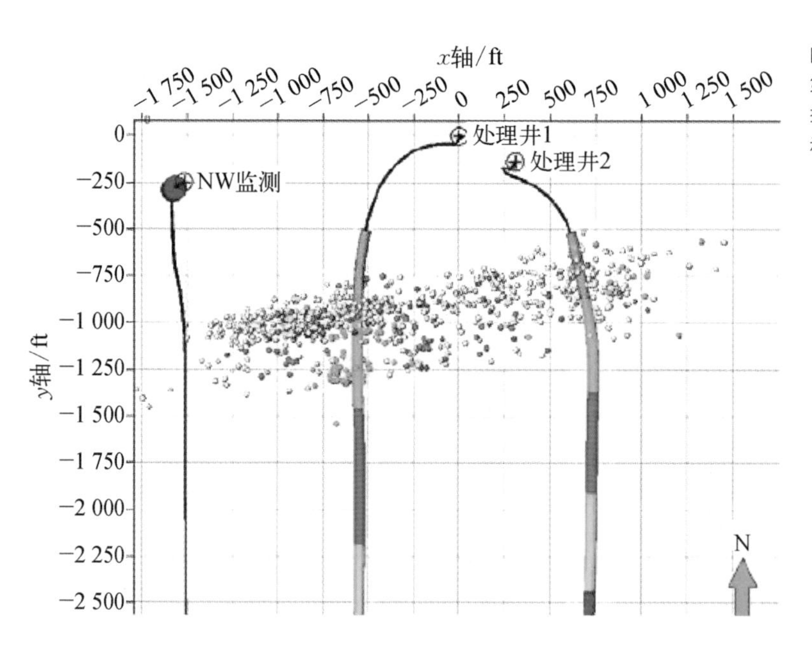

图8-118 1井和2井第6段在压裂裂缝干扰后期的微地震数据示意图

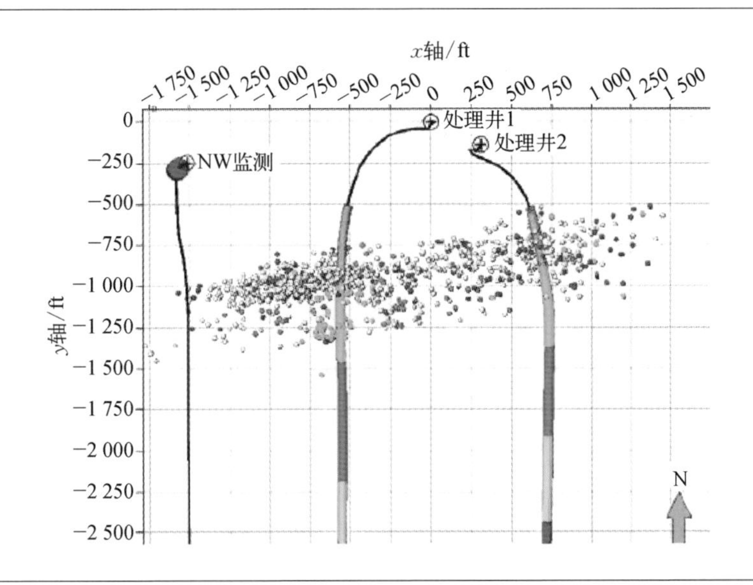

图8-119 1井和2井第6段在压裂结束后的微地震数据示意图

同步压裂井和类似压裂的邻近单井，在地面施工压力，计算井底压力以及近井压力上几乎没有差别。同步压裂井有时表现出比邻近单井更高的井底压力。与单井压裂相比，同步压裂并没有表现出使储层和井系统压力升高的更大趋势。同样地，尽管随着水平段压裂的进行，单井段压裂之间相互叠合，但井底压力并没有发生显著的增加或下降。没有邻近生产井的压裂井之间的同步压裂井中间的井，与那些有邻近生产井和与邻近生产井裂缝网络接触的外部井相比，前者并没有表现出更高的井底压力。由此可以得出，这种情况下当确定裂缝复杂程度时，压力响应是不具有诊断意义的。

在压裂一口新的邻近井时，有可能破坏这口生产井。两口监测井记录的压力上升数据，与表明裂缝正在延伸通过现有井水平段的微地震大致吻合。静压力首次产生最大上升出现在第4段，这也证实了微地震数据解释：即在第4段压裂期间，裂缝延伸通过现有井的水平段。

（4）生产数据及对比（表8-48）

基于前7天的峰值产量，同步压裂井的初始产量比单井压裂的要高（图8-120）。西侧的初始产量增加20%，东侧增加72%。对于同步压裂井而言，30天的平均日产量，东侧比西侧高。采用同步压裂对于初始产量有促进作用，但对其是否能长期保持该产量的影响十分微小。

表8-48 案例1的压裂和生产数据

案例1		东　侧			西　侧		
井　号		H1	H2	H3	W1	W2	W3
状　态		生产井	施工井	施工井	生产井	施工井	施工井
增产方式		单独压裂	同步压裂	同步压裂	单独压裂	同步压裂	同步压裂
段　数		6	6	7	8	5	7
位　置		西　侧	内　部	外　部	东　侧	内　部	外　部
日　期		5/10/2007	4/27/2008	4/27/2008	8/11/2007	4/25/2008	4/25/2008
前7天平均日产量	Mscf/d	2 331	3 757	4 299	3 091	3 642	3 793
30天平均日产量	Mscf/d	2 155	2 738	2 976	2 616	1 437	2 054
150天平均日产量	Mscf/d	910	960	926	1 393	877	815
30天累计产量	Mscf	61 276	82 155	89 269	78 455	65 891	61 630
90天累计产量	Mscf	140 086	166 273	171 346	172 733	138 399	142 683
120天累计产量	Mscf	168 599	192 701	183 260	222 591	164 410	171 180
150天累计产量	Mscf	196 868	221 796	208 695	275 641	190 928	196 620
水150天	bbl	31 981	4 486	45 739	100 439	23 271	45 844

注: Mscf为千标准立方英尺。

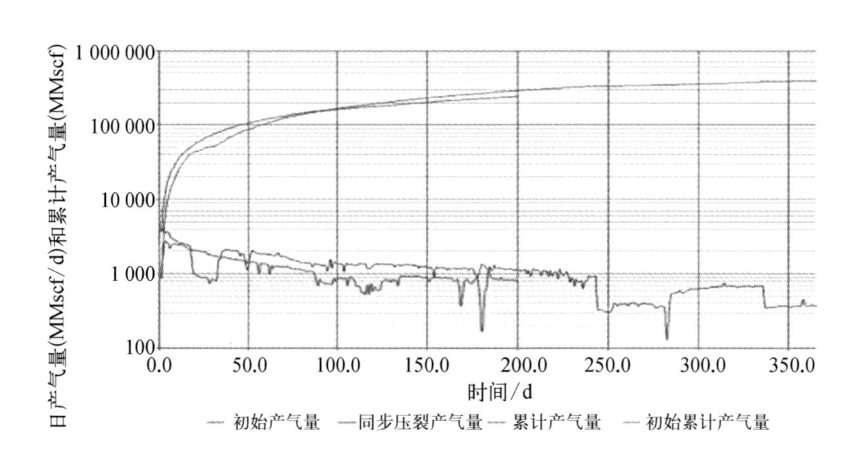

图8-120 单井压裂和同步压裂井的平均日产气量和累计产量示意图

5）案例2

有四口作业井，其地质情况与案例1相似，垂深为7 200 ～ 7 500 ft。井的水平段位于Woodford A，部分进入Woodford B，其井位分布图如图8-121所示。N45E走向和N60E走向的断层横贯该区域与井轨迹相交。

（1）射孔与压裂设计

每口井压9段裂缝，每段裂缝相距500 ft（150 m）；每段裂缝有6段射孔簇，每段射孔簇间距约为75 ft；每段压裂用11 000 bbls的滑溜水（1 800 m^3）；每段压裂用67 000 lbs（30.391 t）70 ～ 140目砂，250 000 lbs（113.398 t）30 ～ 50目砂；注入速度15.548 m^3/min；在同步压裂之前进行了一次重复压裂；两口井共18段裂缝，同步压裂了13段；在同步压裂之后，其中一口井单独进行了9段裂缝的压裂施工；最后，所有井一起返排并开始生产。

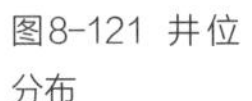
图8-121 井位分布

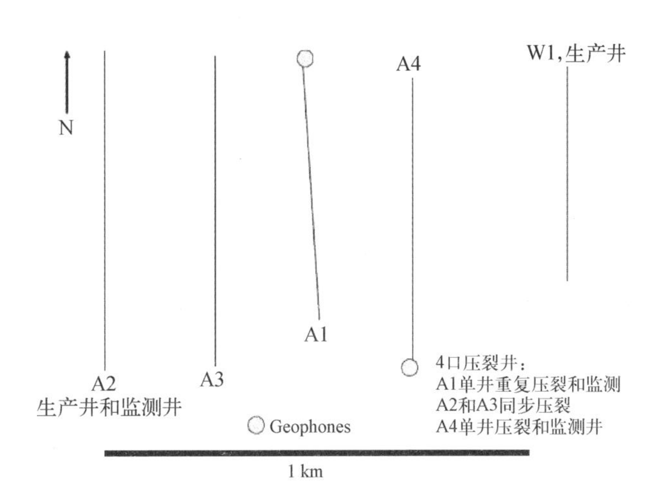

（2）微地震监测结果

A1井于2007年5月首先进行了压裂，有关A1井重复压裂的微地震数据如图8-122所示，从图8-122可知前两段压裂在水平段南端处出现复杂裂缝。之后又压裂了A2、A3和A4井，并在这些井压裂之前，对A1井进行重复压裂以产生高压系统，从而与新的邻井产生的水力缝相交。再次对A1井进行微地震实时监测，同样表明在水平段南端（指段）处出现复杂缝，而在跟段出现更多平面缝。从初次压裂和重复压裂的微地震数据可以确定N70E的裂缝走向。

利用实时微地震监测来确定A2、A3井在同步压裂后的主诱导裂缝方位，从而将同步压裂缝的相互干扰最大化。由于N70E的水力缝走向，A3的第一段压裂先于A2井的第一段压裂。然后，再利用微地震确认裂缝的走向，以便设计后续段的压裂。

A2、A3井所有段压裂的微地震数据如图8-123所示。受到监测井距离的影响，前4段压裂记录的微地震事件的数量有限。虽可以推测出裂缝间有相互干扰的情况，但由于缺乏A2井的微地震数据，故不能直接表明缝间有干扰情况的发生。与前一个例子类似，一些段的压裂显示向东延伸，离开预测的裂缝干扰区。另外，一些往东扩展的压裂段经过A1井的水平段。

最后对A4进行了一个九段的分段压裂，有关A4井的微地震数据如图8-124所示。

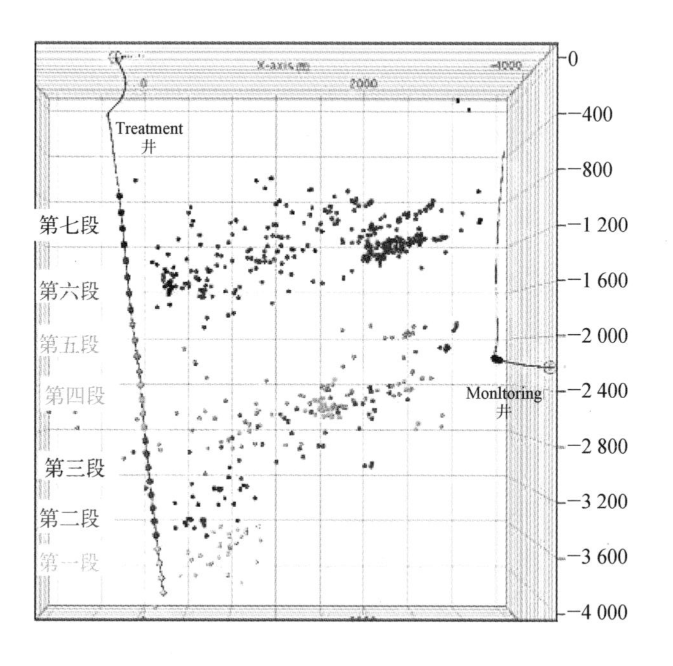

图8-122 A1井重复压裂的微地震数据示意图

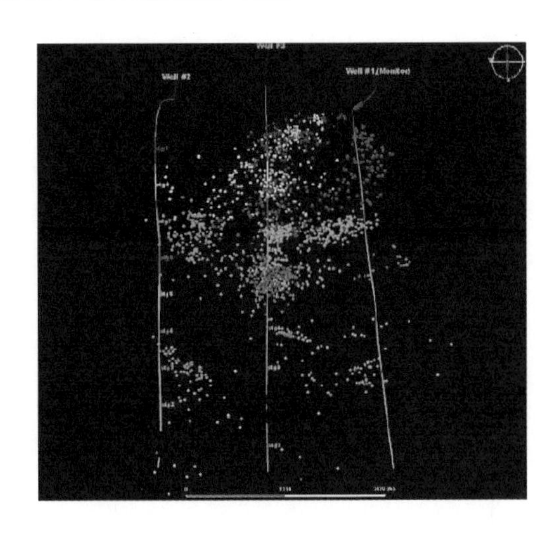

图8-123 A2井和A3井的微地震检测结果示意图

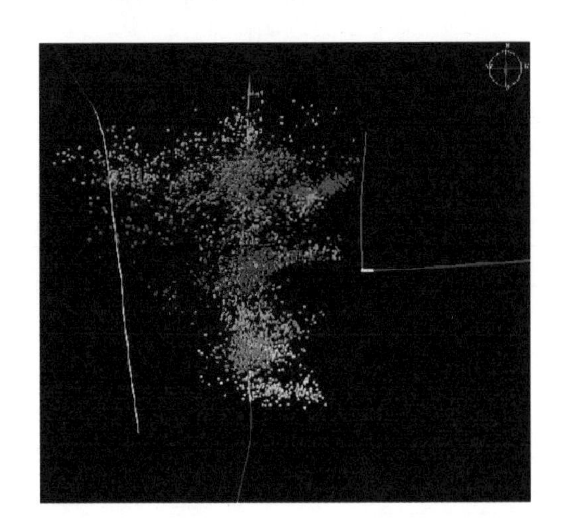

图8-124 A4井的微地震检测结果示意图

（3）生产数据分析

我们接下来对案例2的生产数据进行分析（图8-125和表8-49）。

基于前7天的峰值产量，同步压裂井的初始产量比原始单井压裂井产量高两倍多，但比此过程中的单独压裂井略低。这是由于在初始45天的生产中，受到了邻近井的压裂影响（约两周）。A4井是在同步压裂之后进行的单井压裂，并且是最后压裂的，它的初始产量超过所有井。同步压裂井在30天的平均日产量逐渐增加，是原始

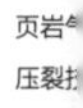

井的两倍，其60天的平均日产量是原始井的180%。其30天、60天及90天对应的平均累计产气量分别是原始井的188%、170%及166%。

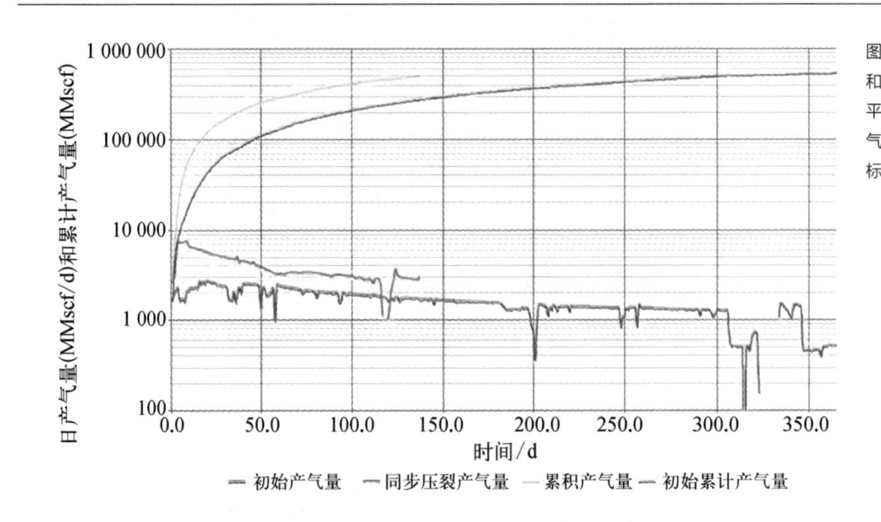

图8-125 单井施工和邻近同步压裂井的平均产气量和累计产气量（MMscf为百万标准立方英尺）

表8-49 案例2的压裂和生产数据

案例2						
井　号		A1	A2	A3	A4	W1
状　态		生产井	施工井	施工井	施工井	生产井
增产方式		早期单井压裂/重复压裂	同步压裂	同步压裂	新井	早期单井压裂
段　数		7	9	9	9	5
位　置		内部东侧	外部西侧	内部西侧	外部东侧	A4东
日　期		6/25/2007	6/29/2008	6/27/2008	6/27/2008	7/1/2006
前7天平均日产量	Mscf/d	3 446	6 380	7 230	7 102	2 613
30天平均日产量	Mscf/d	3 523	5 137	5 734	6 195	1 142
90天日产量	Mscf/d	2 044	2 536	2 613	3 810	1 289
30天累计产量	Mscf	108 683	154 099	173 013	186 861	73 812
60天累计产量	Mscf	196 900	210 134	256 494	326 199	113 566
90天累计产量	Mscf	282 235	291 183	342 951	445 752	152 029
120天累计产量	Mscf	351 859				188 297
150天累计产量	Mscf	416 042				223 937
水150天	bbl	60 153	74 095	80 837	57 033	46 957

6）案例3

从外部向内部两两压裂，每次同步压裂两口井。其地质情况与案例1和案例2相似，水平段垂深为6 200 ～ 6 800 ft，位于 Woodford A，部分延伸到Woodford B，其走向为 N45E和N30E的断层横贯该区域，与井眼轨迹相交。图8-126为其井位布置图。

（1）射孔与压裂设计

压裂段间距500 ft，除了L4井压8段裂缝，其他井全部压9段裂缝；每段裂缝有6段射孔簇，每段射孔簇间距约为75 ft；每段使用的滑溜水体积为10 000 bbls（1 636.592 m^3）；每段使用的70 ～ 140目砂体积为33 000 lbs（14.969 t）；L2、L3以及L4井每段使用的30 ～ 50目砂体积为200 000 lbs（90.718 t）；P2、P3、P4井，每段使用的30 ～ 50目砂体积为200 000 lbs，尾随的20 ～ 40目砂体积为100 000 lbs(45.359 t)；注入速度为15.548 m^3/min；53段中总共有48段是泵入完成。由于缺乏合适的监测井，无法获得相关的微地震数据。我们将井口压力计安装在边界井上，这些井在趾部已经射孔并等待压裂。

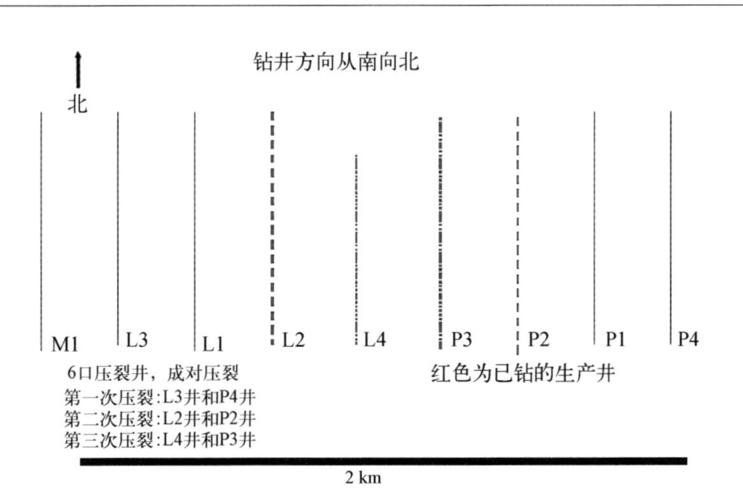

图8-126 水平井布局：6口新井从外部到内部的两两成对压裂示意图

（2）压裂分析

在第一对同步压裂过程中，邻近生产井的井口压力无法确定诱导裂缝方位，这是因为将要压裂的新井的趾端没有压力响应。尽管推测裂缝方位为东西向，但是这些井离作业井太远而未显示压力响应。在第二对同步压裂过程中，将要压裂的且中间两端拥有畅通射孔孔眼的两口井，可证实裂缝为东西向。直接往东西向压裂时，井口压力变化最大，随着压裂从趾端向跟端进行，压力变化逐渐减小。同时，这也证实了裂缝为东西向。

整体上来看，从井的趾端到跟端，井口压力，计算井底压力或者瞬时停泵压力（p_{isp}）都没有表现出任何变化趋势。从外部井到内部井，井口压力和计算井底压力均呈现上升的趋势，但是除P4井以外，它具有最高的压力，这是由于它的垂深最大且处于最东边。位于东部的井，当压裂结束时则压力偏高。上述现象表明：对于受最近压裂或者同步压裂井的限制，且没有受两边生产井附近低压影响的井，在压裂时会形成更高的压力。

（3）生产分析

图8-127和表8-50为案例3的生产数据，从这些生产数据可知P3井和L4井的间距最小，它们的同步压裂的初始产量最高。M1井除外，它是第一口生产井，在压裂时没有与任何邻近井连通。位于东侧的P3井初始产量最高。因此，同步压裂可能会使初始产量增加。

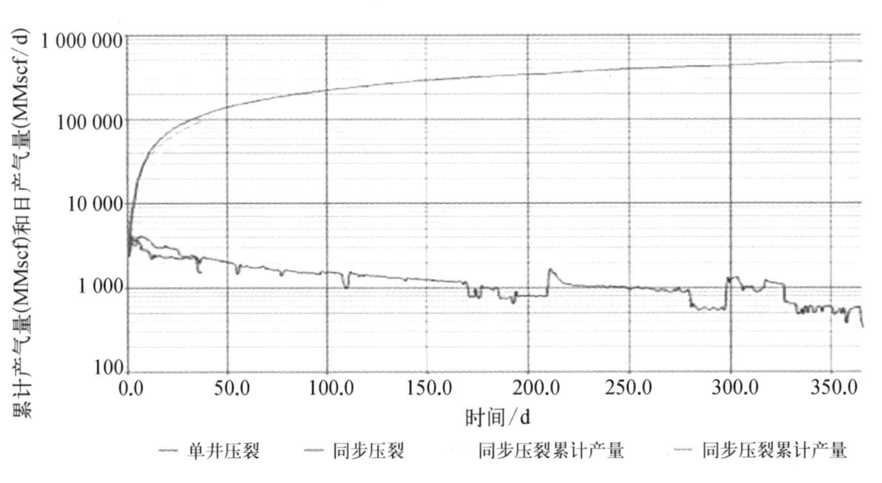

图8-127 单井施工和邻近同步压裂井的平均日产气量和累计产气量示意图

表8-50 案例3的压裂和生产数据

案例3		西 侧				
井 号		M1	L1	L2	L3	L4
状 态		生产井	生产井	施工井	施工井	生产井
增产方式		单独压裂	单独压裂	同步压裂	同步压裂	同步压裂
段 数		7	7	9	9	8
位 置		西 侧	外 部	外 部	外 部	内 部
日 期		4/1/2007	10/1/2008	10/1/2008	10/1/2008	10/1/2008
前7天平均日产量	MMscf/d	3.1	2.1	2.5	2.0	2.9

案例3		东 侧			
井 号		P1	P2	P3	P4
状 态		生产井	施工井	施工井	施工井
增产方式		单独压裂	同步压裂	同步压裂	同步压裂
段 数		7	9	9	9
位 置		东 侧	外 部	内 部	外 部
日 期		7/1/2007	10/1/2008	10/1/2008	10/1/2008
前7天平均日产量	MMscf/d	2.4	1.8	3.3	3.1

随着井水平段从趾端到跟端的压裂，井底的破裂压力并不是一直在增加。同样，在同步压裂过程中，井底压力也没有显著的增加。在多井同步压裂作业中，从外部井到内部井，井底的施工压力也并没有发生持续且显著的增加。尽管如此，我们还是可以看到在同步压裂过程生产期的产量在增加，只是井的生产潜能没有完全发掘出来。

同步压裂还具有操作上的优势。在许多实例中，水平井常规压裂使得邻近井出水，从而没有足够的能量返排相当数量的压裂液，由此引起了气体产量的下降，还可能会导致流体侵入现有生产井的裂缝系统。在裂缝面处，液体渗吸到低压区同样可能对产量产生影响。颗粒的产出和运移也可能使裂缝导流能力变差。在某些情况下，气体产量也可能恢复到之前的生产水平，但为恢复生产而形成的停产期仍可能造成产量下降。

（4）小结

① 有两个同步压裂井的初始产量出现增加，而初始产量没有增加的区域是由于

管线的限制，从而不能充分发挥井的产能。另外，关于初始产量提高的实例，其长期产量也有可能提高。

② 同步压裂可以避免产量损失，以及节省为恢复产能所需的成本。

③ 与单独压裂的邻井相比，同步压裂井有时具有更高的施工压力、计算井底压力和初始关井压力，但这些压力的变化趋势不一致，在评价同步压裂有效性时不具有诊断意义。

④ 由于缺乏压裂过程期间井底压力恢复的数据，只能预测水力压裂缝的间距为数10 ft的数量级。我们认为这个间距在微地震分辨范围之内，这是由于相对较低的杨氏模量和低压裂液黏度可以阻止净压力的上升。

⑤ 利用微地震技术来确定诱导裂缝的扩展方向，既可完成每段压裂，又能增加相对水力缝之间干扰的概率。通过分析微地震资料，可知大多数诱导缝是复杂缝，其构造特征还会影响水力压裂缝的几何形状。

⑥ 当相对裂缝叠合，在更靠近井眼的位置会发生更多的微地震活动，或者邻井没有裂缝扩展时，不在裂缝叠合区，而在水平段较远的一端其微地震活动更多。裂缝尖端较高的剪切应力可能会终止邻近裂缝的扩展，此时微地震活动频繁发生在水平段跟部，且只有受构造影响的地方出现了裂缝高度的增长。另外，裂缝几何形态表明水平应力差应足够大才能阻止裂缝高度的增长，且井底施工压力足够高，才能使天然裂缝垂直于破裂面而得到扩张。

⑦ 如果在已知层位射了一定数目孔眼，那么邻井的井底压力或井口压力计可用来预测邻近井诱导裂缝的方位。

⑧ 地质构造能够影响压裂裂缝系统的几何形状。如案例2中，较短且复杂的裂缝一般出现在断层的一侧，而较长的平面缝一般出现在断层的另一侧。

2. Barnett页岩气井同步压裂实例分析

（1）井位布置及压裂情况

这些井的位置布局如图8-128所示。井A的水平段长度为2 200 ft，井A是在一个单独的平台上进行钻进的，而井B和井C是在同一个平台上进行钻进的，井B的水平段长度为1 900 ft，井C的水平段长度为2 000 ft。井A和井C在跟部相距900 ft，而趾部之间相距较近，距离为500 ft。第四口独立的水平井，即井D，其有效的水平段长度为2 400 ft，其位置在距北部地区不足1 320 ft处。但由于受资金方面的限制，井D所在平台上只能钻一口井。

针对井A、B、C都实施了顺序压裂和同步压裂措施。井A压裂施工的第一个星期就完成了5段压裂，随后一个星期对井B和井C进行了同步压裂。

（2）生产动态

四口井在生产期前六个月的生产动态如图8-129所示。其中三口井实施了顺序压裂和同步压裂（井A、B、C），其初始产量（IPs）为3.3 ～ 3.5 MMscf/d，并且第一个月内的平均产量为2.1 ～ 2.9 MMscf/d。而位于北部的独立井D，其初始产量（IPs）明显低于其他三口井，为2.3 MMscf/d，而且其第一个月内的平均产量也很低，为1.2 MMscf/d。通过对比上述结果，可以明显看出当对相邻的几口井进行顺序和同步压裂后，可以在地层中产生更为复杂的裂缝网络，从而显著提高井的生产产量。

图8-128 井位分布

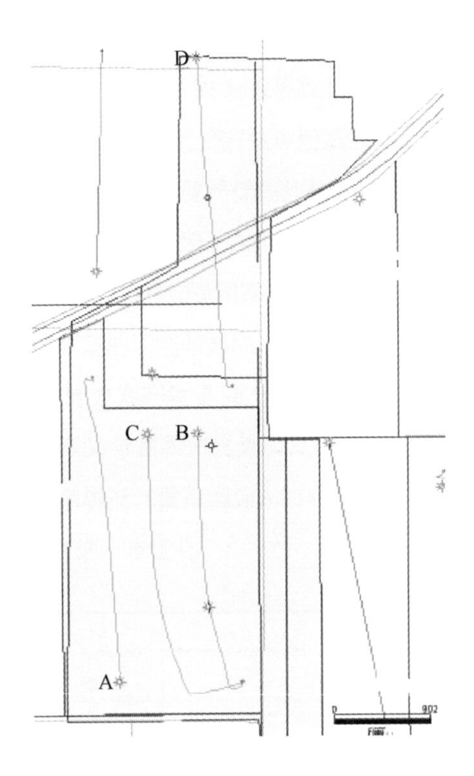

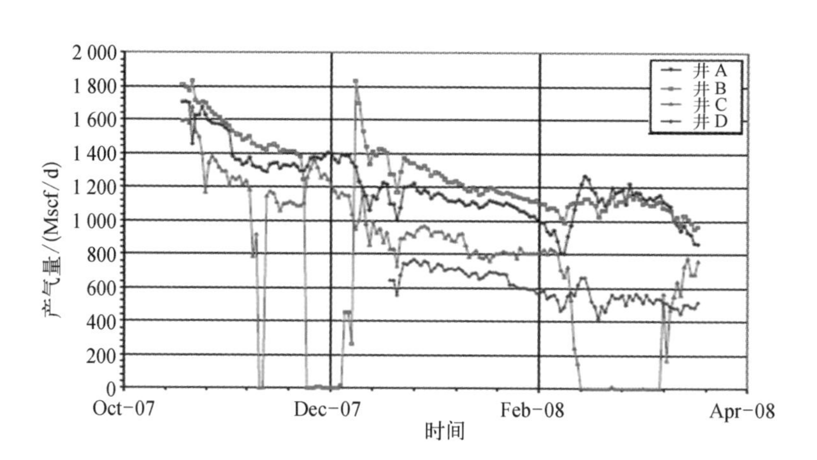

图8-129 同步压裂井(A、B、C)和单独压裂井D的产量对比图

分段进行的顺序压裂往往显示出先期压裂段对后续压裂段具有显著影响，主要包括潜在的储层增压。初始压裂段中液体稍有升高，由此产生的应力增加会使得后续的压裂段应力增幅更大。通常认为，在地层中形成新的裂缝网络会比对改造已存在的裂缝容易得多。从3口井的生产数据中可以看出，与顺序压裂相比，同步压裂可以产生更有效的裂缝网络并获得更多的产量。

采取同步压裂和顺序压裂的井与井D的初始产量(IPs)的对比见表8-51。实施了顺序压裂和同步压裂的井的第一个月内的平均产量几乎是井D第一个月内的产量的四倍。根据初始产量与水平段长度的比值，可以认为同步压裂井的产量提高了5倍。

表8-51 初始产量对比汇总

井	实际水平段长度/ft	30天平均日产量/(Mscf/d)	(初始日产量/水平段长度)/(Mscf/ft)	目前日产量/(Mscf/d)
A井(顺序压裂)	2 195	2 576	1.17	885
B井(同步压裂)	1 955	2 864	1.46	890
C井(同步压裂-加密井)	1 889	2 097	1.11	655
平　均	2 013	2 512	1.25	810
D井(独立井)	2 413	615	0.25	467

EUR评估结果是基于递减曲线分析而得到的，天然气地质储量是对水平井趾部到跟部、排驱半径为500 ft的地层进行评估得到的，有关EUR和采收率计算结果见表8–52。三口井（井A、B、C）的排驱面积一共为130英亩，而井D的排驱面积为85英亩。储层总厚度为335 ft，储层孔隙度为3%，计算得到的三口井（井A、B、C）和井D的GIP分别为21.1 Bcf，解吸气地质储量基于96 scf/t的含气量。

从表8–52还可以看出，井D的采收率为6.4%，同步压裂井的采收率几乎是其4倍。而同步压裂井的EUR/水平段长度之比为0.9 MMcf/ft，井D的EUR/水平段长度之比为0.37 MMcf/ft，前者几乎是后者的2.5倍。

因此，由上述分析可知同步压裂井在IPs、EURs和采收率等方面都有很大的提高。

表8–52 EUR和采收率计算汇总

井	实际水平段长度/ft	EUR/Bcf	（EUR/水平段长度）/（MMcf/ft）	采收率/%
A井（顺序压裂）	2 195	2.06	0.94	
B井（同步压裂）	1 955	2.22	1.14	
C井（同步压裂–加密井）	1 889	1.18	0.62	
平　均	2 013	1.82	0.90	25.9%
D井（独立井）	2 413	0.89	0.37	6.4%

（3）生产数据分析

用于解释致密气井水力压裂中的传统图形，主要是基于线性流、双线性流或者径向流等流动形态。对于低渗井，如Barnett页岩气田中的井，其出现径向流的时间会相当长，所以Barnett页岩气田中的井的绝大多数数据要么反映的是双线性流的特征，要么反映的是线性流的特征。在双线性流中，流动可以在裂缝内发生，也可以在裂缝外垂直于裂缝的方向上发生（图8–130）。如果裂缝的渗透率低，那么产生双线性流就需要很长的时间。另一方面，在线性流中，流动只能在垂直于裂缝的方向上产生。如果裂缝的渗透率足够大，在线性流阶段开始前就会在很短的一段时期内出现双线性流。

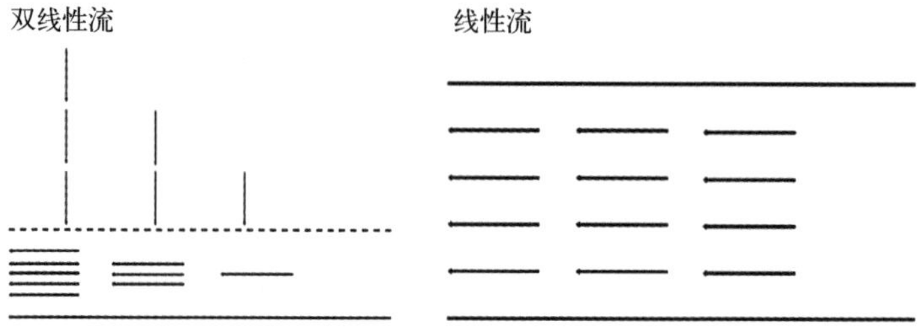

双线性流

线性流

图8-130 线性流和双线性流示意图

4口井的产量-时间的双对数示意图如图8-131所示。从图8-131可以看出，与其他3口井相比，井D的生产数据更接近于双线性流（斜率为1/4的曲线）的特征，而其他三口井的生产数据更接近于线性流（斜率为1/2的曲线）的特征。这表明井D的裂缝的质量不好，也可能是由于其产生的裂缝类型不同。而其他三口井由于进行了同步压裂，所以相对于井D，这三口井产生的裂缝质量较好。

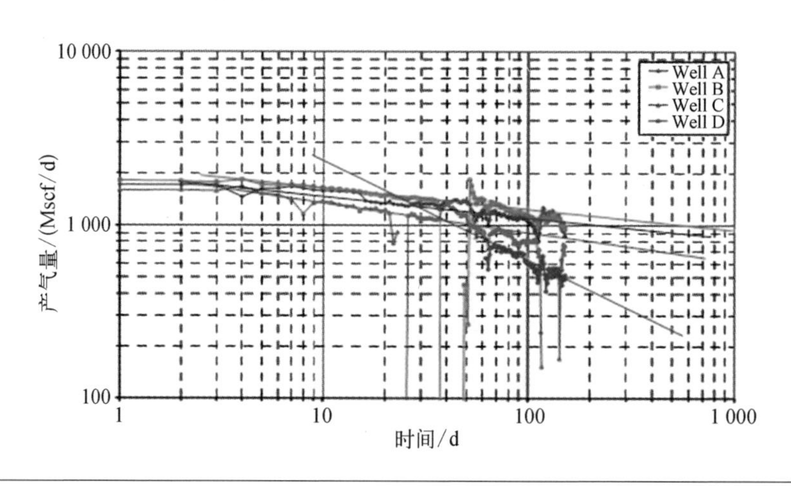

图8-131 4口井的产量-时间的双对数示意图

（4）压裂数据分析

重新分析压裂施工中的压裂数据是为了来评估同步压裂和顺序压裂的优点及产生原因。不同裂缝中的压裂液的相互影响可能会提供额外的能量，从而增加裂缝的密度，这要么通过更高的净压力，要么通过迫使与其他充满压裂液裂缝接触的压裂液的转向。

有关4口井的压裂液返排率和净压力的汇总表见表8-53。由表8-53可知，与其他两口井相比，井A和井B的生产动态较好，这两口井的净压力变化范围为1 000 ～ 1 600 psi。

压裂液返排率也与井的生产动态相关，具有较高压裂液返排率（ > 50%）就意味着地层中未产生明显的裂缝网络，而只是产生了一些简单的裂缝，而这些简单的裂缝就像是气球，并且沿井眼方向迅速缩小。在返排过程的前100小时内，井A和井B的返排率都很高，为10.5% ～ 20.8%，而另外两口井的返排率则很低，为3% ～ 4%。尽管相比井D，井C的开发动态会更好，但是井C的返排率则更低，这可能是由于同步压裂以及在井附近地层产生了高度更高的裂缝网络，部分的返排液体是从邻井（井A和井B）中排出的，所以这两口井中压裂液的返排率都很高。

表8-53 净压力和压裂液返排汇总

井	水平井长度/ft	净压力/psi	返排率			
			100 h		300 h	
			bbls	%	bbls	%
A井（顺序压裂）	2 195	1 000 ～ 1 400	10 738	20.8	22 292	43.3
B井（同步压裂）	1 995	1 500 ～ 1 600	4 749	10.5	11 197	24.7
C井（同步压裂-加密井）	1 889	400 ～ 900	1 421	3.0	1 457	
D井（独立井）	2 413	200 ～ 300	3 073	4.0	6 359	

为了进一步定量分析同步压裂的有利之处，我们进行了综合研究并评估了Parker郡的同步压裂数据。

根据开始生产的日期为同一个月或者相隔不超过一个月，我们共确认了29组同步压裂井，并将这些同步压裂井的生产动态与一口独立的井进行了对比，而这口独立的井与这些同步压裂井的距离大约为1 ～ 1.5英里。这些井（同步压裂井和独立井）中，大约有75%的井是由同一个开发商钻得的。我们仅根据生产动态进行分析，并提出了一般性的建议，而没有考虑其他参数的影响，例如地质概况、压裂设计、压裂液注入速度、压裂段数等的影响，但实际上这些参数对生产动态也有影响。

这些同步压裂井的分布图如图8-132所示，包括井距及每口井所在的象限。这29组井中，约有55%的井（16组井）的井距大于1 000 ft，而其他井的井距接近500 ft。在Parker郡所钻的井大多数都在东半部分，这里的储层厚度相对要厚些。因此，就井的位置而言，几乎有72%的井（21组井）位于SE象限，而几乎90%的井（26组井）位于Parker郡的东部。

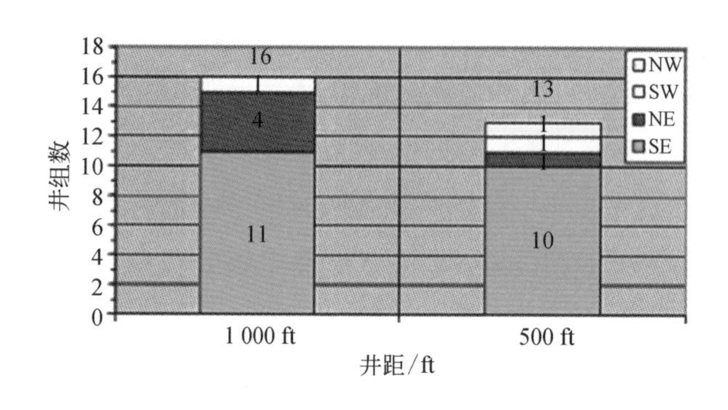

图8-132 同步压裂井分布（按井距和方位划分）示意图

当同步压裂井和独立井首次获得经济效益的时间间隔少于3个月时，按井距及所在象限进行了归类，如图8-133所示。从图8-133可知，大约有50%的井组其井距为1 000 ft。

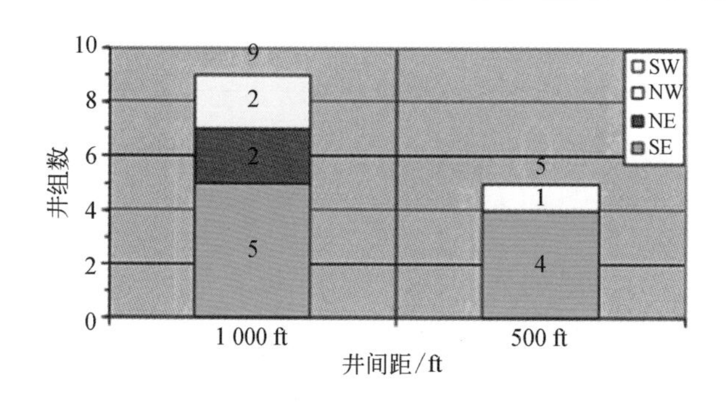

图8-133 同步压裂井分布（按同步压裂井与独立井首次获得经济效益的时间间隔少于3个月划分）示意图

有关同步压裂井与独立井的平均月产量对比如图8-134所示，这是基于多数井的第一个月或第二个月的月产量峰值进行对比的。若同步压裂井和独立井首次获得经济效益的时间间隔少于3个月，压裂井而言，则同步压裂可显著增加井的产量和采收率（SE象限的井）。在NE象限，无论井何时完井，同步压裂的井其产量和采收率都更高。当然，这里可能还涉及其他一些因素，例如压裂设计、注入速度、区域地质等。

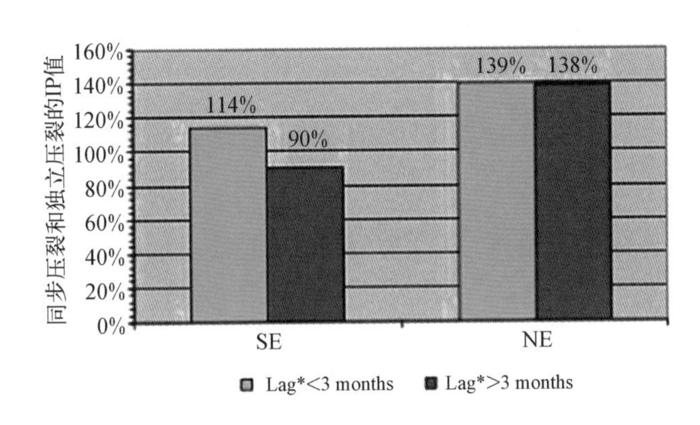

图8-134 同步压裂井与独立井平均IP对比示意图

参考文献

[1] Curtis J B. Fractured shale-gas systems [J]. AAPG Bulletin, 2002, 86(11): 1921–1938.

[2] Warlick D. Gas shale and CBM development in North America [J]. Oil and Gas Financial Journal, 2006, 3(11): 1–5.

[3] Hill D G, Nelson C R. Reservoir properties of the Upper Cretaceous Lewis Shale, a new natural gas play in the San Juan Basin [J]. AAPG Bulletin, 2008, 84(8): 1240.

[4] Paktinat J, Pinkhouse J A, Fontaine J, et al. Investigation of methods to improve Utica shale hydraulic fracturing in the Appalachian [R]. SPE 111063, 2007.

[5] Waters G, Dean B, Downie R, et al. Simultaneous hydraulic fracturing of adjacent

horizontal wells in the Woodford Shale [R]. SPE 119635, 2009.

[6] Mayerhofer M J, Lolon E P, Warpinski N R, et al. What is stimulated rock volume [R]. SPE 119890, 2008.

[7] Cipolla C L, Warpinski N R, Mayerhofer M J, et al. The relationship between fracture complexity, reservoir properties, and fracture treatment design [R]. SPE 115769,2008.

[8] 邹雨时,张士诚,马新仿.页岩气藏压裂支撑裂缝的有效性评价[J].天然气工业,2012,32(9): 52-55.

[9] 蒋廷学,贾长贵,王海涛,等.页岩气网络压裂设计方法研究[J].石油钻探技术,2011,39(3): 36-40.

[10] 赵金洲,王松,李勇明.页岩气藏压裂改造难点与技术关键[J].天然气工业,2012,32(4): 46-49.

[11] 吴奇,胥云,王腾飞,等.增产改造理念的重大变革——体积改造技术概论[J].天然气工业,2011,31(4): 7-12.

[12] 曾雨辰,杨保军,王凌冰.涪页HF-1井泵送易钻桥塞分段大型压裂技术[J].石油钻采工艺,2012,34(5): 75-79.

[13] 张宏录,刘海蓉.中国页岩气排采工艺的技术现状及效果分析[J].天然气工业,2012,32(12): 49-51.

[14] 唐颖,张金川,张琴,等.页岩气井水力压裂技术及其应用分析[J]. 天然气工业,2010,30(10): 33-38.

[15] 邹才能,东大众,王社教,等.中国页岩气形成机理、地质特征及资源潜力[J].石油勘探与开发,2010,37(6): 641-653.

[16] 张金川,金之均,袁明生.页岩气成藏机理及分布[J].天然气工业,2004,24(7): 15-18.

[17] 李新景,吕宗刚,董大忠,等.北美页岩气资源形成的地质条件[J].天然气工业,2009,29(5): 27-32.

[18] 张金川,聂海宽,徐波,等,四川盆地页岩气成藏地质条件[J].天然气工业,2008,28(2): 151-156.

[19] King G E. Thirty years of gas shale fracturing: what have we learned[R]. SPE 133456, 2010.

[20] Rickman R, Mullen M, Petre E, et al. A practical use of shale petrophysics for stimulation design optimization: all shale plays are not clones of the Barnett shale [R]. SPE 115258, 2008.

[21] Wang Y, Miskimins J L. Experimental investigations of hydraulic fracture growth complexity in slick water fracturing treatments[R]. SPE 137515, 2010.

[22] Soliman M Y, East L, Augustine J. Fracturing design aimed at enhancing fracture complexity[R]. SPE 130043, 2010.